普通高等教育"十二五"规划教材

数字电子技术

主　编　陈明义

副主编　覃爱娜　陈革辉

U0201752

中国水利水电出版社
www.waterpub.com.cn

内 容 提 要

"数字电子技术"是工科院校电气电子信息类专业的一门重要的技术基础课，研究各种数字器件、数字电路、数字系统、模数混合系统的工作原理和分析与设计方法。

本书共分为 10 章，内容包括：逻辑代数基础，门电路，组合逻辑电路，触发器，时序逻辑电路，半导体存储器，数字系统的分析与设计，可编程逻辑器件，脉冲波形产生与整形，数模与模数转换。

本书可作为高等学校电气电子信息类专业"数字电子技术基础"课程的教材，也可作为从事电子技术的工程技术人员及广大电子技术爱好者的参考书。

本书配有免费电子教案，读者可以从中国水利水电出版社网站以及万水书苑下载，网址为：http://www.waterpub.com.cn/softdown/或 http://www.wsbookshow.com。

图书在版编目（CIP）数据

数字电子技术 / 陈明义主编. -- 北京 : 中国水利
水电出版社，2015.8（2019.6 重印）
普通高等教育"十二五"规划教材
ISBN 978-7-5170-3538-1

Ⅰ. ①数… Ⅱ. ①陈… Ⅲ. ①数字电路－电子技术－
高等学校－教材 Ⅳ. ①TN79

中国版本图书馆CIP数据核字(2015)第198877号

策划编辑：雷顺加　　　责任编辑：宋俊娥　　　封面设计：李　佳

书　名	普通高等教育"十二五"规划教材 **数字电子技术**	
作　者	主　编　陈明义 副主编　覃爱娜　陈革辉	
出版发行	中国水利水电出版社 （北京市海淀区玉渊潭南路 1 号 D 座　100038） 网址：www.waterpub.com.cn E-mail：mchannel@263.net（万水） 　　　　sales@waterpub.com.cn 电话：（010）68367658（发行部）、82562819（万水）	
经　售	北京科水图书销售中心（零售） 电话：（010）88383994、63202643、68545874 全国各地新华书店和相关出版物销售网点	
排　版	北京万水电子信息有限公司	
印　刷	三河航远印刷有限公司	
规　格	170mm×227mm　16 开本　28.75 印张　540 千字	
版　次	2015 年 8 月第 1 版　2019 年 6 月第 3 次印刷	
印　数	5001—7000 册	
定　价	45.00 元	

普通高等教育"十二五"规划教材

（电工电子课程群改革创新系列）

编审委员会名单

主　任：施荣华　罗桂娥

副主任：李　飞　宋学瑞

成　员：（按姓氏笔画排序）

刘子建　刘曼玲　吕向阳　寻小惠　吴显金

宋学瑞　张亚鸣　张晓丽　张静秋　李　飞

李力争　李中华　陈　宁　陈明义　陈革辉

罗　群　罗桂娥　罗瑞琼　姜　霞　胡燕瑜

彭卫韶　覃爱娜　谢平凡

秘　书：雷　皓

前　　言

　　"数字电子技术基础"是工科院校电气电子信息类专业的一门重要的技术基础课，研究各种数字器件、数字电路、数字系统、模数混合系统的工作原理和分析与设计方法。为适应电子信息科学技术的飞速发展和 21 世纪对高素质创新人才培养的要求，我们结合多年的教学实践经验，编写了本书。本书具有以下特点：

　　（1）力求少而精，在"精练"上取胜。精选内容，优选讲法，以符合教学基本要求为准。

　　（2）为了解决内容多与学时紧的矛盾，并突出学生的个性培养，在每一章的最后一节提供了辅修内容。在学时多的情况下，教师也可选讲该部分内容，真正做到好教好学。

　　（3）在保证基础内容的前提下，加重中大规模数字集成电路的相关内容。

　　（4）提出数字系统组成的概念，对数字系统的模块化扩展、分析与设计方法进行重点、系统的介绍。

　　（5）教材中引入了超高速硬件描述语言 VHDL，在相关章节的辅修内容中给出有关基本数字功能器件及数字系统的 VHDL 语言描述，便于学生循序渐进地自学。

　　本书共有 10 章。第 1 章为逻辑代数基础，包括逻辑代数的基本概念、公式定理，逻辑函数的表示法及化简法，VHDL 语言基础；第 2 章为门电路，包括 TTL、CMOS 两种集成门电路的电路结构、工作原理、有关特性与参数，重点介绍了三种特殊结构（OC、TSL、TG）数字集成电路技术，并涉及门电路的 VHDL 语言的描述；第 3 章为组合逻辑电路，包括组合逻辑电路的分析与设计方法，重点讲述几种常用的中规模集成组合逻辑芯片及其 VHDL 语言的描述；第 4 章为触发器，包括各种不同类型触发器的电路结构、动作特点、逻辑功能和 VHDL 语言的描述；第 5 章为时序逻辑电路，包括时序逻辑电路的分析与设计方法，侧重介绍几种常用的中规模集成时序逻辑芯片和 VHDL 语言的描述；第 6 章为半导体存储器，包括 ROM、RAM 的电路结构、工作原理、特点和 VHDL 语言的描述；第 7 章为数字系统的分析与设计，介绍数字系统组成的概念，数字系统模块化的分析与设计方法，数字系统的扩展方法，VHDL 语言在数字系统模块化分析与设计中的应用；第 8 章为可编程逻辑器件，包括各种可编程逻辑器件的结构、工作原理及特点；第 9 章为脉冲波形的产生与整形，介绍施密特触发器、单稳态触发器、多谐振荡器的特点、作用和电路构成；第 10 章为数模与模数转换，包括 ADC、DAC 的特点、电路构成和工作原理等。

　　本书是在总结中南大学信息科学与工程学院电工电子教学与实验中心教师多年教学实践经验的基础上于 2015 年完成编写工作。该书由陈明义任主编，覃爱娜、陈革辉任副主编。其中，覃爱娜负责第 1 章、第 2 章、第 3 章的编写；陈革辉负责第 4 章、第 5 章、第 6 章的编写；陈明义负责第 7 章、第 8 章、第 9 章、第 10 章的编写。该书在编写过程中得到了罗桂娥、张亚明、李飞、刘献如、彭卫超、余迪、朱利香等老师的帮助和支持。最后，由陈明义统稿定稿。

　　本书可作为高等学校电气电子信息类专业"数字电子技术基础"课程的教材，也可作为从事电子技术的工程技术人员及广大电子技术爱好者的参考书。

　　本书在编写过程中得到了全体同仁的大力支持，在此一并表示衷心的感谢。

　　由于编写水平有限，加之时间仓促，书中难免有许多不妥与错误，殷切期望读者批评与指正。

编　者

2015 年 6 月

目　　录

第 1 章　逻辑代数基础

逻辑代数是分析数字逻辑电路的数学工具，也是进行逻辑设计的理论基础。本章从逻辑变量和逻辑运算的概念出发，主要介绍逻辑代数的公式、规则和定理，逻辑函数及其表示方法，逻辑函数的化简方法和变换方法。

1849 年，英国数学家乔治·布尔（George Boole）首先提出了描述客观事物关系的数学方法——布尔代数。后来，由于布尔代数被广泛地应用于开关电路和数字逻辑电路的分析和设计上，所以也把布尔代数叫做开关代数或逻辑代数。逻辑代数是分析和设计数字逻辑电路的数学工具。

1.1　逻辑变量和逻辑运算

1.1.1　逻辑变量

逻辑变量用于描述客观事物对立统一的两个方面。逻辑代数中通常用单个大写字母或单个大写字母加下标表示逻辑变量。在二值逻辑中，每个逻辑变量的取值只有 0 和 1 两种可能，这里 0 和 1 已不再表示数量的大小，只代表两种不同的逻辑状态，如电平的高和低、电流的有和无、灯的亮和灭、开关的闭合和断开等。

1.1.2　基本逻辑运算

逻辑代数中有三种最基本的逻辑运算：与、或、非，也称为逻辑与、逻辑或和逻辑非。

1. 与运算

逻辑与（逻辑乘）表示这样一种逻辑关系：只有决定事物结果的全部条件同时具备时，结果才发生。例如图 1-1 所示的电路是一个简单的与逻辑关系，灯 Y 受两个串联开关 A、B 的控制，仅当开关 A 与 B 同时闭合时，灯 Y 才亮，否则灯灭。

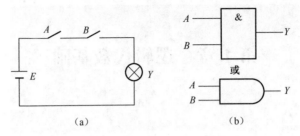

图 1-1　与逻辑电路示例及其符号

现用"1"来表示开关"闭合"及灯"亮";用"0"表示开关"断开"及灯"灭"。那么可以列出表 1-1 所示的逻辑真值表。所谓逻辑真值表是指把逻辑变量所有可能的取值组合及其对应结果列成一种表格,可简称为真值表。

表 1-1　与逻辑运算真值表

A	B	Y
0	0	0
0	1	0
1	0	0
1	1	1

在逻辑代数中,上述与逻辑关系还可以表示成如下的逻辑函数式:$Y = A \cdot B$,式中"·"为"与"的逻辑运算符号,也称为逻辑乘,使用时也可将其省略,写成 $Y = AB$。

在逻辑电路中,能实现与运算逻辑功能的电路称为与门,图 1-1(b)所示为与门的国标符号和国际常用符号。

2．或运算

逻辑或(逻辑加)表示这样一种逻辑关系:在决定事物结果的诸多条件中只要任何一个满足,结果就会发生。例如图 1-2 所示的电路是一个简单的或逻辑关系,灯 Y 受两个并联开关 A、B 的控制,只要 A、B 中任何一个开关闭合时,灯 Y 便亮。

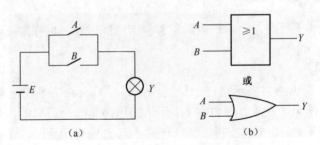

图 1-2　或逻辑电路示例及其符号

或逻辑运算真值表如表 1-2 所示，也可以写出如下的或逻辑函数式：$Y = A + B$，式中 "+" 为 "或" 的逻辑运算符号。

表 1-2　或逻辑运算真值表

A	B	Y
0	0	0
0	1	1
1	0	1
1	1	1

在逻辑电路中，能实现或运算逻辑功能的电路称为或门，图 1-2（b）为或门的国标符号和国际常用符号。

3．非运算

逻辑非（逻辑求反）表示这样一种逻辑关系：只要条件具备了，结果便不会发生；而条件不具备时，结果一定发生。例如，图 1-3（a）所示的电路是一个简单的非逻辑关系，灯 Y 受开关 A 的控制，当开关 A 接通时，灯 Y 不亮；当开关 A 断开时，灯 Y 反而亮。

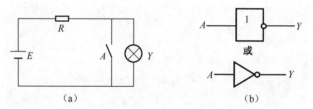

图 1-3　非逻辑电路示例及其符号

非逻辑运算的真值表如表 1-3 所示，也可以写出如下的非逻辑函数式：$Y = \overline{A}$。通常 A 称为原变量，$\overline{A}$ 称为反变量。

表 1-3　非逻辑运算真值表

A	Y
0	1
1	0

在逻辑电路中，能实现非运算逻辑功能的电路称为非门（也叫反相器），图 1-3（b）为非门的国标符号和国际常用符号。

1.1.3　复合逻辑运算

实际的逻辑问题往往比与、或、非基本逻辑复杂，不过它们都可以用与、或、非组合成的复合逻辑来实现。最常见的复合逻辑运算有与非、或非、与或非、异或、同或逻辑等。图 1-4 给出了这些复合逻辑运算的图形符号及运算符号，表 1-4 至表 1-8 是它们的真值表。

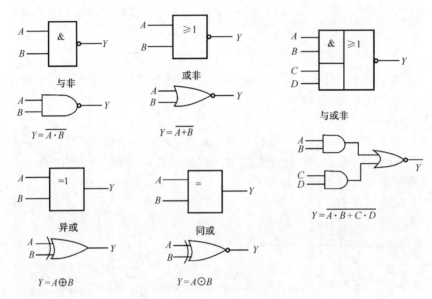

图 1-4　复合逻辑的图形符号和运算符号

表 1-4　与非逻辑的真值表

A	B	Y
0	0	1
0	1	1
1	0	1
1	1	0

表 1-5　或非逻辑的真值表

A	B	Y
0	0	1
0	1	0
1	0	0
1	1	0

表 1-6　与或非逻辑的真值表

A	B	C	D	Y
0	0	0	0	1
0	0	0	1	1
0	0	1	0	1

续表

A	B	C	D	Y
0	0	1	1	0
0	1	0	0	1
0	1	0	1	1
0	1	1	0	1
0	1	1	1	0
1	0	0	0	1
1	0	0	1	1
1	0	1	0	1
1	0	1	1	0
1	1	0	0	0
1	1	0	1	0
1	1	1	0	0
1	1	1	1	0

表 1-7　异或逻辑的真值表

A	B	Y
0	0	0
0	1	1
1	0	1
1	1	0

表 1-8　同或逻辑的真值表

A	B	Y
0	0	1
0	1	0
1	0	0
1	1	1

　　在与非逻辑中，将 A、B 先进行与运算，然后将结果求反，最后得到的即 A、B 的与非运算结果，因此与非运算看做是与运算和非运算的组合。图 1-4 中图形符号上的小圆圈表示非运算。同样，或非逻辑是或运算和非运算的组合。

　　在与或非逻辑中，A、B 之间以及 C、D 之间都首先是与的关系，然后把它们与运算的结果进行或运算，最后再进行非运算。因此，只要 A、B 或 C、D 任何一组同时为 1，Y 就是 0；只有当每一组输入都不全是 1 时，输出 Y 才是 1。

　　异或是这样一种逻辑关系：当 A、B 不同时，输出 Y 为 1；当 A、B 相同时，输出 Y 为 0。异或也可以用与、或、非的组合表示：

$$A \oplus B = A \cdot \overline{B} + \overline{A} \cdot B$$

　　同或与异或相反，当 A、B 相同时，输出 Y 等于 1；当 A、B 不同时，输出 Y 等于 0。同或也可以写成与、或、非的组合形式：

$$A \odot B = A \cdot B + \overline{A} \cdot \overline{B}$$

而且，由表 1-7 和表 1-8 可知，异或和同或互为反运算，即：

$$A \odot B = \overline{A \oplus B}; \qquad \overline{A \odot B} = A \oplus B$$

1.2　逻辑代数的公式和定理

1.2.1　逻辑代数的基本公式和常用公式

1. 基本公式

逻辑代数的基本公式也叫布尔恒等式，它们反映了逻辑代数运算的基本规律，其正确性都可以用列逻辑真值表的方法加以验证。

（1）常量与变量关系公式

$$A \cdot 1 = A, \ A \cdot 0 = 0, \ A + 1 = 1, \ A + 0 = A, \ A \cdot \overline{A} = 0$$

（2）变量之间关系公式

交换律：$A \cdot B = B \cdot A$，$A + B = B + A$，$A + \overline{A} = 1$

结合律：$(A \cdot B) \cdot C = A \cdot (B \cdot C)$，$(A + B) + C = A + (B + C)$

分配律：$A \cdot (B + C) = A \cdot B + A \cdot C$，$A + B \cdot C = (A + B) \cdot (A + C)$

互补律：$A + \overline{A} = 1$，$A \cdot \overline{A} = 0$

重叠律：$A + A = A$，$A \cdot A = A$

还原律：$\overline{\overline{A}} = A$

反演律（德·摩根定律）：$\overline{A \cdot B} = \overline{A} + \overline{B}$，$\overline{A + B} = \overline{A} \cdot \overline{B}$

2. 常用公式

逻辑代数的常用公式是利用基本公式导出的，在逻辑函数的化简中可直接运用。

（1）$A + A \cdot B = A$，$A \cdot (A + B) = A$

证：$A + A \cdot B = A(1 + B) = A$

可见，在两个乘积项相加时，若其中一项以另一项为因子，则该项是多余的，可以删去。

（2）$A + \overline{A} \cdot B = A + B$

证：$A + \overline{A} \cdot B = (A + \overline{A}) \cdot (A + B) = A + B$

可见，在两个乘积项相加时，若一项取反后是另一项的因子，则此因子是多余的，可以消去。

（3）$A \cdot B + A \cdot \overline{B} = A$

证：$A \cdot B + A \cdot \overline{B} = A(B + \overline{B}) = A \cdot 1 = A$

可见，当两个乘积项相加时，若它们分别含有 B 和 $\overline{B}$ 两个因子而其他因子相同，则两项定能合并，且可将 B 和 $\overline{B}$ 两个因子消去。

（4）$A \cdot (A + B) = A$

证：$A \cdot (A + B) = A \cdot A + A \cdot B = A + A \cdot B = A \cdot (1 + B) = A \cdot 1 = A$

可见，变量 A 与包含变量 A 的或式相乘时，其结果等于 A，即可以将或式消去。

（5）$A \cdot B + \overline{A} \cdot C + B \cdot C = A \cdot B + \overline{A} \cdot C$

证：
$$A \cdot B + \overline{A} \cdot C + B \cdot C = A \cdot B + \overline{A} \cdot C + (A + \overline{A})B \cdot C$$
$$= A \cdot B + \overline{A} \cdot C + A \cdot B \cdot C + \overline{A} \cdot B \cdot C$$
$$= A \cdot B(1 + C) + \overline{A} \cdot C(1 + B)$$
$$= A \cdot B + \overline{A} \cdot C$$

可见，若两个乘积项中分别包含有因子 A 和 $\overline{A}$，而这两个乘积项的其他因子都是第三个乘积项（可含其他因子）的因子时，则第三个乘积项是多余的，可以消去。

（6）$A \cdot \overline{A \cdot B} = A \cdot \overline{B}$；$\overline{A} \cdot \overline{A \cdot B} = \overline{A}$

证：① $A \cdot \overline{A \cdot B} = A \cdot (\overline{A} + \overline{B}) = A \cdot \overline{A} + A \cdot \overline{B} = A \cdot \overline{B}$

上式说明，当 A 和一个乘积项的非相乘，且 A 为该乘积项的因子时，则 A 这个因子可以消去。

② $\overline{A} \cdot \overline{A \cdot B} = \overline{A} \cdot (\overline{A} + \overline{B}) = \overline{A} + \overline{A} \cdot \overline{B} = \overline{A}$

上式说明，当 $\overline{A}$ 和一个乘积项的非相乘，且 A 为该乘积项的因子时，其结果就等于 $\overline{A}$。

1.2.2　逻辑代数的基本定理

1．代入定理

在任何一个含有某个变量的等式中，若用另外一个逻辑式代入式中所有这个变量的位置，等式仍然成立，这就是所谓的代入定理。

因为任何一个逻辑式和逻辑变量一样，只有 0 和 1 两种可能取值，所以用一个函数式取代某个变量，等式自然成立。

代入定理可将逻辑代数中的基本公式和常用公式推广为多变量的形式。

例 1.1　用代入定理证明德·摩根定理的多变量情况。

解　已知二变量的德·摩根定理为
$$\overline{A \cdot B} = \overline{A} + \overline{B}, \quad \overline{A + B} = \overline{A} \cdot \overline{B}$$

现以$(B \cdot C)$代入左边等式中B的位置,同时以$(B+C)$代入右边等式中B的位置,可得到

$$\overline{A \cdot (B \cdot C)} = \overline{A} + \overline{(B \cdot C)} = \overline{A} + \overline{B} + \overline{C}$$

$$\overline{A + (B+C)} = \overline{A} \cdot \overline{(B+C)} = \overline{A} \cdot \overline{B} \cdot \overline{C}$$

2. 反演定理

对于任意一个逻辑式Y,若将其中所有的"$\cdot$"换成"+","+"换成"$\cdot$",0换成1,1换成0,原变量换成反变量,反变量换成原变量,则得到的结果就是$\overline{Y}$,这就是所谓的反演定理。

反演定理为求取已知逻辑式的反逻辑式提供了方便。在使用反演定理时还需注意遵循以下两个规则:

(1)仍需遵守原逻辑式"先括号、然后乘、最后加"的运算优先次序;

(2)不属于单个变量上的非号应保留不变。

例 1.2 已知$Y_1 = A \cdot \overline{B} + \overline{C} \cdot D$,$Y_2 = AB + \overline{C + \overline{D}B} + \overline{BC}$,求$\overline{Y_1}$和$\overline{Y_2}$。

解 根据反演定理可写出:

$$\overline{Y_1} = (\overline{A} + B) \cdot (C + \overline{D})$$

$$\overline{Y_2} = (\overline{A} + \overline{B}) \cdot \overline{\overline{C} \cdot (D + \overline{B})} \cdot \overline{\overline{B} + \overline{C}}$$

3. 对偶定理

若两逻辑式相等,则它们的对偶式也相等,这就是对偶定理。

所谓对偶式是这样定义的:对于任何一个逻辑式Y,若将其中的"$\cdot$"换成"+","+"换成"$\cdot$",0换成1,1换成0,则得到一个新的逻辑式Y',这个Y'就叫做Y的对偶式,或者说Y和Y'互为对偶式。

利用对偶定理,有时可简化证明:为了证明两个逻辑式相等,可以通过证明它们的对偶式相等来完成。

例 1.3 试证明$A + BC = (A+B)(A+C)$。

解 首先写出等式两边的对偶式,得到$A(B+C)$和$AB + AC$。根据基本公式中的分配律可知,这两个对偶式是相等的,亦即$A(B+C) = AB + AC$。由对偶定理即可以确定原来的等式也成立。

1.3 逻辑函数及其表示方式

在实际问题中,往往是用"与"、"或"、"非"这三种逻辑运算符号把有关的逻辑变量连接起来,以构成一定的逻辑关系。如果以代表原因和条件的逻辑变量作为输入,以结果变量作为输出,那么,当输入逻辑变量如A、B、C、…的值确

定后，其输出变量的值也就被唯一地确定了，即 Y 与 A、B、C、$\cdots$ 之间构成了函数关系，则称 Y 为 A、B、C、$\cdots$ 的逻辑函数，记做

$$Y = F(A,B,C,\cdots)$$

即用一个逻辑函数表达式来表示。由于变量和输出的取值只有 0、1 两种状态，所以我们所讨论的都是二值逻辑函数。

任何一个具体的因果关系都可以用一个逻辑函数来描述。

1.3.1　逻辑函数的表示方法

常用的逻辑函数表示方法有逻辑真值表（简称真值表）、逻辑函数式、逻辑图和卡诺图等。本节只介绍前面三种方法。

1. 逻辑真值表

将输入变量所有的取值组合所对应的输出值找出来，列成表格，即可得到真值表。

例如图 1-5 是楼上楼下都可控制的楼梯照明灯电路。单刀双掷开关 A 装在楼上，B 装在楼下。设开关向上合为 1，向下合为 0；灯 Y 亮为 1，灯灭为 0。根据电路的工作原理不难知道，只有 A、B 同时为 1 或同时为 0 时，Y 才等于 1；否则 Y 等于 0。于是可以列出电路的真值表 1-9。

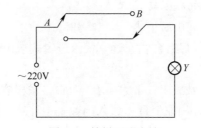

图 1-5　楼梯照明电路

表 1-9　图 1-5 电路的真值表

A	B	Y
0	0	1
0	1	0
1	0	0
1	1	1

2. 逻辑函数式

把输出与输入之间的逻辑关系写成与、或、非等运算的组合式，即得到了该逻辑关系的逻辑函数式。在图 1-5 电路中，灯 Y 的状态（亮与灭）是开关 A、B

状态（向上合与向下合）的函数，根据对电路功能的要求和与、或、非的逻辑定义，"A 和 B 同时向上合，或 A 和 B 同时向下合时，灯 Y 亮；否则灯 Y 灭"，因此得到的输出逻辑函数式为

$$Y = AB + \overline{A}\,\overline{B}$$

3. 逻辑图

将逻辑函数中各变量之间的与、或、非关系用图形符号表示出来，就可以画出表示函数关系的逻辑图。

为了画出图 1-5 所示电路的逻辑图，只要用逻辑运算的图形符号代替逻辑函数式中的代数运算符号便可得到图 1-6 所示的逻辑图。

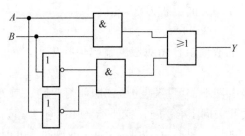

图 1-6　图 1-5 电路的逻辑图

4. 各种表示方法间的相互转换

（1）从逻辑函数式列出真值表

将输入变量取值的所有组合状态逐一代入逻辑式求出函数值，列成表，即可得到真值表。

例 1.4　已知逻辑函数式 $Y = \overline{A}BC + AC + \overline{B}C$，求出它对应的真值表。

解　将 A、B、C 的各种取值逐一代入函数式中计算 Y 的值，将计算的结果列表，即得表 1-10 的真值表。

表 1-10　例 1.4 的真值表

A	B	C	$\overline{A}BC$	AC	$\overline{B}C$	Y
0	0	0	0	0	0	0
0	0	1	0	0	1	1
0	1	0	0	0	0	0
0	1	1	1	0	0	1
1	0	0	0	0	0	0
1	0	1	0	1	1	1
1	1	0	0	0	0	0
1	1	1	0	1	0	1

（2）从逻辑函数式画出逻辑电路图

将逻辑函数式中所有的与、或、非运算符号用图形符号代替，并依据"先括号，然后乘，最后加"的运算优先顺序把这些图形符号连接起来，就可以画出逻辑图了。

例 1.5　已知逻辑函数 $Y = \overline{\overline{ABC} + A\overline{BC} + AB\overline{C}}$，画出对应的逻辑电路图。

解　将式中所有的与、或、非运算符号用图形符号代替，并依据运算的优先顺序把这些图形符号连接起来，就得到了图 1-7 的逻辑图。

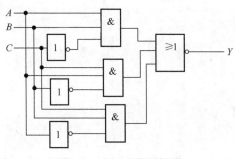

图 1-7　例 1.5 的逻辑图

（3）从逻辑图写出逻辑函数式

从输入端到输出端逐级写出每个图形符号对应的逻辑式，就可以得到最后的逻辑函数式了。

例 1.6　已知函数的逻辑图如图 1-8 所示。试写出它的逻辑函数式。

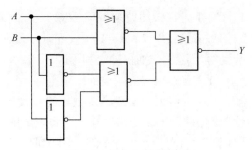

图 1-8　例 1.6 的逻辑图

解　从输入端 A、B 开始逐个写出每个图形符号输出端的逻辑式，即得到

$$Y = \overline{\overline{A+B} + \overline{\overline{A}+\overline{B}}}$$

将该式变换后可得

$$Y = \overline{\overline{A+B} + \overline{\overline{A}+\overline{B}}} = (A+B)(\overline{A}+\overline{B}) = \overline{A}B + A\overline{B} = A \oplus B$$

可见，输出 Y 和输入 A、B 之间是异或逻辑关系。

（4）从真值表写出逻辑函数式

例 1.7 已知一个奇偶判别函数的真值表如表 1-11 所示，试写出它的逻辑函数式。

表 1-11   例 1.7 的函数真值表

A	B	C	Y
0	0	0	0
0	0	1	0
0	1	0	0
0	1	1	$1\dots\rightarrow \overline{A}BC$
1	0	0	0
1	0	1	$1\dots\rightarrow A\overline{B}C$
1	1	0	$1\dots\rightarrow AB\overline{C}$
1	1	1	0

解 由真值表可见，只有当 A、B、C 三个输入变量中两个同时为 1 时，Y 才为 1。因此，在输入变量取值为以下 3 种情况时，Y 将等于 1：

$$A = 0, \ B = 1, \ C = 1$$
$$A = 1, \ B = 0, \ C = 1$$
$$A = 1, \ B = 1, \ C = 0$$

而当 $A = 0$、$B = 1$、$C = 1$ 时，必然使乘积项 $\overline{A}BC = 1$；当 $A = 1$、$B = 0$、$C = 1$ 时，必然使乘积项 $A\overline{B}C = 1$；而当 $A = 1$、$B = 1$、$C = 0$ 时，必然使乘积项 $AB\overline{C} = 1$，因此 Y 的逻辑函数式应当等于这 3 个乘积项之和，即：

$$Y = \overline{A}BC + A\overline{B}C + AB\overline{C}$$

通过例 1.7 可以总结出从真值表写出逻辑函数式的一般方法如下：

①找出真值表中使逻辑函数 $Y = 1$ 的那些输入变量取值的组合；

②每组输入变量取值的组合对应一个乘积项，其中取值为 1 的写成原变量，取值为 0 的写成反变量；

③将这些乘积项相加，即得 Y 的逻辑函数式。

1.3.2   逻辑函数的标准形式

逻辑函数的标准形式包括"最小项之和"和"最大项之积"两种形式。它们分别由最小项和最大项构成。

1. 最小项的概念及其性质

（1）最小项

在 n 变量的逻辑函数中，若 m 是包含 n 个因子的乘积项，这 n 个变量均以原变量或反变量的形式在 m 中出现一次，且仅出现一次，则称 m 为这组变量的最小项。

在最小项中，变量可以是原变量的形式，也可以是反变量的形式，因此 n 个变量就有 2^n 个最小项。例如 A、B、C 三个变量的最小项有 $\overline{A}\overline{B}\overline{C}$、$\overline{A}\overline{B}C$、$\overline{A}B\overline{C}$、$\overline{A}BC$、$A\overline{B}\overline{C}$、$A\overline{B}C$、$AB\overline{C}$、$ABC$ 共 8（2^3）个最小项。

输入变量的每一组取值都使对应的一个最小项逻辑值等于 1。例如在 3 变量 A、B、C 的最小项中，当 $A=1$，$B=1$，$C=0$ 时，使 $AB\overline{C}=1$。如果把 $AB\overline{C}$ 的取值 110 看做一个二进制数，那么它所对应的十进制数就是 6。为了今后使用的方便，将 $AB\overline{C}$ 这个最小项记做 m_6。按照这一约定，依次类推，可列出三变量最小项编号表，如表 1-12 所示。

表 1-12　三变量最小项的编号表

最小项	使最小项为 1 的变量取值			对应的十进制数	编号
	A	B	C		
$\overline{A}\overline{B}\overline{C}$	0	0	0	0	m_0
$\overline{A}\overline{B}C$	0	0	1	1	m_1
$\overline{A}B\overline{C}$	0	1	0	2	m_2
$\overline{A}BC$	0	1	1	3	m_3
$A\overline{B}\overline{C}$	1	0	0	4	m_4
$A\overline{B}C$	1	0	1	5	m_5
$AB\overline{C}$	1	1	0	6	m_6
ABC	1	1	1	7	m_7

（2）最小项的性质

从最小项的定义出发，可以证明最小项具有如下重要性质：

① 在输入变量的任何取值下必有一个最小项，而且仅有一个最小项的值为 1。

② 全体最小项之和为 1。

③ 任意两个最小项的乘积为 0。

④ 具有逻辑相邻性的两个最小项之和可以合并成一项并消去一对因子。

若两个最小项只有一个因子不同，则称这两个最小项具有逻辑相邻性。例如 $AB\overline{C}$ 和 $\overline{A}B\overline{C}$ 两个最小项仅第一个因子不同，所以它们具有逻辑相邻性。将这两个最小项相加时，定能合并成一项并将那一对不同的因子消去。

$$AB\overline{C} + \overline{A}B\overline{C} = (A + \overline{A})B\overline{C} = B\overline{C}$$

2．逻辑函数的最小项之和形式

利用 $A + \overline{A} = 1$ 可以把任何一个逻辑函数化为最小项之和的标准形式。这种标准形式在计算机辅助分析和设计中得到了广泛的应用。

例 1.8　将下列逻辑函数展开为最小项之和的形式。

① $Y_1 = AB + B\overline{C}$

② $Y_2 = \overline{A}BC + AB\overline{C}\overline{D} + CD$

解　$Y_1 = AB + \overline{B}C = AB(\overline{C} + C) + (\overline{A} + A)B\overline{C}$

$\qquad = ABC + AB\overline{C} + AB\overline{C} + \overline{A}B\overline{C} = \sum_i m_i \quad (i = 2, 6, 7)$

$Y_2 = \overline{A}BC + AB\overline{C}D + CD = \overline{A}BC(\overline{D} + D) + AB\overline{C}D + (\overline{A} + A)(\overline{B} + B)CD$

$\qquad = \overline{A}BCD + \overline{A}BC\overline{D} + AB\overline{C}D + ABCD + \overline{A}BCD + A\overline{B}CD + \overline{A}\overline{B}CD$

$\qquad = m_7 + m_6 + m_{12} + m_{15} + m_{11} + m_3 = \sum_i m_i \quad (i = 3, 6, 7, 11, 12, 15)$

3．最大项的概念及其性质

（1）最大项

在 n 变量的逻辑函数中，若 M 为 n 个变量之和，而且这 n 个变量均以原变量或反变量的形式在 M 中出现一次，且仅出现一次，则称 M 为这组变量的最大项。

例如 A、B、C 三个变量的最大项有 $\overline{A} + \overline{B} + \overline{C}$、$\overline{A} + \overline{B} + C$、$\overline{A} + B + \overline{C}$、$\overline{A} + B + C$、$A + \overline{B} + \overline{C}$、$A + \overline{B} + C$、$A + B + \overline{C}$、$A + B + C$ 共 8（2^3）个最大项。对于 n 个变量则有 2^n 个最大项。可见，n 变量的最大项数目和最小项数目是相等的。

输入变量的每一组取值都使对应的一个最大项的逻辑值等于 0。例如在 3 变量 A、B、C 的最大项中，当 $A = 1$，$B = 0$，$C = 1$ 时，使 $\overline{A} + B + \overline{C} = 0$。若将使最大项为 0 的 ABC 取值看做一个二进制数，并以其对应的十进制数给最大项编号，则（$\overline{A} + B + \overline{C}$）可记做 M_5。由此得到三变量最大项编号表，如表 1-13 所示。

（2）最大项的性质

根据最大项的定义同样也可以得到它的主要性质，这就是：

①在输入变量的任一取值下必有一个最大项，而且仅有一个最大项的值为 0。

②全体最大项之积为 0。

③任意两个最大项之和为 1。

④只有一个变量不同的两个最大项的乘积等于各相同变量之和。

表 1-13　3 变量最大项的编号表

最大项	使最大项为 0 的变量取值			对应的十进制数	编号
	A	B	C		
$A+B+C$	0	0	0	0	M_0
$A+B+\overline{C}$	0	0	1	1	M_1
$A+\overline{B}+C$	0	1	0	2	M_2
$A+\overline{B}+\overline{C}$	0	1	1	3	M_3
$\overline{A}+B+C$	1	0	0	4	M_4
$\overline{A}+B+\overline{C}$	1	0	1	5	M_5
$\overline{A}+\overline{B}+C$	1	1	0	6	M_6
$\overline{A}+\overline{B}+\overline{C}$	1	1	1	7	M_7

如果将表 1-12 和表 1-13 加以对比则可发现，最大项和最小项之间存在如下关系

$$M_i = \overline{m_i} \qquad (1.1)$$

4. 逻辑函数的最大项之积形式

可以证明，任何一个逻辑函数都可以化为最大项之积的标准形式。

上面已经证明，任何一个逻辑函数皆可化为最小项之和的形式。同时，从最小项的性质又知道全部最小之和为 1。由此可见，若给定逻辑函数为 $Y = \sum m_i$，则 $\sum m_i$ 以外的那些最小项之和必为 $\overline{Y}$，即

$$\overline{Y} = \sum_{k \neq i} m_k \qquad (1.2)$$

故得到

$$Y = \overline{\sum_{k \neq i} m_k} \qquad (1.3)$$

利用反演定理可将上式变换为最大项乘积的形式

$$Y = \prod_{k \neq i} \overline{m_k} = \prod_{k \neq i} M_k \qquad (1.4)$$

这就是说，如果已知逻辑函数为 $Y = \sum m_i$ 时，定能将 Y 化成编号为 i 以外的那些最大项的乘积。

例 1.9　试将逻辑函数 $Y = AB + B\overline{C}$ 化为最大项之积的标准形式。

解　前面已经得到了它的最小项之和形式为

$$Y = \sum_i m_i \quad (i = 2,6,7)$$

根据式（1.4）可得

$$Y = \prod_{k \neq i} M_k = M_0 \cdot M_1 \cdot M_3 \cdot M_4 \cdot M_5$$

$$= (A+B+C) \cdot (A+B+\overline{C}) \cdot (A+\overline{B}+\overline{C}) \cdot (\overline{A}+B+C) \cdot (\overline{A}+B+\overline{C})$$

1.4 逻辑函数的公式化简法

1.4.1 最简逻辑式的概念

一个具体的问题经过逻辑抽象得到的逻辑函数表达式，不一定是最简单的逻辑表达式。在进行逻辑运算时往往会看到，同一个逻辑函数可以写成不同的逻辑表达式，而这些逻辑表达式的简繁程度往往相差甚远。逻辑表达式越是简单，它所表示的逻辑关系越明显，同时也有利于用最少的电子器件实现这个逻辑函数。因此，通常需要通过化简的手段找出逻辑函数的最简形式。

例如有两个逻辑函数：

$$Y = \overline{A}B\overline{C} + \overline{A}BC + ABC \tag{1.5}$$

$$Y = \overline{A}B + BC \tag{1.6}$$

将它们的真值表列出后可知，它们是同一个逻辑函数。显然下式比上式简单得多。

式（1.5）和式（1.6）都是由几个乘积项相加组成的，我们把这种形式的逻辑式称为与－或逻辑式，或叫做逻辑函数的"积之和"形式。

在与－或逻辑式中，若其中包含的乘积项已经最少，而且每个乘积项里的因子也不能再减少时，则称此逻辑函数式为最简形式。

化简逻辑函数的目的就是要消去多余的乘积项和每个乘积项中多余的因子，以得到逻辑函数的最简形式。

一个逻辑函数的乘积项少，表明电路所需元器件少；而每个乘积项中的因子少，表明电路的连线少。这样不但降低了电路的成本，又提高了设备的可靠性。所以，简化逻辑函数是逻辑设计中的重要步骤。

1.4.2 逻辑函数的公式化简法

逻辑函数的公式化简法，就是反复利用逻辑代数的基本公式和常用公式消去函数式中多余的乘积项和多余的因子，以求得函数式的最简形式。

公式化简法没有固定的步骤，现将经常使用的方法归纳如下。

1. 并项法

利用公式 $AB + A\overline{B} = A$，可以将两项合并为一项，并消去 B 和 $\overline{B}$ 这一对因子。而且，根据代入定理可知，A 和 B 都可以是任何复杂的逻辑式。

例 1.10　试用并项法化简下列逻辑函数：

$$Y_1 = \overline{A}BC + AC + \overline{B}C$$

$$Y_2 = \overline{A}BCD + \overline{\overline{A}BC}D$$

解　$Y_1 = \overline{A}BC + AC + \overline{B}C = \overline{A}BC + (A + \overline{B})C = \overline{A}BC + \overline{\overline{A}B}C = C$

$Y_2 = \overline{A}BCD + \overline{\overline{A}BC}D = (\overline{A}BC + \overline{\overline{A}BC})D = D$

2. 吸收法

利用公式 $A + AB = A$ 可以将 AB 消去，A 和 B 同样也可以是任何一个复杂的逻辑式。

例 1.11　试用吸收法化简下列逻辑函数：

$$Y_1 = A\overline{B} + A\overline{B}D + A\overline{B}\overline{C}D$$

$$Y_2 = \overline{AB} + \overline{A}CD + \overline{B}CD + \overline{B}CDEF$$

解　$Y_1 = A\overline{B} + A\overline{B}D + A\overline{B}\overline{C}D = A\overline{B}(1 + D + \overline{C}D) = A\overline{B}$

$Y_2 = \overline{AB} + \overline{A}CD + \overline{B}CD + \overline{B}CDEF = \overline{A} + \overline{B} + \overline{A}CD + \overline{B}CD = \overline{A} + \overline{B}$

3. 消项法

利用 $AB + \overline{A}C + BC = AB + \overline{A}C$ 及 $AB + \overline{A}C + BCD = AB + \overline{A}C$ 将项 BC 及 BCD 消去。其中 A、B、C、D 都可以是任何复杂的逻辑式。

例 1.12　用消项法化简下列逻辑函数：

$$Y_1 = \overline{A}BC + \overline{\overline{A}B}D + CDEF$$

$$Y_2 = ABC + \overline{A}\overline{B}C + A\overline{B}D + \overline{A}BD + \overline{A}BCD + BCD\overline{E}$$

解　$Y_1 = \overline{A}BC + \overline{\overline{A}B}D + CDEF = \overline{A}BC + \overline{\overline{A}B}D$

$= \overline{A}BC + (A + \overline{B})D = \overline{A}BC + AD + \overline{B}D$

$Y_2 = ABC + \overline{A}\overline{B}C + A\overline{B}D + \overline{A}BD + \overline{A}BCD + BCD\overline{E}$

$= (AB + \overline{A}\overline{B})C + (A\overline{B} + \overline{A}B)D + BCD(\overline{A} + \overline{E})$

$= (\overline{A \oplus B})C + (A \oplus B)D + CD(B\overline{AE})$

$= (\overline{A \oplus B})C + (A \oplus B)D$

4. 配项法

利用公式 $A + A = A$ 可以在逻辑函数式中重复写入某一项，有时能获得更加简单的结果；利用公式 $A + \overline{A} = 1$ 可以在函数式中的某一项乘以 $(A + \overline{A})$，然后拆成两项分别与其他项合并，有时能得到更加简单的化简结果。

例 1.13　试化简下列逻辑函数：

$$Y_1 = AB\overline{C} + \overline{A}BC + ABC$$

$$Y_2 = \overline{AB} + \overline{BC} + BC + AB$$

解　$Y_1 = AB\overline{C} + \overline{A}BC + ABC = (AB\overline{C} + ABC) + (\overline{A}BC + ABC) = AB + BC$

$\quad Y_2 = \overline{AB} + \overline{BC} + BC + AB$

$\quad\quad = \overline{AB}(C + \overline{C}) + \overline{BC} + (A + \overline{A})BC + AB$

$\quad\quad = \overline{AB}C + \overline{ABC} + \overline{BC} + ABC + \overline{A}BC + AB$

$\quad\quad = AB + \overline{BC} + \overline{A}C(B + \overline{B})$

$\quad\quad = AB + \overline{BC} + \overline{A}C$

5. 消去因子法

利用公式 $A + \overline{A}B = A + B$ 可将 $\overline{A}B$ 中的 $\overline{A}$ 消去。A、B 均可以是任何复杂的逻辑式。

例 1.14　试用消因子法化简下列逻辑函数：

$$Y_1 = \overline{A} + ABC$$

$$Y_2 = AB + \overline{A}C + \overline{B}C$$

解　$Y_1 = \overline{A} + ABC = \overline{A} + BC$

$\quad Y_2 = AB + \overline{A}C + \overline{B}C = AB + (\overline{A} + \overline{B})C = AB + \overline{AB}C = AB + C$

在化简复杂的逻辑函数时，往往需要灵活、交替地综合运用上述方法，才能得到最后的化简结果。

例 1.15　化简逻辑函数：

$$Y = B\overline{C} + AB\overline{C}E + \overline{B}(\overline{\overline{AD} + AD}) + B(\overline{A}D + A\overline{D})$$

解　$Y = B\overline{C} + AB\overline{C}E + \overline{B}(\overline{\overline{AD} + AD}) + B(\overline{A}D + A\overline{D})$

$\quad\quad = B\overline{C}(1 + AE) + \overline{B}(\overline{\overline{A \oplus D}}) + B(A \oplus D)$

$\quad\quad = B\overline{C} + A \oplus D$

1.5　逻辑函数的卡诺图化简

用公式法化简逻辑函数时，往往需要一定的经验技巧，而且对结果是否为最简需具备一定的判断力，规律性不强。当变量不多时，采用卡诺图法化简逻辑函数则比较直观。

1.5.1　逻辑函数的卡诺图表示法

1. 卡诺图的构成

将 n 变量逻辑函数的全部最小项各用一个小方块表示，并使具有逻辑相邻性的最小项在几何位置上也相邻地排列起来，所得到的图形称为 n 变量的卡诺图。它的得名来自于它的提出者——美国工程师卡诺（Karnaugh）。卡诺图也是逻辑函数的一种表示方法。

图 1-9（a）、（b）、（c）、（d）分别为二到五变量的卡诺图。相应的最小项可用变量的标准积来标出，也可以用最小项 m_i 来标出。

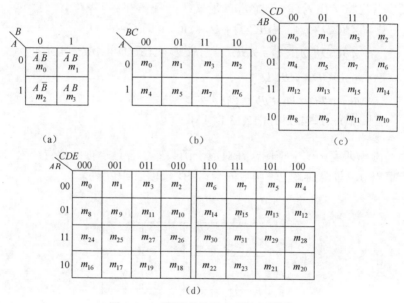

图 1-9　二到五变量最小项的卡诺图

图形两侧标注的 0 和 1 表示使对应小方格内的最小项为 1 的变量取值。同时，这些 0 和 1 组成的二进制所对应的十进制数大小也就是对应最小项的编号。

为了保证图中几何位置相邻的最小项在逻辑上也具有相邻性，在制作卡诺图时要特别注意变量组合值的排列规则。其原则是，每行（列）与相邻行（列）之间的变量组合值中，仅有一个变量发生变化（0→1 或 1→0）。相邻行（列）是指上下及左右相邻，也包括紧靠上下两边及紧靠左右两边的行、列相邻。因此，从几何位置上应当把卡诺图看成是上下、左右闭合的图形。

综上所述，卡诺图的特点是：n 个变量的卡诺图具有 2^n 个小方块，它们分别

与 2^n 个最小项相对应。相邻两个小方块中变量仅有一个发生变化,其他的都相同;反过来,仅有一个变量发生变化的小方块是相邻的小方块。

2. 逻辑函数的卡诺图表示

既然任何一个逻辑函数都能表示为若干最小项之和的形式,那么自然也就可以设法用卡诺图来表示任意一个逻辑函数。具体方法是首先把逻辑函数化为最小项之和的形式,然后在卡诺图上与这些最小项对应的位置填入 1,其余位置上填入 0,就得到了表示该逻辑函数的卡诺图。也就是说,任何一个逻辑函数都等于它的卡诺图中填入 1 的那些最小项之和。

例 1.16 用卡诺图表示下列逻辑函数:

$$Y = ABC\overline{D} + B\overline{C} + AD$$

解 首先将 Y 化为最小项之和的形式:

$$Y = ABC\overline{D} + (A + \overline{A})B\overline{C}(D + \overline{D}) + A(B + \overline{B})(C + \overline{C})D$$

$$= ABC\overline{D} + AB\overline{C}D + \overline{A}B\overline{C}D + \overline{A}B\overline{C}\,\overline{D} + AB\overline{C}\,\overline{D} + ABCD + A\overline{B}CD$$

$$+ AB\overline{C}D + A\overline{B}\,\overline{C}D$$

$$= m_{14} + m_{13} + m_5 + m_4 + m_{12} + m_{15} + m_{11} + m_9$$

$$= \sum_i m_i \, (i = 4, 5, 9, 11, 12, 13, 14, 15)$$

然后画出四变量的卡诺图,在对应于函数式中各最小项的位置填入 1,其余位置上填入 0,即得到该逻辑函数的卡诺图,如图 1-10 所示。

AB＼CD	00	01	11	10
00	0	0	0	0
01	1	1	0	0
11	1	1	1	1
10	0	1	1	0

图 1-10 例 1.16 的卡诺图

1.5.2 用卡诺图化简逻辑函数

利用卡诺图化简逻辑函数的方法称为卡诺图化简法或图形化简法。化简的基本方法是合并相邻最小项,并消去不同的因子。从卡诺图的结构可知,由于在卡诺图中几何位置的相邻性与逻辑上的相邻性是一致的,因而相邻小方块所对应的最小项只有一个变量发生变化，其余取值相同。因此，利用公式 $AB + A\overline{B} = A$ 可把卡诺图上相邻小方块所对应的最小项合并为一个乘积项，并消去互补的变量因子。

1. 合并最小项的规则

①若两个最小项相邻，则可合并为一项并消去一对因子。合并后的结果中只剩下公共因子。

②若四个最小项相邻并排列成一个矩形（或正方形）组，则可合并为一项并消去两对因子。合并后的结果中只包含公共因子。

③若八个最小项相邻并排列成一个矩形（或正方形）组，则可合并为一项并消去三对因子。合并后的结果中只包含公共因子。

例如，已知某四变量的卡诺图如图 1-11 所示。由图可见，m_2 和 m_{10} 是两个逻辑值为 1 的上下相邻最小项，这两个最小项 $\overline{A}B\overline{C}D$ 及 $AB\overline{C}D$ 之间只有 A 变量发生变化（互补），可将其圈起来，作为一方格圈，合并后将 A 和 $\overline{A}$ 这一对因子消去，只剩下公共因子 $\overline{B}C\overline{D}$。

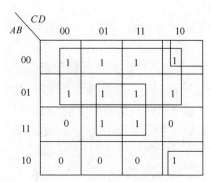

图 1-11 相邻最小项合并举例

m_5、m_7、m_{13} 和 m_{15} 是 4 个逻辑值为 1 的相邻最小项，合并后得到

$$\overline{A}B\overline{C}D + \overline{A}BCD + AB\overline{C}D + ABCD = \overline{A}BD(\overline{C} + C) + ABD(C + \overline{C})$$

$$= (A + \overline{A})BD = BD$$

可见，合并后消去了 A 和 $\overline{A}$、C 和 $\overline{C}$ 两对因子，只剩下公共因子 B 和 D。

同理，$m_0 \sim m_7$ 是八个逻辑值为 1 的相邻最小项，合并后得到结果为 $\overline{A}$。

至此，可以归纳出合并最小项的一般规则是：如果有 2^n 个最小项相邻（$n = 1, 2, \cdots$）并排列成一个矩形组，则它们可以合并为一项，并消去 n 对因子，合并后的结果中仅包含这些最小项的公共因子。

2. 卡诺图化简法的步骤

用卡诺图化简逻辑函数可以按照如下步骤进行：

①将函数化为最小项之和的形式；

②画出表示该逻辑函数的卡诺图；

③找出可以合并的最小项（画方格圈）；

④得到化简后的乘积项及其逻辑或的结果。

方格圈的选取原则是：

（1）用卡诺图化简逻辑函数时，每一个最小项（也就是填有 1 的小方块）必须被圈，不能遗漏。

（2）某一个最小项可以多次被圈，但每次被圈时，圈内至少包含一个新的最小项。

（3）圈越大，则消去的变量越多，合并项越简单。圈内小方块的个数应是 $N = 2^i \, (i = 0,1,2,\cdots)$。

（4）合并时应检查是否最简。即在保证乘积项最少的前提下，各乘积项变量的因子应最少。在卡诺图上乘积项最少也就是可合并的最小项组成的方格圈数目最少，而各乘积项的因子最少也就是每个可合并的最小项方格圈中应包含尽可能多的最小项。

（5）有时用圈 0 的方法更简便，但得到的化简结果是原函数的反函数。

例 1.17 用卡诺图化简法将下式化简为最简与－或函数式：

$$Y = \overline{AB} + A\overline{B} + B\overline{C} + \overline{B}C$$

解 首先画出表示函数 Y 的卡诺图，如图 1-12 所示。

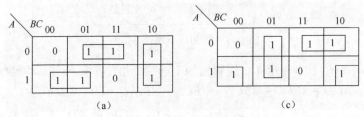

图 1-12 例 1.17 的卡诺图

其次，需要找出可以合并的最小项。将可以合并的最小项圈出，由图 1-12（a）和（b）可见，有两种合并最小项的方案。如果按 1-12（a）图合并最小项得到：

$$Y = A\overline{B} + \overline{A}C + B\overline{C}$$

而按图 1-12（b）合并最小项则得到：

$$Y = A\overline{C} + \overline{A}B + \overline{B}C$$

两个化简结果都符合最简与－或式的标准。因此有时一个逻辑函数化简结果不是唯一的。

例 1.18　用卡诺图化简法将下式化简为最简与－或函数式：

$$Y = \overline{ABCD} + BCD + \overline{AD} + A\overline{BCD}$$

解　首先画出表示函数 Y 的卡诺图，如图 1-13 所示。事实上，在填写 Y 的卡诺图时，并不一定要将 Y 化为最小项之和的形式。例如式中 $\overline{AD}$ 项，在填写 Y 的卡诺图时可以直接在卡诺图上对应 $A = 0$，$D = 1$ 的空格里填入 1。按照这种方法，就可以省去将 Y 化为最小项之和这一步骤了。

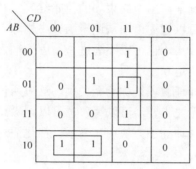

图 1-13　例 1.18 的卡诺图

然后，把可以合并的最小项圈出，并得到最简与－或函数式如下：

$$Y = \overline{AD} + BCD + A\overline{BC}$$

1.6　具有无关项的逻辑函数及其化简

1.6.1　逻辑函数的无关项

前面讨论的逻辑函数，对应任意一组输入变量值，函数都有确定的输出：或为 1，或为 0。若有 n 个输入变量，则其共有 2^n 个输入变量的组合值，然而，在实际情况中会遇到这样的逻辑函数：它有 n 个输入变量，但函数值仅取决于其中的 K 个组合值，而与（$2^n - K$）个组合值无关。有两种情况可使这（$2^n - K$）个组合值（最小项）不能给函数的输出以确定值。其一是输入变量的这（$2^n - K$）个组合值（最小项）在该逻辑函数中不会出现或不允许出现；其二是这（$2^n - K$）个组合值（最小项）出现时，对函数的输出值没有影响。

例如，用 8421BCD 码表示十进制的 10 个数字符号时，只有 0000，0001，…，1001 等 10 种组合有效，而 1010~1111 这 6 种组合是不会出现的。如用 $ABCD$ 表示此 8421BCD 码，则 $\overline{A}BC\overline{D}$、$\overline{A}BCD$、$AB\overline{C}\overline{D}$、$AB\overline{C}D$、$ABC\overline{D}$ 和 $ABCD$ 是与这种编码无关的组合。再如计算器的加法、减法、乘法三种运算（分别用 A、B、C 表示），任何时候只允许进行一种操作，不允许两种或三种操作同时进行，即只能是 000，001，010，100 四种情况之一，而 $\overline{A}BC$、$A\overline{B}C$、$AB\overline{C}$ 和 ABC 是被禁止的，这就是说 A、B、C 是一组具有约束的变量。

一般把逻辑函数的输出值中不会出现或不允许出现的最小项称为约束项。

有时还会遇到在输入变量的某些取值下逻辑函数的输出值是 0 还是 1 皆可，并不影响电路的功能。在这些变量取值下，其值等于 1 的那些最小项称为任意项。

在存在约束项的情况下，由于约束项的值始终等于 0，所以既可以把约束项写进逻辑函数式中，也可以把约束项从逻辑函数中删除而不影响函数值。同样，既可以把任意项写入函数式，也可以不写进去。因为输入变量的取值使这些任意项为 1 时，函数值是 1 还是 0 无所谓。

因此，又把约束项和任意项统称为无关项。这里所说的无关是指是否把这些最小项写入逻辑函数式无关紧要，可以写入也可以删除。

在填卡诺图时，无关项的小方块用×表示。在化简逻辑函数时既可以认为它是 1，也可以认为它是 0。

1.6.2 具有无关项的逻辑函数的化简

在利用卡诺图化简具有无关项的逻辑函数时，如果能合理利用这些无关项，一般都可以得到更加简单的结果。合并最小项时，究竟是把卡诺图上的×作为 1（即认为函数式中包含了这个最小项）还是作为 0（即认为函数式中不包含这个最小项）对待，应以得到的相邻最小项方格圈最大，而且以方格圈的数目最少为原则。

例 1.19 化简具有约束项的逻辑函数：

$$Y = \overline{A}\overline{B}CD + \overline{A}BC\overline{D} + \overline{A}BCD + A\overline{B}C\overline{D} + A\overline{B}C\overline{D} + A\overline{B}CD + ABC\overline{D} + ABCD$$

约束条件为：

$$\overline{A}\overline{B}\overline{C}D + \overline{A}B\overline{C}D + A\overline{B}\overline{C}\overline{D} = 0$$

解 画出函数 Y 的卡诺图，如图 1-14 所示。

由图可见，若将其中的约束项 m_3、m_7 看成 1，而 m_8 看成 0，则可将 m_2、m_3、m_6、m_7、m_{10}、m_{11}、m_{14} 和 m_{15} 合并为 C，将 m_1、m_3、m_5 和 m_7 合并为 $\overline{A}D$，于是得到

$$Y = C + \overline{A}D$$

例 1.20 试化简逻辑函数：

$$Y = \sum_i m_i (i = 0, 2, 4, 6, 8, 9, 10, 11, 12, 13, 14, 15)$$

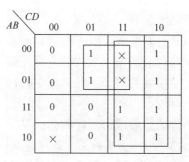

图 1-14　例 1.19 的卡诺图

已知约束条件为：

$$m_1 + m_5 = 0$$

解　首先画出函数 Y 的卡诺图，如图 1-15 所示。

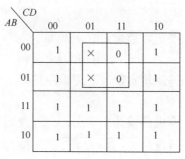

图 1-15　例 1.20 的卡诺图

由图可见，将×作为 0 处理，用圈 0 较方便，但化简结果得到的是 $\overline{Y}$，化简结果如下：

$$\overline{Y} = \overline{A}D$$

则
$$Y = A + \overline{D}$$

1.7　逻辑函数的变换与实现

1.7.1　逻辑函数的表达形式

前面我们所学习的逻辑函数的一般形式或最简形式通常都是以与－或的形式表达的，它需要使用与门和或门两种类型的器件。但是在实际应用的时候，有时只有一种类型的器件，或者是希望电路只用一种类型的器件来实现，以保证系统的经济性和可靠性。那么就需要对现有的与－或形式的逻辑函数进行变换，变换成所需要的其他形式的逻辑函数。

这些其他形式包括与非－与非式、或－与式、或非－或非式、与或非式等。它们对最简形式的定义也与对最简与－或式的定义一样，即函数式中相加的乘积项不能再减少，而且每项中相乘的因子不能再减少时，则函数式为最简形式。

1. 与－或式

与－或式的特点是先与运算后或运算，例如：

$$Y = AB + CD \tag{1.7}$$

与－或式用与逻辑和或逻辑实现，其逻辑图见图1-16（a）所示。

2. 与非－与非式

与非－与非式是逻辑电路设计中最常用的一种表达形式。例如：

$$Y = \overline{\overline{AB} \cdot \overline{CD}} \tag{1.8}$$

与非－与非式仅用与非逻辑实现，其逻辑图见图1-16（b）所示。

3. 或－与式

或－与式的特点是先或运算后与运算，例如：

$$Y = (A + B)(C + D) \tag{1.9}$$

或－与式用或逻辑和与逻辑实现，其逻辑图见图1-16（c）所示。

4. 或非－或非式

或非－或非式也是逻辑电路设计中常用的一种表达形式。例如：

$$Y = \overline{\overline{A + B} + \overline{C + D}} \tag{1.10}$$

或非－或非式仅用或非逻辑实现，其逻辑图见图1-16（d）所示。

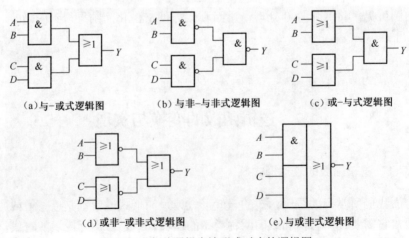

（a）与－或式逻辑图　　　（b）与非－与非式逻辑图　　　（c）或－与式逻辑图

（d）或非－或非式逻辑图　　　　（e）与或非式逻辑图

图1-16　各种逻辑表达形式对应的逻辑图

5. 与或非式

与或非式也是逻辑电路设计中常用的一种表达形式，其格式如下：

$$Y = \overline{AB + CD} \qquad\qquad （1.11）$$

与或非式直接用与或非逻辑实现，其逻辑图见图 1-16（e）所示。

1.7.2　逻辑函数的变换

通过逻辑函数的化简得到最简的与－或形式以后，可以通过公式变换得到其他类型的函数形式。

假设一个逻辑函数的最简与－或式是：

$$Y = AB + \overline{B}C$$

现在我们将它变换成其他形式的逻辑函数。

1. 与－或式变换为与非－与非式

与非－与非式可由与－或式按还原律两次取反后，再用德·摩根定律展开得到。

因此　　　　$$Y = AB + \overline{B}C = \overline{\overline{AB + \overline{B}C}} = \overline{\overline{AB} \cdot \overline{\overline{B}C}}$$

其中，$\overline{B}$ 也可由与非门实现。

2. 与－或式变换为或－与式

方法 1　根据逻辑函数的两种标准形式"最小项之和"和"最大项之积"之间的相互关系，可将与－或式变换为或－与式。

由 $Y = AB + \overline{B}C = AB(C + \overline{C}) + (A + \overline{A})\overline{B}C$

$$= \sum_i m_i (i = 1, 5, 6, 7) = \prod_{k \neq i} M_k = M_0 \cdot M_2 \cdot M_3 \cdot M_4$$

$$= (A + B + C) \cdot (A + \overline{B} + C) \cdot (A + \overline{B} + \overline{C}) \cdot (\overline{A} + B + C)$$

即可得或－与式。但这种方法得到的或－与式不一定为最简形式。

方法 2　根据对偶定理两次取对偶式来实现。

由 $Y = AB + \overline{B}C$ 得对偶式并展开：

$$Y' = (A + B) \cdot (\overline{B} + C) = A\overline{B} + AC + BC$$

再取对偶，　$Y = (Y')' = (A + \overline{B}) \cdot (A + C) \cdot (B + C)$

得到更简单的结果。

3. 与－或式变换为或非－或非式

或非－或非式可由或－与式按还原律两次取反后，再用德·摩根定理展开得到。因此，利用与－或式变换为或－与式后的结果可进一步得到或非－或非式。

$$Y = AB + \overline{B}C = (A + \overline{B}) \cdot (A + C) \cdot (B + C)$$

$$= \overline{\overline{(A + \overline{B}) \cdot (A + C) \cdot (B + C)}} = \overline{\overline{A + \overline{B}} + \overline{\overline{A + C}} + \overline{B + C}}$$

4. 与–或式变换为与或非式

先求逻辑函数"最小项之和"的形式，再求出反函数的与一或形式，最后取反，可得到原函数的与或非式。

因此

$$Y = AB + \overline{B}C = \sum_i m_i \, (i = 1, 5, 6, 7)$$

$$\overline{Y} = \sum_{k \neq i} m_k \, (k = 0, 2, 3, 4)$$

$$= \overline{A}\,\overline{B}\,\overline{C} + \overline{A}\,B\,\overline{C} + \overline{A}\,BC + A\overline{B}\,\overline{C} = \overline{A}B + \overline{B}\,\overline{C}$$

$$Y = \overline{\overline{A}B + \overline{B}\,\overline{C}}$$

是最简与或非式。

1.8　辅修内容

1.8.1　数制和码制

1. 数制

用数字量表示物理量的大小，仅用一位数码往往不够，因此经常需要用进位计数的方法组成多位数码使用。我们把多位数码中每一位的构成方法以及从低位到高位的进位规则称为数制。

在数字电路中经常使用的计数进制除了十进制以外，还经常使用二进制和十六进制。

（1）十进制

十进制是日常生活和工作中最常使用的进位计数制，在十进制中，每一位有0～9十个数码，所以计数的基数是10。超过9的数必须用多位表示，其中低位和高位之间的关系是"逢十进一"，故称为十进制。例如：

$$143.75 = 1 \times 10^2 + 4 \times 10^1 + 3 \times 10^0 + 7 \times 10^{-1} + 5 \times 10^{-2}$$

所以任意一个十进制数 D 均可展开为

$$D = \sum k_i \times 10^i \qquad\qquad (1.12)$$

其中 k_i 是第 i 位的系数，它可以是0～9这十个数码中的任何一个。若整数部分的位数是 n，小数部分的位数为 m，则 i 包含从 $n-1$ 到0的所有正整数和从-1到$-m$的所有负整数。

若以 N 取代式（1.12）中的10，即可得到任意进制（N 进制）数展开式的普

遍形式

$$D = \sum k_i \times N^i \tag{1.13}$$

式中 i 的取值与式（1.12）中的规定相同。N 称为计数的基数，k_i 为第 i 位的系数，N_i 称为第 i 位的权。

（2）二进制

目前在数字电路中应用最广的是二进制。在二进制数中，每一位仅有 0 和 1 两个可能的数码，所以计数基数为 2。低位和相邻高位间的进位关系是"逢二进一"，故称为二进制。

根据式（1.13），任何一个二进制数均可展开为

$$D = \sum k_i \times 2^i \tag{1.14}$$

$$(101.11)_2 = 1 \times 2^2 + 0 \times 2^1 + 1 \times 2^0 + 1 \times 2^{-1} + 1 \times 2^{-2} = (5.75)_{10}$$

上式中分别使用下脚注的 2 和 10 表示括号中的数是二进制数和十进制数。有时也用 B（Binary）和 D（Decimal）代替 2 和 10 这两个脚注。

（3）十六进制

十六进制数的每一位有 16 个不同的数码，分别用 0～9、A（10）、B（11）、C（12）、D（13）、E（14）、F（15）表示。因此，任意一个十六进制数均可展开为

$$D = \sum k_i \times 16^i \tag{1.15}$$

$$(2A.7F)_{16} = 2 \times 16^1 + 10 \times 16^0 + 7 \times 16^{-1} + 15 \times 16^{-2} = (42.4960937)_{10}$$

上式中的下脚注 16 表示括号里的数是十六进制，有时也有 H（Hexadecimal）代替这个脚注。

由于目前在微型计算机中普遍采用 8 位、16 位和 32 位二进制并行计算，而 8 位、16 位和 32 位的二进制数可以用 2 位、4 位和 8 位的十六进制数表示，因而用十六进制符号书写程序十分方便。

2. 数制转换

（1）二－十转换

把二进制数转换为等值的十进制数称为二－十转换。转换时只要将二进制数按式（1.14）展开，然后把所有各项的数值按十进制数相加，就可以得到等值的十进制数了。例如：

$$(1011.01)_2 = 1 \times 2^3 + 0 \times 2^2 + 1 \times 2^1 + 1 \times 2^0 + 0 \times 2^{-1} + 1 \times 2^{-2} = (11.25)_{10}$$

（2）十－二转换

所谓十－二转换，就是把十进制数转换成等值的二进制数。

首先讨论整数的转换。

假定十进制整数为$(S)_{10}$，等值的二进制数为$(k_n k_{n-1} \cdots k_0)_2$，则依式（1.14）可知

$$
\begin{aligned}
(S)_{10} &= k_n 2^n + k_{n-1} 2^{n-1} + \cdots + k_1 2^1 + k_0 2^0 \\
&= 2(k_n 2^{n-1} + k_{n-1} 2^{n-2} + \cdots + k_1) + k_0
\end{aligned}
\tag{1.16}
$$

上式表明，若将$(S)_{10}$除以 2，则得到的商为$k_n 2^{n-1} + k_{n-1} 2^{n-2} + \cdots + k_1$，而余数即$k_0$。

同理，将式（1.16）中的商除以 2 得到的新的商可写成：

$$
k_n 2^{n-1} + k_{n-1} 2^{n-2} + \cdots + k_1 = 2(k_n 2^{n-2} + k_{n-1} 2^{n-3} + \cdots + k_2) + k_1
\tag{1.17}
$$

由式（1.17）不难看出，若将$(S)_{10}$除以 2 所得的商再次除以 2，则所得余数即为k_1。

依此类推，反复将每次得到的商再除以 2，就可求得二进制数的每一位了。

例如，将$(173)_{10}$化为二进制数可如下进行：

$$
\begin{array}{r|l}
2 & 173 \\ \hline
2 & 86 \\ \hline
2 & 43 \\ \hline
2 & 21 \\ \hline
2 & 10 \\ \hline
2 & 5 \\ \hline
2 & 2 \\ \hline
2 & 1 \\ \hline
& 0
\end{array}
\quad
\begin{array}{l}
\cdots\cdots\cdots 余数 = 1 = k_0 \\
\cdots\cdots\cdots 余数 = 0 = k_1 \\
\cdots\cdots\cdots 余数 = 1 = k_2 \\
\cdots\cdots\cdots 余数 = 1 = k_3 \\
\cdots\cdots\cdots 余数 = 0 = k_4 \\
\cdots\cdots\cdots 余数 = 1 = k_5 \\
\cdots\cdots\cdots 余数 = 0 = k_6 \\
\cdots\cdots\cdots 余数 = 1 = k_7
\end{array}
$$

故$(173)_{10} = (10101101)_2$。

其次讨论小数的转换。

若$(S)_{10}$是一个十进制的小数，对应的二进制小数为$(0.k_{-1} k_{-2} \cdots k_{-m})_2$，则根据式（1.14）可知

$$
(S)_{10} = k_{-1} 2^{-1} + k_{-2} 2^{-2} + \cdots + k_{-m} 2^{-m}
$$

将上式两边同乘以 2 得到

$$
2(S)_{10} = k_{-1} + (k_{-2} 2^{-1} + k_{-3} 2^{-2} \cdots + k_{-m} 2^{-m+1})
\tag{1.18}
$$

式（1.18）说明，将小数$(S)_{10}$乘以 2 所的乘积的整数部分即为k_{-1}。

$$
2(k_{-2} 2^{-1} + k_{-3} 2^{-2} + \cdots + k_{-m} 2^{-m+1}) = k_{-2} + (k_{-3} 2^{-1} + \cdots + k_{-m} 2^{-m+2})
\tag{1.19}
$$

亦即乘积的整数部分就是k_{-2}。

依此类推，将每次乘 2 后所得乘积的小数部分再乘以 2，便可求出二进制小数的每一位。

例如，将$(0.8125)_{10}$化为二进制小数时可如下进行：

$$0.8125$$
$$\underline{\times\qquad\ 2}\ \cdots\cdots\cdots\cdots\cdots\text{整数部分}=1=k_{-1}$$
$$0.6250$$
$$\underline{\times\qquad\ 2}\ \cdots\cdots\cdots\cdots\cdots\text{整数部分}=1=k_{-2}$$
$$0.2500$$
$$\underline{\times\qquad\ 2}\ \cdots\cdots\cdots\cdots\cdots\text{整数部分}=0=k_{-3}$$
$$0.5000$$
$$\underline{\times\qquad\ 2}\ \cdots\cdots\cdots\cdots\cdots\text{整数部分}=1=k_{-4}$$

故$(0.8125)_{10}=(0.1101)_2$。

（3）二－十六转换

把二进制数转换成等值的十六进制数称为二－十六转换。

由于 4 位二进制数恰好有 16 个状态，而把这 4 位二进制数看作一个整体时，它的进位输出又正好是逢十六进一，所以只要从低位到高位将每 4 位二进制数分为一组并代之以等值的十六进制数，即可得到对应的十六进制数。

例如，将$(01011110.10110010)_2$化为十六进制数时可得：

$(0101\quad 1110.1011\quad 0010)_2$

$\qquad\downarrow\qquad\downarrow\qquad\downarrow\qquad\downarrow$

$=(\ 5\qquad\ E.\quad\ B\qquad\ 2\ )_{16}$

（4）十六－二转换

十六－二转换是指把十六进制数转换成等值的二进制数。转换时只需将十六进制数的每一位用等值的 4 位二进制数代替就行了。

例如，将$(8FA.C6)_{16}$化为二进制数时得到：

$(\ 8\qquad\ F\qquad A.\quad\ C\qquad\ 6)_{16}$

$\quad\downarrow\qquad\ \downarrow\qquad\ \downarrow\qquad\ \downarrow\qquad\ \downarrow$

$(\ 1000\quad 1111\quad 1010.\ 1100\quad 0110)_2$

（5）十六－十的转换

在将十六进制数转换成十进制数时，可根据式（1.15）将各位按权展开后相加得到。在将十进制数转换为十六进制数时，可以先转换成二进制数，然后再将得到的二进制数转换为等值的十六进制数。这两种转换方法上面已经讲过了。

3．码制

不同的数码不仅可以表示数量的大小，而且还能用来表示不同的事物。在后一种情况下，这些数码已没有表示数量大小的含义，只是表示不同事物的代号而已。这些数码称为代码。

为便于记忆和处理，在编制代码是总要遵循一定的规则，这些规则就叫做码制。

例如在用 4 位二进制数码表示 1 位十进制数的 0～9 这十个状态时，就有多种不同的码制。通常将这些代码称为二—十进制代码，简称 BCD（Binary Coded Decimal）代码。

表 1-14 中列出了几种常见的 BCD 代码，它们的编码规则各不相同。

表 1-14　几种常见的 BCD 码

编码种类 十进制数	8421 码	余 3 码	2421 码	5211 码	余 3 循环码
0	0000	0011	0000	0000	0010
1	0001	0100	0001	0001	0110
2	0010	0101	0010	0100	0111
3	0011	0110	0011	0101	0101
4	0100	0111	0100	0111	0100
5	0101	1000	1011	1000	1100
6	0110	1001	1100	1001	1101
7	0111	1010	1101	1100	1111
8	1000	1011	1110	1101	1110
9	1001	1100	1111	1111	1010
权	8421		2421	5211	

8421 码是 BCD 代码中最常用的一种。在这种编码方式中每一位二值代码的 1 都代表一个固定数值，把每一位的 1 代表的十进制数加起来，得到的结果就是它所代表的十进制数码。由于代码中从左到右每一位的 1 分别表示 8、4、2、1，所以把这种代码叫做 8421 码。每一位的 1 代表的十进制数称为这一位的权。

8421 码中每一位的权是固定不变的，它属于恒权代码。

余 3 码的编码规则与 8421 码不同，如果把每一个余 3 码看作 4 位二进制数，则它的数值要比它所表示的十进制数码多 3，故而将这种代码叫做余 3 码。

如果将两个余 3 码相加，所得的和将比十进制数和所对应的二进制数多 6。因此，在用余 3 码做十进制加法运算时，若两数之和为 10，正好等于二进制数的 16，于是便从高位自动产生进位信号。

此外，从表 1-14 中还可以看出，0 和 9、1 和 8、2 和 7、3 和 6、4 和 5 的余 3 码互为反码，这对于求取对 10 的补码是很方便的。

余 3 码不是恒权代码。如果试图把每个代码视为二进制数，并使它等效的十进制数与所表示的代码相等，那么代码中每一位的 1 所代表的十进制数在各个代码中不能是固定的。

2421 码是一种恒权代码，它的 0 和 9、1 和 8、2 和 7、3 和 6、4 和 5 也互为反码，这个特点与余 3 码相仿。

　　5211 码是另一种恒权代码。待学了第 5 章中计数器的分频作用后可以发现，如果按 8421 码接成十进制计数器，则连续输入技术脉冲时 4 个触发器输出脉冲对于计数脉冲的分频比从低位到高位依次为 5:2:1:1。可见，5211 码每一位的权正好与 8421 码十进制计数器 4 个触发器输出脉冲的分频比相对应。这种对应关系在构成某些数字系统时很有用。

　　余 3 循环码是一种变权码，每一位的 1 在不同代码中并不代表固定的数值。它的主要特点是相邻的两个代码之间仅有一位的状态不同。因此，按余 3 循环码接成计数器时，每次状态转换过程中只有一个触发器翻转，译码时不会发生竞争－冒险现象（详见第 3.5 节）。

　　4. 算术运算

　　当两个二进制数码表示两个数量大小时，它们之间可以进行数值运算。这种运算称为算术运算。二进制算术运算和十进制算术运算的规则基本相同，唯一的区别在于二进制数是逢二进一，而不是十进制数的逢十进一。

　　例如，两个二进制数 1001 和 0101 的算术运算有：

①加法运算

$$
\begin{array}{r}
1001 \\
+\ 0101 \\
\hline
1110
\end{array}
$$

②减法运算

$$
\begin{array}{r}
1001 \\
-\ 0101 \\
\hline
0100
\end{array}
$$

③乘法运算

$$
\begin{array}{r}
1001 \\
\times\ 0101 \\
\hline
1001 \\
0000 \\
1001 \\
0000 \\
\hline
0101101
\end{array}
$$

④除法运算

$$
\begin{array}{r}
1.11\cdots \\
0101\overline{)1001} \\
\underline{0101} \\
1000 \\
\underline{0101} \\
0111 \\
\underline{0101} \\
0010
\end{array}
$$

　　在数字电路和数字电子计算机中，二进制数的正、负号也是用 0 和 1 表示的。在定点运算的情况下，以最高位作为符号位，正数为 0，负数为 1，以下各位的 0 和 1 表示数值。用这种方法表示的数码称为原码。例如：

$(0\ 1011001)_2 = (+89)_{10}$

↑

符号位

↓

$(1\ 1011001)_2 = (-89)_{10}$

为了简化运算电路，在数字电路中两数相减的运算是用它们的补码相加来完成的。二进制数的补码是这样定义的：

最高位为符号位，正数为 0，负数为 1；

正数的补码和它的原码相同；

负数的补码可通过将原码的数值位逐位求反，然后在最低位加 1 得到。

例 1.21   计算$(1001)_2 - (0101)_2$。

$$
\begin{array}{r}
1001 \\
-\ 0101 \\
\hline
0110
\end{array}
$$

在采用补码运算时，首先求出$(+1001)_2$和$(-0101)_2$的补码，它们是：

$$[+1001]_{补} = \boxed{0}\ \ 1001$$

符号位

$$[-0101]_{补} = \boxed{1}\ \ 1011$$

符号位

然后将两个补码相加并舍去进位：

$$
\begin{array}{r}
01001 \\
+\ 11011 \\
\hline
舍去 \leftarrow 100100
\end{array}
$$

则得到与前面同样的结果。这样就把减法运算转换成了加法运算。

此外，我们也不难发现，乘法运算可以用加法和移位两种操作实现，而除法运算可以用减法和移位操作实现。因此，二进制数的加、减、乘、除运算都可以用加法运算电路完成，这就大大简化了运算电路的结构。

1.8.2   用 Q-M 法化简逻辑函数

前已述及用卡诺图化简逻辑函数有一定的局限性。首先，当变量数目较多时（例如大于 5 以后），便失掉了简单、直观的优点。其次，在许多情况下要凭设计者的经验确定如何合并最小项，因而不利于用计算机去完成。

由奎恩（Quine）、麦克拉斯基（McLuskey）提出的 Q-M 法（亦称列表法）较好地克服了上述局限性。这种方法不仅适用于多变量逻辑函数的化简，而且由于有一定的规则和步骤可循，可以借助于计算机进行化简。

Q-M 法的基本原理仍然是通过合并相邻最小项并消去多余因子而求得逻辑函数最简与一或表达式的。下面结合一个具体的例子介绍一下 Q-M 法的基本原理和化简步骤。假定需要化简的五变量逻辑函数为：

$$Y = \sum(0,2,3,8,10,14,15,22,24,27,31) \tag{1.20}$$

则使用 Q-M 法化简的步骤如下：

①将函数化成最小项之和的标准形式，并按编号把这些最小项列出。最小项中的原变量用 1 表示，反变量用 0 表示，于是得到：

编　号	0	2	3	8	10	14
最小项	00000	00010	00011	01000	01010	01110
编　号	15	22	24	27	31	
最小项	01111	10110	11000	11011	11111	

②按包含 1 的个数将最小项分组，如表 1-15 中最左边一列所示。

表 1-15　列表合并最小项

合并前的最小项 ($\sum m_i$)							第一次合并结果（含 $n-1$ 个变量的乘积项）							第二次合并结果（含 $n-2$ 个变量的乘积项）						
编号	A	B	C	D	E		编号	A	B	C	D	E		编号	A	B	C	D	E
0	0	0	0	0	0	√	0,2	0	0	0	-	0	√	0,2,	0	-	0	-	0 P_8
2	0	0	0	1	0	√	0,8	0	-	0	0	0	√	8,10					
8	0	1	0	0	0	√	2,3	0	0	0	1	-	P_2						
3	0	0	0	1	1	√	2,10	0	-	0	1	0	√						
10	0	1	0	1	0	√	8,10	0	1	0	-	0	√						
24	1	1	0	0	0	√	8,24	-	1	0	0	0	P_3						
14	0	1	1	1	0	√	10,14	0	1	-	1	0	P_4						
22	1	0	1	1	0	P_1	14,15	0	1	1	1	-	P_5						
15	0	1	1	1	1	√	15,31	-	1	1	1	1	P_6						
27	1	1	0	1	1	√	27,31	1	1	-	1	1	P_7						
31	1	1	1	1	1	√													

③合并相邻的最小项。将表 1-15 中最左边一列里每一组的每一个最小项与相邻组里所有最小项逐一比较，若仅有一个因子不同，可定可合并，并消去不同的因子。消去的因子用 "-" 表示，将合并后的结果列于表 1-15 的第二列中。同时，在第一列中可以合并的最小项右边标以 "√" 号。

按照同样的方法再将第二列中的乘积项合并，合并后的结果写在第三列中。

如此进行下去，直到不能再合并为止。

④选择最少的乘积项。只要将表 1-15 中合并过程中没有用过的那些乘积项相加，自然就包含了函数 Y 的全部最小项，故得：

$$Y = P_1 + P_2 + P_3 + P_4 + P_5 + P_6 + P_7 + P_8 \tag{1.21}$$

然而上式并不一定是最简的与－或表达式。为了进一步将式（1.21）化简，将 $P_1 \sim P_8$ 各包含的最小项列成表 1-16。因为表中带圆圈的最小项仅包含在一个乘积项中，所以化简结果中一定包含它们所在的这些乘积项，即 P_1、P_2、P_3、P_7 和 P_8。而且，选取了这五项之和以后，已包含了除 m_{14} 和 m_{15} 以外所有 Y 的最小项。

这样，剩下的问题就是要确定化简结果中应否包括 P_4、P_5 和 P_6。为此，可以将表 1-16 简化为表 1-17 的形式。由于表中 P_4 行所有的 1 和 P_6 行所有的 1 皆包含在 P_5 行的 1 之中，亦即 P_5 行的最小项包含了 P_4 和 P_6 的所有最小项，故可将 P_4 和 P_6 两行删除（即从 Y 的表达式中将 P_4 和 P_6 去掉），从而得到最后的化简结果。

表 1-16　用列表法选择最少的乘积项

P_j＼m_i	0	2	3	8	10	14	15	22	24	27	31
P_1								①			
P_2		1	①								
P_3				1					①		
P_4					1	1					
P_5						1	1				
P_6							1				1
P_7										①	1
P_8	①	1		1	1						

表 1-17　表 1-16 的简化

P_j＼m_i	14	15
P_4	1	
P_5	1	1
P_6		1

$$Y = P_1 + P_2 + P_3 + P_4 + P_5 + P_6 + P_7 + P_8$$

$$= A\overline{B}CD\overline{E} + \overline{\overline{A}B\overline{C}D} + \overline{B}C\overline{D}E + \overline{A}BCD + ABDE + \overline{A\overline{C}E} \quad （1.22）$$

1.8.3　VHDL 语言基础

数字电路的逻辑功能可用逻辑函数表达式、真值表、卡诺图、逻辑图及波形图来描述，这是传统意义上的描述方法。因此传统的数字系统设计是以中小规模的集成电路作为基本元件，随着电子技术的发展，集成电路制作工艺的进步，大规模集成电路特别是可编程逻辑器件 PLD 的迅速发展，数字系统设计的概念发生了质的变化。为了适应数字系统设计的这一变化，数字系统领域最新的趋势是数字电路给予文本的语言表述。

VHDL（Very High Speed Integrated Circuit Hardware Description Language）即超高速集成电路硬件描述语言。20 世纪 80 年代初美国国防部为使得承包电子系统项目的各公司之间的设计能被重复利用，制定了 VHDL，1987 年 12 月，VHDL 被正式接受为国际标准，编号为 IEEE Std 1076-1987，即 VHDL'87。1993 年被更新为 IEEE Std 1164-1993，即 VHDL'93。VHDL 语言成为 IEEE 的标准后，很快得到广泛应用，已经成为数字系统/ASIC 设计中的主要硬件描述语言。1995 年中国国家技术监督局组织编撰并出版了《CAD 通用技术规范》，推荐 VHDL 语言作为我国电子设计自动化硬件描述语言的国家标准。

1. VHDL 语言的标识符、常量及信号

（1）标识符

VHDL 语言中的标识符用来表示常量、变量、信号、端口、子程序或参数等的名称。使用标识符应遵守如下规则：

● 标识符由英文字母（a~z，A~Z）、数字（0~9）和下划线组成；

● 任何标识符必须以英文字母开头；

● 不允许出现两个以上连续的下划线，末字符不能为下划线；

● 标识符中不区分大小写字母；

● VHDL 定义的关键字不能用作标识符。

例 1.22　标识符举例：

encoder_1　　　　Decoder_2　　　　　　count　　　　　　mux

（2）常数

常数的定义和设置主要是为了使设计单元中的常数更容易阅读和修改。常数是一个固定的值，一旦被赋值，在程序中就不能再改变。常数说明语句的一般格式为：

CONSTANT 常数名:数据类型:=表达式;

例 1.23 常数定义举例：

CONSTANT VCC:REAL:=5.0;

CONSTANT count_mod:INTEGER:=10;

CONSTANT delay:TIME:=15ns;

常数所赋的值必须与定义的数据类型一致，否则出错。常数的适用范围取决于它被定义的位置。

（3）信号

信号是描述硬件系统的基本数据对象，它类似于电路中的连接线。信号说明语句的一般格式为：

SIGNAL 信号名:数据类型[约束条件:=初始值];

注意在上述格式中，方括号内的内容为可选项，即约束条件和初始值的设置不是必需的。

例 1.24 信号定义举例：

SIGNAL a,b:BIT;

SIGNAL bdate:BIT_VECTOR(15 DOWNTO 0);

（4）变量

VHDL 中的变量在电路中没有对应的硬件结构，它用于暂存数据，相当于一个暂存器。变量说明语句的一般格式为：

VARIABLE x:INTEGER;

VARIABLE count:INTEGER RANGE 0 TO 255;

一种语言的许多规定是一个有机的整体，相互之间存在着一定的联系。如在上述常数、信号、变量的介绍中，涉及数据类型等，它们的应用还涉及 VHDL 语言的其他内容。基于循序渐进的学习思路，此处仅对信号、变量做一般了解，当对 VHDL 语言进一步了解之后，再回头来讨论信号与变量的主要区别、使用场合等较深入的问题。

2. VHDL 的数据类型

如前所述，在 VHDL 语言中，常数、信号、变量都需要指定数据类型。因此，VHDL 语言提供了多种标准的数据类型，用户也可以自定义数据类型。这样，使 VHDL 语言的描述能力和灵活性进一步提高。但必须注意，VHDL 语言的数据类型的定义相当严格，不同类型之间的数据不能直接代入，即使数据类型相同，但位长不同时也不能直接代入。因此，在阅读 VHDL 程序时，要注意各种数据类型的定义和应用场合，以便自己能较熟练地使用 VHDL 语言编写程序。

VHDL 语言的数据类型可分为 VHDL 标准的数据类型、IEEE 标准的数据类型、用户自定义的数据类型等。

（1）VHDL 标准的数据类型

VHDL 标准的数据类型共有 10 种，如表 1-18 所示。

表 1-18　VHDL 标准的数据类型

数据类型		含义
整数	Integer	整数 $-(2^{31}-1)\sim(2^{31}-1)$
实数	Real	浮点数 -1.0E38~1.0E38
位	Bit	逻辑 0 或 1
位矢量	Bit-Vector	用双引号括起来的一组位数据
布尔量	Boolean	逻辑真或逻辑假，只能通过关系运算获得
字符	Character	ASCII 字符，所定义的字符量通常用单引号括起来
字符串	String	由双引号括起来的一个字符序列
正整数	Natural	整数的子集（大于 0 的整数）
错误等级	Severity Level	用于指示设计系统的工作状态

整数与数学中整数的定义相同。在 VHDL 中，整数的表示范围为 -2147483647～2147483647，可进行加、减、乘、除等算术运算，不能用于逻辑运算。

布尔量没有数值的含义，不能用于算术运算，只能进行逻辑运算。布尔量数据的初始值一般总是假（FALSE）。

时间是一个物理数据，完整的时间数据包含整数和单位两部分，而且整数和单位之间至少应留一个空格的位置。例如：25 ns，10 ms。时间数据在系统仿真时，用于表示信号的延时，从而使模型系统能更逼近实际系统的运行环境。

（2）IEEE 预定义标准逻辑位与逻辑位矢量

上面介绍的 VHDL 标准数据类型 Bit 是一个逻辑型的位数据类型，这类数据取值只能是 0 和 1。而实际数字系统中存在不定状态和高阻态，为了便于仿真和描述具有三态的数字器件，IEEE 在 1993 年制定了新的标准 IEEE STD_1164，其中定义了两个重要的数据类型，即标准逻辑位 STD_LOGIC 和标准逻辑矢量 STD_LOGIC_VECTOR，规定 STD_LOGIC 型数据可以具有如表 1-19 中的 9 种不同值。

STD_LOGIC 和 STD_LOGIC_VECTOR 是在原 VHDL 语言以外添加的数据类型，因此在使用该类型数据时，在程序中必须写出库说明语句和使用包集合的说明语句。

表 1-19 STD_LOGIC 的取值及含义

STD_LOGIC 的值	说明	STD_LOGIC 的值	说明
U	初始值	W	弱信号不定
X	不定	L	弱信号 0
0	0	H	弱信号 1
1	1	-	不可能情况
Z	高阻		

（3）用户自定义的数据类型

在 VHDL 语言中，也可以由用户自己定义数据类型。用户定义数据类型的一般格式为：

TYPE 数据类型名 {,数据类型名}数据类型定义;

由用户定义的数据类型如数组类型、文件类型、时间类型等。

3. VHDL 语言的运算操作符

在 VHDL 语言中，共有 4 类操作符，可分别进行逻辑运算、关系运算、算术运算和其他运算。被操作符所操作的对象是操作数，操作数的类型应该和操作符所要求的类型一致。

（1）逻辑运算操作符

在 VHDL 语言中，逻辑运算操作符共有 6 种，其操作符和功能见表 1-20。

表 1-20 逻辑运算操作符

操作符	功能	操作符	功能
NOT	取反	NAND	逻辑与非
AND	逻辑与	NOR	逻辑或非
OR	逻辑或	XOR	逻辑异或

逻辑运算操作符的操作对象是逻辑型数据、逻辑型数组及布尔数据。在所有逻辑运算符中，NOT 的优先级别最高。

（2）关系运算操作符

在 VHDL 语言中有 6 种关系运算操作符，其操作符和功能见表 1-21。

（3）算术运算操作符

在 VHDL 语言中有 10 种算术运算操作符，其操作符和功能见表 1-22。

（4）其他运算操作符

表 1-23 中列出了 VHDL 语言中经常用到的几种其他运算操作符，事实上 VHDL 语言也规定了移位操作，有关此类运算符在后续内容中结合应用介绍。

表 1-21 关系运算操作符

操作符	功能	操作符	功能
=	等号	<=	小于等于
/=	不等号	>	大于
<	小于	>=	大于等于

表 1-22 算术运算操作符

操作符	功能	操作符	功能
+	加	MOD	求模
-	减	REM	取余
*	乘	**	乘方
/	除	ABS	取绝对值

表 1-23 其他几种运算操作符

操作符	功能	操作符	功能
<=	信号赋值	&	并置运算
:=	变量赋值	=>	关系运算符

4. VHDL 语言的基本设计单元

前面曾经指出,引入 VHDL 语言,增加了一种数字电路或系统的描述方法。比如已认识的 3 种基本逻辑运算,它们除可用真值表、逻辑表达式、电路符号等描述外,也可以用 VHDL 语言来描述。比如 $Y = ab$,若用 VHDL 语言描述则有

```
ENTITY and2 IS
    PORT(a,b:IN BIT;
            y:OUT BIT);
END and2
ARCHITECTURE example_1 OF and2 IS
BEGIN
    y<=a AND b;
END example_1;
```

观察 VHDL 对与门的描述,其程序组成可明显地分为两个部分,分别称为实体(entity)和结构体(architecture)。实体用于描述电路的输入输出端口,结构体用于描述电路的逻辑功能。当然对于复杂的数字系统,其程序组成将会稍微复杂一些,但其基本结构仍为实体和结构体。

(1)实体

实体在电路或系统中,主要是说明其输入输出端口,即使体说明部分规定了

设计单元的输入输出结构信号或引脚。实体的一般格式为：

　　ENTITY　实体名　IS

　　　　[类属参数说明;]

　　　　[端口说明;]

　　END　实体名;

实体描述从"ENTITY　实体名　IS"开始，至"END　实体名"结束。习惯上用大写字母表示实体的框架，此大写字母是 VHDL 语言的保留字，在程序中是不可缺省的。

在前述二输入与门的 VHDL 描述中，实体名称为 and2，端口说明部分为：

　　PORT (a,b : IN BIT;

　　　　　　y : OUT BIT);

其中 PORT 是端口说明的关键字，a、b、y 是端口名；IN、OUT 说明端口方向，分别为输入和输出；BIT 说明数据类型是位逻辑数据类型。总之，二输入与门的实体表明，a、b 为输入端口，y 为输出端口，各端口的信号取值只能是逻辑 0 和 1。

（2）结构体

结构体具体地表明所对应实体的行为、器件及内部的连接关系，即它定义了具体的逻辑功能。结构体的一般格式为：

　　ARCHITECTURE　结构体名　OF　实体名　IS

　　　　[定义语句　内部信号,常数,数据类型,函数等定义;]

　　BEGIN

　　　　[并行处理语句];

　　END　结构体名;

一个结构体从"ARCHITECTURE　结构体名　OF　实体名　IS"开始，至"END 结构体名"结束。ARCHITECTURE 结构体名是结构体的关键字，结构体名给出了该结构体的名称，OF 后面的实体名表明了该结构体所对应的是哪个实体，用 IS 结束结构体的命名。

在前述二输入与门的 VHDL 描述中，结构体命名为 example_1，在 BEGIN 与 END 之间的并行处理语句为"y<=a AND b;"，它描述了结构体的行为及其连接关系，实际上是二输入与门的逻辑表达式的描述语句。输入信号 a、b 进行与运算，其运算结果赋值给输出信号 y。

VHDL 语言源程序最基本的设计单元仅由实体和结构体两部分组成，而这种组成形式在使用中具有一定的条件限制，即实体和结构体中所使用的数据类型必须为 STD 库中所定义的，如 BIT。而 STD 库已自动挂接在 VHDL 语言的编译器中，因而不需要在设计单元的描述中给予说明。设计单元的实体只与一个结构体相对应。当不满足上述条件时，VHDL 语言的基本设计单元还应包括库说明、包集合说明和配置描述，即 VHDL 语言程序的完整设计单元包括五个组成部分：库说明、包集合说明、实体、结构体、配置。

库（library）是用来存放可编译的设计单元的地方，可以放置若干个程序包。库说明语句用于说明设计单元中所用到的资源库。包集合用于罗列用到的信号定义、常数定义、数据类型、器件语句等，它是一个可编译的设计单元，是库结构中的一个层次。配置语句用于描述层与层之间的连接关系及实体与结构体之间的连接关系。当一个实体中包括多个结构体时，通过配置语句来指定与相应实体对应的结构体。用 VHDL 语言进行设计的具体例子在后续内容中介绍。

本章主要讲述逻辑代数的基本运算、逻辑代数的公式和定理、逻辑函数的表示方法和逻辑函数的化简等内容。

逻辑代数的基本运算有与、或、非三种，必须掌握其逻辑功能和逻辑符号。实际逻辑问题往往比与、或、非运算复杂得多，不过它们都可以用与、或、非的组合来实现。常见的复合逻辑运算有与非、或非、与或非、异或、同或等。

逻辑函数的表示方法有逻辑函数式、真值表、逻辑图和卡诺图 4 种。这 4 种方法之间可以任意地互相转换。根据具体情况，可以选择最适当的一种方法表示所研究的逻辑函数。

逻辑函数的化简方法是本章的重点。本章先后介绍了逻辑代数的公式化简法和卡诺图化简法。公式化简法的优点是它的使用不受任何条件的限制。但是这种方法没有固定的步骤可循，规律性不强，需要一定的经验和技巧。卡诺图化简法的优点是简单、直观，而且有一定的化简步骤可循。初学者容易掌握，而且化简过程中也易于避免差错。然而，当逻辑变量超过 5 个以上时，将失去简单、直观的优点。

一般化简得到的最简形式为与 - 或式，除此之外，常用的逻辑函数形式还有与非 - 与非式、或非 - 或非式和与或非式等。各种形式逻辑函数之间可以相互转换。

Q-M 法的基本原理仍然是通过合并相邻最小项的方法化简逻辑函数，它有一定的化简步骤，特别适合于机器运算。

VHDL 语言是较为流行的硬件描述语言之一，本章最后介绍了 VHDL 语言基础。

习题一

1-1　逻辑代数中三种最基本的逻辑运算是什么？

1-2　什么叫真值表？它有什么用处？你能根据给定的逻辑问题列出真值表吗？

1-3　逻辑函数的表示方法共有几种？试分别说出它们之间相互转换的方法。

1-4　已知逻辑函数的真值表如表 1-24（a）、（b）所示，试写出对应的逻辑函数式。

表 1-24

(a)					(b)				
A	B	C	Y		A	B	C	Y_1	Y_2
0	0	0	0		0	0	0	0	0
0	0	1	1		0	0	1	1	0
0	1	0	0		0	1	0	1	0
0	1	1	0		0	1	1	0	1
1	0	0	0		1	0	0	1	0
1	0	1	0		1	0	1	0	1
1	1	0	0		1	1	0	0	1
1	1	1	0		1	1	1	1	1

1-5　写出下列函数的对偶函数 Y' 及反函数 $\overline{Y}$ 。

（1）$Y = (\overline{A} + B) \cdot (B + C) \cdot (\overline{A} + C)$

（2）$Y = \overline{\overline{A} + \overline{\overline{B} + C}}$

（3）$Y = AB + \overline{AB}$

（4）$Y = A[(B + C\overline{D}) + \overline{E}]$

1-6　试用列真值表的方法证明下列异或运算公式。

（1）$A \oplus 0 = A$

（2）$A \oplus 1 = \overline{A}$

（3）$A \oplus A = 0$

（4）$A \oplus \overline{A} = 1$

（5）$(A \oplus B) \oplus C = A \oplus (B \oplus C)$

（6）$A(B \oplus C) = AB \oplus AC$

（7）$A \oplus \overline{B} = \overline{A \oplus B} = A \oplus B \oplus 1$

1-7　写出图 1-17 中各逻辑图的逻辑函数式，并化简为最简与或式。

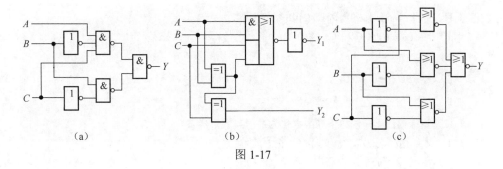

图 1-17

1-8　写出图 1-18 中各卡诺图所表示的逻辑函数式。

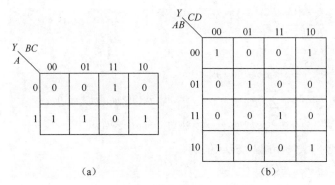

（a）　　　　　　　　　　　（b）

图 1-18

1-9　用逻辑代数的基本公式和常用公式将下列逻辑函数化为最简与或形式。

（1）$Y = A\bar{B} + B + \bar{A}B$

（2）$Y = A\bar{B}C + \bar{A} + B + \bar{C}$

（3）$Y = \overline{\overline{AB}C + A\overline{\overline{B}}}$

（4）$Y = A\bar{B}CD + ABD + A\bar{C}D$

（5）$Y = A\bar{B}(\bar{A}CD + \overline{AD + \overline{\overline{BC}}})(\bar{A} + B)$

（6）$Y = AC(\bar{C}D + \bar{A}B) + BC(\overline{\overline{\overline{B} + AD}} + CE)$

（7）$Y = A\bar{C} + ABD + AC\bar{D} + CD$

（8）$Y = A + (\overline{B + \bar{C}})(A + \bar{B} + C)(A + B + C)$

（9）$Y = B\bar{C} + AB\bar{C}E + \bar{B}(\overline{\overline{AD} + AD}) + B(A\bar{D} + \bar{A}D)$

1-10　将下列各函数式化为最小项之和的形式。

（1）$Y = \bar{A}BC + BC + A\bar{B}$

（2）$Y = A\bar{B} + C$

（3）$Y = \overline{\overline{AB} + ABD} + C \cdot (B + \bar{C}D)$

1-11 将下列各式化为最大项之积的形式。

（1） $Y = (A+B)(\overline{A}+\overline{B}+\overline{C})$

（2） $Y = A\overline{B}+C$

（3） $Y = BC\overline{D}+C+\overline{A}D$

（4） $Y(A,B,C) = \sum(m_1,m_2,m_4,m_6,m_7)$

1-12 用卡诺图化简法将下列函数化为最简与或形式。

（1） $Y = ABC+AD+\overline{C}D+A\overline{B}C+\overline{A}C\overline{D}+A\overline{C}D$

（2） $Y = A\overline{B}+\overline{A}C+BC+\overline{C}D$

（3） $Y = \overline{A}B+B\overline{C}+\overline{A}+\overline{B}+ABC$

（4） $Y = \overline{A}B+AC+\overline{B}C$

（5） $Y = A\overline{B}\overline{C}+\overline{A}B+\overline{A}D+C+BD$

（6） $Y(A,B,C) = \sum(m_0,m_1,m_2,m_5,m_6,m_7)$

（7） $Y(A,B,C) = \sum(m_1,m_3,m_5,m_7)$

（8） $Y(A,B,C,D) = \sum(m_0,m_1,m_2,m_3,m_4,m_6,m_8,m_9,m_{10},m_{11},m_{14})$

（9） $Y(A,B,C,D) = \sum(m_0,m_1,m_2,m_5,m_8,m_9,m_{10},m_{12},m_{14})$

1-13 化简下列逻辑函数（方法不限）。

（1） $Y = A\underline{B}+\overline{A}C+\overline{C}D+D$

（2） $Y = \overline{A}(C\overline{D}+\overline{C}D)+B\overline{C}D+A\overline{C}D+\overline{A}C\overline{D}$

（3） $Y = \overline{(\overline{A}+\overline{B})D}+(\overline{A}B+BD)\overline{C}+\overline{A}CBD+\overline{D}$

（4） $Y = A\overline{B}D+\overline{A}BCD+\overline{B}CD+(\overline{A}\overline{B}+C)(B+D)$

（5） $Y = \overline{\overline{ABCD}+\overline{A}CDE+\overline{B}D\overline{E}+A\overline{C}DE}$

1-14 证明下列逻辑恒等式（方法不限）。

（1） $A\overline{B}+B+\overline{A}B = A+B$

（2） $(A+\overline{C})(B+D)(B+\overline{D}) = AB+B\overline{C}$

（3） $\overline{\overline{\overline{(A+B+\overline{C})CD}}}+(B+\overline{C})(\overline{A\overline{B}D+\overline{BC}}) = 1$

（4） $\overline{A}\overline{B}C\overline{D}+\overline{A}B\overline{C}D+ABCD+A\overline{B}C\overline{D} = \overline{AC}+\overline{A}C+B\overline{D}+\overline{B}D$

（5） $\overline{A}(C\oplus D)+B\overline{C}D+AC\overline{D}+\overline{A}BCD = C\oplus D$

1-15 什么叫约束项，什么叫任意项，什么叫逻辑函数式中的无关项？

1-16 将下列函数化为最简与或函数式。

（1） $Y = \overline{\overline{A}+C+D}+\overline{\overline{A}B\overline{C}D}+A\overline{B}CD$

给定约束条件为

$$A\overline{B}\overline{C}\overline{D}+\overline{A}BCD+AB\overline{C}\overline{D}+AB\overline{C}D+ABC\overline{D}+ABCD = 0$$

（2）$Y = (A\overline{B} + B)C\overline{D} + \overline{(A + B)(\overline{B} + C)}$

给定约束条件为

$$ABC + ABD + ACD + BCD = 0$$

1-17　试画出用与非门和反相器实现下列函数的逻辑图。

（1）$Y = AB + BC + AC$

（2）$Y = (\overline{A} + B)(A + \overline{B})C + \overline{BC}$

（3）$Y = AB\overline{C} + A\overline{B}C + \overline{A}BC$

（4）$Y = \overline{ABC} + \overline{(\overline{\overline{AB} + \overline{AB}} + BC)}$

1-18　试画出用或非门和反相器实现下列函数的逻辑图。

（1）$Y = A\overline{B}C + B\overline{C}$

（2）$Y = (A + C)(\overline{A} + B + \overline{C})(\overline{A} + \overline{B} + C)$

（3）$Y = \overline{(AB\overline{C} + \overline{BC})\overline{D}} + \overline{A}BD$

（4）$Y = \overline{\overline{\overline{CDBC}}\,\overline{ABCD}}$

1-19　试画出用或非门实现下列函数的逻辑图。

（1）$Y = \overline{AB} + AC + \overline{B}C$

（2）$Y = A\overline{B}CD + D(\overline{BCD}) + (A + C)B\overline{D} + \overline{A}(\overline{B} + C)$

1-20　按下列要求，用门电路实现逻辑关系：

$$Y(A, B, C, D) = \sum m(1,3,4,7,13,14,15)$$

（1）与门－或门实现；

（2）与非－与非门实现；

（3）与或非门实现；

（4）或非－或非门实现。

1-21　什么是 VHDL 语言？一个完整的 VHDL 语言程序设计单元包括几个组成部分？

第 2 章　门电路

　　门电路是数字电路中最基本的逻辑单元。实现上章所述的基本逻辑运算和复合逻辑运算的单元电路统称为门电路。数字电路中，门电路分为分立元件门电路和集成门电路，最常用的是集成门电路。本章主要介绍 TTL 集成门和 CMOS 集成门的工作原理和外部特性，以及一些特殊门的功能和应用。

2.1　数字电路的二值逻辑状态表示

　　在数字电路中所谓的门，是指一种开关作用，在一定的输入条件下，它允许信号通过；条件不满足，信号就不能通过。在电子电路中，用高低电平表示二值逻辑的 1 和 0 两种逻辑状态。获得高、低输出电平的基本原理可以用图 2-1 表示。当开关 S 断开时，输出电压 V_O 为高电平；而当 S 接通后，输出便为低电平。开关 S 可以通过控制二极管、三极管或 MOS 管工作在截止和导通两个状态来实现。

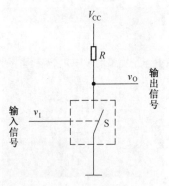

图 2-1　获得高、低电平的基本原理

　　表现在输出上，即高电位输出和低电位输出两种情况，因此门电路的输入信号和输出信号之间存在二值逻辑关系。既是二值逻辑，就可用 1 和 0 来表示。若用高电平表示逻辑 1，低电平表示逻辑 0，则称为正逻辑；反之若规定高电平

为 0，低电平为 1，则称为负逻辑，如图 2-2 所示。本书中除非特殊说明，一律
采用正逻辑。

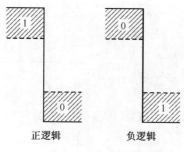

图 2-2 正逻辑与负逻辑

因为在实际工作时只要能区分出高、低电平就可以知道它所表示的逻辑状态，
所以高、低电平都有一个允许的范围，如图 2-2 所示。正因为如此，在数字电路
中无论是对元、器件参数精度的要求，还是对供电电源稳定度的要求，都比模拟
电路要低一些。

2.2　半导体器件的开关特性

半导体器件如晶体二极管、三极管和 MOS 管都有导通和截止两种状态。在
导通状态下，允许信号通过，称为开态，在截止状态下，禁止电信号通过，称为
关态。半导体器件的开关特性又分为静态特性和动态特性，前者指器件稳定在导
通和截止两种状态下的特性，后者指器件在状态发生变化过程中的特性。

2.2.1　半导体二极管的开关特性

1. 半导体二极管的静态开关特性

（1）理想二极管的静态开关特性

半导体二极管具有单向导电性，外加正向偏置电压时导通，外加反向偏置电
压时截止，相当于一个受外加电压极性控制的开关。理想二极管的开关电路如图
2-3（a）所示。

假定二极管 VD 为理想开关元件，即正向导通时电阻为 0，反向内阻为无穷
大。当 V_I 为正电压时，VD 导通，二极管的导通电阻 $R_D = 0$，二极管的电压 $V_D = 0$，
流过二极管的电流 $I_D = V_I / R$，相当于开关闭合；当 V_I 为负电压时，VD 截止，二
极管的导通电阻 $R_D = \infty$，二极管上的电压 $V_D = V_I$，流过二极管的电流 $I_D = 0$，相
当于开关断开。其伏安特性如图 2-3（b）所示。

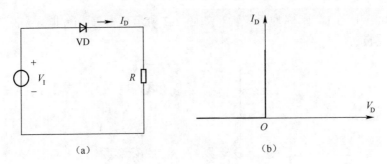

（a）　　　　　　　　　　　（b）

图 2-3　理想二极管的开关电路和特性

（2）实际二极管的开关特性

实际二极管的伏安特性如图 2-4 所示。描述方程是

$$i_D = I_S(e^{V/V_T} - 1) \tag{2.1}$$

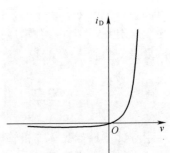

其中 i_D 为流过二极管的电流，V 为加到二极管两端的电压，$V_T = \dfrac{kT}{q}$，这里的 k 为玻尔兹曼常数，T 为热力学温度，q 为电子电荷。常温下（$T =$ 300K）时，$V_T = 26\text{mV}$。I_S 称为反向饱和电流，它和二极管的材料、工艺和几何尺寸有关，对每只二极管是一个定值。

由图 2-4 和式（2.1）可以得出实际二极管的特性。

图 2-4　二极管的伏安特性

①外加电压 $V = 0$ 时，$i_D = 0$。

②当 $V > 0$ 时，i_D 按指数规律上升。但 $V < V_{ON}$ 时，i_D 电流很小，仍然把二极管视为截止；只有 $V \geqslant V_{ON}$ 后，i_D 迅速增加，二极管才导通。V_{ON} 称为开启电压，对于锗二极管，$V_{ON} = 0.2 \sim 0.3\text{V}$；对于硅二极管，$V_{ON} = 0.5 \sim 0.7\text{V}$。二极管导通后，二极管上的电压 V_D 基本等于 V_{ON} 不变，这种想象称为二极管钳位特性。

③$V < 0$ 时，$i_D = I_S$。由于 I_S 很小，分析时被忽略，因此把反向偏置时的二极管视为截止。

④二极管上的反向电压超过 V_Z 时，二极管被击穿，二极管上的电压基本等于 V_Z 不变。稳压二极管就是利用二极管的击穿特性制作出来的，但在数字电路分析时，一般不涉及二极管的击穿特性。

因此，半导体二极管的静态开关特性归纳为：当加在二极管上的电压 $V < V_{ON}$ 时，二极管截止，$i_D = 0$；当 $V \geqslant V_{ON}$ 时，二极管才导通，而且一旦导通，二极管上的电压 $V_D = V_{ON}$ 不变。数字系统一般使用硅材料半导体器件，故 $V_{ON} = 0.7\text{V}$。

2. 半导体二极管的动态开关特性

动态开关特性是指二极管由导通到截止，或者由截止到导通，瞬变状态下表现出来的特性。

在动态情况下，亦即加到二极管两端的电压突然反向时，电流的变化过程如图 2-5 所示。

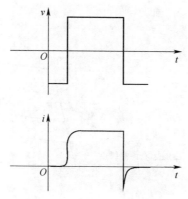

图 2-5　二极管的动态电流波形

由于外加电压由反向突然变为正向时，要等到 PN 结内部建立起足够的电荷梯度后才开始有扩散电流形成，因而正向导通电流的建立要稍微滞后一点。当外加电压突然由正向变为反向时，因为 PN 结内部尚有一定数量的存储电荷，所以有较大的瞬态反向电流流过，如图 2-5 所示。随着存储电荷的消散，反向电流迅速衰减并趋近于稳态时的反向饱和电流。瞬态反向电流的大小和持续时间的长短取决于正向导通时电流的大小、反向电压和外电路电阻的阻值，而且与二极管本身的特性有关。

反向电流持续的时间用反向恢复时间 t_{re} 来定量描述。t_{re} 是指反向电流从它的峰值衰减到峰值的十分之一所经过的时间。由于 t_{re} 的数值很小，在几纳秒以内，所以用普通的示波器不容易看到反向电流的瞬态波形。

2.2.2　半导体三极管的开关特性

半导体三极管（也叫晶体三极管）在各种电子电路中得到了广泛的应用。在模拟电子电路中，半导体三极管主要作为线性放大元件；在数字电路中，半导体三极管主要作为开关元件。

1. 半导体三极管的静态开关特性

半导体三极管共发射极电路具有放大能力强的特点，同时也反映了它的控制能力强，在输入端加上两种不同幅值的信号，就可以控制三极管的导通或者截止，在开关电路中，广泛使用三极管共发射极电路。

三极管共发射极开关电路如图 2-6（a）所示，电路的输出特性曲线如图 2-6（b）所示。共发射极电路有三个工作区，即截止区、放大区和饱和区。作为开关电路，三极管主要工作在截止区和饱和区。当输入控制信号 v_I 为低电平时，控制三极管截止，相当于开关断开，输出高电平；当 v_I 为高电平时，控制三极管饱和导通，相当于开关闭合，输出低电平。

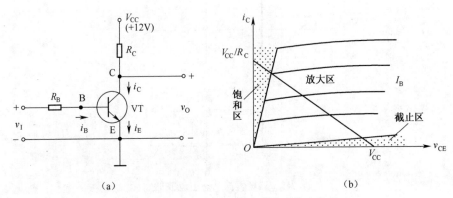

图 2-6　三极管开关电路及其稳态输出特性

半导体三极管由两个 PN 结构成，即发射结和集电结。当输入 v_I 为低电平时 V_{IL}（负电压）时，发射结处于反偏置状态，即 $V_{BE}<0$，接在正电源 V_{CC} 上的集电极也使集电结处于反偏置状态，即 $V_{BC}<0$。因为两个 PN 结都是反偏置，使三极管工作在截止区。在截止区，虽然反偏置的 PN 结内存在微小的反向饱和电流（或称为漏电流），但在数字系统分析时，一般把它们忽略，因此三个电极的电流均被视为零，即 $i_B≈i_C≈i_E≈0$。由于 $i_C=0$，所以输出 $v_O=V_{CC}$。三极管截止时，相当于开关断开状态。

当输入 v_I 为高电平 V_{IH}（正电压）时，发射结处于正偏置状态，即 $v_{BE}>0$。这时，如果三极管的基极电流比较小，接在正电源 V_{CC} 上的集电极，仍然使集电极处于反偏置状态，即 $v_{BC}<0$，三极管工作在放大区。在放大区，集电极电流 i_C 与基极电流 i_B 存在 $β$ 倍的放大关系，即 $i_C=β×i_B$。这时，输出为

$$V_O = V_{CC} - i_C × R_C = V_{CC} - β × i_B × R_C \qquad (2.2)$$

三极管工作在放大区时，发射结处于导通状态，由于 PN 结的钳位作用，使 $v_{BE}=0.7V$，分析三极管开关电路时，一般把导通三极管的发射结电压 v_{BE} 等效为一个 0.7V 的恒压源。

由式（2.2）可知，当基极电流 i_B 增加时，输出 $v_O(v_{CE})$ 下降，当 v_{CE} 下降到 0.7V 左右时，$v_{BC}=v_{BE}-v_{CE}≈0V$，集电结由反偏置变为 0 偏置。如果 i_B 进一步增加，

$v_{BE} > 0$，集电结变为正偏置。集电结正偏置后，对扩散到集电结边界处的电子失去了漂移作用。集电极电流也基本不变，此时三极管进入饱和区。

一般把集电结为 0 偏置（即 $v_{CE}=0.7V$）时，称三极管处于临界饱和状态。临界饱和状态下的基极电流是 I_{BS}，集电极电流是 I_{CS}，它们仍然具有 β 倍的放大关系，即

$$I_{BS} = I_{CS} / \beta = \frac{V_{CC} - V_{CES}}{\beta \cdot R_C} \qquad (2.3)$$

其中，V_{CES} 是集电极间饱和电压，在计算时一般取 $V_{CES} = 0.3V$。

如果基极电流 i_B 大于 I_{BS}，即

$$i_B > I_{BS} = \frac{V_{CC} - V_{CES}}{\beta \cdot R_C} \qquad (2.4)$$

三极管工作在饱和区；而基极电流 i_B 小于 I_{BS}，三极管工作在放大区，式（2.4）是判断三极管工作在放大区还是在饱和区的条件。

例 2.1 分析图 2-6（a）所示的三极管开关电路，已知 $R_C = 1k\Omega$，$V_{CC} = 12V$，$\beta = 60$。在下列条件下计算 i_B，i_C 及 v_O，并确定三极管 VT 的工作状态。

①当 $v_I = -3V$ 时；②当 $v_I = +3V$，$R_B = 20k\Omega$ 时；③当 $v_I = +3V$，$R_B = 10k\Omega$ 时。

解 ①当 $v_I = -3V$ 时，VT 截止，$i_B \approx i_C \approx i_E \approx 0$，$v_O = V_C = 12V$；

②当 $v_I = +3V$，$R_B = 20k\Omega$ 时，假设 VT 导通，则 $v_{BE} = 0.7V = V_{ON}$

$$i_B = \frac{v_I - V_{ON}}{R_B} = \frac{3 - 0.7}{20} = 0.115 \quad (\text{mA})$$

$$I_{BS} = \frac{V_{CC} - V_{CES}}{\beta \times R_C} = \frac{12 - 0.3}{60 \times 1} = 0.195 \quad (\text{mA})$$

因为 $i_B < I_{BS}$，所以 VT 工作在放大区。

$$i_C = \beta \times i_B = 60 \times 0.115 = 6.9 \quad (\text{mA})$$

$$v_O = V_{CC} - i_C \times R_C = 12 - 6.9 \times 1 = 5.1 \quad (\text{V})$$

③ 当 $v_I = +3V$，$R_B = 10k\Omega$ 时，

$$i_B = \frac{v_I - V_{ON}}{R_B} = \frac{3 - 0.7}{10} = 0.23 \quad (\text{mA})$$

$$I_{BS} = 0.195 \quad (\text{mA})$$

因为 $i_B > I_{BS}$，所以 VT 工作在饱和区

$$i_C = \frac{V_{CC} - V_{CES}}{R_C} = \frac{12 - 0.3}{1} = 11.7 \quad (\text{mA})$$

$$v_O = V_{CES} = 0.3\,V$$

2. 半导体三极管的动态开关特性

在动态情况下，亦即三极管在截止和饱和导通两种状态间迅速转换时，三极管内部电荷的建立和消散都需要一定的时间，因而集电极电流 i_C 的变化将滞后于输入电压 v_I 的变化，在接成三极管开关电路以后，开关电路的输出电压 v_O 的变化也必然滞后于输入电压 v_I 的变化，如图 2-7 所示。这种滞后现象也可以用三极管的 b-e 间、c-e 间都存在结电容效应来理解。

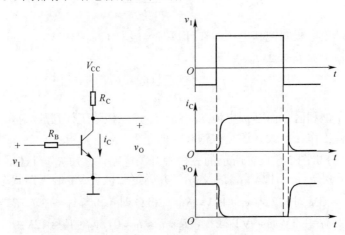

图 2-7　半导体三极管的动态开关特性

2.2.3　MOS 管的开关特性

MOS 管是金属－氧化物－半导体场效应管（Metal-Oxide-Semiconductor Field-Effect Transistor）的简称。它是一种电压控制器件。我们以 N 沟道增强型 MOS 管为例，分析 MOS 管的开关特性。

1. MOS 管的输出特性和转移特性

若以栅极－源极间的回路为输入电路，以漏极－源极间的回路为输出回路，则称为共源接法，如图 2-8（a）所示。由于栅极和衬底间被二氧化硅绝缘层所隔离，在栅极和源极间加上电压 v_{GS} 以后，不会有栅极电流流通，可以认为栅极电流等于零。因此，就不必要再画输入特性曲线来表示了。

图 2-8（b）、（c）分别给出了共源接法下的输出特性曲线和转移特性曲线。输出特性曲线又称为 MOS 管的漏极特性曲线。

漏极特性曲线分为三个工作区。当 $v_{GS} < v_{GS(th)}$ 时，漏极和源极之间没有导电沟道，$i_D \approx 0$。这时 D-S 间的内阻非常大，可达 $10^9 \Omega$ 以上。因此，把曲线上 $v_{GS} < v_{GS(th)}$ 的区域称为截止区。

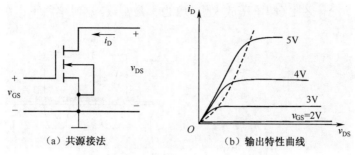

（a）共源接法　　　　　　　（b）输出特性曲线

图 2-8　MOS 管共源接法及其输出特性曲线

当 $v_{GS} > V_{GS(th)}$ 以后，D~S 间出现导电沟道，有 i_D 产生。曲线上 $v_{GS} > V_{GS(th)}$ 的部分又可分为两个区域。

图 2-8（b）漏极特性上虚线左边的区域称为可变电阻区。在这个区域里，当 v_{GS} 一定时，i_D 与 v_{DS} 之比近似地等于一个常数，具有类似于线性电阻的性质。等效电阻的大小和 v_{GS} 的数值有关。在 $v_{DS} \approx 0$ 时 MOS 导通电阻 R_{ON} 和 v_{GS} 的关系由下式给出：

$$\left. |R_{ON}| \right|_{v_{DS}=0} = \frac{1}{2K(v_{GS} - V_{GS(th)})} \tag{2.5}$$

上式表明，在 $v_{GS} \gg v_{GS(th)}$ 的情况下，R_{ON} 近似地与 v_{GS} 成反比。为了得到较小的导通电阻，应取尽可能大的 v_{GS} 值。

图 2-8（b）中漏极特性曲线上虚线以右的区域称为恒流区。恒流区里漏极电流 i_D 的大小基本上由 v_{GS} 决定，v_{DS} 的变化对 i_D 的影响很小，i_D 与 v_{GS} 的关系由下式给出：

$$i_D = I_{DS} \left(\frac{v_{GS}}{V_{GS(th)}} - 1 \right)^2 \tag{2.6}$$

其中 I_{DS} 是 $v_{GS} = 2V_{GS(th)}$ 时的 i_D 值。

2. MOS 管的基本开关电路

以 MOS 管取代图 2-1 中的开关 S，便得到了图 2-9 的 MOS 管开关电路。

当 $v_I = v_{GS} < V_{GS(th)}$ 时，MOS 管工作在截止区。只要负载电阻 R_D 远远小于 MOS 管的截止内阻 R_{OFF}，输出端即为高电平 V_{OH}，且 $V_{OH} \approx V_{DD}$。这时 MOS 管的 D-S 间相当于一个断开的开关。

当 $v_I > V_{GS(th)}$ 并且在 v_{DS} 较高的情况下，MOS 管工作在恒流区，随着 v_I 的升高 i_D 增加，而 v_O 随之下降。由于 i_D 与 v_I 变化量之比不是正比关系，所以 v_I 为不同

数值下 Δv_O 与 Δv_I 之比（即电压放大倍数）也不是常数。这时电路工作在放大状态。

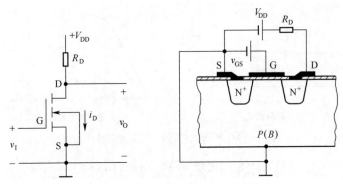

图 2-9　MOS 管的基本开关电路

当 v_I 继续升高以后，MOS 管的导通内阻 R_{ON} 变得很小（通常在 1kΩ 以内），只要 $R_D \gg R_{ON}$，则开关电路的输出端将为低电平 V_{OL}，且 $V_{OL} \approx 0$。这时 MOS 管的 D~S 间相当于一个闭合的开关。

综上所述，只要电路参数选择得合理，就可以做到输入为低电平时 MOS 管截止，开关电路输出高电平；而输入为高电平时，MOS 管导通，开关电路输出低电平。

2.3　分立元件门电路

由电阻、二极管、三极管等分立元件构成的逻辑门称为分立元件门。

2.3.1　二极管与门

最简单的与门可以用二极管和电阻组成，图 2-10 是有两个输入端的与门电路。图中 A、B 为两个输入变量，Y 为输出变量。

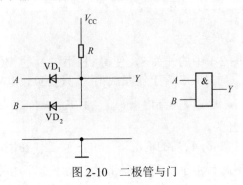

图 2-10　二极管与门

我们知道二极管具有单向导电性，假定图中二极管 VD_1、VD_2 的正向导通压降为 0.7V，A、B 输入端的高、低电平分别为 $V_{IH} = 3V$ 和 $V_{IL} = 0V$，$V_{CC} = 5V$。A、B 当中只要有一个是低电平 0V，则必有一个二极管导通，使 Y 为 0.7V；只有当 A、B 同时为高电平 3V 时，Y 才为 3.7V。将输出与输入逻辑电平的关系列表，即得表 2-1。

若规定 3V 以上为高电平，用逻辑值 1 表示；0.7V 以下为低电平，用逻辑值 0 表示，则可以把表 2-1 改写成表 2-2 的真值表。显然 Y 和 A、B 是与逻辑关系。

表 2-1 图 2-10 电路的逻辑电平

A（V）	B（V）	Y（V）
0	0	0.7
0	3	0.7
3	0	0.7
3	3	3.7

表 2-2 图 2-10 电路的真值表

A	B	Y
0	0	0
0	1	0
1	0	0
1	1	1

这种与门电路结构简单，但是存在着严重的缺点。首先，输出的高、低电平数值和输入的高、低电平数值不相等，相差一个二极管的导通压降。如果把这个门的输出作为下一级门的输入信号，将发生信号高、低电平的偏移。其次，当输出端对地接上负载电阻时，负载电阻的改变有时会影响输出的高电平。因此，这种二极管与门电路仅用做集成电路内部的逻辑单元，而不用它直接去驱动负载电路。

2.3.2 二极管或门

最简单的或门电路如图 2-11 所示，它也是由二极管和电阻组成的。图中 A、B 是两个输入变量，Y 是输出变量。

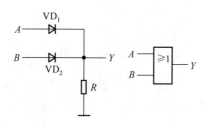

图 2-11 二极管或门

若输入的高、低电平分别为 $V_{IH} = 3V$ 和 $V_{IL} = 0V$，二极管 VD_1、VD_2 的导通压

降为 0.7V。则只要 A、B 当中有一个是高电平，输出就是 2.3V。只有当 A、B 同时为低电平时，输出才是 0V。因此，可以列出表 2-3 的电平关系表。

如果规定 2.3V 以上是高电平，用逻辑值 1 表示；低于 0V 是低电平，用 0 表示，则可以将表 2-3 所表示的输入－输出电平关系改写为表 2-4 所示的真值表。显然，Y 和 A、B 是或逻辑关系。

表 2-3　图 2-11 电路的逻辑电平

A（V）	B（V）	Y（V）
0	0	0
0	3	2.3
3	0	2.3
3	3	2.3

表 2-4　图 2-11 电路的真值表

A	B	Y
0	0	0
0	1	1
1	0	1
1	1	1

二极管或门同样存在着输出电平偏移的问题，所以这种电路结构也只用于集成电路内部的逻辑单元。

2.3.3　晶体三极管非门

非门电路实现非逻辑运算，图 2-12 所示的是三极管非门电路，又称反相器，其中 A 是输入变量，Y 是输出变量。

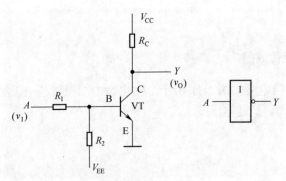

图 2-12　三极管非门（反相器）

当输入信号 A 为低电平时，三极管处于截止状态，输出变量 Y 是高电平。为保证输入低电平时三极管可靠地截止，图 2-12 中接入了电阻 R_2 和负电源 V_{EE}，既使输入的低电平略大于零，也能使 $V_{BE} < 0$，从而保证三极管可靠截止。

当输入信号 A 为高电平时，应保证三极管工作在深度饱和状态，以使输出电平接近于零。为此，电路参数的配合必须合适，保证提供给三极管的基极电流大于深度饱和的基极电流，即 $I_B > I_{BS}$。

2.4　TTL 集成门电路

集成电路（Integrated Circuit，简称 IC）将数字电路中的元器件和连线制作在同一硅片上，因而较之分立元件具有高可靠性和微型化的优点。它是由美国得克萨斯仪器公司率先制作，之后由于应用领域广泛而得到迅速发展，目前已能将数以千万计的半导体三极管集成在一片面积只有几十平方毫米的硅片上。

按照集成度（即每一片硅片中所含的元、器件数）的高低，将集成电路分为小规模集成电路（Small Scale Integration，简称 SSI）、中规模集成电路（Medium Scale Integration，简称 MSI）、大规模集成电路（Large Scale Integration，简称 LSI）和超大规模集成电路（Very Large Scale Integration，简称 VLSI）。

根据制造工艺的不同，集成电路又分成双极型和单极型两大类。TTL 电路是目前双极型数字集成电路中用得最多的一种。

2.4.1　TTL 反相器

1. TTL 反相器的电路结构和工作原理

反相器是 TTL 门电路中电路结构最简单的一种。图 2-13 中给出了 74 系列 TTL 反相器的典型电路及芯片管脚图。因为这种类型电路的输入端和输出端均为三极管结构，所以称作三极管－三极管逻辑电路（Transistor-Transistor Logic），简称 TTL 电路。

图 2-13（a）电路由 3 部分组成：VT_1、R_1 和 VD_1 组成的输入级，VT_2、R_2 和 R_3 组成的倒相级，VT_4、VT_5、VD_2 和 R_4 组成的输出级。

设电源电压 $V_{CC} = 5V$，输入信号的高、低电平分别为 $V_{IH} = 3.4V$，$V_{IL} = 0.2V$。PN 结的开启电压 V_{ON} 为 0.7V。

由图可见，当 $V_1 = V_{IL}$ 时，VT_1 的发射结必然导通，导通后 VT_1 的基极电位被钳在 $V_{B1} = V_{IL} + V_{ON} = 0.9V$。因此，$VT_2$ 的发射结不会导通。由于 VT_1 的集成极回路电阻是 R_2 和 VT_2 的 b-c 结反向电阻之和，阻值非常大，因而 VT_1 工作在深度饱和状态，使 $V_{CE(sat)} \approx 0$。这时 VT_1 的集电极电流极小，在定量计算时可略而不计。VT_2 截至后 V_{C2} 为高电平，而 V_{E2} 为低电平，从而使 VT_4 导通、VT_5 截止，输出为高电平 V_{OH}。

当 $V_I = V_{IH}$ 时，如果不考虑 VT_2 的存在，则应有 $V_{B1} = V_{IH} + V_{ON} = 4.1V$。显然，

在存在 VT_2 和 VT_5 的情况下，VT_2 和 VT_5 的发射结必然同时导通。而一旦 VT_2 和 VT_5 导通之后，V_{B1} 便被钳在了 2.1V，所以 V_{B1} 实际上不可能等于 4.1V，只能是 2.1V 左右。VT_2 导通使 V_{C2} 降低而 V_{E2} 升高，导致 VT_4 截止、VT_5 导通，输出变为低电平 V_{OL}。

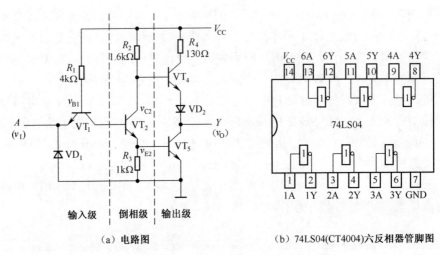

（a）电路图 　　　　（b）74LS04(CT4004)六反相器管脚图

图 2-13 TTL 反相器的典型电路及其管脚图

可见输出和输入之间是反相关系，即 $Y = \overline{A}$。

由于 VT_2 集电极输出的电压信号和发射极输出的电压信号变化方向相反，所以把这一级叫做倒相级。输出级的工作特点是在稳定状态下 VT_4 和 VT_5 总是一个导通而另一个截止，这就有效地降低了输出级的静态功耗并提高了驱动负载的能力。通常把这种形式的电路成为推拉式（Push-pull）电路或图腾柱（Totem-pole）输出电路。

VD_1 是输入端钳位二极管，它既可以抑制输入端可能出现的负极型干扰脉冲，又可以防止输入电压为负时 VT_1 的发射极电流过大，起到保护作用。这个二极管允许通过的最大电流为 20mA。VD_2 的作用是确保 VT_5 饱和导通时 VT_4 能可靠地截止。

2. TTL 反相器的外部特性

从使用角度出发，了解集成电路的外部特性是重要的。所谓外部特性，使指通过集成电路芯片引脚反映出来的特性。TTL 反相器的外部特性有电压传输特性、静态输入特性、输出特性和动态特性等。

（1）电压传输特性

如果把图 2-13 反相器电路的输出电压随输入电压的变化用曲线描绘出来，就得到了图 2-14 所示的电压传输特性。

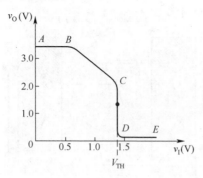

图 2-14　TTL 反相器的电压传输特性

在曲线的 AB 段，因为 $V_I < 0.6V$，所以 $V_{B1} < 1.3V$，VT_2 和 VT_5 截止而 VT_4 导通，故输出为高电平。

$V_{OH} = V_{CC} - v_{R2} - v_{BE4} - v_{D2} \approx 3.4V$，我们把这一段称为特性曲线的截止区。

在 BC 段里，由于 $v_I > 0.7V$ 但低于 $1.3V$，所以 VT_2 导通而 VT_5 依旧截止。这时 T_2 工作在放大区，随着 v_I 的升高 v_{C2} 和 v_O 线性地下降。这一段称为特性曲线的线性区。

当输入电压上升到 1.4 左右时，v_{B1} 约为 2.1，这时 VT_2 和 VT_5 将同时导通，VT_4 截止，输出电位急剧地下降为低电平，这就是称为转折区的 CD 段工作情况。转折区中点对应的输入电压称为阈值电压或门槛电压，用 V_{TH} 表示。

此后 V_I 继续升高时 V_O 不再变化，进入特性曲线的 DE 段。DE 段称为特性曲线的饱和区。

（2）输入端噪声容限

从电压传输特性上可以看到，当输入信号偏离正常的低电平（0.2V）而升高时，输出的高电平并不立刻改变。同样，当输入信号偏离正常的高电平（3.4V）而降低时，输出的低电平也不会马上改变。因此，允许输入的高、低电平信号各有一个波动范围。在保证输出高、低电平基本不变（或者说变化的大小不超过允许限度）的条件下，输入电平的允许波动范围称为输入端噪声容限。

图 2-15 给出了噪声容限定义的示意图。为了正确区分 1 和 0 这两个逻辑状态，首先规定了输出高电平的下限 $V_{OH(min)}$ 和输出低电平的上限 $V_{OL(max)}$。同时，又可以根据 $V_{OH(min)}$ 从电压传输特性上定出输入低电平的上限 $V_{IL(max)}$，并根据 $V_{OL(max)}$ 定出输入高电平的下限 $V_{IH(min)}$。

在将许多门电路互相连接组成系统时，前一级门电路的输出就是后一级门电路的输入。对后一级而言，输入高电平信号可能出现的最小值即 $V_{OH(min)}$。由此便

可得到输入高电平时的噪声容限为

$$V_{NH} = V_{OH(min)} - V_{IH(min)} \tag{2.7}$$

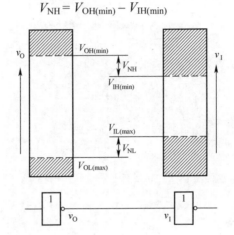

图 2-15　输入端噪声容限示意图

同理可得，输入为低电平时的噪声容限为

$$V_{NL} = V_{IL(max)} - V_{OL(max)} \tag{2.8}$$

74 系列门电路的标准参数为 $V_{OH(min)} = 2.4V$，$V_{OL(max)} = 0.4V$，$V_{IH(min)} = 2.0V$，$V_{IL(max)} = 0.8V$，故可得 $V_{NH} = 0.4V$，$V_{NL} = 0.4V$。

（3）静态输入特性

在图 2-13 给出的 TTL 反相器电路中，如果仅仅考虑输入信号是高电平和低电平而不是某一个中间值的情况，则可忽略 VT$_2$ 和 VT$_5$ 的 b-c 结反向电流以及 R_3 对 VT$_5$ 基极回路的影响，将输入端的等效电路画成如图 2-16 所示的形式。

当 $V_{CC} = 5V$，$v_I = V_{IL} = 0.2V$ 时，输入低电平电流为

$$I_{IL} = -\frac{V_{CC} - v_{BE1} - V_{IL}}{R_1} \approx -1mA \tag{2.9}$$

$v_I = 0$ 时的输入电流叫做输入短路电流 I_{IS}。显然，I_{IS} 的数值比 I_{IL} 的数值要略大一点。在作近似分析计算时，经常用手册上给出的 I_{IS} 近似代替 I_{IL} 使用。

当 $v_I = V_{IH} = 3.4V$ 时，VT$_1$ 管处于 $v_{BC} > 0$、$v_{BE} < 0$ 的状态。在这种工作状态下，相当于把原来的集电极 c$_1$ 当作发射极使用，而把原来的发射极 e$_1$ 当作集电极使用了。因此称这种状态为倒置状态。因为在倒置状态下三极管的电流放大系数 β_i 极小（在 0.01 以下），所以高电平输入电流 I_{IH} 也很小。74 系列门电路每个输入端的 I_{IH} 值在 40μA 以下。

根据图 2-16 的等效电路可以画出输入电流随输入电压变化的曲线——输入特性曲线，如图 2-17 所示。

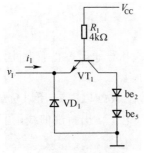

图 2-16 TTL 反相器的输入端等效电路

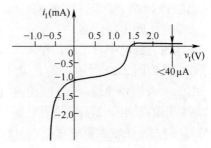

图 2-17 TTL 反相器的输入特性

输入电压介于高、低电平之间的情况要复杂一些，但考虑到这种情况通常只发生在输入信号电平转换的短暂过程中，所以就不做详细的分析了。

（4）静态输出特性

①高电平输出特性。

前面已经讲过，当 $V_O = V_{OH}$ 时图 2-13 电路中的 VT_4 和 VD_2 导通，VT_5 截止，输出端的等效电路可以画成图 2-18 的形式。

由图可见，这时 VT_4 工作在射级输出状态，电路的输出电阻很小。在负载电流较小的范围内，负载电流的变化对 V_{OH} 的影响很小。

随着负载电流 i_L 绝对值的增加，R_4 上的压降也随之加大，最终将使 VT_4 的 b-c 结变为正向偏置，VT_4 进入饱和状态。这时 VT_4 将失去射极跟随功能，因而 V_{OH} 随 i_L 绝对值的增加几乎线性地下降。图 2-19 给出了 74 系列门电路在输出为高电平时的输出特性曲线。从曲线上可见，在 $|i_L| < 5mA$ 的范围内 V_{OH} 变化很小。当 $|i_L| > 5mA$ 以后，随着 i_L 绝对值的增加 V_{OH} 下降得较快。

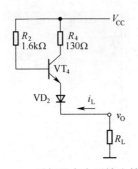

图 2-18 TTL 反相器高电平输出等效电路

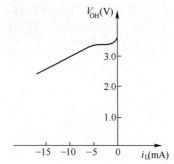

图 2-19 TTL 反相器高电平输出特性

由于受到功耗的限制，所以手册上给出的高电平输出电流的最大值要比 5mA 小得多。74 系列门电路的应用条件规定，输出为高电平时，最大负载电流不能超过 0.4mA。如果 $V_{CC} = 5V$，$V_{OH} = 2.4V$，那么当 $I_{OH} = 0.4mA$ 时门电路内部消耗的功率已达到 1mW。

②低电平输出特性。

当输出为低电平时，门电路输出级的 VT_5 管饱和导通而 VT_4 管截止，输出端的等效电路如图 2-20 所示。

由于 VT_5 饱和导通时 c-e 间的内阻很小（通常在 10Ω 以内），所以负载电流 i_L 增加时输出的低电平 V_{OL} 仅稍有升高。图 2-21 是低电平输出特性曲线，可以看出，V_{OL} 与 i_L 的关系在较大范围里基本呈线性。

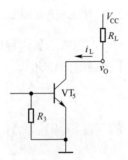 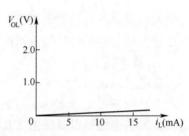

图 2-20　TTL 反相器低电平输出等效电路　　　图 2-21　TTL 反相器低电平输出特性

例 2.2　在图 2-22 电路中，试计算门 G_1 最多可以驱动多少个同样的门电路负载。这些门电路的输入特性和输出特性分别由图 2-17、图 2-19 和图 2-21 给出。要求 G_1 输出的高、低电平满足 $V_{OH} \geqslant 3.4V$，$V_{OL} \leqslant 0.2V$。

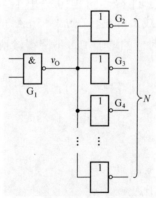

图 2-22　例 2.2 的电路

解　首先计算保证 $V_{OL} \leqslant 0.2V$ 时可以驱动的门电路数量 N_1。

由图 2-21 低电平输出特性上查到，$V_{OL} = 0.2V$ 时的负载电流 $i_L = 16mA$。这时 G_1 的负载电流是所有负载门的输入电流之和。由图 2-17 的输入特性上又可查到，当 $v_I = 0.2V$ 时每个门的输入电流为 $i_I = -1mA$，于是得到电流绝对值间的关系

$$N_1 i_I \leqslant i_L$$

即
$$N_1 \leqslant \frac{i_L}{i_I} = \frac{16}{1} = 16$$

N_1 即可以驱动的负载个数。

其次，在计算保证 $V_{OH} \geqslant 3.2V$ 时能驱动的负载门数目 N_2。由图 2-19 高电平特性上查到，$V_{OH} = 3.4V$ 时对应的 i_L 为 -7.5mA。但手册上同时又规定 $I_{OH} < 0.4$mA，故应取 $i_L \leqslant 0.4$mA 计算。由图 2-17 的输入特性可知，每个输入的高电平输入电流 $I_{IH} = 40\mu A$，故可得

$$N_2 I_{IH} \leqslant i_L$$

即
$$N_2 \leqslant \frac{i_L}{I_{IH}} = \frac{0.4}{0.04} = 10$$

综合以上两种情况可得出结论：在给定的输入、输出特性曲线下，74 系列的反相器可以驱动同类型反相器的最大数目 $N = 10$。这个数值也叫做门电路的扇出系数。

从这个例子还能看出，由于门电路无论在输出高电平还是输出低电平时均有一定的输出电阻，所以输出的高、低电平都要随负载电流的改变而发生变化。这种变化越小，说明门电路带负载的能力越强。有时也用输出电平的变化不超过某一规定值时允许的最大负载电流来定量表示门电路带负载能力的大小。

（5）输入端负载特性

在具体使用门电路时，有时需要在输入端和地之间或者输入端与信号的低电平之间接入电阻 R_P，如图 2-23 所示。

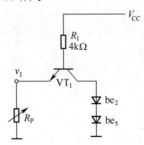

图 2-23　TTL 反相器输入端经电阻接地时的等效电路

由图可知，因为输入电流流过 R_P，这就必然会在 R_P 上产生压降而形成输入端 v_I。而且，R_P 越大 v_I 也越高。

图 2-24 的曲线给出了 v_I 随 R_P 变化的规律，即输入端负载特性。由图可知

$$v_I = \frac{R_P}{R_1 + R_P}(V_{CC} - v_{BE1}) \tag{2.10}$$

上式表明，在 $R_P \ll R_1$ 的条件下，v_I 几乎与 R_P 成正比。但是当 v_I 上升到 1.4V 以后，VT_2 和 VT_5 的发射结同时导通，将 v_{B1} 钳在了 2.1V 左右，所以即使 R_P 再增大，v_I 也不会再升高了。这时 v_I 与 R_P 的关系也就不再遵守式（2.10）的关系，特性曲线趋近于 $v_I = 1.4V$ 的一条水平线。

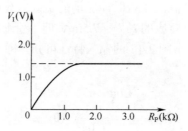

图 2-24 TTL 反相器输入端负载特性

例 2.3 在图 2-25 电路中，为保证门 G_1 输出的高、低电平能正确地传送到 G_2 的输入端，要求 $v_{O1} = V_{OH}$ 时 $v_{I2} \geq V_{IH(min)}$，$v_{O1} = V_{OL}$ 时，$v_{I2} \leq V_{IL(max)}$，试计算 R_P 的最大允许值是多少？已知 G_1 和 G_2 均为 74 系列反相器，$V_{CC} = 5V$，$V_{OH} = 3.4V$，$V_{OL} = 0.2V$，$V_{IH(min)} = 2.0V$，$V_{IL(max)} = 0.8V$。G_1 和 G_2 的输入特性和输出特性如图 2-17 和图 2-19、图 2-21 所示。

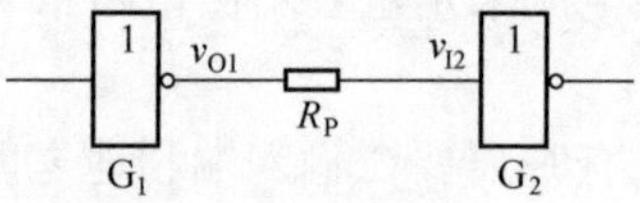

图 2-25 例 2.3 的电路

解 首先计算 $v_{O1} = V_{OH}$、$v_{I2} \geq V_{IH(min)}$ 时 R_P 的允许值。由图 2-25 可得

$$V_{OH} - I_{IH} R_P \geq V_{IH(min)}$$

$$R_P \leq \frac{V_{OH} - V_{IH(min)}}{I_{IH}} \qquad (2.11)$$

从图 2-17 的输入特性曲线上查到 $v_I = V_{IH} = 2.0V$ 时的输入电流 $I_{IH} = 0.04mA$，代入式（2.11）得到

$$R_P \leq \frac{3.4 - 2.0}{0.04 \times 10^{-3}} = 35k\Omega$$

其次，计算 $v_{O1} = V_{OL}$、$v_{I2} \leq V_{IL(max)}$ 时 R_P 的允许值。由图 2-23 可见，当 R_P 的接地端改接至 V_{OL} 时，应满足如下关系式

$$R_P \cdot \frac{V_{CC} - v_{BE1} - V_{IL(max)}}{R_I} \leq V_{IL(max)} - V_{OL}$$

$$\frac{R_{\mathrm{P}}}{R_1} \leqslant \frac{V_{\mathrm{IL(max)}} - V_{\mathrm{OL}}}{V_{\mathrm{CC}} - v_{\mathrm{BE1}} - V_{\mathrm{IL(max)}}}$$

故得到

$$R_{\mathrm{P}} \leqslant \frac{V_{\mathrm{IL(max)}} - V_{\mathrm{OL}}}{V_{\mathrm{CC}} - v_{\mathrm{BE1}} - V_{\mathrm{IL(max)}}} \cdot R_1 \qquad (2.12)$$

将给定参数带入上式后得出 $R_{\mathrm{P}} \leqslant 0.69\mathrm{k}\Omega$。

综合以上两种情况，应取 $R_{\mathrm{P}} \leqslant 0.69\mathrm{k}\Omega$。也就是说，$G_1$ 和 G_2 之间串联的电阻不应大于 690Ω，否则当 $v_{\mathrm{O1}} = V_{\mathrm{OL}}$ 时可能超过 $V_{\mathrm{IL(max)}}$ 值。

（6）TTL 反相器的动态特性

①传输延迟时间。

在 TTL 电路中，由于二极管和三极管从导通变为截止或从截止变为导通都需要一定的时间，而且还有二极管、三极管以及电阻、连线等的寄生电容存在，所以把理想的矩形电压信号加到 TTL 反相器的输入端时，输出电压的波形不仅要比输入信号滞后，而且波形的上升沿和下降沿也将变坏，如图 2-26 所示。

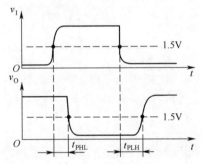

图 2-26　TTL 反相器的动态电压波形

我们把输出电压波形滞后于输入电压波形的时间叫做传输延迟时间。通常将输出电压由低电平跳变为高电平的传输延迟时间记做 t_{PLH}，把输出电压由高电平跳变为低电平时的传输延迟时间记做 t_{PHL}。t_{PLH} 和 t_{PHL} 的定义方法如图 2-26 所示。

在 74 系列门电路中，由于输出级的 $\mathrm{VT_5}$ 管导通时工作在深度饱和状态，所以它从导通转换为截止时（对应于输出由低电平跳变为高电平时）的开关时间较长，致使 t_{PLH} 略大于 t_{PHL}。

因为传输延迟时间和电路的许多分布参数有关，不易精确计算，所以 t_{PLH} 和 t_{PHL} 的数值最后都是通过实验方法测定的。这些参数可以从产品手册上查出。

②交流噪声容限。

由于 TTL 电路中存在三极管的开关时间和分布电容的充放电过程，因而输入信号状态变化时必须有足够的变化幅度和作用时间才能使输出状态改变。当输入信号为窄脉冲，而且脉冲宽度接近于门电路传输延迟时间的情况下，为使输出状态改变所需要的脉冲幅度将远大于信号为直流时所需要的信号变化幅度。因此，门电路对这类窄脉冲的噪声容限——交流噪声容限高于前面讲过的直流噪声容限。

图 2-27 是输入为不同宽度的窄脉冲时 TTL 反相器的交流噪声容限曲线。图中以 t_W 表示输入脉冲宽度，以 V_{NA} 表示输入脉冲的幅度。在图 2-27（a）中将输出高电平降至 2.0V 时输入正脉冲的幅度定义为正脉冲噪声容限。在图 2-27（b）中将输出低电平上升至 0.8V 时输入负脉冲的幅度定义为负脉冲噪声容限。

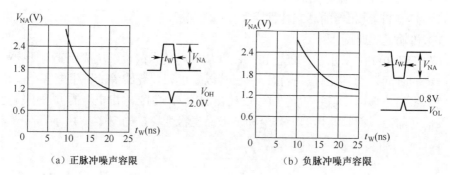

（a）正脉冲噪声容限　　　　　　　　（b）负脉冲噪声容限

图 2-27　TTL 反相器的交流噪声容限

因为绝大多数的 TTL 门电路传输延迟时间都在 50ns 以内，所以当输入脉冲的宽度达到微秒的数量级时，在信号作用时间内电路已经达到稳态，应将输入信号按直流信号处理。

2.4.2　其他逻辑功能的 TTL 门电路

在 TTL 集成门电路的定型产品中，除了反相器以外还有与门、或门、与非门、或非门、与或非门和异或门几种常见的类型。尽管它们逻辑功能各异，但输入端、输出端的电路结构形式与反相器基本相同，因此前面所讲的反相器的输入特性和输出特性对这些门电路同样适用。

1. 与非门

图 2-28 是 74 系列与非门的典型电路。它与图 2-13 反相器电路的区别在于输入端改成了多发射极三极管。

多发射极三极管的结构如图 2-29（a）所示。它的基区和集电区是共用的，而在 P 型的基区上制作了两个（或多个）高掺杂的 N 型区，形成两个互相独立的发射极。我们可以把多发射极三极管看做两个发射极独立而基极和集电极分别并联在一起的三极管，如图 2-29（b）所示。

在图 2-28 的与非门电路中，只要 A、B 当中有一个接低电平，则 VT_1 必有一个发射结导通，并将 VT_1 的基极电位钳在 0.9V（假定 $V_{IL} = 0.2V$，$v_{BE} = 0.7V$）。这时 VT_2 和 VT_5 都不导通，输出为高电平 V_{OH}。只有当 A、B 同时为高电平时，VT_2 和 VT_5 才同时导通，并使输出为低电平 V_{OL}。因此，Y 和 A、B 之间为与非关系，即 $Y = \overline{A \cdot B}$。

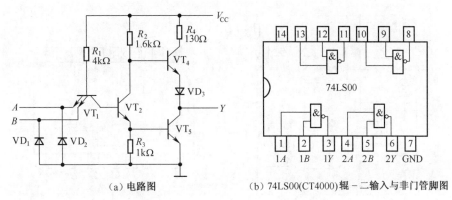

(a) 电路图　　　　　　　　(b) 74LS00(CT4000)辊-二输入与非门管脚图

图 2-28　TTL 与非门电路及其管脚图

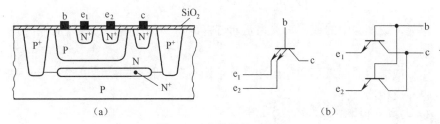

（a）　　　　　　　　　　　　（b）

图 2-29　多发射极三极管

可见，TTL 电路中的与逻辑关系是利用 VT_1 的多发射极结构实现的。

与非门输出电路的结构和电路参数与反相器相同，所以反相器的输出特性也适用于与非门。

在计算与非门每个输入端的输入电流时，应根据输入端的不同工作状态区别对待。在把两个输入端并联使用时，由图 2-28 中可以看出，低电平输入电流仍可按式（2.9）计算，所以和反相器相同。而输入接高电平时，e_1 和 e_2 分别为两个倒置三极管的等效集电极，所以总的输入电流为单个输入端的高电平输入电流的两倍。

如果 A、B 一个接高电平而另一个接低电平，则低电平输入电流与反相器基本相同，而高电平输入电流比反相器的略大一些。

2. 或非门

或非门的典型电路和芯片管脚如图 2-30 所示。

图中 VT_1'、VT_2' 和 R_1' 所组成的电路和 VT_1、VT_2、R_1 组成的电路完全相同。

当 A 为高电平时，VT_2 和 VT_5 同时导通，VT_4 截止，输出 Y 为低电平。当 B 为高电平时，VT_2' 和 VT_5' 同时导通而 VT_4 截止，Y 也是低电平。只有 A、B 都为低电平时，VT_2 和 VT_2' 同时截止，VT_5 截止而 VT_4 导通，从而使输出成为高电平。因此，Y 和 A、B 间为或非关系，即 $Y = \overline{A + B}$。

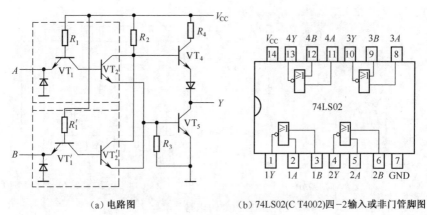

（a）电路图　　　　　（b）74LS02(C T4002)四−2输入或非门管脚图

图 2-30　TTL 或非门电路及其管脚图

可见，或非门中的或逻辑关系是通过将 VT_2 和 VT_2' 两个三极管的输出并联来实现的。

由于或非门的输入端和输出端电路结构与反相器相同，所以输入特性和输出特性也和反相器一样。

3. 与或非门

若将图 2-30 或门电路中的每个输入端改用多发射极三极管，就得到了图 2-31 所示的与或非门电路及其芯片管脚图。

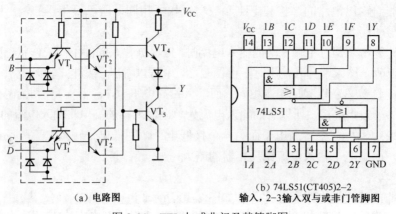

（a）电路图

（b）74LS51(CT405)2−2输入，2-3输入双与或非门管脚图

图 2-31　TTL 与或非门及其管脚图

由图可见，当 A、B 同时为高电平时，VT_2、VT_5 导通而 VT_4 截止，输出 Y 为低电平。同理，当 C、D 同时为高电平时，VT_2'、VT_5 导通而 VT_4 截止，也使 Y 为低电平。只有 A、B 和 C、D 每一组输入都不同时为高电平时，VT_2 和 VT_2' 同时截止，使 VT_5 截止而 VT_4 导通，输出 Y 为高电平。因此，Y 和 A、B 和 C、D 间是与或非关系，即 $Y = \overline{A \cdot B + C \cdot D}$。

4. 异或门

异或门典型的电路结构和芯片管脚如图 2-32 所示。

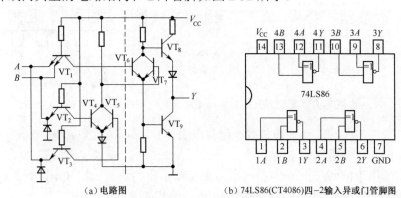

（a）电路图　　　　　　（b）74LS86(CT4086)四－2输入异或门管脚图

图 2-32　TTL 异或门及其管脚图

图中虚线以右部分和或非门的倒相级、输出级相同，只要 VT_6、VT_7 当中有一个基极为高电平，都能使 VT_8 截止、VT_9 导通，输出为低电平。

若 A、B 同时为高电平，则 VT_6、VT_9 导通而 VT_8 截止，输出为低电平。反之，若 A、B 同时为低电平，则 VT_4 和 VT_5 同时截止，使 VT_7 和 VT_9 导通而 VT_8 截止，输出也为低电平。

当 A、B 不同时为高电平时（即一个是高电平而另一个是低电平），VT_1 正相饱和导通，VT_6 截止。同时，由于 A、B 中必有一个是高电平，使 VT_4、VT_5 中有一个导通，从而使 VT_7 截止。VT_6、VT_7 同时截止以后，VT_8 导通、VT_9 截止，故输出为高电平。因此，Y 和 A、B 间为异或关系，即 $Y = A \oplus B$。

与门、或门电路是在与非门、或非门电路的基础上于电路内部增加一级反相级所构成的。因此，与门、或门的输入电路及输出电路和与非门、或非门的相同。这两种门电路的具体电路和工作原理就不一一介绍了。

2.4.3　特殊逻辑功能的 TTL 门电路

1. 集电极开路的门电路（OC 门）

集电极开路的门电路简称为 OC 门（Open Collector Gate）。集电极开路与非门在电路制作时，把 VD$_3$、VT$_4$ 管去掉，形成输出为集电极开路结构，如图 2-33（a）所示，图 2-33（b）是 OC 门的逻辑符号。

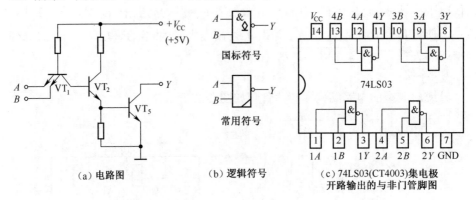

(a) 电路图　　　　　　　(b) 逻辑符号　　　　(c) 74LS03(CT4003)集电极
开路输出的与非门管脚图

图 2-33　集电极开路与非门电路及其逻辑符号、管脚图

OC 门在工作时需要外接负载电阻和电源。

OC 门的主要用途如下：

①驱动不同的负载。OC 门可以用来驱动不同的负载，例如电阻、继电器、发光二极管等，把这些负载代替图 2-34 所示电路的 R_L 位置即可。

②实现电平转换。OC 门还可以实现电平转换，改变图 2-34 所示电路的电源 E_C 值，就可以改变输出逻辑高电平的值，实现 TTL 电平到其他类型电路的电平转换。在数字系统的应用中，经常需要电平转换，例如，将 TTL 电平转换为高阈值 TTL（HTL）电平，或转换为 CMOS 电平等。

③实现"线与"。把若干个 OC 门的输出线直接连接在一起，具有与功能，称为"线与"。两个集电极开路与非门线与的连接电路如图 2-35 所示。其中，$\overline{AB}$ 是门 G$_1$ 的输出，$\overline{CD}$ 是门 G$_2$ 的输出。由电路可以看出，当两个门中有任一个门为开态时，输出 Y 就是低电平，只有两个门都是工作在关态时，Y 才是高电平，两个门的输出构成"与"逻辑关系，即 $Y = \overline{AB} \cdot \overline{CD}$。

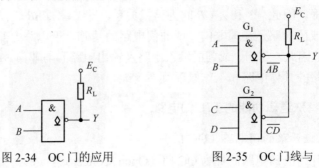

图 2-34　OC 门的应用　　　　　图 2-35　OC 门线与

但是要注意，普通的 TTL 门是不允许线与的，即不能把两个普通 TTL 与非门的输出端直接连接在一起。因为普通 TTL 门采用推拉输出方式，不论门电路处于开态还是关态，输出都呈现低阻抗。把两个门的输出直接连接后，如果一个门工作于关态（输出高电平），而另一个门工作于开态（输出低电平），则会在两个门的内部形成过电流而损坏器件。

2. 三态输出门电路（TS 门）

三态输出门（Three-State Output Gate，简称 TS 门）是在普通门电路的基础上，增加控制输入端和控制电路构成。

图 2-36 给出了三态门的电路结构图及图形符号。其中图 2-36（a）电路的控制端 EN 为高电平时（$EN = 1$），P 点为高电平，二极管截止，电路的工作状态和普通的与非门没有区别。这时 $Y = \overline{A \cdot B}$，可能是高电平也可能是低电平，视 A、B 的状态而定。而当控制端 EN 为低电平时（$EN = 0$），P 点为低电平，VT_5 截止。同时，二极管 VD 导通，VT_4 的基极电位被钳在 0.7V，使 VT_4 截止。由于 VT_4、VT_5 同时截止，所以输出端呈高阻状态。这样输出端就有三种可能出现的状态：高阻、高电平、低电平，故将这种门电路叫做三态输出门。

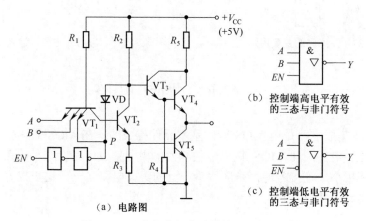

图 2-36 三态与非门电路结构及逻辑符号

因为图 2-36（a）电路在 $EN = 1$ 时为正常的与非工作状态，所以称为控制端高电平有效，其逻辑符号见图 2-36（b）。而在图 2-36（c）电路中，$\overline{EN} = 0$ 时为工作状态，故称这个电路的控制端低电平有效。

三态门的主要用途如下：

①接成总线结构。在数字系统中，为了减少输出连线，经常需要在一条数据线上分时传输若干个门电路的输出信号，这种输出线称为总线（BUS）。三态输出门可以实现总线结构，N 个三态输出的总线结构如图 2-37 所示。

以总线方式分时传输数据时，要求在任何时间内，最多只有一个门处于工作状态，其他门被禁止，输出呈高阻态。这样，工作门的数据才能在数据总线上传输，避免数据混乱。在图 2-37 所示的电路中，只要控制各个门的 $\overline{EN}$ 端，轮流定时地使各个门的 $\overline{EN}$ 端为 0（有效），就可以把各个门的输出信号轮流传输到总线上。计算机系统中的数据传输，基本都采用总线方式。

②利用三态输出门电路还能实现数据的双向传输。在图 2-38 的电路中，当 $EN = 1$ 时 G_1 工作而 G_2 为高阻态，数据 D_O 经 G_1 反相后送到总线上去。当 $EN = 0$ 时 G_2 工作而 G_1 为高阻态，来自总线的数据经 G_2 反相后由 $\overline{D}_I$ 送出。

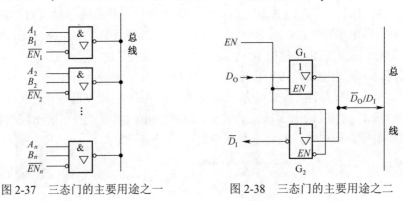

图 2-37　三态门的主要用途之一　　　　图 2-38　三态门的主要用途之二

2.5　CMOS 集成门电路

MOS 管集成电路是用 MOS 管做基本元件构成的。在 MOS 管内，只有一种载流子参与导电，因此 MOS 集成电路称为单极型集成电路，这种电路的控制电压和功耗都极小，连接方便，是应用最广泛的集成电路之一，这里仅介绍其中的 CMOS 门电路及特性。

2.5.1　CMOS 反相器

1. 电路结构和工作原理

CMOS 反相器电路如图 2-39 所示（其芯片管脚同 TTL 电路，这里不再画出）。其中 VT_1 是 P 沟道增强型 MOS 管，VT_2 是 N 沟道增强型 MOS 管，这种由两种不同类型的 MOS 管形成的电路结构，称为互补对称 MOS（Complementary Symmetry MOS），简称 CMOS。

如果 VT_1 和 VT_2 的开启电压分别为 $V_{GS(th)P}$ 和 $V_{GS(th)N}$，同时令 $V_{DD} > V_{GS(th)N} + |V_{GS(th)P}|$，那么当 $v_I = V_{IL} = 0$ 时，有

$$\begin{cases} |v_{GS1}| = V_{DD} > |V_{GS(th)P}| & \text{（且 } v_{GS1} \text{ 为负）} \\ v_{GS2} = 0 < V_{GS(th)N} \end{cases}$$

（a）结构示意图 （b）电路图

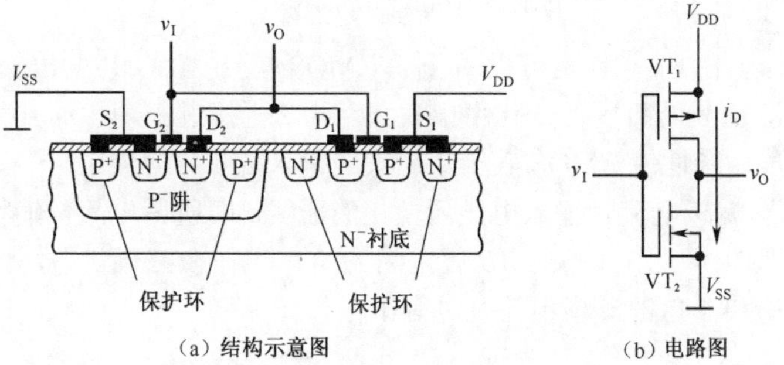

图 2-39 CMOS 反相器

故 VT_1 导通，而且导通内阻很低（在 $|v_{GS}|$ 足够大时可小于 $1k\Omega$）；而 VT_2 截止，内阻很高（可达 $10^8 \sim 10^9 \Omega$）。因此，输出为高电平 V_{OH}，且 $V_{OH} \approx V_{DD}$。

当 $v_I = V_{OH} = V_{DD}$ 时，则有

$$\begin{cases} v_{GS1} = 0 < |V_{GS(th)P}| \\ v_{GS2} = V_{DD} > V_{GS(th)N} \end{cases}$$

故 VT_1 截止而 VT_2 导通，输出为低电平 V_{OL}，且 $V_{OL} \approx 0$。

可见，输出和输入之间为逻辑非的关系。

由于静态下无论 v_I 是高电平还是低电平，VT_1 和 VT_2 总有一个是截止的，而且截止内阻又极高，流过 VT_1 和 VT_2 的静态电流极小，因而 CMOS 反相器的静态功耗极小。这是 CMOS 电路最突出的一大优点。

2. CMOS 反相器的外部特性

（1）电压传输特性和电流传输特性

在图 2-39 的 CMOS 反相器电路中，设 $V_{DD} > V_{GS(th)N} + |V_{GS(th)P}|$，且 $V_{GS(th)N} = |V_{GS(th)P}|$，$VT_1$ 和 VT_2 具有同样的导通内阻 R_{ON} 和截止内阻 R_{OFF}，则输出电压随输入电压变化的曲线（亦即电压传输特性）如图 2-40 所示。

当反相器工作于电压传输特性的 AB 段时，由于 $v_I < V_{GS(th)N}$，而 $|V_{GS1}| > |V_{GS(th)P}|$，故 VT_1 导通并工作在低内阻的电阻区，VT_2 截止，分压的结果使 $v_O = V_{OH} \approx V_{DD}$。

在特性曲线的 CD 段，由于 $v_I > V_{DD} - |V_{GS(th)P}|$，使 $|V_{GS1}| < |V_{GS(th)P}|$，故 VT_1 截止。而 $V_{GS2} > V_{GS(th)N}$，VT_2 导通。因此 $v_O = V_{OL} \approx 0$。

在 BC 段，即 $V_{GS(th)N} < v_I < V_{DD} - |V_{GS(th)P}|$ 的区间里，$V_{GS2} > V_{GS(th)N}$、$V_{GS1} > |V_{GS(th)P}|$，VT_1 和 VT_2 同时导通。如果 VT_1 和 VT_2 的参数完全对称，则 $v_I = \dfrac{1}{2}V_{DD}$ 时

两管的导通内阻相等，$v_O = \dfrac{1}{2}V_{DD}$，即工作于电压传输特性转折区的中点。因此，CMOS 反相器的阈值电压为 $v_{TH} = \dfrac{1}{2}V_{DD}$。

从图 2-40 的曲线上还可以看到，CMOS 反相器的电压传输特性上不仅 $V_{TH} = 1/2V_{DD}$，而且转折区的变化率很大。因此它更接近于理想的开关特性。这种形式的电压传输特性使 CMOS 获得了更大的输入端噪声容限。

图 2-41 是漏极电流随输入电压而变化的曲线，即所谓电流传输特性。这个特性也可以分为 3 个工作区。在 AB 段，因为 VT_2 工作在截止状态，内阻非常高，所以流过 VT_1 和 VT_2 的漏极电流几乎等于零。

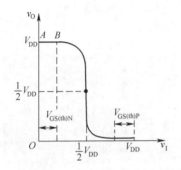

图 2-40　CMOS 反相器的电压传输特性 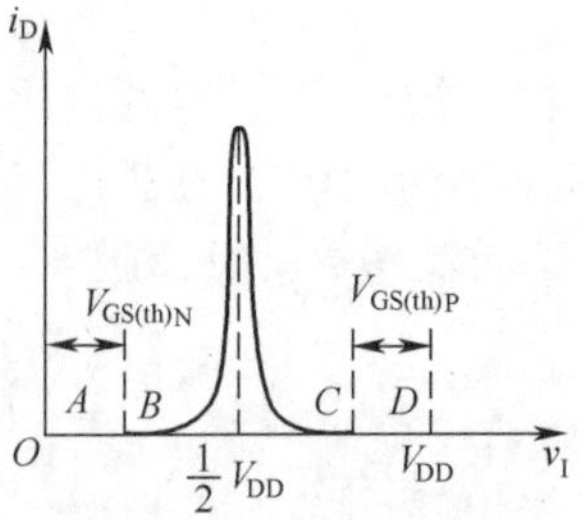　　图 2-41　CMOS 反相器的电流传输特性

在 CD 段，因为 VT_1 为截止状态，内阻非常高，所以流过 VT_1 和 VT_2 的漏极电流也几乎为零。

在特性曲线的 BC 段中，VT_1 和 VT_2 同时导通，有电流 i_D 流过 VT_1 和 VT_2，而且 $v_I = \dfrac{1}{2}V_{DD}$ 附近 i_D 最大。考虑到 CMOS 电路的这一特点，在使用这类器件时不应使之长期工作在电流传输特性的 BC 段（即 $V_{GS(th)N} < v_I < V_{DD} - |V_{GS(th)P}|$），以防止器件因功耗过大而损坏。

（2）输入端噪声容限

图 2-42 中画出了 V_{DD} 为不同数值时 CMOS 反相器的电压传输特性。可以看出，随着 V_{DD} 的增加 V_{NH} 和 V_{NL} 也相应地加大，而且每个 V_{DD} 下 V_{NH} 和 V_{NL} 始终保持相等。

国产 CC4000 系列 CMOS 电路的性能指标中规定，在输出高、低电平的变化不大于 $10\%V_{DD}$ 的条件下，输入信号低、高电平允许的最大变化量为 V_{NL} 和 V_{NH}。测试结果表明，$V_{NH} = V_{NL} \geqslant 30\%V_{DD}$。图 2-43 中绘出了 V_{NH} 和 V_{NL} 随 V_{DD} 变化的情况。图中取 $V_{DD} - 0.05V$ 为 V_{IH} 的正常值，取 $0.05V$ 为 V_{IL} 的正常值。

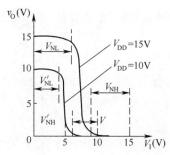

图 2-42 不同 V_{DD} 下 CMOS 反相器的噪声容限

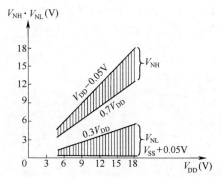

图 2-43 CMOS 反相器输入端噪声容限与 V_{DD} 的关系

（3）静态输入特性

MOS 集成电路的输入端具有很高的输入阻抗（达到 $10^{12}\Omega$），如果在输入端存在一个极小的漏电流，就会产生极高的电压降，致使输入的 SiO_2 绝缘层被击穿而损坏电路。因此，一般的 CMOS 集成电路都增加了输入保护电路。

在 CC4000 系列 CMOS 器件中，多采用图 2-44 的输入保护电路。图中 VD_1 和 VD_2 都是双极型二极管，它们的正向导通压降 $V_{DF} = 0.5 \sim 0.7V$，反相击穿电压约为 30V。由于 VD_1 是在输入端的 P 型扩散电阻区和 N 型衬底间自然形成的，是一种分布式二极管结构，所以在图 2-44 中用一条虚线和两端的两个二极管表示。这种分布式二极管结构可以通过较大的电流。R_S 的阻值一般在 $1.5 \sim 2.5k\Omega$ 之间。C_1 和 C_2 分别表示 VT_1 和 VT_2 的栅极等效电容。

在输入信号电压的正常工作范围内（$0 \leqslant v_I \leqslant V_{DD}$）输入保护电路不起作用。

当 $v_I > V_{DD} + V_{DF}$ 时，VD_1 导通，将 VT_1 和 VT_2 的栅极电位 V_G 钳在 $V_{DD} + V_{DF}$，保证加到 C_2 上的电压不超过 $V_{DD} + V_{DF}$。而当 $V_I < -0.7V$ 时，VD_2 导通，将栅极电位 V_G 钳在 $-V_{DF}$，保证加到 C_1 上的电压也不会超过 $V_{DD} + V_{DF}$。因为多数 CMOS 集成电路使用的 V_{DD} 不超过 18V，所以加到 C_1 和 C_2 上的电压不会超过允许的耐压极限。

在输入端出现瞬时的过冲电压使 VD_1 和 VD_2 发生击穿的情况下，只要反向击穿电流不过大，而且持续时间很短，那么在反向击穿电压消失后 VD_1 和 VD_2 的 PN 结仍可恢复工作。

当然，这种保护措施是有一定限度的。通过 VD_1 和 VD_2 的正向导通电流过大或反向击穿电流过大，都会损坏输入保护电路，进而使 MOS 管栅极被击穿。因此，在可能出现上述情况时，还必须采取一些附加的保护措施，并注意器件的正确使用方法。

根据图 2-44 的输入保护电路可以画出它的输入特性曲线，如图 2-45 所示。在 $-V_{DF} < v_I < V_{DD} + V_{DF}$ 范围内，输入电流 $i_I \approx 0$。当 $v_I > V_{DD} + V_{DF}$ 以后 i_I 迅速增大。而在 $v_I < -V_{DF}$ 以后，VD_2 经 R_S 导通，i_I 的绝对值随 v_I 绝对值的增加而加大，二者绝对值的增加近似成线性关系，变化的斜率由 R_S 决定。

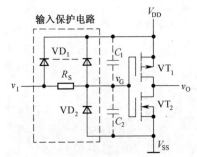 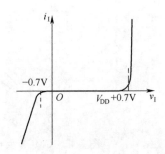

图 2-44　CC4000 系列的输入保护电路　　　图 2-45　图 2-44 电路的输入特性

另外，由于 CMOS 集成电路的输入不需要输入电流，所以没有输入负载特性。如果在输入端接了一个电阻再接地，不管这个电阻的阻值有多大，输入电平都是低电平。在这方面，与 TTL 集成电路存在区别。

（4）静态输出特性

①低电平输出特性。

当输出为低电平，即 $v_O = V_{OL}$ 时，反相器的 P 沟道管截止、N 沟道管导通，工作状态如图 2-46 所示。这时负载电流 I_{OL} 从负载电路注入 VT_2，输出电平随 I_{OL} 增加而提高，如图 2-47 所示。因为这时的 V_{OL} 就是 v_{DS2}，I_{OL} 就是 i_{D2}，所以 V_{OL} 与 I_{OL} 的关系曲线实际上也就是 VT_2 管的漏极特性曲线。从曲线上还可以看到，由于 VT_2 的导通内阻与 v_{GS2} 的大小有关，v_{GS2} 越大导通内阻越小，所以同样的 I_{OL} 值下 V_{DD} 越高，VT_2 导通时的 v_{GS2} 越大，V_{OL} 也越低。

②高电平输出特性。

当 CMOS 反相器的输出为高电平，即 $v_O = V_{OH}$ 时，P 沟道管导通而 N 沟道管截止，电路的工作状态如图 2-48 所示。这时的负载电流 I_{OH} 是从门电路的输出端流出的，与规定的负载电流正方向相反，在图 2-49 的输出特性曲线上为负值。

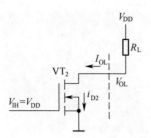
图 2-46　$v_O = V_{OL}$ 时 CMOS 反相器的工作状态

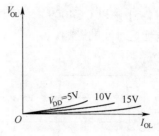
图 2-47　CMOS 反相器的低电平输出特性

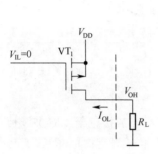
图 2-48　$v_O = V_{OH}$ 时 CMOS 反相器的工作状态

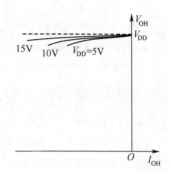
图 2-49　CMOS 反相器的高电平输出特性

由图 2-48 可见，这时 V_{OH} 的数值等于 V_{DD} 减去 VT_1 管的导通压降。随着负载电流的增加，VT_1 管的导通压降加大，V_{OH} 下降。如前所述，因为 MOS 管的导通内阻与 v_{GS} 大小有关，所以在同样的 I_{OH} 值下 V_{DD} 越高，则 VT_1 导通时 v_{GS1} 越低，它的导通内阻越小，V_{OH} 也就下降得越少，如图 2-49 所表示的那样。

CC4000 系列门电路的性能参数规定，当 $V_{DD} > 5V$，而且输出电流不超出允许范围时，$V_{OH} \geq 0.95 V_{DD}$、$V_{OL} \geq 0.05 V_{DD}$。因此，可以认为 $V_{OH} \approx V_{DD}$、$V_{OL} \approx 0$。

（5）CMOS 反相器的动态特性

①传输延迟时间。

尽管 MOS 管的开关过程中不发生载流子的聚集和消散，但由于集成电路内部电阻、电容的存在以及负载电容的影响，输出电压的变化仍然滞后于输入电压的变化，产生传输延迟。尤其由于 CMOS 电路的输出电阻比 TTL 电路的输出电阻大得多，所以负载电容对传输延迟时间和输出电压的上升时间、下降时间影响更为显著。

此外，由于 CMOS 反相器的输出电阻受 V_{IH} 大小的影响，而通常情况下 $V_{IH} \approx V_{DD}$，因而传输延迟时间也与 V_{DD} 有关，这一点也有别于 TTL 电路。

CMOS 电路的传输延迟时间 t_{PHL} 和 t_{PLH} 是以输入、输出波形对应边上等于最大幅度 50%的两点间的时间间隔来定义的，如图 2-50 所示。

图 2-51 中以 CC4009（六反相器）为例，画出了电源电压 V_{DD} 和负载电容 C_L 对传输延迟时间的影响。

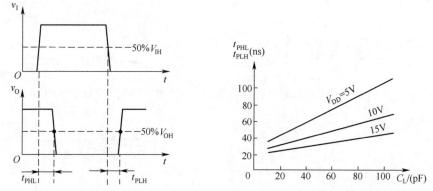

图 2-50　CMOS 反相器传输延迟时间的定义　　图 2-51　V_{DD} 和 C_L 对传输延迟时间的影响

②交流噪声容限。

与 TTL 电路相仿，当噪声电压的作用时间小于或接近于 CMOS 电路的传输延迟时间时，输入噪声容限将显著提高。而且，传输延迟时间越长，交流噪声容限也越大。由于传输延迟时间与电源电压和负载电容有关，所以交流噪声容限也受电源电压和负载电容的影响。图 2-52 的曲线表明了在负载不变的情况下 V_{DD} 对交流噪声容限影响的大致趋势。图中以 V_{NA} 表示噪声容限，以 t_W 表示噪声电压的持续时间。

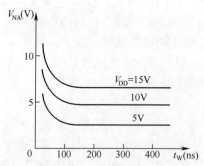

图 2-52　CMOS 反相器的交流噪声容限

2.5.2　其他逻辑功能的 CMOS 门电路

1. 其他逻辑功能的 CMOS 基本门电路

在 CMOS 门电路的系列产品中，除反相器外常用的还有或非门、与非门、或门、与门、与或非门、异或门等几种。

　　为了画图的方便，并能突出电路中与逻辑功能有关的部分，以后在讨论各种逻辑功能的门电路时就不再画出每个输入端的保护电路了。

　　图 2-53 是 CMOS 与非门的基本结构形式，它由两个并联的 P 沟道增强型 MOS 管 VT_1、VT_3 和两个串联的 N 沟道增强型 MOS 管 VT_2、VT_4 组成。

　　当 $A=1$、$B=0$ 时，VT_3 导通、VT_4 截止，故 $Y=1$。而当 $A=0$、$B=1$ 时，VT_1 导通、VT_2 截止，也使 $Y=1$。只有在 $A=B=1$ 时，VT_1 和 VT_3 同时截止，VT_2 和 VT_4 同时导通，才有 $Y=0$。因此，Y 和 A、B 间是与非关系，即 $Y=\overline{A \cdot B}$。

　　图 2-54 是 CMOS 或非门的基本结构形式，它由两个并联的 N 沟道增强型 MOS 管 VT_2、VT_4 和两个串联的 P 沟道增强型 MOS 管 VT_1、VT_3 组成。

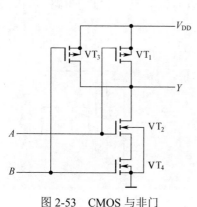

图 2-53　CMOS 与非门

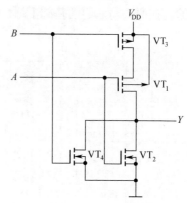

图 2-54　CMOS 或非门

　　在这个电路中，只要 A、B 当中有一个是高电平，输出就是低电平。只有当 A、B 同时为低电平时，才使 VT_2 和 VT_4 同时截止、VT_1 和 VT_3 同时导通，输出为高电平。因此，Y 和 A、B 间是或非关系，即 $Y=\overline{A+B}$。

　　利用与非门、或非门和反相器又可组成与门、或门、与或非门、异或门等，这里就不一一列举了。

　　2. 带缓冲级的 CMOS 电路

　　图 2-53 的与非门电路虽然结构很简单，但也存在着严重的缺点。

　　首先，它的输出电阻 R_O 受输入端状态的影响。假定每个 MOS 管的导通内阻均为 R_{ON}，截止内阻 $R_{OFF} \approx \infty$，则根据前面对图 2-53 的分析可知：

　　若 $A=B=1$，则 $R_O=R_{ON2}+R_{ON4}=2R_{ON}$；若 $A=B=0$，则 $R_O=R_{ON1}//R_{ON3}=\dfrac{1}{2}R_{ON}$；若 $A=1$、$B=0$，则 $R_O=R_{ON3}=R_{ON}$；若 $A=0$、$B=1$，则 $R_O=R_{ON1}=R_{ON}$。

　　可见，输入状态的不同可以使输出电阻相差 4 倍之多。

　　其次，输出的高、低电平受输入端数目的影响。输入端数目越多，串联的驱动管数目也越多，输出的低电平 V_{OL} 也越高。而当输入全部为低电平时，输入端越多负载管并联的数目也越多，输出高电平 V_{OH} 也更高一些。

此外，输入端工作状态不同时对电压传输特性也有一定的影响。

在图 2-54 的或非门电路中也存在类似的问题。

为了克服这些问题，在目前生产的 CC4000 系列和 74HC 系列 CMOS 电路中均采用带缓冲级的结构，就是在门电路的每个输入端、输出端各增设一级反相器。加进的这些具有标准参数的反相器称为缓冲器。

需要注意的一点是输入、输出端加进缓冲器以后，电路的逻辑功能也发生了变化。图 2-55 的与非门电路是在图 2-54 或非门电路的基础上增加了缓冲器以后得到的。在原来与非门的基础上增加缓冲级以后就得到了或非门电路，如图 2-56 所示。

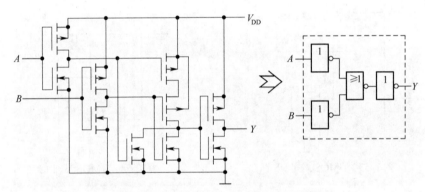

图 2-55　带缓冲级的 CMOS 与非门电路

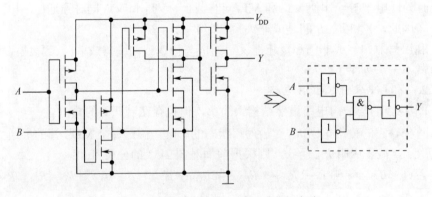

图 2-56　带缓冲级的 CMOS 或非门电路

这些带缓冲级的门电路其输出电阻、输出的高、低电平以及电压传输特性将不受输入端状态的影响。而且，电压传输特性的转折区也变得更陡了。此外，前面讲到的 CMOS 反相器的输入特性和输出特性对这些门电路自然也适用。

2.5.3　特殊逻辑功能的 CMOS 门电路

1. 漏极开路的门电路（OD 门）

如同 TTL 电路中的 OC 门那样，CMOS 门的输出电路结构也可以做成漏极开路的形式。在 CMOS 电路中，这种输出电路结构经常用在输出缓冲/驱动器中，或者用于输出电平的转换，以及满足吸收大负载电流的需要。此外也可用于实现线与逻辑。

图 2-57 是 CC40107 双 2 输入与非缓冲/驱动器的逻辑图，它的输出电路是一只漏极开路的 N 沟道增强型 MOS 管。在输出为低电平 $V_{OL} < 0.5V$ 的条件下，它能吸收的最大负载电流达 50mA。

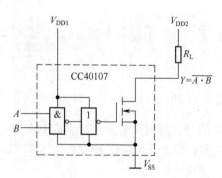

图 2-57　漏极开路输出的与非门 CC40107

如果输入信号的高电平 $V_{IH} = V_{DD1}$，而输出端外接电源为 V_{DD2}，则输出的高电平将为 $V_{OH} \approx V_{DD2}$。这样就把 $V_{DD1} \sim 0$ 的输入信号高、低电平转换成了 $0 \sim V_{DD2}$ 的输出电平了。

2. CMOS 传输门（TG 门）

（1）CMOS 传输门的电路结构和工作原理

利用 P 沟道 MOS 管和 N 沟道 MOS 管的互补性可以接成如图 2-58 所示的 CMOS 传输门。CMOS 传输门如同 CMOS 反相器一样，也是构成各种逻辑电路的一种基本单元电路。

图中的 VT_1 是 N 沟道增强型 MOS 管，VT_2 是 P 沟道增强型 MOS 管。因为 VT_1 和 VT_2 的源极和漏极分别相连作为传输门的输入端和输出端，C 和 $\overline{C}$ 是一对互补的控制信号。

如果传输门的一端接输入正电压 v_I，另一端接负载电阻 R_L，则 VT_1 和 VT_2 的工作状态如图 2-59 所示。

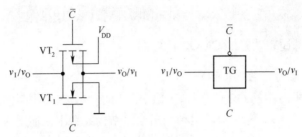

图 2-58 CMOS 传输门的电路结构和逻辑符号

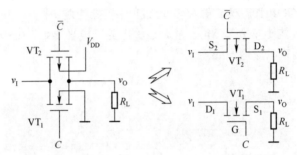

图 2-59 CMOS 传输门中两个 MOS 管的工作状态

设控制信号 C 和 $\bar{C}$ 的高、低电平分别为 V_{DD} 为 0V，那么当 $C = 0$、$\bar{C} = 1$ 时，只要输入信号的变化范围不超出 $0 \sim V_{DD}$，则 VT_1 和 VT_2 同时截止，输入和输出之间呈高阻态（$>10^9 \Omega$），传输门截止。

反之，若 $C = 1$，$\bar{C} = 0$，而且 R_L 远大于 VT_1、VT_2 的导通电阻的情况下，则当 $0 < v_I < V_{DD} - V_{GS(th)N}$ 时 VT_1 将导通。而且 $|V_{GS(th)P}| < v_I < V_{DD}$ 时 VT_2 导通。因此，v_I 在 $0 \sim V_{DD}$ 之间变化时，VT_1 和 VT_2 至少有一个是导通的，使 v_I 与 v_O 两端之间呈低阻态（小于 $1k\Omega$），传输门导通。

由于 VT_1、VT_2 管的结构形式是对称的，即漏极和源极可互易使用，因而 CMOS 传输门属于双向器件，它的输入端和输出端也可以互易使用。

②CMOS 传输门的主要用途。

利用 CMOS 传输门和 CMOS 反相器可以组合成各种复杂的逻辑电路，如数据选择器、寄存器、计数器等。

传输门的另一个重要用途是作模拟开关，用来传输连续变化的模拟电压信号。这一点是无法用一般的逻辑门实现的。模拟开关的基本电路是由 CMOS 传输门和一个 CMOS 反相器组成的，如图 2-60 所示。和 CMOS 传输门一样，它也是双向器件。

假定接在输出端的电阻为 R_L（如图 2-61 所示），双向模拟开关的导通内阻为

R_{TG}。当 $C = 0$（低电平）时开关截止，输出和输入之间的联系被切断 $v_O = 0$。

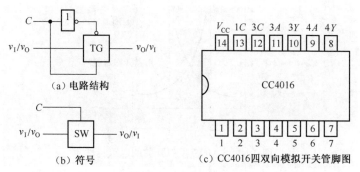

（a）电路结构

（b）符号

（c）CC4016四双向模拟开关管脚图

图 2-60 CMOS 双向模拟开关的电路结构及其符号管脚图

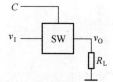

图 2-61 CMOS 模拟开关接负载电阻的情况

当 $C = 1$（高电平）时，开关接通，输出电压为

$$v_O = \frac{R_L}{R_L + R_{TG}} v_I \tag{2.13}$$

我们将 v_O 和 v_I 的比值定义为电压传输系统 K_{TG}，即

$$K_{TG} = \frac{v_O}{v_I} = \frac{R_L}{R_L + R_{TG}} \tag{2.14}$$

为了得到尽量大而且稳定的电压传输系数，应使 $R_L \gg R_{TG}$，而且希望 R_{TG} 不受输入电压变化的影响。然而式（2.5）表明，MOS 管的导通内阻 R_{ON} 是栅源电压 v_{GS} 的函数。从图 2-59 可见，VT_1 和 VT_2 的 v_{GS} 都是随 v_I 的变化而改变的，因而在不同 v_I 值下 VT_1 的导通内阻 R_{ON1}、VT_2 的导通内阻 R_{ON2} 以及它们并联而成的 R_{TG} 皆非常数。

图 2-62 给出了 R_{ON1}、R_{ON2} 和 R_{TG} 随 v_I 变化的曲线。由于 VT_1 和 VT_2 的互补作用，R_{TG} 的变化较 R_{ON1}、R_{ON2} 的变化明显地减小了。但由于曲线的非线性及不完全对称，还达不到 R_{TG} 基本不变的要求。为了进一步减小 R_{TG} 的变化，又对图 2-60 的电路作了改进。采用改进电路的国产 CC4066 四双向模拟开关集成电路在 $V_{DD} = 15V$ 下的 R_{TG} 值不大于 240Ω，而且在 v_I 变化时 R_{TG} 基本不变。目前某些精密 CMOS 模拟开关的导通电阻已经降低到了 20Ω 以下。

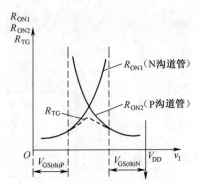

图 2-62　CMOS 模拟开关的电阻特性

2.6　辅修内容

2.6.1　改进型的 TTL 门电路

为满足用户在提高工作速度和降低功耗这两方面的要求,继上述的 74 系列之后,又相继研制和生产了 74H 系列、74S 系列、74LS 系列、74AS 系列和 74ALS 系列等改进的 TTL 电路。现将这几种改进系列在电路结构和电气特性上的特点分述如下。

1. 74H 系列

74H 系列又称高速系列。图 2-63 是 74H 系列与非门（74H00）的电路结构图。为了提高电路的开关速度,减小传输延迟时间,在电路结构上采取了两项改进措施。一是在输出级采用了达林顿结构,用 VT_3 和 VT_4 组成的复合三极管代替原来的 VT_4;二是将所有电阻的阻值普遍降低了将近一倍。

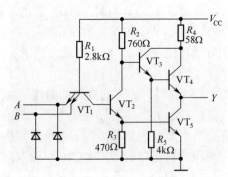

图 2-63　74H 系列与非门（74H00）的电路结构

采用达林顿结构进一步减小了门电路输出高电平时的输出电阻，从而提高了对负载电容的充电速度。

减小了电路中各个电阻的阻值以后，不仅缩短了电路中各节点点位的上升时间和下降时间，也加速了三极管的开关过程。因此，74H 系列门电路的平均传输延迟时间比 74 系列门电路缩短了一半，通常在 10ns 以内。

减小电阻阻值带来的不利影响是增加了电路的静态功耗。74H 系列门电路的电源平均电流约为 74 系列门电路的两倍。这就是说，74H 系列工作速度的提高是用增加功耗的代价换取的。因此，74H 系列的改进效果不够理想。

2. 74S 系列

72S 系列又称肖特基系列。

通过对 74 系列门电路动态过程的分析看到，三极管导通时工作在深度饱和状态是产生传输延迟时间的一个主要原因。如果能使三极管导通时避免进入深度饱和状态，那么传输延迟时间将大幅度减小。为此，在 74S 系列的门电路中，采用了抗饱和三极管（或称为肖特基三极管）。

抗饱和三极管是由普通的双极型三极管和肖特基势垒二极管（Schottky Barrie Diode，简称 SBD）组合而成的，如图 2-64 所示。

和普通的 PN 结型二极管不同，肖特基势垒二极管是由金属和半导体接触而形成的。它的制造工艺和 TTL 电路的常规工艺是完全相容的，以至无需增加工艺步骤即可得到 SBD。由图 2-65 可见，为了获得铝-N 型硅接触的 SBD，只需在制作基极的铝引线时把它延伸到 N 型的集电区半导体上就行了。而且，这个 SBD 的极性也恰好是基极一侧为正、集电极一侧为负。

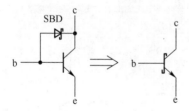

图 2-64　抗饱和三极管

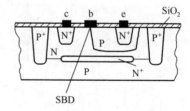

图 2-65　肖特基势垒二极管的结构

由于 SBD 的开启电压很低，只有 0.3V～0.4V，所以当三极管的 b-c 结进入正向偏置以后，SBD 首先导通，并将 b-c 结的正向电压钳在 0.3V～0.4V。此后，从基极注入的过驱动电流从 SBD 流走，从而有效地制止了三极管进入深度饱和状态。

图 2-66 是 74S 系列与非门（74S00）的电路结构图。其中 VT_1、VT_2、VT_3、VT_5 和 VT_6 都是抗饱和三极管。因为 VT_4 的 b-c 结不会出现正向偏置，亦即不会

进入饱和状态，所以不必改用抗饱和三极管。电路中仍采用了较小的电阻值（与74H 系列相当）。

电路结构的另一个特点是用 VT_6、R_B 和 R_C 组成的有源电路代替了 74H 系列中的电阻 R_3，为 VT_5 管的发射结提供了一个有源泄放回路。当 VT_2 由截止变为导通的瞬间，由于 VT_6 的基极回路中串接了电阻 R_B，所以 VT_5 的基极必然先于 VT_6 的基极导通，使 VT_2 的发射极的电流全部流入 VT_5 的基极，从而加速了 VT_5 的导通过程。而在稳态下，由于 VT_6 导通后产生的分流作用，减少了 VT_5 的基极电流，也就减轻了 VT_5 的饱和程度，这又有利于加快 VT_5 从导通变为截止的过程。

当 VT_2 从导通变为截止以后，因为 VT_6 仍处于导通状态，为 VT_5 的基极提供了一个瞬间的低内阻泄放回路，使 VT_5 得以迅速截止。因此，有源泄放回路的存在缩短了门电路的传输延迟时间。

此外，引进有源泄放电路还改善了门电路的电压传输特性。因为 VT_2 的发射结必须经 VT_5 或 VT_6 的发射结才能导通，所以不存在 VT_2 导通而 VT_5 尚未导通的阶段，而这个阶段正是产生电压传输特性线性区的根源，因此 74S 系列门电路的电压传输特性上没有线性区，更接近于理想的开关特性，如图 2-67 所示。从图上可以看到，74S 系列门电路的阈值电压比 74 系列要低一些。这是因为 VT_1 为抗饱和三极管，它的 b-c 间存在 SBD，所以 VT_5 开始导通所需要的输入电压比 74 系列门电路要低一点。

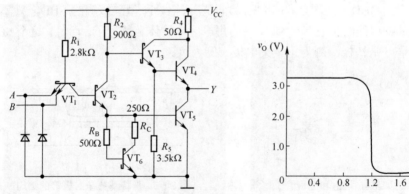

图 2-66 74S 系列与非门（74S00）的电路结构　图 2-67 74S 系列反相器的电压传输特性

采用抗饱和三极管和减小电路中电阻的阻值也带来了一些缺点。首先是电路的功耗加大了。其次，由于 VT_5 脱离了深度饱和状态，导致了输出低电平升高（最大值可达 0.5V 左右）。

3. 74LS 系列

性能比较理想的门电路应该工作速度既快，功耗又小。然而从上面的分析中可以发现，缩短传输延迟时间和降低功耗对电路提出来的要求往往是互相矛盾的。因此，只有用传输延迟时间和功耗的乘积（Delay-Power Product，简称延迟－功耗积，或 dp 积）才能全面评价门电路性能的优劣。延迟－功耗积越小，电路的综合性能越好。

为了得到更小的延迟－功耗积，在兼顾功耗和速度两方面的基础上又进一步开发了 74LS 系列（也称为低功耗肖特基系列）。

图 2-68 是 74LS 系列与非门（74LS00）的典型电路。为了降低功耗，大幅度地提高了电路中各个电阻的阻值。同时，将 R_5 原来接地的一端改接到输出端，以减小 VT_3 导通时 R_5 上的功耗。74LS 系列门电路的功耗仅为 74 系列的五分之一，为 74H 系列的十分之一。为了缩短传输延迟时间、提高开关工作速度，沿用了 74S 系列提高工作速度的两个方法——使用抗饱和三极管和引入有源泄放电路。同时，还将输入端的多发射极三极管用 SBD 代替[①]，因为这种二极管没有电荷存储效应，有利于提高工作速度。此外，为进一步加速电路开关状态的装换过程，又接入了 VD_3、VD_4 这两个 SBD。当输出端由高电平跳变为低电平时，VD_4 经 VT_2 的集电极和 VT_5 的基极为输出端的负载电容提供了另一条放电回路，即加快了负载电容的放电速度，又为 VT_5 管增加了基极驱动电流，加速了 VT_5 的导通过程。同时，VD_3 也通过 VT_2 为 VT_4 的基极提供一个附加的低内阻放电通路，使 VT_4 更快地截止，这也有利于缩短传输延迟时间。由于采用了这一系列的措施，虽然电阻阻值增大了很多，但传输延迟时间仍可达到 74 系列的水平。74LS 系列的延迟－功耗积是 TTL 电路上述四种系列中最小的一种，仅为 74 系列的五分之一，为 74S 系列的三分之一。

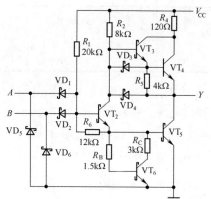

图 2-68　74LS 系列与非门（74LS00）的电路结构

74LS 系列门电路的电压传输特性也没有线性区，而且阈值电压要比 74 系列

---

① 严格地讲，74LS 系列属于 DTL 电路，因为它的输入端不是三极管结构，而是二极管结构。

低，约为 1V 左右。

4. 74AS 和 74ALS 系列

74AS 系列是为了进一步缩短传输延迟时间而设计的改进系列。它的电路结构与 74LS 系列类似，但是电路中采用了很低的电阻阻值，从而提高了工作速度。它的缺点是功耗较大，比 74LS 系列的功耗还略大一些。

74ALS 系列是为了获得更小的延迟—功耗积而设计的改进系列，它的延迟—功耗积是 TTL 电路所有系列中最小的一种。为了降低功耗，电路中采用了较高的电阻阻值。同时，通过改进生产工艺缩小了内部各个期间的尺寸，获得了减小功耗、缩短延迟时间的双重收效。此外，在电路结构上也作了局部的改进。

5. 54、54H、54S、54LS 系列

54 系列的 TTL 电路和 74 系列电路具有完全相同的电路结构和电气性能参数。所不同的是 54 系列比 74 系列的工作温度范围更宽，电源允许的工作范围也更大。74 系列的工作环境温度规定为 0～70℃，电源电压工作范围为 5V±5%；而 54 系列的工作环境温度为–55～125℃，电源电压工作范围为 5V±10%。

54H 与 74H、54S 与 74S 以及 54LS 与 74LS 系列的区别也仅在于工作环境温度与电源电压工作范围不同，就像 54 系列和 74 系列的区别那样。

为便于比较，现将不同系列 TTL 门电路的延迟时间、功耗和延迟—功耗积（dp 积）列于表 2-5 中。

表 2-5　不同系列 TTL 门电路的性能比较

系列种类性能	74/54	74H/54H	74S/54S	74LS/54LS	74AS/54AS	74ALS/54ALS
t_{pd}（ns）	10	6	4	10	1.5	4
P/门（nW）	10	22.5	20	2	20	1
dp 积（ns·mW）	100	135	80	20	30	4

在不同系列的 TTL 器件中，只要器件型号的后几位数码一样，则它们的逻辑功能、外形和尺寸、引脚排列就完全相同。例如 7420、74H20、74S20、74LS20、74ALS20 都是双 4 输入与非门（内部有两个 4 输入端的与非门），都采用 14 条引脚双列直插式封装，而且输入端、输出端、电源、地线的引脚位置也是相同的。

2.6.2　其他类型的双极型数字集成电路

在双极型的数字集成电路中，除了 TTL 电路以外，还有二极管—三极管逻辑（Diode-Transistor Logic，简称 DTL）、高阈值逻辑（High Threshold Logic，简称 HTL）、发射极耦合逻辑（Emitter Coupled Logic，简称 ECL）和集成注入逻辑（Integrated Iniaction Logic，简称 I^2L）等几种逻辑电路。

　　DTL 是最早采用的一种电路结构形式，它的输入端是二极管结构，而输出端是三极管结构。因为它的工作速度比较低，所以不久便被 TTL 电路取代了。

　　HTL 电路的特点是阈值电压比较高。当电源电压为 15V 时，阈值电压达 7~8V。因此，它的噪声容限比较大，有较强的抗干扰能力。HTL 电路的主要缺点是工作速度比较低，所以多用在对工作速度要求不高而对抗干扰性要求较高的一些工业控制设备中。目前它已几乎完全被 CMOS 电路所取代。

　　下面仅对 ECL 和 I²L 两种电路的工作原理和主要特点作简略介绍。

　1. ECL 电路

　（1）ECL 电路的结构与工作原理

　　ECL 是一种非饱和型的高速逻辑电路。图 2-69 为 ECL 或/或非门的典型电路和逻辑符号。因为图中 VT_5 管的输入信号是通过发射极电阻 R_E 耦合过来的，所以把这种电路叫做发射极耦合逻辑电路。

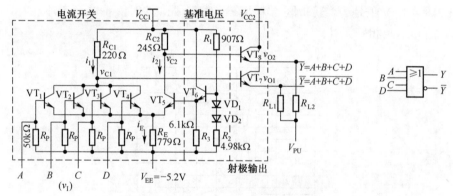

图 2-69　ECL 或/或非门的电路及逻辑符号

　　这个电路可以按图中的虚线所示划分成 3 个组成部分：电流开关、基准电压源和射极输出电路。

　　正常工作时取 $V_{EE}=-5.2V$，$V_{CC1}=V_{CC2}=0V$，VT_6 管发射极给出的基准电压 $V_{BB}=-1.3V$，输入信号的高低电平各为 $V_{IH}=-0.92V$，$V_{IL}=-1.75V$。

　　当全部输入端同时接低电平时，VT_1~VT_4 的基极都是 $-1.75V$，而此时 VT_5 的基极电平更高些（$-1.3V$），故 VT_5 导通并将发射极电平钳在 $v_E=V_{BB}-V_{BE}=-2.07V$（假定发射结的正向导通压降为 0.77V）。这时 VT_1~VT_4 的发射结上只有 0.32V，故 VT_1~VT_4 同时截止，v_{C1} 为高电平而 v_{C2} 为低电平。

　　当输入端有一个（假定为 A）接至高电平时，VT_1 的基极为 $-0.92V$，高于 V_{BB}，所以 VT_1 一定导通，并将发射极电平钳在 $v_E=v_I-V_{BE}=-1.69V$。此时加到 VT_5 发射结上的电压只有 0.4V，故 VT_5 截止，v_{C1} 为低电平而 v_{C2} 为高电平。

由于 $VT_1 \sim VT_4$ 的输出回路是并联在一起的，所以只要其中有一个输入端接高电平，就能使 v_{C1} 为低电平而 v_{C2} 为高电平。因此，v_{C1} 与各输入端之间的逻辑关系是或非，v_{C2} 与各输入之间的逻辑关系是或。

然而在图 2-69 给定的参数下，v_{C1} 和 v_{C2} 的高、低电平不等于输入信号的高、低电平，因而无法直接作为下一级门电路的输入信号。为此，又在电路的输出端增设了由 VT_7 和 VT_8 组成的两个射极输出电路，以便把 v_{C1} 和 v_{C2} 的高、低电平转换成 $-0.92V$ 和 $-1.75V$。

基准电压源是由 VT_6 组成的射级输出电路，它为 VT_5 的基极提供固定的基准电平。为了补偿 V_{BE6} 的温度漂移，还在 VT_6 的基极回路里接入了两个二极管 VD_1 和 VD_2。

图中 R_L 为外接的负载电阻，V_{PU} 为牵引电源。V_{PU} 可以取成 V_{ER}，也可以取不同于 V_{EE} 的数值。

图 2-70 是图 2-69 的 ECL 或/或非门的电压传输特性。曲线的转折区发生在 $v_I = -1.2V \sim -1.4V$ 的地方。转折区的中点在 $v_I = V_{BB}$ 处，这时 v_{C1} 与 v_{C2} 基本相符，因而 v_{O1} 和 v_{O2} 也相差无几。

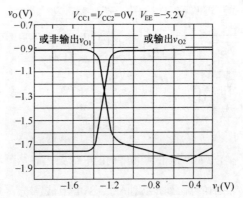

图 2-70   ECL 或/或非门的电压传输特性

（2）ECL 电路的主要特点

与 TTL 电路相比，ECL 电路有如下几个优点：

第一，ECL 电路是目前各种数字集成电路中工作速度最快的一种。根据图 2-69 中的电路参数不难算出，$VT_1 \sim VT_4$ 导通时集电结电压 $V_{CB} \approx 0V$，VT_5 导通时集电结电压 $V_{CB} \approx 0.3V$，即导通时均未进入饱和状态，这就从根本上消除了由于饱和导通而产生的电荷存储效应。同时，由于电路中电阻阻值取得很小，逻辑摆幅（高、低电平之差）又低，从而有效地缩短了电路各结点电位的上升时间和下降时间。目前 ECL 门电路的传输延迟时间已能缩短到 0.1ns 以内。

第二，因为输出端采用了射级输出结构，所以输出内阻很低，带负载能力很强。国产 CE10K 系列门电路的扇出系数（能驱动同类门电路的数目）达 90 以上。

第三，由于 $i_{C1} \sim i_{C4}$ 和 i_{C5} 的大小设计得近乎相等，所以在电路开关过程中电源电流变化不大，电路内部的开关噪声很低。

第四，ECL 电路多设有互补的输出端，同时还可以直接将输出端并联以实现线与逻辑功能，因而使用时十分方便、灵活。

然而 ECL 电路的缺点也是很突出的，这主要表现在：

第一，功耗大。由于电路里的电阻阻值都很小，而且三极管导通时又工作在非饱和状态，所以功耗很大。每个门的平均功耗可达 100mW 以上。从一定的意义来说，可以认为 ECL 电路的高速度是用多消耗功率的代价换取的。而且，功耗过大也严重地限制了集成度的提高。

第二，输出电平的稳定性较差。因为电路中的三极管导通时处于非饱和状态，而且输出电平又直接与 VT_7、VT_8 的发射结压降有关，所以输出电平对电路参数的变化以及环境温度的改变都比较敏感。

第三，噪声容限比较低。ECL 电路的逻辑摆幅只有 0.8V，直流噪声容限仅 200mV 左右，因此抗干扰能力较差。

目前 ECL 电路的产品只有中、小规模的集成电路，主要用在高速、超高速的数字系统和设备中。

2. I^2L 电路

为了提高集成度以满足制造大规模集成电路的需要，不仅要求每个逻辑单元的电路结构非常简单，而且要求降低单元电路的功耗。显然，无论 TTL 电路还是 ECL 电路都不具备这两个条件。而 20 世纪 70 年代初研制成功的 I^2L 电路则具备了电路结构简单、功耗低的特点，因而特别适于制成大规模集成电路。

（1）I^2L 电路的结构与工作原理

I^2L 电路的基本单元是由一只多集电极三极管构成的反相器，反相器的偏流由另一只三极管提供。图 2-71 给出了 I^2L 基本逻辑单元的结构示意图和电路的表示方法。图 2-71（a）中虚线右边部分是作为反相器用的多集电极纵向 NPN 型三极管 VT，左边部分的横向 PNP 型三极管 VT′用于为反相器提供基极偏流 I_0。

由于 VT′的基极接地而发射极接到固定的电源 V_J 上，所以它工作在恒流状态。电源 V_J 向 VT′的发射极注入电流，然后经 VT′的集电极送到三极管 VT 的基极去。因此，把 e′叫做注入端，把这种电路叫做集成注入逻辑电路。为了画图的方便，常常使用图 2-71（b）所示的简化画法，即用恒流源 I_0 代替 VT′，有时连这个恒流源也省略不画。在实际的电路中，PNP 管也做成多集电极形式，以便用同一只多集电极的 PNP 管驱动多只 NPN 三极管。

NPN 管的基极作为信号输入端，当输入电压 $v_I = 0$ 时，I_0 从输入端流出，VT

截止，c_1、c_2、c_3 输出高电平（这里假定 c_1、c_2、c_3 分别经过负载电阻接至正电源）。反之，当输入端悬空或经过大电阻接地时，VT 饱和导通，c_1、c_2、c_3 输出低电平。可见，任何一个输出端与输入端之间都是反相的逻辑关系。

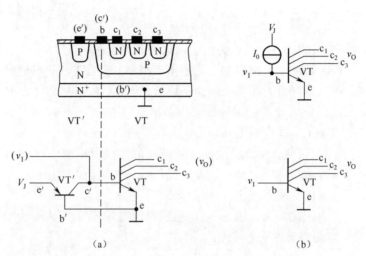

图 2-71　I^2L 电路的基本逻辑单元

I^2L 电路的这种多集电极输出结构在构成复杂的逻辑电路时十分方便。我们可以通过线与方式把几个门的输出并联，以获得所需要的逻辑功能。图 2-72 中给出了 I^2L 电路或/或非门的电路图。

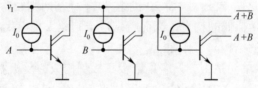

图 2-72　I_2L 或/或非门电路

（2）I^2L 电路的主要特点

I^2L 电路的优点突出表现在以下几个方面：

第一，它的电路结构简单。从上面的讨论可以看到，I^2L 的基本逻辑单元包含了一个 NPN 管和一个 PNP 管，而 PNP 管又能做成多集电极形式为许多单元电路所共用。同时，电路中没有电阻元件，这样既节省了所占的硅片面积又降低了电路的功耗。

此外，由于采用了如图 2-71（a）所示的并合三极管结构（即在半导体硅片的同一区域里同时制作 NPN 和 PNP 三极管而互相间不需要任何隔离和连线），进一步缩小了每个单元电路所占的面积。因此，也将 I^2L 电路称作并合三极管逻辑（Merged Transistor Logic，简称 MIL）电路。

第二，各逻辑单元之间不需要隔离，从图 2-71 可以看到，I^2L 电路中所有单元的 NPN 管的发射极是接在一起的。在制作这些单元电路时，只需在公共的 N 型衬底上分别制作一个个的 P 型区，在每个 P 型区上制作几个 N 型区就行了。这样不仅简化了工艺，又节省了在单元之间设置隔离槽所占用的硅片面积。

第三，I^2L 电路能够在低电压、微电流下工作。由图 2-71（a）可知，只要电压 V_J 大于 VT′的饱和导通压降 $V'_{GS(sat)}$ 和 VT 的发射结导通压降 V_{BE} 之和，电路就可以工作。因此，I^2L 电路的最低工作电压为

$$V_{J(min)} = V'_{CE(sat)} + V_{BE} \approx 0.7 \sim 0.8 \text{（V）}$$

即可以在 1V 以下的电源电压下工作。

I^2L 反相器的工作电流可小于 1nA，是目前双极型数字集成电路中功耗最低的一种。它的集成度可达到 500 门/mm^2 以上。

I^2L 电路也有两个严重的缺点：

第一，抗干扰能力较差。I^2L 电路的输出信号幅度比较小，通常在 0.6V 左右，所以噪声容限低，抗干扰能力也就较差了。

第二，开关速度较慢。因为 I^2L 电路属于饱和型逻辑电路，这就限制了它的工作速度。I^2L 反相器的传输延迟时间可达 20～30ns。

为了弥补在速度方面的缺陷，对 I^2L 电路不断地做了改进。通过改进电路和制造工艺已成功地把每级反相器的传输延迟时间缩短到了几纳秒。另外，利用 I^2L 与 TTL 电路在工艺上的兼容性，可以直接在 I^2L 大规模集成电路芯片上制作与 TTL 电平相兼容的接口电路，这就有效地提高了电路的抗干扰能力。

目前 I^2L 电路主要用于制作大规模集成电路的内部逻辑电路，很少用来制作中、小规模集成电路产品。

2.6.3　其他类型的 MOS 电路

1. PMOS 电路

在 MOS 数字集成电路的发展过程中，最初采用的电路全部是用 P 沟道 MOS 管组成的，这种电路称为 PMOS 电路。

PMOS 反相器的电路结构如图 2-73 所示，其中 VT_1 和 VT_2 都是 P 沟道增强型 MOS 管。因为 PMOS 工艺比较简单，成品率高、价格便宜，所以曾经被广泛使用。

但是，PMOS 反相器有两个严重的缺点：

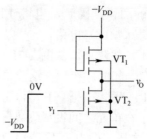

图 2-73　PMOS 反相器电路

第一，它的工作速度比较低。因为 P 沟道 MOS 管的导通电流是由空穴运动形成的，而空穴的迁移率低得多，所以为了获得同样的导通电阻和电流，P 沟道 MOS 管必须有更大的几何尺寸。这就使 P 沟道 MOS 管的寄生电容要比 N 沟道 MOS 管的寄生电容大得多，从而降低了它的开关速度。

第二，由于 PMOS 电路使用负电源，输出电平为负，所以不便于和 TTL 电路连接，使它的应用受到了限制。

基于以上原因，在 NMOS 工艺成熟以后，PMOS 电路就用得越来越少了。

2. NMOS 电路

全部使用 NMOS 管组成的集成电路称为 NMOS 电路。由于 NMOS 电路工作速度快，尺寸小，加之 NMOS 工艺水平的不断提高和完善，目前许多高速 LSI 数字集成电路产品仍采用 NMOS 工艺制造。

图 2-74 给出了 NMOS 反相器的两种常见形式。由于负载管的类型和工作方式不同，它们的性能也不一样。

图 2-74 （a）的负载管 VT_1 和驱动管 VT_2 都是增强型 MOS 管，因而叫做增强型负载反相器，简称 E/E MOS 电路。图 2-74 （b）电路的负载管是耗尽型 MOS 管，故将这个电路称作耗尽型负载反相器，称为 E/D MOS 电路。

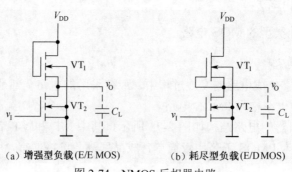

（a）增强型负载(E/E MOS)　　　　（b）耗尽型负载(E/D MOS)

图 2-74　NMOS 反相器电路

为了分析这两个电路的输出特性，需要找出负载管的伏安特性。在图 2-74（a）

增强型负载反相器电路中，负载管 VT_1 始终工作在 $v_{GS} = v_{DS}$ 的状态，只要将 VT_1 漏极特性上所有 $v_{GS} = v_{DS}$ 的各点连起来，就得到了 VT_1 管的伏安特性，如图 2-75 所示。

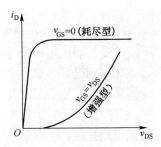

图 2-75　NMOS 反相器负载管的伏安特性

在图 2-74（b）耗尽型负载反相器电路中，由于负载管 VT_1 始终工作在 $v_{GS} = 0$ 的状态，所以漏极特性曲线中 $v_{GS} = 0$ 的一条曲线就是 VT_1 管的伏安特性曲线，如图 2-75 所示。

当 VT_2 突然截止，反相器的输出电压 v_O 随负载电容 C_L 的充电而升高，负载电流即 VT_1 管的漏极电流 i_D。根据 $v_O = V_{DD} - v_{DS}$ 即可作出 i_D 随 v_O 变化的曲线，如图 2-76 所示。此即反相器的输出特性。

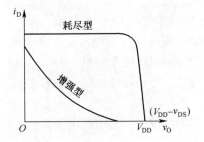

图 2-76　NMOS 反相器的输出特性（当 $v_I = 0$ 时）

比较一下图 2-76 中的两条输出特性不难看出，耗尽型负载反相器在 v_O 上升的绝大部分区间里一直能向负载电容提供较大的充电电流，而增强型负载反相器所能提供的充电电流随 v_O 上升迅速减小。因此，耗尽型负载 NMOS 反相器电路的开关速度比较快，这也正是高速 NMOS 电路中多半采用 E/D MOS 工艺的原因所在。

综合 N 沟道耗尽型负载、短沟道、硅栅自对准工艺等各项技术所生产的 MOS 电路不仅功耗－延迟积很小，而且有很高的集成度。这种集成电路又叫做高性能 MOS 电路（简称 HMOS 电路）。

2.6.4　逻辑门电路的正确使用

1．CMOS 电路的正确使用

（1）输入电路的静电防护

虽然在 CMOS 电路的输入端已经设置了保护电路，但由于保护二极管和限流电阻的几何尺寸有限，它们所能承受的静电电压和脉冲功率均有一定的限度。

CMOS 集成电路在储存、运输、组装和调试过程中，难免会接触到某些带静电高压的物体。例如工作人员如果穿的是由容易产生静电的织物制成的衣裤，则这些服装摩擦时产生的静电电压有时可高达数千伏。假如把这个静电电压加到 CMOS 电路的输入端，将足以把电路损坏。

为防止由静电电压造成的损坏，应注意以下几点：

①在储存和运输 CMOS 器件时不要采用易产生静电高压的化工材料和化纤织物包装，最好采用金属屏蔽层作包装材料。

②组装、调试时，应使用电烙铁和其他工具、仪表、工作台台面等良好接地。操作人员的服装和手套等应使用无静电的原料制作。

③不用的输入端不应悬空。

（2）输入电路的过流保护

由于输入保护电路中的钳位二极管电流容量有限，一般为 1mA，所以在可能出现较大输入电流的场合必须采取如下保护措施：

①输入端接低内阻信号源时，应在输入端与信号源之间串进保护电阻，保护输入保护电路中的二极管导通时电流不超过 1mA。

②输入端接有大电容时，亦应在输入端与电容之间接入保护电阻，如图 2-77 所示。

在输入端接有大电容的情况下，若电源电压突然降低或关掉，则电容 C 上积存的电荷将通过保护二极管 VD_1 放电，形成较大的瞬态电流。串进电阻 R_P 以后，可以限制这个放电电流不少过 1mA。R_P 的阻值可按 $R_P = v_C/1mA$ 计算。此处 v_C 表示输入端外界电容 C 上的电压（单位 V）。

③输入端接长线时，应在门电路的输入端接入保护电阻 R_P，如图 2-78 所示。

因为长线上不可避免地伴生有分布电容和分布电感，所以当输入信号发生突变时，只要门电路的输入阻抗与长线的阻抗不相匹配，则必然会在 CMOS 电路的输入端产生附加的正、负振荡脉冲。因此，需串入 R_P 限流。根据经验，R_P 的阻值可按 $R_P = V_{DD}/1mA$ 计算。输入端的长线长度大于 10m 以后，长度每增加 10m，R_P 的阻值应增加 1kΩ。

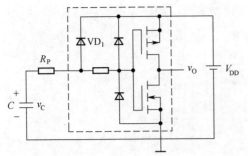

图 2-77　输入端接大电容式的防护

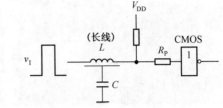

图 2-78　输入端接长线时的防护

（3）CMOS 电路锁定效应的防护

锁定效应（Latch-Up），或称为可控硅效应（Silicon Controlled Rectifer），是 CMOS 电路中的一个特有问题。发生锁定效应以后往往会造成器件的永久失效，因而了解锁定效应的产生原因及其防护方法是十分必要的。

从图 2-79 中 CMOS 反相器的结构图上可以看到，为了在同一片 N 型衬底上同时制作 P 沟道和 N 沟道两种类型的 MOS 管，并利用反相 PN 结实现隔离，就必须先在 N 型衬底上形成一个 P 形区——P 阱，然后再于 P 阱上制作两个 N 型区，形成 N 沟道 MOS 管的源极和漏极。P 阱里的另一个 N 型区是输入保护二极管 VD_2 的负极。这样一来便在 3 个 N 型区-P 阱-N 型衬底之间形成了 3 个纵向 NPN 型寄生三极管 VT_2、VT_4 和 VT_6。

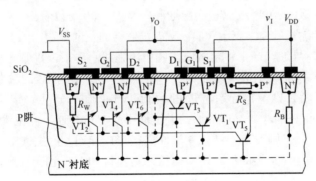

图 2-79　CMOS 反相器中的双极型寄生三极管效应

为了得到 P 沟道 MOS 管，又在 N 型衬底上另外制作了两个 P 型区，称为 P 沟道管的源极和漏极。图中最右边一个 P 型区是输入保护电阻。这样在 3 个 P 型区-衬底-P 阱之间又形成了 3 个横向的 PNP 型寄生三极管 VT_1、VT_3、VT_5。

若以 R_W 表示 P 阱的电阻，以 R_B 表示衬底的电阻，其他高渗杂区的内阻略而不计，则这些寄生三极管和 R_W、R_B 一起形成了如图 2-80 所示的寄生三极管电路。

其中 VT_1、VT_2 和 R_W、R_B 接成了一个正反馈回路，构成了可控硅结构。

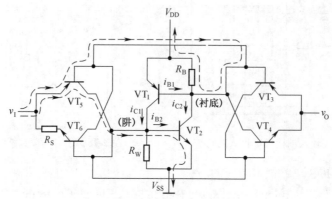

图 2-80　CMOS 反相器中的寄生三极管电路

如果 VT_1 和 VT_2 的电流放大系数乘积 $\beta_1 \cdot \beta_2 > 1$，那么当 VT_1 有基极电流 i_{B1} 流过时，集电极有电流 $i_{C1} = \beta_1 \cdot i_{B1}$。假定 R_W 的分流作用可以忽略，则 VT_2 的基极电流为 $i_{B2} = i_{C1} = \beta_1 \cdot i_{B1}$。如果再忽略 R_B 的分流作用，这是将有 $i_{B1} = i_{C2} = \beta_1 \cdot \beta_2 \cdot i_{B1}$，所以由于正反馈作用 i_{B1} 被放大了，于是 VT_1、VT_2 的电流都迅速增长，直到不能再增大为止。而且，除非切断电源或将电源电压降至很低，否则这种导通状态将一直保持下去，因此把这种现象叫做锁定效应。

同理，VT_2 有基极电流注入时也会引发锁定效应。

那么什么条件下 VT_1 或 VT_2 会导通呢？从图 2-80 可以看出：

①若 $v_I > V_{DD} + V_F$（V_F 表示 $VT_1 \sim VT_6$ 发射结的正向导通压降），则 VT_5 导通，并进而引起 VT_2 导通，产生锁定效应。图中用虚线示出了 VT_5 基极电流和集电极电流的流向。VT_5 的集电极电流流入 VT_2 的基极，形成可控硅的触发电流。

②若 $v_I < -V_F$，则 VT_6 导通，并进而引起 VT_1 导通，产生锁定效应。

③若 $v_O > V_{DD} + V_F$，则 VT_3 导通，并进而引起 VT_2 导通，产生锁定效应。

④若 $v_O < -V_F$，则 VT_4 导通，并进而引起 VT_1 导通，产生锁定效应。

⑤若 V_{DD} 大于 PN 结的反向击穿电压，则 VT_1 和 VT_2 也会导通，并引起锁定效应。

因此，为防止发生锁定效应，在 CMOS 电路工作时始终应保证 v_I、v_O、V_{DD} 的数值符号如下规定：

$$-V_F < v_I < V_{DD} + V_F$$

$$-V_F < v_O < V_{DD} + V_F$$

$$V_{DD} < V_{DD(BR)} \quad (V_{DD} \text{端的击穿电压})$$

此外，还可以采取以下的防护措施：

①在输入端和输出端设置钳位电路，以确保 v_I 和 v_O 不会超过上述的规定范围，如图 2-81 所示。图中的二极管通常选用导通压降较低的锗二极管或肖特基势垒二极管。

②在 V_{DD} 可能出现瞬时高压时，在 CMOS 电路的电源输入端加去耦电路，如图 2-82 所示。在去耦电阻 R 选得足够大的情况下，还可以将电源电流限制在锁定状态的维持电流以下，即使用触发电流流入 VT_1 或 VT_2，自锁状态也不能维持下去，从而避免了锁定效应的发生。这种方法的缺点是降低了电源的利用率。

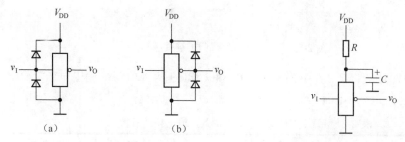

图 2-81　CMOS 电路的钳位保护电路　　图 2-82　在 CMOS 电路的电源上加去耦保护

③当系统由几个电源分别供电时，各电源的开、关顺序必须合理。启动时应先接通 CMOS 电路的供电电源，然后再接通输入信号和负载电路的电源。关机时应先关掉信号源和负载的电源，再切断 CMOS 电路的电源。

为了使用的安全和方便，人们一直在研究从 CMOS 电路本身的设计和制作上克服锁定效应的方法。现在一些工厂生产的高速 CMOS 电路中，通过改进图板设计和生产工艺，减小了寄生三极管的 β 值和 R_W、R_B 的阻值，已经能够基本消除锁定效应的发生。但这些改进方法都明显地加大了芯片面积，因而目前还不能保证所有的 CMOS 电路产品都不会发生锁定效应。

2. TTL 电路与 CMOS 电路的接口

在目前 TTL 与 CMOS 两种电路并存的情况下，经常会遇到需将两种器件互相对接的问题。

由图 2-83 可知，无论是用 TTL 电路驱动 CMOS 电路还是用 CMOS 电路驱动 TTL 电路，驱动门必须能为负载门提供合乎标准的高、低电平和足够的驱动电流，也就是必须同时满足下列各式：

$$\text{驱动门}\qquad\text{负载门}$$

$$V_{OH(min)} \geqslant V_{IH(min)} \tag{2.15}$$

$$V_{OL(max)} \geqslant V_{IL(max)} \tag{2.16}$$

$$V_{OH(max)} \geqslant nI_{IH(max)} \tag{2.17}$$

$$V_{OL(max)} \geqslant mI_{IL(max)} \tag{2.18}$$

其中，n 和 m 分别为负载电流中 I_{IH}、I_{IL} 的个数。

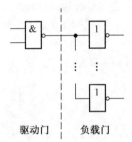

图 2-83　驱动门与负载门的连接

为便于对照比较，表 2-6 中列出了 TTL 和 CMOS 两种电路中输出电压、输出电流、输入电压和输入电流的参数。

表 2-6　TTL、CMOS 电路的输入、输出特性参数

电路种类 参数名称	TTL74 系列	TTL74LS 系列	CMOS* 4000 系列	高速 CMOS74HC 系列	高速 CMOS74HCT 系列
$V_{OH(min)}$（V）	2.4	2.7	4.6	4.4	4.4
$V_{OL(max)}$（V）	0.4	0.5	0.05	0.1	0.1
$I_{OH(max)}$（mA）	-0.4	-0.4	-0.51	-4	-4
$I_{OL(max)}$（mA）	16	8	0.51	4	4
$V_{IH(min)}$（V）	2	2	3.5	3.5	2
$V_{IL(max)}$（V）	0.8	0.8	1.5	1	0.8
$I_{IH(max)}$（μA）	40	20	0.1	0.1	0.1
$I_{IL(max)}$（μA）	-1.6	-0.4	-0.1×10^{-3}	-0.1×10^{-3}	-0.1×10^{-3}

* 系 CC4000 系列 CMOS 门电路在 $V_{DD} = 5V$ 时的参数。

（1）用 TTL 电路驱动 CMOS 电路

①用 TTL 电路驱动 4000 系列和 74HC 系列 CMOS 电路。

根据表 2-6 给出的数据可知，无论是用 74 系列 TTL 电路作驱动门还是用 74LS 系列 TTL 电路作驱动门，都能在 n、m 大于 1 的情况下满足式（2.16）、（2.17）和（2.18），但达不到式（2.15）的要求。因此，必须设法将 TTL 电路输出的高电平提高到 3.5V 以上。

最简单的解决方法是在 TTL 电路的输出端与电源之间接入上拉电阻 R_U，如图 2-84 所示。当 TTL 电路的输出为高电平时，输出级的负载管和驱动管同时截止，故有

$$V_{OH} = V_{DD} - R_U(I_O + nI_{IH}) \qquad (2.19)$$

式中的 I_O 为 TTL 电路输出级 VT_5 管截止时的漏电流。由于 I_O 和 I_{IH} 都很小，所以只要 R_U 的电阻值不是特别大，输出高电平将被提升至 $V_{OH} \approx V_{DD}$。

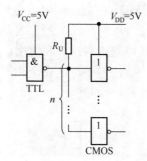

图 2-84　用接入上拉电阻提高 TTL 电路输出的高电平

在 CMOS 电路的电源电压较高时，它所要求的 $V_{IH(min)}$ 值将超过推拉式输出结构 TTL 电路输出端能够承受的电压。例如 CMOS 电路在 $V_{DD} = 15V$ 时，要求的 $V_{IH(min)} = 11V$。因此，TTL 电路输出的高电平必须大于 11V。在这种情况下，应采用集电极开路输出结构的 TTL 门电路（OC 门）作为驱动门。OC 门输出端三极管的耐压较高，可达 30V 以上。

R_U 取值范围的计算方法与 OC 门外接上电阻的计算方法相同，这里不再重复。

另一种解决的方法是使用带电平偏移的 CMOS 门电路实现电平转换。例如 CC4019 就是这种带电平偏移的门电路。由图 2-85 可见，它有两个电源输入端 V_{CC} 和 V_{DD}，当 $V_{CC} = 5V$、$V_{DD} = 10V$，输入为 1.5V/3.5V 时，输出为 9V/1V。这个输出电平足以满足后面 CMOS 电路对输入高、低电平的要求。

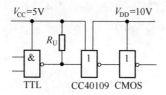

图 2-85　用带电偏移的门电路实现电平交换

②用 TTL 电路驱动 74HCT 系列 CMOS 门电路。

为了能方便地实现直接驱动，又生产了 74HCT 系列高速 CMOS 电路。通过改进工艺和设计，使 74HCT 系列的 $V_{IH(min)}$ 值降至 2V。由表 2-6 可知，将 TTL 电路的输出直接接到 74HCT 系列电路的输入端时，式（2.15）～（2.18）全部都能满足。因此，无需外加任何元、器件。

（2）用 CMOS 电路驱动 TTL 电路

①用 4000 系列 CMOS 电路驱动 74 系列 TTL 电路。

由表 2-6 的数据可见，这时式（2.15）、（2.16）、（2.17）均能满足，唯独式（2.18）满足不了。因此，需要扩大 CMOS 门电路输出低电平时吸收负载电流的能力。常用的方法有以下几种。

第一种方法是将同一封装内的门电路并联使用，如图 2-86 所示。虽然同一封装内两个门电路的参数比较一致，但不可能完全相同，所以两个门并联后的最大负载电流略低于每个门最大负载电流的两倍。

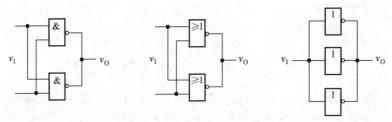

图 2-86　将 CMOS 门电路并联以提高带负载能力

第二种方法是在 CMOS 电路的输出端增加一级 CMOS 驱动器，如图 2-87 所示。例如可以选用同相输出的驱动器 CC4010，当 $V_{DD} = 5V$ 时它的最大负载电流 $I_{OL} \geqslant 3.2mA$，足以同时驱动两个 74 系列的 TTL 门电路。此外，也可以选用漏极开路的 CMOS 驱动器，如 CC40107。当 $V_{DD} = 5V$ 时，CC40107 输出低电平时的负载能力为 $I_{OL} \geqslant 16mA$，能同时驱动 10 个 74 系列的 TTL 门电路。

在找不到合适的驱动器时，还可以采用第三种方法，即使用分立器件的电流放大器实现电流扩展，如图 2-88 所示。只要放大器的电路参数选得合理，定可做到既满足 $i_B < -I_{OH}$（CMOS），又满足 $I_{OL} > nI_{IL}$（TTL）。同时，放大器输出的高、低电平也符合式（2.15）和式（2.16）的要求。

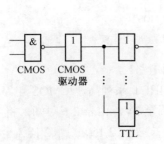

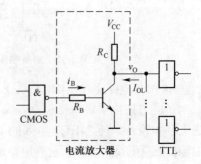

图 2-87　通过 CMOS 驱动器驱动 TTL 电路　　　图 2-88　通过电流放大器驱动 TTL 电路

②用 4000 系列 CMOS 电路驱动 74LS 系列 TTL 电路。

从表 2-6 可知，这时式（2.15）～（2.18）都能满足，故可将 CMOS 电路的输出与 74LS 系列门电路的输入直接连接。但如果 $n > 1$，则仍需采用上面讲到的这些方法才能相接。

③用 74HC/74HCT 系列 CMOS 电路驱动 TTL 电路。

根据表 2-6 给出的数据可知，无论负载门是 74 系列 TTL 电路还是 74LS 系列 TTL 电路，都可以直接用 74HC 或 74HCT 系列 CMOS 驱动，这时式（2.15）～（2.18）同时满足。可驱动负载门的数目不难从表 2-6 的数据中求出。

④CMOS 门电路多余输入端的处理。

由于电路结构上的区别，CMOS 集成电路多余输入端的处理方法与 TTL 多余输入端的处理方法存在不同之处。例如，CMOS 与非门的多余输入端，可以采取接逻辑高电平或与有用输入端并接的正确处理方法，但不能悬空。虽然 CMOS 集成门增加了输入保护电路，输入端悬空后不至于损坏器件，但悬空的输入端容易引入干扰。干扰信号以电荷的形式在输入端的寄生电容上积累，如果寄生电容上的电荷积累较少，相当于在输入端接低电平；而积累的多，则相当于在输入端接高电平，这样就可能影响电路的输出状态不能确定。

2.6.5　门电路的 VHDL 语言描述

在 1.9.3 节中，介绍了 VHDL 的数据类型、运算及运算操作符，认识了实体和结构体。本节首先介绍 VHDL 语言的主要描述语句，然后利用 VHDL 语言来描述门电路。

1. VHDL 语言的主要描述语句

（1）并发描述语句

用硬件描述语言所描述的数字系统实际工作时，其许多操作都是并发的，所以对系统进行仿真时，这些系统中的元件在定义的仿真时刻应该是并发工作，并发语句就是用来表示这种并发行为的。VHDL 语言中最常用的并发语句是进程和信号代入语句，它们一般出现在结构体中，其主要特点是并发语句在字面上的顺序并不代表它们的执行次序，这些语句在仿真时是同时进行的，它们本质上表征了系统中各个独立器件各自的独立操作。

①进程语句（PROCESS）。进程语句结构在设计中可用来描述某一个功能独立的电路，进程是结构体的主要组成部分之一。在同一个结构体中，可以有多个进程语句，各个进程语句是并发执行的，即运行结果与各个进程的先后顺序无关。在一个进程内部，其语句是顺序执行的。

进程语句的一般格式为：

```
[进程名]PROCESS(敏感信号表)
    [进程说明部分]
    BEGIN
        顺序描述语句;
    END PROCESS [进程名];
```

在上述格式中，进程名不是必需的。PROCESS 是进程语句的关键字，一个进程必须以"END PROCESS[进程名];"结尾。

敏感信号表列出了进程的输入信号，无论这些信号中的哪一个发生变化（如由 0 变为 1 或由 1 变为 0）都将启动该进程语句。一旦启动之后，PROCESS 中的语句将从上到下逐句执行一遍。当最后一个语句执行完毕之后，就返回到 PROCESS 语句的初始位置，等待下一次敏感信号变化的出现。

进程说明部分主要定义该进程所需要的局部数据环境，如数据类型、常数、变量等。但应注意，在进程说明部分不允许定义信号。

顺序描述语句是一段顺序执行的语句，它描述该进程的行为。

②信号代入语句。所谓信号代入语句就是 1.9.3 节讲到的信号赋值语句。此处重复该内容并称其为信号代入语句，目的在于强调该语句的并发性。信号代入语句可用在结构体中，也可用在结构体外。信号代入语句的一般格式为：

目的信号量<=表达式;

由信号代入语句的功能可知，当代入符号"<="右边表达式的值发生变化时，代入操作就会立即发生，新的值赋予代入符号"<="左边的信号。从这个意义上看，一个信号代入语句实际上是一个进程语句的缩写。

（2）顺序描述语句

顺序描述语句只能出现在进程或子程序中，由它定义进程或子程序所执行的算法。顺序描述语句的最大特点是按其出现的次序执行。常用的顺序描述语句有赋值语句和流程控制语句，此处重点介绍 IF 语句和 CASE 语句。

①IF 语句。IF 语句是一种条件语句，它根据语句中所设置的一种或多种条件，有选择地执行所指定的顺序语句。IF 语句的语句结构通常有下述 3 种类型。

● IF-THEN

```
IF 条件表达式 THEN
    顺序语句;
END IF;
```

● IF-THEN-ELSE

```
IF 条件表达式 THEN
    顺序语句;
ELSE
    顺序语句;
```

END IF;

● **IF-THEN-ELSEIF**

IF 条件表达式 THEN
　　顺序语句；
ELSEIF 条件表达式 THEN
　　顺序语句；
　　...
ELSE
　　顺序语句；
END IF;

IF 语句中至少有一个条件表达式，且条件表达式是布尔表达式。IF 语句根据条件表达式产生的判断结果是真（TRUE）或者假（FALSE），有条件地选择执行其后面的顺序语句。

第一种 IF-THEN 语句的执行情况是：当程序执行到该 IF 语句时，首先判断关键字 IF 后的条件表达式是否成立。如果条件成立，则执行 THEN 之后列出的顺序处理语句直到 END IF；如果条件不成立，则跳过 THEN 之后的顺序处理语句，直接结束 IF 语句的执行。此种 IF 语句的执行过程可用图 2-89 的流程图来说明。

对于第二种 IF-THEN-ELSE 语句，当关键字 IF 后的条件表达式成立时，将执行 THEN 和 ELSE 之间的顺序处理语句；当条件不成立时，将执行 ELSE 和 ENDIF 之间的顺序处理语句。因此，这种条件语句具有分支的功能，根据条件表达式的成立与否，分别选择两组顺序处理语句中的一组执行之。这种 IF 语句的执行过程可用图 2-90 的流程图来说明。

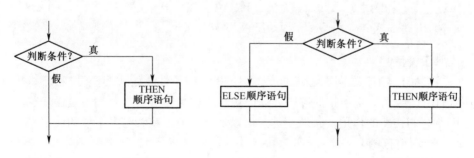

图 2-89　IF-THEN 的流程图　　　　图 2-90　IF-THEN-ELSE 的流程图

第三种 IF-THEN-ELSEIF 语句是一种多选择控制结构，多个判断条件的设定是通过关键字 ELSEIF 来实现的。当程序执行到该 IF 语句时，首先判断 IF 之后的条件表达式是否成立。如果条件成立，则执行 THEN 之后的第一组顺序处理语句，然后结束该 IF 语句的执行；否则，再判断第一个 ELSEIF 之后的条件表达式是否成立，若条件成立，则执行第二组顺序处理语句……以此类推。也就是说当满足所设置的多个条件之一时，则执行该条件表达式之后紧跟着的顺序处理语句，如果设置的所有条件都不满足，则执行 ELSE 和 ENDIF 之间的顺序处理语句。这种 IF 语句的执行过程可用图 2-91 的流程图来说明（以 3 个判断条件为例）。

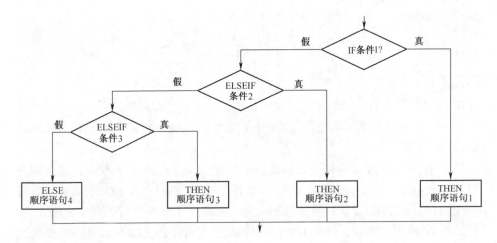

图 2-91 IF-THEN-ELSEIF 的流程图

②CASE 语句。CASE 语句结构先确定表达式的值，然后去查由表达式计算出的各种可能值的表格，依据其满足的条件直接选择多项顺序语句中的一项执行。CASE 语句的书写格式为：

CASE 表达式 IS
WHEN 条件表达式 => 顺序执行语句；
WHEN 条件表达式 => 顺序执行语句；
…
ENDCASE；

当 CASE 与 IS 之间表达式的取值满足指定的条件表达式的值时，程序将执行其后面由符号"=>"所指的顺序处理语句。注意此处符号"=>"不是操作符，它只相当于 THEN 的作用。条件表达式可以是一个值，或者是多个值的或关系，或者是一个取值范围。

使用 CASE 语句时应注意以下几点：

● 条件表达式的值必须在表达式的取值范围内。
● 除非所有条件表达式的值完全覆盖 CASE 语句中的表达式的取值，否则，最末一个条件表达式必须用 OTHERS 表示，它表示已给出的条件表达式中未能列出的其他可能的取值。且关键字 OTHERS 作为最后一种条件取值能出现一次。

- CASE 语句中每一条件表达式的选择值只能出现一次。
- 在 CASE 语句执行中，必须选中且只能选中所列条件句中的一条。

CASE 语句的 IF-ELSEIF 语句都可用来描述多项选择问题，但二者有所不同：首先，在 IF 语句中，先处理最初的条件，如果不满足，再处理下一个条件；而在 CASE 语句中，各个选择值不存在先后顺序，所有值是并行处理的。其次，IF-ELSEIF 使一组动作与一条真语句相关联，而 CASE 语句使一组动作与一个唯一的值相关联。一条 CASE 语句仅可与一个条件表达式相符合，而一条 IF-ELSEIF 语句可能有多条语句为真，但所执行的动作为第一条计算为真的语句。

2. 门电路的 VHDL 描述

四输入的与非门、与门、或门、或非门、异或门的 VHDL 程序如下：

程序 2.1

```
LIBRARY IEEE;
USE IEEE.STD_LOGIC_1164.ALL;
ENTITY nand4 IS
    PROT(A,B,C,D:IN STD_LOGIC;
                    F:OUT STD_LOGIC);
    END nand4;
ARCHITECTURE nand4A OF nand4 IS
BEGIN
    F <= NOT(A AND B AND C AND D);
END nand4A;
```

程序 2.2

```
LIBRARY IEEE;
USE IEEE.STD_LOGIC_1164.ALL;
ENTITY nand4 IS
    PORT(A,B,C,D:IN STD_LOGIC;
                    F:OUT STD_LOGIC);
    END nand4;
ARCHITECTURE nand4B OF nand4 IS
    BEGIN
    P1:PROCESS(A,B,C,D)
VARIABLE tmp:STD_LOGIC_VECTOR(3 Downto 0);
BEGIN
    Tmp:=A&B&C&D;
CASE tmp.IS
    WHEN "0000" ⟹  F <= '1';
    WHEN "0001" ⟹  F <= '1';
    WHEN "0010" ⟹  F <= '1';
    WHEN "0011" ⟹  F <= '1';
    WHEN "0100" ⟹  F <= '1';
```

```
                WHEN "0101" ⟹  F <= '1';
                WHEN "0110" ⟹  F <= '1';
                WHEN "0111" ⟹  F <= '1';
                WHEN "1000" ⟹  F <= '1';
                WHEN "1001" ⟹  F <= '1';
                WHEN "1010" ⟹  F <= '1';
                WHEN "1011" ⟹  F <= '1';
                WHEN "1100" ⟹  F <= '1';
                WHEN "1101" ⟹  F <= '1';
                WHEN "1110" ⟹  F <= '1';
                WHEN "1111" ⟹  F <= '0';
                WHEN OTHERS ⟹  F <= 'X';
        END CASE;
        END PROCESS P1;
        END nand4B;
```

将表达式 F <= NOT(A AND B AND C AND D)修改为 AND、OR、NOR、XOR，nand4 也作相应的修改，如 and4、or4、nor4、xor4，或者根据真值表修改：

```
    CASE tmp IS
        WHEN "0000" ⟹  F <= '?';
        WHEN "0001" ⟹  F <= '?';
                        ⋮
        WHEN "1111" ⟹  F <= '?';
        WHEN OTHERS ⟹  F <= 'X';
    END CASE;
```

即可得到四输入的与门、或门、或非门、异或门等的 VDHL 程序。

此外，以下给出图 2-36 所示的控制端高电平有效的三态与非门的 VHDL 程序：

程序 2.3

```
LIBRARY IEEE;
USE IEEE.STD_LOGIC_1164.ALL
ENTITY T-state IS
    PORT(A,B,EN:IN BIT;
            Y:OUT STD_LOGIC);
END T-state
ARCHITECTURE example23. OF T-state IS
    SIGNAL temp_out:STD_LOGIC;
    PROCESS(EN,A,B)
    BEGIN
        IF EN=1 THEN
            temp_out <= A NAND B;
        ELSE
            temp_out <= "Z"
        ENDIF
            Y <= temp_out;
```

　　END PROCESS
END example23;

本章小结

　　本章首先介绍了半导体器件的开关原理，然后介绍了分立元件门、TTL 集成逻辑门和 CMOS 集成逻辑门等门电路的结构、工作原理和特性。

　　TTL 和 CMOS 集成电路是目前数字系统中应用最广泛的基本电路。在 TTL 中，有两种载流子参与导电，因此称为双极型集成电路；在 CMOS 中，只有一种载流子参与导电，因此称为单极型集成电路。尽管 TTL 和 CMOS 集成电路在制造工艺方面存在区别，但从逻辑功能和应用的角度上讲，TTL 和 CMOS 集成电路没有多大的区别。从产品的角度上讲，凡是 TTL 具有的集成电路芯片，CMOS 一般也具有，不仅两者的功能相同，而且芯片的尺寸、管脚的分配都相同。换句话说，以 TTL 为基础设计实现的电路，也可以用 CMOS 电路来替代。因此，在数字电路系统设计时，不必事先考虑设计目标芯片的类型。

　　学习集成电路时，应将重点放在它们的外部特性上。外部特性包括电路的逻辑功能和电气特性。集成电路的逻辑功能一般可以用逻辑符号、功能表、真值表、逻辑函数表达式和工作波形来表示。电气特性包括电压传输特性、输入特性、输出特性和动态特性等。

　　工作速度、抗干扰能力和静态功耗是集成电路的主要技术指标。对于 TTL、CMOS 和 ECL 这几种类型的集成电路产品来说，ECL 集成电路的速度最快，TTL 次之，CMOS 最慢；CMOS 集成电路的抗干扰能力最强，TTL 次之，ECL 最弱；CMOS 集成电路的静态功耗最低，TTL 次之，ECL 最大。在设计数字系统时，可以根据需要选择这些产品。

　　此外，此章还介绍了 VHDL 语言的两种主要描述语句：并发描述语句和顺序描述语句，给出了若干门电路的 VHDL 程序。

习题二

　　2-1　晶体二极管的开关条件是什么？它在开、关状态下有什么显著特点？

　　2-2　晶体三极管的截止区、放大区和饱和区是怎么划分的？各个区有什么显著特点？

　　2-3　什么叫正逻辑？什么叫负逻辑？

　　2-4　TTL 与非门的输入噪声容限是怎样规定的？它与电路的抗干扰能力有什么关系？

　　2-5　门电路的平均传输延迟时间是如何规定的？它的物理意义是什么？

2-6 说明图 2-92 所示的各 TTL 门电路的输出是什么状态(高电平、低电平还是高阻态)? 已知是 74 系列 TTL 电路。

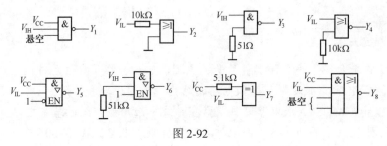

图 2-92

2-7 写出图 2-93 所示各 TTL 门电路输出信号的逻辑表达式。

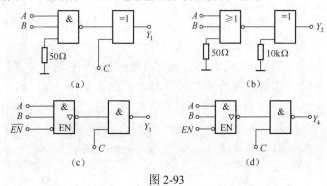

图 2-93

2-8 分析图 2-94 所示的 CMOS 电路,哪些能正常工作,哪些不能? 写出能正常工作电路输出信号的逻辑表达式。

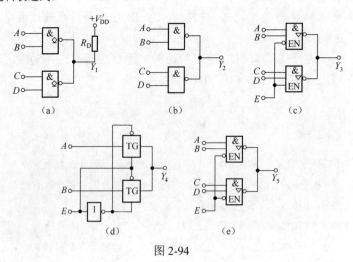

图 2-94

2-9　在图 2-95（a）（b）两个电路中，试计算当输入端分别接 0V、5V 和悬空时输出电压 v_O 的数值，并指出三极管工作在什么状态。假定三极管导通以后 $v_{BE} \approx 0.7V$，电路参数如图中所注。

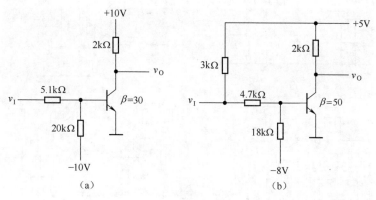

图 2-95

2-10　在图 2-96 由 74 系列 TTL 与非门组成的电路中，计算门 G_M 能驱动多少同样的与非门。要求 G_M 输出的高、低电平满足 $V_{OH} \geqslant 3.2V$，$V_{OL} \leqslant 0.4V$。与非门的输入电流为 $I_{IL} \leqslant -1.6mA$，$I_{IH} \leqslant 40\mu A$。$V_{OL} \leqslant 0.4V$ 时输出电流最大值为 $I_{OL(max)} = 16mA$，$V_{OH} \geqslant 3.2V$ 时输出电流最大值为 $I_{OH(max)} = -0.4mA$。G_M 的输出电阻可以忽略不计。

2-11　试说明在下列情况下，用万用表测量图 2-97 的 v_{I2} 端得到的电压各为多少：

（1）v_{I1} 悬空；（2）v_{I1} 接低电平（0.2V）；（3）v_{I1} 接高电平（3.2V）；（4）v_{I1} 经 51Ω 电阻接地；（5）v_{I1} 经 10kΩ 电阻接地。

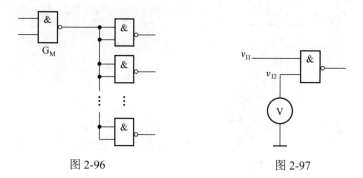

图 2-96　　　　　　　　　　　图 2-97

2-12　若将图 2-97 中的门电路改为 CMOS 与非门，试说明当 v_{I1} 为题 2-11 给出的 5 种状态时测得的 v_{I2} 各等于多少？

2-13　试分析图 2-98 中各电路的逻辑功能，写出输出逻辑函数式。

2-14　试分析图 2-99 中各电路的逻辑功能，写出输出逻辑函数式。

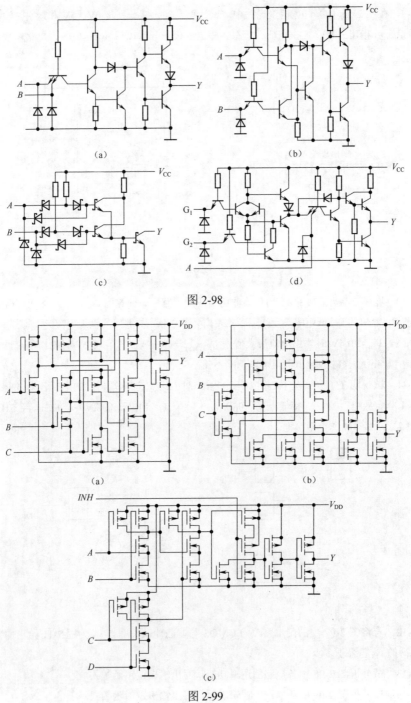

图 2-98

图 2-99

2-15　在 CMOS 电路中有时采用图 2-100（a）～（d）所示的扩展功能用法，试分析各图的逻辑功能，写出 Y_1~Y_4 的逻辑式。已知电源电压 V_{DD}=10V，二极管的正向导通压降为 0.7V。

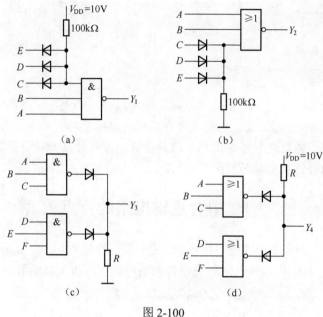

图 2-100

2-16　试说明下列各种门电路中哪些可以将输出端并联使用（输入端的状态不一定相同）：

（1）具有推拉式输出级的 TTL 电路；（2）TTL 电路的 OC 门；（3）TTL 电路的三态输出门；（4）普通的 CMOS 门；（5）漏极开路输出的 CMOS 门；（6）CMOS 电路的三态输出门。

2-17　VHDL 语言有哪些主要的描述语句？

2-18　试设计一个 2 输入与非门的 VHDL 程序。

第 3 章　组合逻辑电路

根据逻辑功能的不同特点，可以把数字电路分成两大类：一类叫做组合逻辑电路（简称组合电路），另一类叫做时序逻辑电路（简称时序电路）。本章先介绍组合逻辑电路。内容包括组合逻辑电路的特点、分析方法和设计方法，以及若干常用中规模组合逻辑电路的功能和应用。

3.1　组合逻辑电路的特点

组合逻辑电路的结构如图 3-1 所示，它有若干个输入 $a_0, a_1, ..., a_{i-1}$ 和若干个输出 $y_0, y_1, ..., y_{j-1}$。输出与输入之间的逻辑关系可以用一组逻辑函数表示：

$$\begin{cases} y_0 = f_0(a_0, a_1, ..., a_{i-1}) \\ y_1 = f_1(a_0, a_1, ..., a_{i-1}) \\ \vdots \\ y_{j-1} = f_{j-1}(a_0, a_1, ..., a_{i-1}) \end{cases}$$

可见，从输入到输出之间具备单向传递性，任意时刻的输出仅仅取决于该时刻的输入，与电路原来的状态无关。这是组合逻辑电路在逻辑功能上的共同特点，从而在电路结构上表现为不能包含有存储单元。

图 3-1　组合逻辑电路的框图

3.2　组合逻辑电路的分析

组合逻辑电路的分析就是根据给定的逻辑电路，通过分析找出电路的逻辑功能。尽管各种组合逻辑电路在功能上千差万别，但是它们的分析方法有共同之处。

掌握了分析方法，就可以识别任何一个给定的组合逻辑电路的逻辑功能。

组合逻辑电路的分析过程如图 3-2 所示，即首先根据给定电路的逻辑图，写出输出与输入之间的逻辑函数表达式，然后将得到的函数式化简或变换，以使逻辑关系简单明了。为了使电路的逻辑功能更加直观，可将逻辑函数式转换为真值表的形式，最后说明电路的逻辑功能。

图 3-2　组合逻辑电路的分析过程

例 3.1　试分析图 3-3 电路的逻辑功能。

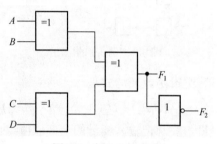

图 3-3　例 3.1 的电路

解　根据给出的逻辑图可写出输出 F_1、F_2 和 A、B、C、D 之间的逻辑函数式：

$$F_1 = (A \oplus B) \oplus (C \oplus D) = A \oplus B \oplus C \oplus D$$

$$F_2 = \overline{A \oplus B \oplus C \oplus D} \tag{3.1}$$

从上面这个逻辑函数式中还不能立刻看出电路的逻辑功能。为此，还需将式（3.1）转换成真值表的形式，得到表 3-1。

表 3-1　图 3-3 电路的逻辑真值表

A	B	C	D	F_1	F_2	A	B	C	D	F_1	F_2
0	0	0	0	0	1	1	0	0	0	1	0
0	0	0	1	1	0	1	0	0	1	0	1
0	0	1	0	1	0	1	0	1	0	0	1
0	0	1	1	0	1	1	0	1	1	1	0
0	1	0	0	1	0	1	1	0	0	0	1
0	1	0	1	0	1	1	1	0	1	1	0
0	1	1	0	0	1	1	1	1	0	1	0
0	1	1	1	1	0	1	1	1	1	0	1

由表 3-1 可以看出，当 $ABCD$ 的取值是奇数个 1 时，F_1 为 1，$ABCD$ 的取值为偶数个 1 时，F_2 为 1。因此，这个电路的逻辑功能是检测输入数据中包含"1"的个数是奇数还是偶数。它是一个 4 位的奇偶校验器。

例 3.2 分析图 3-4 所示电路的逻辑功能。

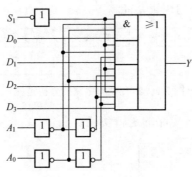

图 3-4 例 3.2 的电路

解 根据电路写出其逻辑函数表达式是：

$$Y = [D_0(\overline{A_1 A_0}) + D_1(\overline{A_1} A_0) + D_2(A_1 \overline{A_0}) + D_3(A_1 A_0)] \cdot \overline{\overline{S_1}} \tag{3.2}$$

它有很多的输入变量，要想把输入变量的全部取值组合用真值表的形式表达出来是非常困难的，根据表达式的特征，可列出表达电路功能的简化真值表格，即功能表，如表 3-2 所示。

表 3-2 图 3-4 电路功能表

$\overline{S_1}$	A_1	A_0	Y
1	×	×	0
0	0	0	D_0
0	0	1	D_1
0	1	0	D_2
0	1	1	D_3

由功能表可以看出，$\overline{S_1}$ 是一个控制变量，只有当 $\overline{S_1} = 0$ 时，电路才会正常工作。$A_1 A_0$ 是选择控制信号，也称为地址输入端，$A_1 A_0$ 的不同取值决定了 Y 段输出的数据依次是 $D_0 \sim D_3$。

因此，该电路的逻辑功能是：在 $A_1 A_0$ 的控制下，从 4 个数据输入中选出需要的一个作为输出。

实际上，图 3-4 的电路是一个 4 选 1 数据选择器的电路，它相当于一个"单刀多掷"开关，如图 3-5（a）所示，因此数据选择器又称为多路转换器或多路开关，也可简称 MUX。

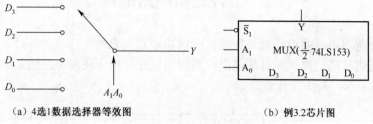

（a）4选1数据选择器等效图　　　　　　　　　（b）例3.2芯片图

图 3-5　4 选 1 数据选择器的等效图和芯片图

　　数据选择器由于其用途广泛而做成了中规模集成电路（MSI），常用的类型除上例中讲到的双 4 选 1 数据选择器 74LS153，其芯片管脚见图 3-5（b）所示外，还有 8 选 1 数据选择器 74LS151 等，图 3-6 和表 3-3 分别给出了它的芯片图和功能表，其中 $\overline{EN}$ 称为使能控制端，$A_2A_1A_0$ 称为地址输入端，D_i 端是数据输入端，Y 是数据输出端。

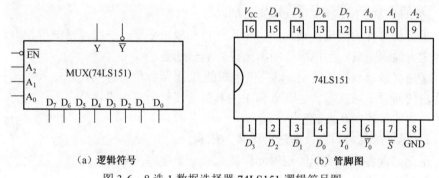

（a）逻辑符号　　　　　　　　　　　　（b）管脚图

图 3-6　8 选 1 数据选择器 74LS151 逻辑符号图

表 3-3　74LS151 的功能表

$\overline{EN}$	A_2	A_1	A_0	Y
1	×	×	×	0
0	0	0	0	D_0
0	0	0	1	D_1
0	0	1	0	D_2
0	0	1	1	D_3
0	1	0	0	D_4
0	1	0	1	D_5
0	1	1	0	D_6
0	1	1	1	D_7

3.3 组合逻辑电路的设计

组合逻辑电路的设计就是在给定逻辑功能及要求的条件下，通过某种设计渠道，得到满足功能要求而且是最简单的逻辑电路。组合逻辑电路的常规设计过程如图 3-7 所示，具体设计步骤如下。

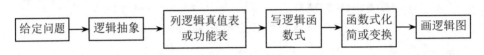

图 3-7 组合逻辑电路的设计过程

1. 根据给定问题进行逻辑抽象

在许多情况下，提出的设计要求是用文字描述的一个具有一定因果关系的事件。这时就需要通过逻辑抽象的方法，用一个逻辑函数来描述这一因果关系。

逻辑抽象的工作通常是这样进行的：

①分析事件的因果关系，确定输入变量和输出变量。一般总是把引起事件的原因定为输入变量，而把事件的结果作为输出变量。

②定义逻辑状态的含义。以二值逻辑的 0、1 两种状态分别代表输入变量和输出变量的两种不同状态。这里 0 和 1 的具体含义完全是由设计者人为选定的。这项工作也叫做逻辑状态赋值。

2. 根据给定的因果关系列出逻辑真值表

至此，便将一个实际的逻辑问题抽象成一个逻辑函数了。而且，这个逻辑函数首先是以真值表或功能表的形式给出的。

3. 写逻辑表达式

根据真值表，按最小项或最大项规则写出设计电路的标准表达式。

4. 函数式化简或变换

由真值表直接写出来的标准逻辑函数表达式往往不是最简式，还需要进行化简。逻辑函数的化简方法主要有公式法和卡诺图法。化简后得到逻辑函数的简化表达式。

在组合逻辑电路设计课题中，常常有指定用某种器件来实现的要求。在这种情况下，可以根据逻辑函数的运算规则，把化简后的表达式变换为满足设计要求的形式。例如，可以把简化的与或式变换为与非－与非式，满足全部用与非门来实现电路设计的要求。

5. 画逻辑图

逻辑图是数字电路的设计图纸，有了逻辑图，就可以得到组合逻辑电路设计的硬件结果。

例 3.3　试设计一个三人表决器，每人有一按键，按下键表示赞成，不按键表示不赞成。表决结果由指示灯指示，若多数人赞成，则指示灯亮，反之则不亮。

解　①进行逻辑抽象，列真值表。

设表决器的三个输入端分别用 A、B、C 表示，并规定，键按下为 "1"，不按为 "0"；表决结果灯亮为 "1"，灯不亮为 "0"。

据题意，输入有 8 种组合，列出逻辑真值表如表 3-4 所示。

表 3-4　例 3.3 的真值表

A	B	C	Y	A	B	C	Y
0	0	0	0	1	0	0	0
0	0	1	0	1	0	1	1
0	1	0	0	1	1	0	1
0	1	1	1	1	1	1	1

②由真值表写出逻辑式：

$$Y = AB\overline{C} + A\overline{B}C + \overline{A}BC + ABC$$

③变换和化简逻辑式。对上式应用逻辑代数运算法则进行变换和化简：

$$Y = AB\overline{C} + A\overline{B}C + \overline{A}BC + ABC$$
$$= AB(C + \overline{C}) + BC(A + \overline{A}) + CA(B + \overline{B})$$
$$= AB + BC + CA = AB + C(A + B)$$

④由逻辑式画出逻辑图。根据以上逻辑式画出的逻辑图如图 3-8 所示。

另解　将以上逻辑表达式化简为 "与非" 逻辑：

$$Y = AB + BC + CA$$
$$= \overline{\overline{AB + BC + CA}}$$
$$= \overline{\overline{AB} \cdot \overline{BC} \cdot \overline{CA}}$$

根据该逻辑表达式可画出由与非门构成的逻辑图，如图 3-9 所示。

例 3.4　使用中规模集成电路 4 选 1 数据选择器 $\dfrac{1}{2}$74LS153 设计例 3.3 的三人表决器。

解　我们已经知道，数据选择器的输出是 "地址" 变量同 "数据" 变量的与或函数。该 4 选 1 数据选择器 $\dfrac{1}{2}$74LS153 在 $\overline{S_1} = 0$ 时输出逻辑式为：

$$Y = D_0(\overline{A_1}\,\overline{A_0}) + D_1(\overline{A_1}A_0) + D_2(A_1\overline{A_0}) + D_3(A_1A_0) \tag{3.3}$$

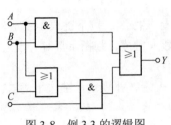

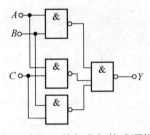

图 3-8　例 3.3 的逻辑图　　　　　图 3-9　例 3.3 的与非门构成逻辑图

将上题得到的逻辑函数式变换：

$$Y = AB + BC + CA$$
$$= AB(C + \overline{C}) + BC + A(B + \overline{B})C$$
$$= ABC + AB\overline{C} + BC + ABC + A\overline{B}C$$
$$= 1 \cdot BC + A\overline{B}C + AB\overline{C}$$

将该式与式（3.3）比较，把输入变量 B、C 接至数据选择器的地址输入端，即

$$A_1 = B, \quad A_0 = C$$

并令　　　　　　$D_0 = 0, \quad D_1 = D_2 = A, \quad D_3 = 1, \quad \overline{S_1} = 0$

则数据选择器的输出就是所求的逻辑函数 Y，
连线如图 3-10 所示。

同样，如果将地址变量选为 A、B、C 中
的任意两个变量，也可实现该函数；若改用 8
选 1 数据选择器来实现则更加容易，方法类
似，只要将 3 个地址变量分别接 A、B、C 即
可，请读者自行设计。

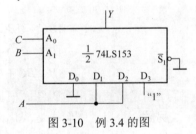

图 3-10　例 3.4 的图

由此，我们可得到一个结论：对具有 n 位地址输入的数据选择器而言，可实现任意 $n+1$ 个输入变量以下的单输出的逻辑函数，即数据选择器可作为函数发生器使用。

3.4　若干常用组合逻辑电路及其应用

在数字系统设计中，有些逻辑电路是经常或大量使用的，为了使用方便，一般把这些逻辑电路制成中、小规模的集成电路产品。在组合逻辑电路中，常用的集成电路产品有加法器、编码器、译码器、数值比较器、数据选择器及奇偶校验器等。在 3.2～3.3 节中，我们已经学习了数据选择器及奇偶校验器，下面将分别学习其他组合逻辑部件的电路及应用。

3.4.1　编码器

在数字电路中，用二进制代码表示给定信号的过程称为编码。而二值逻辑电路中的信号都是高电平或低电平，因此，这里的编码就是指对输入的高、低电平进行二进制编码的电路。

编码器又分为普通编码器和优先编码器两类。在普通编码器中，任何时刻只允许一个输入信号有效，否则输出将发生混乱。在优先编码器中，对每一位输入都设置了优先权，因此允许两位以上的输入信号同时有效，但优先编码器只对优先级较高的输入进行编码，从而保证编码器工作的可靠性。

1. 普通编码器

N 位二进制数码有 2^N 种不同的组合，因此有 N 位输出的编码器可以表示 2^N 个不同的输入信号，一般把这种编码器称为 2^N 线-N 线编码器。图 3-11 是 3 位二进制编码器的原理框图。对于普通编码器来说，在任何时刻输入 $I_7 \sim I_0$ 中只允许一个信号为有效电平。假设编码器规定高电平为有效电平，则在任何时刻只有一个输入端为高电平，其余输入端为低电平。同理，如果规定低

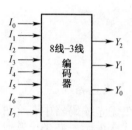

图 3-11　8 线-3 线编码器的框图

电平为有效电平，则在任何时刻只有一个输入端为低电平，其余输入端为高电平。

高电平有效的 8 线-3 线普通编码器如表 3-5 所列。

表 3-5　8 线-3 线编码器编码表

高电平输入端	Y_2	Y_1	Y_0
I_0	0	0	0
I_1	0	0	1
I_2	0	1	0
I_3	0	1	1
I_4	1	0	0
I_5	1	0	1
I_6	1	1	0
I_7	1	1	1

由编码表得到输出表达式为

$$\begin{cases} Y_2 = I_4 + I_5 + I_6 + I_7 \\ Y_1 = I_2 + I_3 + I_6 + I_7 \\ Y_0 = I_1 + I_3 + I_5 + I_7 \end{cases} \qquad (3.4)$$

图 3-12 就是根据式（3.4）得出的编码器电路。这个电路是由 3 个或门组成的。

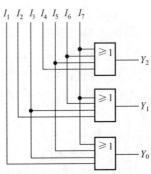

图 3-12　3 位二进制编码器

2. 优先编码器

在优先编码器中，允许同时输入两个以上的编码信号。不过在设计优先编码器时已经将所有的输入信号按优先顺序排了队，当几个输入信号同时出现时，只对其中优先权最高的一个进行编码。

（1）二进制优先编码器

8 线-3 线优先编码器 74LS148 是二进制优先编码器中的典型。

图 3-13 给出了 8 线-3 线优先编码器 74LS148 的逻辑图及其符号管脚图。如果不考虑由门 G_1、G_2 和 G_3 构成的附加控制电路，则编码器电路只有（a）图中虚线框以内的这一部分。

从图 3-13 写出输出的逻辑式，即得到：

$$\begin{cases} \overline{Y_2} = \overline{(I_4 + I_5 + I_6 + I_7) \cdot \overline{\overline{S}}} \\ \overline{Y_1} = \overline{(I_2 \overline{I_4 I_5} + I_3 \overline{I_4 I_5} + I_6 + I_7) \cdot \overline{\overline{S}}} \\ \overline{Y_0} = \overline{(I_1 \overline{I_2 I_4 I_6} + I_3 \overline{I_4 I_6} + I_5 \overline{I_6} + I_7) \cdot \overline{\overline{S}}} \end{cases} \qquad (3.5)$$

为了扩展电路的功能和增加使用的灵活性，在 74LS148 的逻辑电路中附加了由门 G_1、G_2 和 G_3 组成的控制电路。其中 $\overline{S}$ 为选通输入端，只有在 $\overline{S} = 0$ 的条件下，编码器才能正常工作。而在 $\overline{S} = 1$ 时，所有的输出端均被封锁在高电平。

选通输出端 $\overline{Y_S}$ 和扩展端 $\overline{Y_{EX}}$ 用于扩展编码功能。由图可知：

$$\overline{Y_S} = \overline{\overline{\overline{I_0 I_1 I_2 I_3 I_4 I_5 I_6 I_7} \cdot \overline{\overline{S}}}} \qquad (3.6)$$

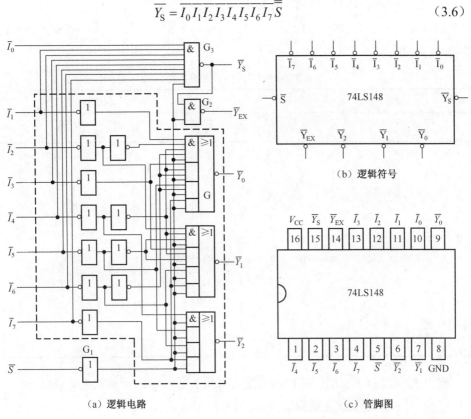

(a) 逻辑电路

(b) 逻辑符号

(c) 管脚图

图 3-13 8 线-3 线优先编码器 74LS148 的逻辑图及其符号、管脚图

上式表明,只有当所有的编码输入端都是高电平(即没有编码输入),而且 $\overline{S}=0$ 时,$\overline{Y_S}$ 才是低电平。因此,$\overline{Y_S}$ 的低电平输出信号表示"电路工作,但无编码输入"。

从图 3-13 还可以写出:

$$\overline{Y_{EX}} = \overline{\overline{\overline{I_0 I_1 I_2 I_3 I_4 I_5 I_6 I_7} \cdot \overline{S}} \cdot \overline{\overline{S}}} \qquad (3.7)$$

这说明只要任何一个编码输入端有低电平信号输入,且 $\overline{S}=0$,$\overline{Y_{EX}}$ 即为低电平。因此,$\overline{Y_{EX}}$ 的低电平输出信号表示"电路工作,而且有编码输入"。

根据式(3.5)、(3.6)、(3.7)可以列出表 3-6 所示的 74LS148 的功能表。它的输入和输出均以低电平为有效信号。由表中不难看出,在 $\overline{S}=0$ 电路正常工作状态下,允许 $\overline{I_0} \sim \overline{I_7}$ 当中同时有几个输入端为低电平,即有编码输入信号。$\overline{I_7}$ 的优先权最高,$\overline{I_0}$ 的优先权最低。当 $\overline{I_7}=0$ 时,无论其他输入端有无输入信号(表中以×表示），输出端只给出 $\overline{I_7}$ 的编码，即 $\overline{Y_2Y_1Y_0}=000$。当 $\overline{I_7}=1$、$\overline{I_6}=0$ 时，无论其余输入端有无输入信号，只对 $\overline{I_6}$ 编码，输出为 $\overline{Y_2Y_1Y_0}=001$。其余的输入状态请读者自行分析。

表 3-6　74LS148 的功能表

输入									输出				
$\overline{S}$	$\overline{I_0}$	$\overline{I_1}$	$\overline{I_2}$	$\overline{I_3}$	$\overline{I_4}$	$\overline{I_5}$	$\overline{I_6}$	$\overline{I_7}$	$\overline{Y_2}$	$\overline{Y_1}$	$\overline{Y_0}$	$\overline{Y_S}$	$\overline{Y_{EX}}$
1	×	×	×	×	×	×	×	×	1	1	1	1	1
0	1	1	1	1	1	1	1	1	1	1	1	0	1
0	×	×	×	×	×	×	×	0	0	0	0	1	0
0	×	×	×	×	×	×	0	1	0	0	1	1	0
0	×	×	×	×	×	0	1	1	0	1	0	1	0
0	×	×	×	×	0	1	1	1	0	1	1	1	0
0	×	×	×	0	1	1	1	1	1	0	0	1	0
0	×	×	0	1	1	1	1	1	1	0	1	1	0
0	×	0	1	1	1	1	1	1	1	1	0	1	0
0	0	1	1	1	1	1	1	1	1	1	1	1	0

表中出现的 3 种 $\overline{Y_2Y_1Y_0}=111$ 的情况可以用 $\overline{Y_S}$ 和 $\overline{Y_{EX}}$ 的不同状态加以区分。

（2）二－十进制优先编码器

在常用的优先编码器电路中，除了二进制编码器以外，还有一类叫作二－十进制优先编码器。它能将 $\overline{I_0}\sim\overline{I_9}$ 十个输入信号分别编成 10 个 BCD 代码。在 $\overline{I_0}\sim\overline{I_9}$ 十个输入信号中 $\overline{I_9}$ 的优先权最高，$\overline{I_0}$ 的优先权最低。

图 3-14 是二－十进制优先编码器 74LS147 的逻辑图和芯片管脚图。

由图得到：

$$\begin{cases}\overline{Y_3}=\overline{I_8+I_9}\\[4pt]\overline{Y_2}=\overline{I_7\,\overline{I_8}\,\overline{I_9}+I_6\,\overline{I_8}\,\overline{I_9}+I_5\,\overline{I_8}\,\overline{I_9}+I_4\,\overline{I_8}\,\overline{I_9}}\\[4pt]\overline{Y_1}=\overline{I_7\,\overline{I_8}\,\overline{I_9}+I_6\,\overline{I_8}\,\overline{I_9}+I_3\,\overline{I_4}\,\overline{I_5}\,\overline{I_8}\,\overline{I_9}+I_2\,\overline{I_4}\,\overline{I_5}\,\overline{I_8}\,\overline{I_9}}\\[4pt]\overline{Y_0}=\overline{I_9+I_7\,\overline{I_8}\,\overline{I_9}+I_5\,\overline{I_6}\,\overline{I_8}\,\overline{I_9}+I_3\,\overline{I_4}\,\overline{I_6}\,\overline{I_8}\,\overline{I_9}+I_1\,\overline{I_2}\,\overline{I_4}\,\overline{I_6}\,\overline{I_8}\,\overline{I_9}}\end{cases}\qquad(3.8)$$

将式（3.8）化为真值表的形式，即得到表 3-7。由表可知，编码器的输出是反码形式的 BCD 码。优先权以 $\overline{I_9}$ 为最高，$\overline{I_0}$ 为最低。

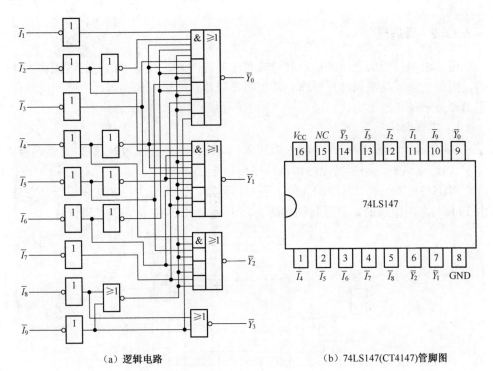

（a）逻辑电路　　　　　　　　　　（b）74LS147(CT4147)管脚图

图 3-14　二—十进制优先编码器 74LS147 的逻辑图和芯片管脚图

表 3-7　二—十进制编码器 74LS147 的功能表

输入									输出			
$\overline{I_1}$	$\overline{I_2}$	$\overline{I_3}$	$\overline{I_4}$	$\overline{I_5}$	$\overline{I_6}$	$\overline{I_7}$	$\overline{I_8}$	$\overline{I_9}$	$\overline{Y_3}$	$\overline{Y_2}$	$\overline{Y_1}$	$\overline{Y_0}$
1	1	1	1	1	1	1	1	1	1	1	1	1
×	×	×	×	×	×	×	×	0	0	1	1	0
×	×	×	×	×	×	×	0	1	0	1	1	1
×	×	×	×	×	×	0	1	1	1	0	0	0
×	×	×	×	×	0	1	1	1	1	0	0	1
×	×	×	×	0	1	1	1	1	1	0	1	0
×	×	×	0	1	1	1	1	1	1	0	1	1
×	×	0	1	1	1	1	1	1	1	1	0	0
×	0	1	1	1	1	1	1	1	1	1	0	1
0	1	1	1	1	1	1	1	1	1	1	1	0

3.4.2 译码器

将二进制代码所表示的信息翻译成对应输出的高、低电平信号的过程称为译码。因此，译码是编码的反操作。常用的译码器有二进制译码器，二—十进制译码器和显示译码器 3 类。

1. 二进制译码器

N 位二进制译码器有 N 个输入端和 2^N 个输出端，一般称为 N 线-2^N 线译码器。

（1）二进制译码器的电路结构和逻辑功能

74LS138 是一种最常用的 3 位二进制译码器，也就是 3 线-8 线译码器，它是由 TTL 与非门组成的，其逻辑图如图 3-15 所示，图 3-16 是它的逻辑符号。

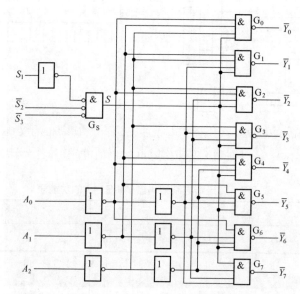

图 3-15 用与非门组成的 3 线-8 线译码器 74LS138

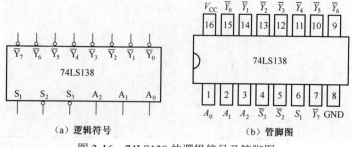

（a）逻辑符号 （b）管脚图

图 3-16 74LS138 的逻辑符号及管脚图

当附加控制门 G_S 的输出为高电平（$S=1$）时，可由逻辑图写出：

$$\begin{cases} \overline{Y_0} = \overline{\overline{A_2}\,\overline{A_1}\,\overline{A_0}} = \overline{m_0} \\ \overline{Y_1} = \overline{\overline{A_2}\,\overline{A_1}\,A_0} = \overline{m_1} \\ \overline{Y_2} = \overline{\overline{A_2}\,A_1\,\overline{A_0}} = \overline{m_2} \\ \overline{Y_3} = \overline{\overline{A_2}\,A_1\,A_0} = \overline{m_3} \\ \overline{Y_4} = \overline{A_2\,\overline{A_1}\,\overline{A_0}} = \overline{m_4} \\ \overline{Y_5} = \overline{A_2\,\overline{A_1}\,A_0} = \overline{m_5} \\ \overline{Y_6} = \overline{A_2\,A_1\,\overline{A_0}} = \overline{m_6} \\ \overline{Y_7} = \overline{A_2\,A_1\,A_0} = \overline{m_7} \end{cases} \tag{3.9}$$

由上式可以看出 $\overline{Y_0} \sim \overline{Y_7}$ 同时又是 A_2、A_1、A_0 这三个变量的全部最小项的译码输出，所以也把这种译码器叫作最小项译码器。

74LS138 有 3 个附加的控制端 S_1、$\overline{S_2}$、$\overline{S_3}$。当 $S_1=1$、$\overline{S_2}+\overline{S_3}=0$ 时，G_S 输出为高电平（$S=1$），译码器处于工作状态。否则，译码器被禁止，所有的输出端被封锁在高电平，如表 3-8 所示。这 3 个控制端也叫作"片选"输入端，利用片选的作用可以将多片连接起来以扩展译码器的功能。

表 3-8 3 线-8 线译码器 74LS138 的功能表

输入					输出							
S_1	$\overline{S_2}+\overline{S_3}$	A_2	A_1	A_0	$\overline{Y_0}$	$\overline{Y_1}$	$\overline{Y_2}$	$\overline{Y_3}$	$\overline{Y_4}$	$\overline{Y_5}$	$\overline{Y_6}$	$\overline{Y_7}$
0	×	×	×	×	1	1	1	1	1	1	1	1
×	1	×	×	×	1	1	1	1	1	1	1	1
1	0	0	0	0	0	1	1	1	1	1	1	1
1	0	0	0	1	1	0	1	1	1	1	1	1
1	0	0	1	0	1	1	0	1	1	1	1	1
1	0	0	1	1	1	1	1	0	1	1	1	1
1	0	1	0	0	1	1	1	1	0	1	1	1
1	0	1	0	1	1	1	1	1	1	0	1	1
1	0	1	1	0	1	1	1	1	1	1	0	1
1	0	1	1	1	1	1	1	1	1	1	1	0

带控制输入端的译码器又是一个完整的数据分配器。在图 3-15 所示电路中如

果把 S_1 作为"数据"输入端（同时令 $\overline{S_2} = \overline{S_3} = 0$），而将 $A_2 A_1 A_0$ 作为"地址"输入端，那么从 S_1 送来的数据只能通过由 $A_2 A_1 A_0$ 所指定的一根输出线送出去。这就不难理解为什么把 $A_2 A_1 A_0$ 叫地址输入端了。例如当 $A_2 A_1 A_0 = 101$ 时，门 G_5 的输入端除了接至 G_5 输出端的一个以外全是高电平，因此 S_1 的数据以反码的形式从 $\overline{Y_5}$ 输出，而不会被送到其他任何一个输出端上。

（2）二进制译码器的应用

由图 3-15 所示的 3 线-8 线译码器中可以看出，当控制端 $S = 1$ 时，若将 A_2、A_1、A_0 作为 3 个输入逻辑变量，则 8 个输出端给出的就是这 3 个输入变量的全部最小项 $\overline{m_0} \sim \overline{m_7}$，如式（3.9）所示。利用附加的门电路将这些最小项适当地组合起来，便可产生任何形式的三变量组合逻辑函数。

同理，由于 n 位二进制译码器的输出给出了 n 变量的全部最小项，因而用 n 变量二进制译码器和或门（当译码器的输出为原函数 $m_0 \sim m_{2^n-1}$ 时）或者与非门（当译码器的输出为反函数 $\overline{m_0} \sim \overline{m_{2^n-1}}$ 时）定能获得任何形式输入变量数不大于 n 的组合逻辑函数。

例 3.5 试利用 3 线-8 线译码器设计一个多输出的组合逻辑电路。其逻辑函数式是：

$$\begin{cases} F_1 = \overline{A}C \\ F_2 = AB\overline{C} + A\overline{B}\overline{C} + BC \\ F_3 = \overline{B}\overline{C} + A\overline{B}C \end{cases} \quad (3.10)$$

解 首先将式（3.10）的逻辑函数化为最小项和的形式，得到：

$$\begin{cases} F_1 = \overline{A}\overline{B}C + \overline{A}BC = m_1 + m_3 \\ F_2 = AB\overline{C} + A\overline{B}\overline{C} + \overline{A}BC + ABC = m_3 + m_4 + m_6 + m_7 \\ F_3 = \overline{A}\overline{B}\overline{C} + A\overline{B}\overline{C} + A\overline{B}C = m_0 + m_4 + m_5 \end{cases} \quad (3.11)$$

由图 3-16 和式（3.9）可知，只要令 74LS138 的输入 $A_2 = A$、$A_1 = B$、$A_0 = C$，则它的输出 $\overline{Y_0} \sim \overline{Y_7}$ 就是式（3.11）中的 $\overline{m_0} \sim \overline{m_7}$。由于这些最小项是以反函数形式给出的，所以还需要把式（3.11）中的 $F_1 \sim F_3$ 变换为 $\overline{m_0} \sim \overline{m_7}$ 的函数式：

$$\begin{cases} F_1 = \overline{\overline{m_1} \cdot \overline{m_3}} \\ F_2 = \overline{\overline{m_3} \cdot \overline{m_4} \cdot \overline{m_6} \cdot \overline{m_7}} \\ F_3 = \overline{\overline{m_0} \cdot \overline{m_4} \cdot \overline{m_5}} \end{cases} \quad (3.12)$$

上式表明，只要在 74LS138 的输出端附加 3 个与非门，即可得到 $F_1 \sim F_3$ 的逻辑电路。电路的接法如图 3-17 所示。

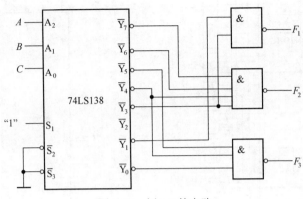

图 3-17　例 3.5 的电路

实际上，对于任意的组合逻辑电路，只要写出了它的逻辑函数形式，都可用对应变量个数的 n 位二进制译码器实现。

2. 二—十进制译码器

将输入的 BCD 码（即十进制数的一种二进制编码）翻译成对应的 10 个高、低电平信号输出的电路叫作二—十进制译码器。

74LS42 是一种常用的二—十进制译码器，逻辑图如图 3-18 所示，图 3-19 是它的逻辑符号。根据逻辑图得到：

$$\left\{\begin{array}{l}\overline{Y_0} = \overline{\overline{A_3}\,\overline{A_2}\,\overline{A_1}\,\overline{A_0}}\\[4pt]\overline{Y_1} = \overline{\overline{A_3}\,\overline{A_2}\,\overline{A_1}\,A_0}\\[4pt]\overline{Y_2} = \overline{\overline{A_3}\,\overline{A_2}\,A_1\,\overline{A_0}}\\[4pt]\overline{Y_3} = \overline{\overline{A_3}\,\overline{A_2}\,A_1\,A_0}\\[4pt]\overline{Y_4} = \overline{\overline{A_3}\,A_2\,\overline{A_1}\,\overline{A_0}}\end{array}\right. \qquad \begin{array}{l}\overline{Y_5} = \overline{\overline{A_3}\,A_2\,\overline{A_1}\,A_0}\\[4pt]\overline{Y_6} = \overline{\overline{A_3}\,A_2\,A_1\,\overline{A_0}}\\[4pt]\overline{Y_7} = \overline{\overline{A_3}\,A_2\,A_1\,A_0}\\[4pt]\overline{Y_8} = \overline{A_3\,\overline{A_2}\,\overline{A_1}\,\overline{A_0}}\\[4pt]\overline{Y_9} = \overline{A_3\,\overline{A_2}\,\overline{A_1}\,A_0}\end{array}$$

并可列出电路的真值表如表 3-9 所示。

对于 BCD 代码以外的伪码（即 1010～1111 六个代码）$\overline{Y_0} \sim \overline{Y_9}$ 均无低电平信号产生，译码器拒绝"翻译"，所以这个电路结构具有拒绝伪码的功能。

3. 显示译码器

在一些数字系统中，不仅需要译码，而且需要把译码的结果显示出来。例如，在计数系统中，需要显示计数结果；在测量仪表中，需要显示测量结果。用显示译码器驱动显示器件，就可以达到数据显示的目的。

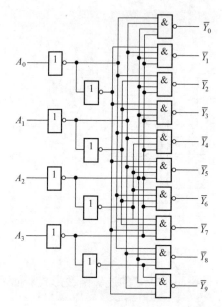

图 3-18　二—十进制译码器 74LS42

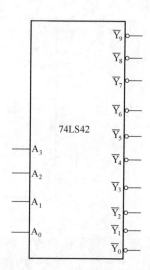

图 3-19　74LS42 的逻辑符号

表 3-9　二—十进制译码器 74LS42 的真值表

序号	输入				输出									
	A_3	A_2	A_1	A_0	$\overline{Y_0}$	$\overline{Y_1}$	$\overline{Y_2}$	$\overline{Y_3}$	$\overline{Y_4}$	$\overline{Y_5}$	$\overline{Y_6}$	$\overline{Y_7}$	$\overline{Y_8}$	$\overline{Y_9}$
0	0	0	0	0	1	1	1	1	1	1	1	1	1	1
1	0	0	0	1	1	0	1	1	1	1	1	1	1	1
2	0	0	1	0	1	1	0	1	1	1	1	1	1	1
3	0	0	1	1	1	1	1	0	1	1	1	1	1	1
4	0	1	0	0	1	1	1	1	0	1	1	1	1	1
5	0	1	0	1	1	1	1	1	1	0	1	1	1	1
6	0	1	1	0	1	1	1	1	1	1	0	1	1	1
7	0	1	1	1	1	1	1	1	1	1	1	0	1	1
8	1	0	0	0	1	1	1	1	1	1	1	1	0	1
9	1	0	0	1	1	1	1	1	1	1	1	1	1	0
伪码	1	0	1	0	1	1	1	1	1	1	1	1	1	1
	1	0	1	1	1	1	1	1	1	1	1	1	1	1
	1	1	0	0	1	1	1	1	1	1	1	1	1	1
	1	1	0	1	1	1	1	1	1	1	1	1	1	1
	1	1	1	0	1	1	1	1	1	1	1	1	1	1
	1	1	1	1	1	1	1	1	1	1	1	1	1	1

（1）七段字符显示器

七段字符显示器是目前广泛使用的显示器件，它由七段可发光的线段拼合而成。常见的七段字符显示器有半导体数码管和液晶显示器两种。

图 3-20 是半导体数码管 BS201A 的外形图和等效电路。这种数码管的每个线段都是一个发光二极管（Light Emitting Diode，简称 LED），因而也把它叫做 LED 数码管或 LED 七段显示器。

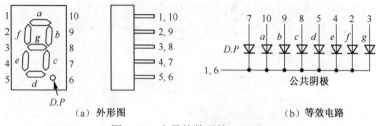

（a）外形图　　　　　　　　　（b）等效电路

图 3-20　半导体数码管 BS201A

发光二极管使用的材料与普通的硅二极管和锗二极管不同，有磷砷化镓、磷化镓、砷化镓等几种，而且半导体中的杂质浓度很高。当外加正向电压时，大量的电子和空穴在扩散过程中复合，其中一部分电子从导带跃迁到价带，把多余的能量以光的形式释放出来，便发出一定波长的可见光。

磷砷化镓发光二极管发出光线的波长与磷和砷的比例有关，含磷的比例越大波长越短，同时发光效率也随之降低。目前生产的磷砷化镓发光二极管（如 BS201、BS211 等）发出光线的波长在 6500Å 左右，呈橙红色。

在 BS201 等一些数码管中还在右下角处增设了一个小数点，形成了所谓的八段数码管，如图 3-20（a）所示。此外，由图 3-20（b）的等效电路可见 BS201A 的八段发光二极管的阴极是做在一起的，属于共阴极类型。为了增加使用的灵活性，统一规格的数码管一般都有共阴极和共阳极两种类型可供选用。

半导体数码管不仅具有工作电压低、体积小、寿命长、可靠性高等优点，而且响应时间短（一般不超过 0.1μs），亮度也比较高。它的缺点是工作电流比较大，每一段的工作电流在 10mA 左右。

另一种常用的七段字符显示器是液晶显示器（Liquid Crystal Display，简称 LCD）。液晶是一种既具有液体的流动性又具有光学特征的有机化合物。它的透明度和呈现的颜色受外加电场的影响，利用这一特点便可做成字符显示器。

在没有外加电场的情况下，液晶分子按一定取向整齐地排列着，如图 3-21（a）所示。这时液晶为透明状态，射入的光线大部分由反射电极反射回来，显示器呈白色。在电极上加上电压以后，液晶分子因电离而产生正离子，这些正离子在电场作用下运动并碰撞其他液晶分子，破坏了液晶分子的整齐排列，使液晶呈现混沌状态。这时射入的光线散射后仅有少量反射过来，故显示器呈暗灰色。这种现象称为动态散射效应。外加电场消失以后，液晶又恢复到整齐排列的状态。如果将七段透明的电极排列成 8 字形，那么只要选择不同的电极组合并加以正电压，便能显示出各种字符来。

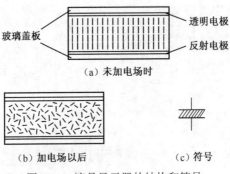

图 3-21　液晶显示器的结构和符号

　　为了使离子撞击液晶分子的过程不断进行，通常在液晶显示器的两个电极上加以数十至数百周的交变电压。对交变电压的控制可以用异或门实现，如图 3-22（a）所示，v_I 是外加的固定频率的对称方波电压。当 $A = 0$ 时，LCD 两端的电压 $v_L = 0$，显示器不工作，呈白色；当 $A = 1$ 时，v_L 为幅度等于两倍 v_I 的对称方波，显示器工作，呈暗灰色。各点电压的波形示于图 3-22（b）中。

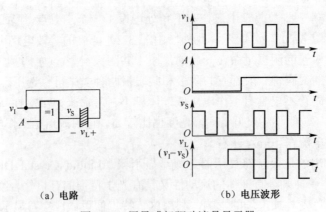

图 3-22　用异或门驱动液晶显示器

　　液晶显示器的最大优点是功耗极小，每平方厘米的功耗在 1μW 以下。它的工作电压也很低，1V 以下仍能工作。因此，液晶显示器在电子表以及各种小型、便携式仪器、仪表中得到了广泛的应用。但是，由于它本身不会发光，仅仅靠反射外界光线显示字形，所以亮度很差。此外，它的响应速度较低（在 10～200ms 范围内），这就限制了它在快速系统中的应用。

（2）BCD-七段显示译码器

半导体数码管和液晶显示器都可以用 TTL 或 CMOS 集成电路直接驱动。为此，就需要使用显示译码器将 BCD 代码译成数码管所需要的驱动信号，以便使数码管用十进制数字显示出 BCD 代码所表示的数值。

今以 $A_3A_2A_1A_0$ 表示显示译码器输入的 BCD 代码，以 $Y_a \sim Y_g$ 表示输出的 7 位二进制代码，并规定用 1 表示数码管中线段的点亮状态，用 0 表示线段的熄灭状态。则根据显示字形的要求便得到了表 3-10 的真值表。表中除列出了 BCD 代码的 10 个状态与 $Y_a \sim Y_g$ 状态的对应关系以外，还规定了输入为 1010～1111 这六个状态下显示的字形。

表 3-10　BCD-七段显示译码器的真值表

数字	输入				输出							字形
	A_3	A_2	A_1	A_0	Y_a	Y_b	Y_c	Y_d	Y_e	Y_f	Y_g	
0	0	0	0	0	1	1	1	1	1	1	0	0
1	0	0	0	1	0	1	1	0	0	0	0	1
2	0	0	1	0	1	1	0	1	1	0	1	2
3	0	0	1	1	1	1	1	1	0	0	1	3
4	0	1	0	0	0	1	1	0	0	1	1	4
5	0	1	0	1	1	0	1	1	0	1	1	5
6	0	1	1	0	0	0	1	1	1	1	1	6
7	0	1	1	1	1	1	1	0	0	0	0	7
8	1	0	0	0	1	1	1	1	1	1	1	8
9	1	0	0	1	1	1	1	0	0	1	1	9
10	1	0	1	0	0	0	0	1	1	0	1	c
11	1	0	1	1	0	0	1	1	1	0	1	ɔ
12	1	1	0	0	0	1	0	0	0	1	1	u
13	1	1	0	1	1	0	0	1	0	1	1	ɔ
14	1	1	1	0	0	0	0	1	1	1	1	ㅏ
15	1	1	1	1	0	0	0	0	0	0	0	

由表 3-10 上可以看出，现在与每个输入代码对应的输出不是某一根输出线上的高、低电平，而是另一个 7 位的代码了，所以它已经不是在这一节开始所定义的那种译码器了。严格地讲，把这种电路叫代码转换器更确切些。但习惯上都把

它叫做显示译码器了。

从得到的真值表在卡诺图上采用"合并 0 然后求反"的化解方法将 $Y_a \sim Y_g$ 化简，得到：

$$
\begin{cases}
Y_a = \overline{\overline{A_3 A_2 \overline{A_1} A_0} + A_3 A_1 + A_2 \overline{A_0}} \\
Y_b = \overline{\overline{A_3 A_1} + A_2 \overline{A_0} + A_2 \overline{A_1} A_0} \\
Y_c = \overline{\overline{A_3 A_2} + \overline{A_2} A_1 \overline{A_0}} \\
Y_d = \overline{\overline{A_2 A_1 A_0} + A_2 \overline{A_1} \overline{A_0} + \overline{A_2} A_1 A_0} \\
Y_e = \overline{\overline{A_2} \overline{A_1} + A_0} \\
Y_f = \overline{\overline{A_3 A_2 A_0} + \overline{A_2} A_1 + A_1 A_0} \\
Y_g = \overline{\overline{A_3 A_2 A_1} + A_2 A_1 A_0}
\end{cases}
\tag{3.13}
$$

图 3-23 给出了 BCD-七段显示译码器 7448 的逻辑图。如果不考虑逻辑图中由 $G_1 \sim G_4$ 组成的附加控制电路的影响（G_2 和 G_4 的输出为高电平），则 $Y_a \sim Y_g$ 与 A_3、A_2、A_1、A_0 之间的逻辑关系与式（3.13）完全相同。

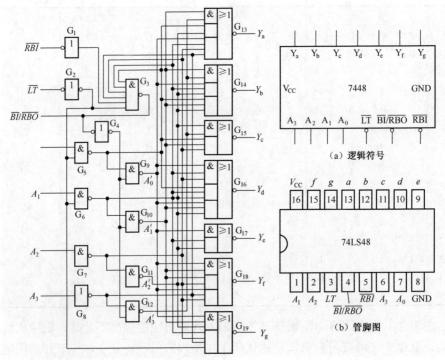

图 3-23　BCD-七段显示译码器 7448 的逻辑图及其符号、管脚图

附加控制电路用于扩展电路功能。下面介绍一下附加控制端的功能和用法。

灯测试输入 $\overline{LT}$：当有 $\overline{LT} = 0$ 的信号输入时，G_4、G_5、G_6 和 G_7 的输出同时为高电平，使 $A_0' = A_1' = A_2' = 0$。对后面的译码电路而言，与输入为 $A_0 = A_1 = A_2 = 0$ 一样。由式（3.13）可知，$Y_a \sim Y_f$ 将全部为高电平。同时，由于 G_9 的两组输入中均含有低电平输入信号，因而 Y_g 也处于高电平。可见，只要令 $\overline{LT} = 0$，便可使被驱动数码管的七段同时点亮，以检查该数码管各段能否正常发光。平时应置 $\overline{LT}$ 为高电平。

灭零输入 $\overline{RBI}$：设置灭零信号 $\overline{RBI}$ 的目的是为了能把不希望显示的零熄灭。例如有一个 8 位的数码显示电路，整数部分为 2 位，小数部分为 3 位，在显示 13.7 这个数时将呈现 0013.700 字样。如果将前、后多余的零熄灭，则显示的结果将更加醒目。

由图 3-23 可知，当知，当输入 $A_3 = A_2 = A_1 = A_0 = 0$ 时，本应显示出 0。如果需要将这个零熄灭，则可加入 $\overline{RBI} = 0$ 的输入信号。这时 G_3 的输出为低电平，并经过 G_4 输出低电平使 $A_3' = A_2' = A_1' = A_0' = 1$。由于 $G_3 \sim G_9$ 每个与或非门都有一组输入全为高电平，所以 $Y_a \sim Y_g$ 全为低电平，是本来应该显示的 0 熄灭。

灭灯输入/灭零输出 $\overline{BI}/\overline{RBO}$：这是一个双功能的输入/输出端，它的电路结构如图 3-24（a）所示。

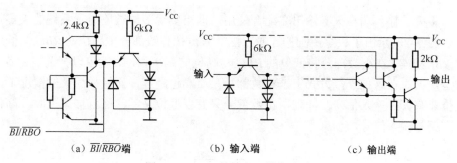

（a）$\overline{BI/RBO}$端　　　　（b）输入端　　　　（c）输出端

图 3-24　7448 的输入、输出电路

$\overline{BI}/\overline{RBO}$ 作为输入端使用时，称灭灯输入控制端。只要加入灭灯控制信号 $\overline{BI} = 0$，无论 $A_3 A_2 A_1 A_0$ 的状态是什么，定可将被驱动数码管的各段同时熄灭。由图 3-23 可见，此时 G_4 肯定输出低电平，使 $A_3' = A_2' = A_1' = A_0' = 1$，$Y_a \sim Y_g$ 同时输出低电平，因而将被驱动的数码管熄灭。

$\overline{BI}/\overline{RBO}$ 作为输出端使用时，称灭零输出端。由图 3-23 可得到：

$$\overline{RBO} = \overline{A_3 A_2 A_1 A_0 LT RBI} \qquad (3.14)$$

上式表明，只有当输入为 $A_3 = A_2 = A_1 = A_0 = 0$，而且有灭零输入信号（$\overline{RBI} = 0$）

时，$\overline{RBO}$ 才会给出低电平。因此，$\overline{RBO} = 0$ 表示译码器已将本来应该显示的零熄灭了。

　　用 7448 可以直接驱动共阴极的半导体数码管。由图 3-24（c）7448 的输出电路可以看到，当输出管截止、输出为高电平时，流过发光二极管的电流是由 V_{CC} 经 $2k\Omega$ 上拉电阻提供的。当 $V_{CC} = 5V$ 时，这个电流只有 $2mA$ 左右。如果数码管需要的电流大于这个数值时，则应在 $2k\Omega$ 的上拉电阻上再并联适当的电阻。图 3-25 给出了用 7448 驱动 BS201 半导体数码管的连接方法。

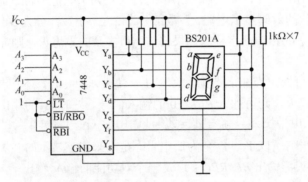

图 3-25　用 7448 驱动 BS201 的连接方法

　　将灭零输入端与灭零输出端配合使用，即可实现多位数码显示系统的灭零控制。图 3-26 示出了灭零控制的连接方法。只需在整数部分把高位的 $\overline{RBO}$ 与低位的 $\overline{RBI}$ 相连，在小数部分将低位的 $\overline{RBO}$ 与高位的 $\overline{RBI}$ 相连，就可以把前、后多余的零熄灭。在这种连接方式下，整数部分只有高位是零，而且被熄灭的情况下，低位才有灭零输入信号。同理，小数部分只有在低位是零，而且被熄灭时，高位才有灭零输入信号。

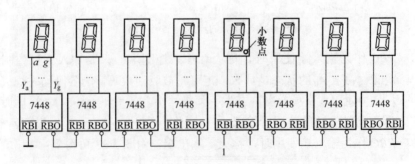

图 3-26　有灭零控制的 8 位数码显示系统

3.4.3 加法器

加法器是算术运算电路中的基本单元电路。在数字系统中，加法器可分为一位加法器和多位加法器，而一位加法器又可分为半加器和全加器。

1. 一位加法器

（1）半加器

不考虑有来自低位的进位将两个 1 位二进制数相加，称为半加。实现半加运算的电路叫做半加器。

按照二进制加法运算规则可以列出如表 3-11 所示的半加器真值表。其中 A、B 是两个加数，S 是相加的和，CO 是向高位的进位。将 S、CO 和 A、B 的关系写成逻辑表达式则得到：

$$\begin{cases} S = \overline{A}B + A\overline{B} = A \oplus B \\ CO = AB \end{cases} \tag{3.15}$$

表 3-11 半加器的真值表

输入		输出	
A	B	S	CO
0	0	0	0
0	1	1	0
1	0	1	0
1	1	0	1

因此，半加器是由一个异或门和一个与门组成的，如图 3-27 所示。

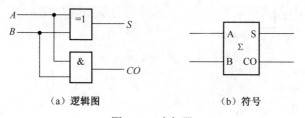

（a）逻辑图　　　　　　　（b）符号

图 3-27 半加器

（2）全加器

在将两个多位二进制数相加时，除了最低位以外，每一位都应该考虑来自低位的进位，即将两个对应位的加数和来自低位的进位 3 个数相加。这种运算称为全加，所用的电路称为全加器。

根据二进制加法运算规则可列出 1 位全加器的真值表，如表 3-12 所示。

表 3-12   全加器的真值表

输入			输出	
A	B	CI	S	CO
0	0	0	0	0
0	0	1	1	0
0	1	0	1	0
0	1	1	0	1
1	0	0	1	0
1	0	1	0	1
1	1	0	0	1
1	1	1	1	1

根据真值表写出电路输出端的逻辑表达式：

$$\begin{cases} S = A\overline{B}\cdot\overline{CI} + \overline{A}\overline{B}CI + \overline{A}B\overline{CI} + ABCI = A \oplus B \oplus CI \\ CO = AB + \overline{A}BCI + A\overline{B}CI = AB + (A \oplus B)CI = \overline{\overline{AB}\cdot\overline{(A+B)CI}} \end{cases} \quad (3.16)$$

因此，全加器可由两个异或门和三个与非门组成，其电路结构如图 3-28 所示。

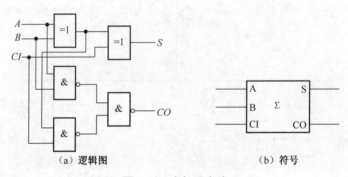

（a）逻辑图   （b）符号

图 3-28   全加器电路

2. 多位加法器

（1）串行进位加法器

要进行多位数相加，最简单的办法就是将多个全加器串接，组成串行进位加法器。如图 3-29 所示电路是 4 位串行进位加法器，可实现两个 4 位加数 $A_3A_2A_1A_0$ 和 $B_3B_2B_1B_0$ 相加，进位数串行传送，和由输出端 $S_3S_2S_1S_0$ 给出。

串行进位加法器最大的缺点是运算速度慢，因为每一位的相加都必须等到低一位产生加法进位后才能相加，传输延迟时间是各位全加器延迟时间的累积，位数越多，运算速度越慢。

在对运算速度要求不高的设备中，也可采用这种加法器。

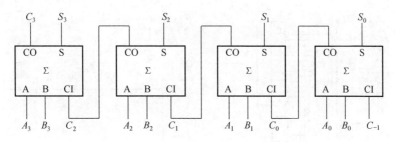

图 3-29　4 位串行进位加法器

（2）超前进位加法器

超前进位是指在加法运算电路中，各级进位信号同时送到各位全加器的进位输入端的方法。也就是说，高位的进位输入信号在相加运算开始时就已知。其工作原理分析如下：

多位加法器的第 i 位全加器的和 S_i，进位 CO_i 可由式（3.16）写出：

$$\begin{cases} S_i = A_i \oplus B_i \oplus (CI)_i \\ (CO)_i = A_i B_i + (A_i \oplus B_i)(CI)_i \end{cases} \quad (3.17)$$

若将 $A_i B_i$ 定义为进位生成函数 G_i，同时将 $(A_i \oplus B_i)$ 定义为进位传送函数 P_i，则式（3.17）可改写为：

$$(CO)_i = G_i + P_i (CI)_i \quad (3.18)$$

将上式展开后得到：

$$\begin{aligned} (CO)_i &= G_i + P_i(CI)_i = G_i + P_i[G_{i-1} + P_{i-1}(CI)_{i-1}] \\ &= G_i + P_i G_{i-1} + P_i P_{i-1}[G_{i-2} + P_{i-2}(CI)_{i-2}] \\ &\vdots \\ &= G_i + P_i G_{i-1} + P_i P_{i-1} G_{i-2} + \cdots + P_i P_{i-1} \cdots P_1 G_0 + P_i P_{i-1} \cdots P_0 CI_0 \end{aligned} \quad (3.19)$$

因此，第 i 位的进位输出信号一定能由两个加数第 i 位以前各位状态唯一地确定。根据这个原理，就可以通过逻辑电路事先得出每一位全加器的进位输入信号，而无需再从最低位开始向高位逐位传递进位信号了，这就有效地提高了运算速度。采用这种结构形式的加法器叫做超前进位（Carry Look-Ahead）加法器。

根据式（3.17）和（3.19）构成的 4 位超前进位加法器 74LS283 如图 3-30 所示。

从图 3-30 上还可以看出，从两个加数送到输入端到完成加法运算只需三级门电路的传输时间，而获得进位输出信号仅需一级反相器和一级与或非门的传输延迟时间。然而必须指出，运算时间得以缩短是用增加电路复杂程度的代价换取的。当加法器的位数增加时，电路的复杂程度也随之急剧上升。

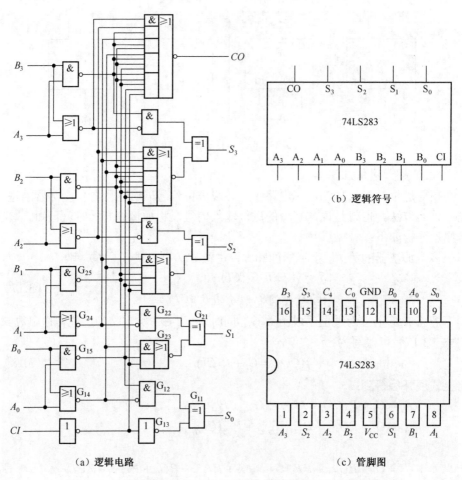

图 3-30   4 位超前进位加法器 74LS283 的逻辑图及符号、管脚图

3. 加法器的应用

利用加法器也可以设计组合逻辑电路。如果要产生的逻辑函数能化成输入变量和输入变量或者输入变量与常数在数值上相加的形式，这时用加法器来设计这个组合逻辑电路往往会非常简单。

例 3.6   设计一个代码转换电路，将 BCD 代码的 8421 码转换成余 3 码。

解   以 8421 码为输入，余 3 码为输出，即可列出代码转换电路的逻辑真值表，如表 3-13 所示。

表 3-13 例 3.6 的逻辑真值表

输入				输出			
D	C	B	A	Y_3	Y_2	Y_1	Y_0
0	0	0	0	0	0	1	1
0	0	0	1	0	1	0	0
0	0	1	0	0	1	0	1
0	0	1	1	0	1	1	0
0	1	0	0	0	1	1	1
0	1	0	1	1	0	0	0
0	1	1	0	1	0	0	1
0	1	1	1	1	0	1	0
1	0	0	0	1	0	1	1
1	0	0	1	1	1	0	0

仔细观察一下表 3-13 不难发现，$Y_3Y_2Y_1Y_0$ 和 $DCBA$ 所代表的二进制数始终相差 0011，即十进制数的 3。故可得：

$$Y_3Y_2Y_1Y_0 = DCBA + 0011 \qquad (3.20)$$

其实这也正是余 3 码的特征。根据式（3.20），用一片 4 位加法器 74LS283 便可接成要求的代码转换电路，如图 3-31 所示。

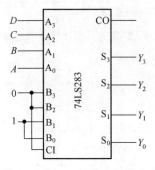

图 3-31 例 3.6 的代码转换电路

3.4.4 数值比较器

数值比较器是一种运算电路，它可以对两个二进制数或二—十进制编码的数进行比较，得出大于、小于和相等的结果。

1. 1 位数值比较器

1 位数值比较器可以对两个 1 位二进制数 A 和 B 进行比较，比较结果分别由

$Y_{(A>B)}$、$Y_{(A<B)}$、$Y_{(A=B)}$给出。其真值表如表 3-14 所示。

表 3-14　1 位数值比较器真值表

输入		输出		
A	B	$Y_{(A>B)}$	$Y_{(A=B)}$	$Y_{(A<B)}$
0	0	0	1	0
0	1	0	0	1
1	0	1	0	0
1	1	0	1	0

由真值表写出逻辑表达式：

$$\begin{cases} Y_{(A>B)} = A\overline{B} \\ Y_{(A<B)} = \overline{A}B \\ Y_{(A=B)} = \overline{A}\,\overline{B} + AB = \overline{\overline{AB} + \overline{A}\,\overline{B}} \end{cases} \qquad (3.21)$$

画出逻辑图，即得如图 3-32 所示的 1 位数值比较器电路。

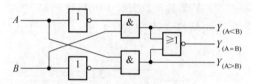

图 3-32　1 为数值比较器的逻辑图

2. 多位数值比较器

根据数值的运算规律，在对两个多位数进行比较时，必须是由高至低逐位进行的，而且只有在高位相等时，才需要比较低位。

例如 A、B 是两个 4 位二进制数 $A_3A_2A_1A_0$ 和 $B_3B_2B_1B_0$，进行比较时应首先比较 A_3 和 B_3。如果 $A_3>B_3$，那么不管其他几位数码为何值，肯定是 $A > B$。反之，若 $A_3 < B_3$，则不管其他几位数码为何值，肯定是 $A < B$。如果 $A_3 = B_3$，这就必须通过比较下一位 A_2 和 B_2 来判断 A 和 B 的大小了。以此类推，定能比出结果。

图 3-33 是 4 位数值比较器 CC14585 的逻辑图及其符号、管脚图。图中的 $Y_{(A<B)}$、$Y_{(A=B)}$ 和 $Y_{(A>B)}$ 是总的比较结果，$A_3A_2A_1A_0$ 和 $B_3B_2B_1B_0$ 是两个相比较的 4 位数的输入端。$I_{(A<B)}$、$I_{(A=B)}$ 和 $I_{(A>B)}$ 是扩展端，供片间连接时用。由逻辑图可写出输出的逻辑表达式为：

$$Y_{(A<B)} = \overline{A_3}B_3 + (A_3 \odot B_3)\overline{A_2}B_2 + (A_3 \odot B_3)(A_2 \odot B_2)\overline{A_1}B_1$$

$$+(A_3 \odot B_3)(A_2 \odot B_2)(A_1 \odot B_1)\overline{A_0}B_0 \qquad （3.22）$$

$$+(A_3 \odot B_3)(A_2 \odot B_2)(A_1 \odot B_1)(A_0 \odot B_0)I_{(A<B)}$$

$$Y_{(A=B)}=(A_3 \odot B_3)(A_2 \odot B_2)(A_1 \odot B_1)(A_0 \odot B_0)I_{(A=B)} \qquad （3.23）$$

$$Y_{(A>B)}=\overline{\overline{Y_{(A<B)}+Y_{(A=B)}}+\overline{Y_{(A>B)}}} \qquad （3.24）$$

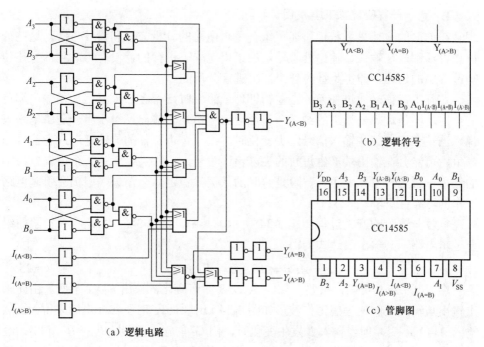

图 3-33　4 位数值比较器 CC14585 的逻辑图及其符号、管脚图

只比较两个 4 位数时，将扩展端 $I_{(A<B)}$ 接低电平，同时将 $I_{(A>B)}$ 和 $I_{(A=B)}$ 接高电平，即 $I_{(A<B)}=0$、$I_{(A>B)}=I_{(A=B)}=1$。这时式（3.22）中的最后一项为 0，其余 4 项分别表示了 $A<B$ 的 4 种可能情况，即 $A_3<B_3$；$A_3=B_3$ 而 $A_2<B_2$；$A_3=B_3$、$A_2=B_2$ 而 $A_1<B_1$；$A_3=B_3$、$A_2=B_2$、$A_1=B_1$ 而 $A_0<B_0$。

式（3.23）表明，只有 A 和 B 的每一位都相等时，A 和 B 才相等。

式（3.24）则说明，若 A 和 B 比较的结果既不是 $A>B$ 又不是 $A=B$，则必为 $A>B$。

目前生产的数值比较器中，也有采用其他电路结构形式的。因为电路结构不同，扩展输入端的用法也不完全一样，使用时应注意加以区别。

3.5 辅修内容

3.5.1 组合逻辑电路中的竞争和冒险

1. 竞争－冒险现象及其成因

在前面的章节里系统地讲述了组合逻辑电路的分析方法和设计方法。这些分析和设计都是在输入、输出处于稳定的逻辑电平下进行的，没有考虑到信号在传输过程中的延迟，即都是针对理想情况进行分析的。

实际上，信号通过任何一个逻辑部件或组件时，都会产生延迟，使输出端可能会出现不是理想分析下的结果，甚至会出现错误的输出。对于组合逻辑电路来说，当某个或者某些输入信号发生变化时，由于逻辑部件的传输延迟或者信号的竞争，可能会在输出端产生短暂的尖峰错误信号，这种尖峰就是组合逻辑电路中的竞争－冒险。虽然竞争－冒险是暂时的，信号稳定后会消失，但仍会引起电路工作的可靠性下降。

竞争－冒险的产生过程如图 3-34 所示。其中，图 3-34（a）是存在冒险的组合逻辑电路，其输出表达式为：

$$F = \overline{\overline{AB}B} = AB + \overline{B} = A + \overline{B} \tag{3.25}$$

由式（3.25）可知，只要 $A = 1$，无论 B 如何变化，输出 $F = 1$ 不变。由此画出输出与输入之间的理想工作波形如图 3-34（b）所示，对于实际电路来说，虽然输入 $A = 1$ 不变，但当输入 B 发生变化时，门 G_2 的输入信号 $\overline{AB}$（$=B$）和 B，经过两个不同的传输路径到达，由于门 G_1 存在传输延迟，使输出 F 出现瞬间尖峰低电平，这就是竞争－冒险，图 3-34（c）是存在冒险的波形。

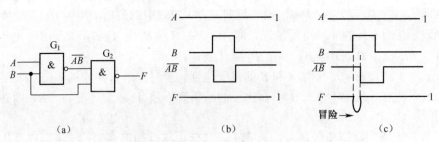

图 3-34 竞争－冒险产生过程示意图

2. 竞争－冒险的判断方法

竞争－冒险的判断方法分为代数法和卡诺图法。

（1）代数法

代数法是通过逻辑函数表达式来判断组合逻辑电路中是否存在竞争－冒险。如果输出端门电路的两个输入信号 B 和 $\overline{B}$，是输入变量 B 经过两个不同的传输途径到达的，如图 3-34（a）所示，那么当输入变量 B 的状态发生突变时，输出端就有可能产生尖峰脉冲。因此，只要输出端的逻辑函数的表达式在某些条件下，能简化成 $B+\overline{B}$（或者 $A+\overline{A}$、$C+\overline{C}$）或者 $B\cdot\overline{B}$（或者 $A\cdot\overline{A}$、$C\cdot\overline{C}$）的形式，则可判断存在竞争－冒险。

例 3.7　判断函数

$$F = \overline{A}B + AC \tag{3.26}$$

是否存在竞争－冒险。

解　通过观察式（3.26）可知，当 $BC=11$ 时，$F=A+\overline{A}$，因此该函数对应的组合逻辑电路存在竞争－冒险。

（2）卡诺图法

在逻辑化简中，卡诺图法具有简单直观的特点。用卡诺图也可以简单、直接地判断组合逻辑电路的竞争－冒险。在卡诺图中，如果两个乘积项（即卡诺图中的两个"圈"）出现相邻而不相交的现象时，则存在竞争－冒险。

例如，例 3.7 中式（3.26）对应的卡诺图如图 3-35 所示。从图中可以看到，代表两个乘积项的卡诺图的"圈"是相邻的，但不相交。因此，可以判断存在竞争－冒险。

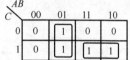

图 3-35　存在竞争－冒险的卡诺图

3. 消除竞争－冒险现象的方法

常用的消除竞争－冒险的方法有选通法、增加冗余项法和滤波法几种。

（1）增加冗余项法

在逻辑函数化简时提到，为了使函数最简，应该避免多余项（即冗余项）。但是，适当地增加冗余项，可以消除竞争－冒险现象。例如，对于例 3.7 的式（3.26）来说，当 $BC=11$ 时，出现 $F=A+\overline{A}$ 的现象。如果在表达式中增加 BC 乘积项，则函数变为

$$F = \overline{A}B + AC + BC \tag{3.27}$$

对于式（3.27），当 $BC=11$ 时，不会出现 $F=A+\overline{A}$ 结果，因此消除了竞争－冒险。BC 乘积项实际是表达式中的冗余项。增加了冗余项 BC 后，函数的卡诺图如图 3-36 所示。从图中看到，由于 BC 冗余项的增加，消除了两个乘积项相邻而不相交的现象。

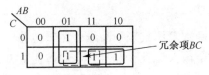

图 3-36　消除竞争－冒险的卡诺图

（2）滤波法

由于竞争－冒险是一种很窄的尖峰脉冲，所以只要在输出端接一个很小的滤波电容 C_0（如图 3-37 所示），在电路输出端加低通滤波器，就可以削掉尖峰脉冲信号。

这种方法简单易行，而且不必考虑竞争－冒险产生的内部原因，也不需要改变内部电路，只要有竞争－冒险，都可以消除。但是在输出端接滤波电容后，会使输出波形上升时间和下降时间增加，使波形变坏。

（3）选通法

冒险发生在输入信号发生变化的瞬间，选通法就是在电路的输出门的输入端增加选通控制信号，如图 3-38 所示。没有选通脉冲时，电路没有输出；当选通脉冲到来时，输出才是有效信号。选通脉冲是等待输入信号稳定后才出现，这样可以避免竞争－冒险。

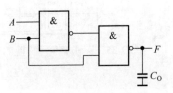

图 3-37　用滤波法消除竞争－冒险

图 3-38　用选通法消除竞争－冒险

3.5.2　常用组合逻辑电路的 VHDL 语言描述

1．优先编码器 74LS148 的 VHDL 描述

74LS148 是一个八输入电平三位二进制代码输出的优先编码器。当其某一个输入有效时，输出与之对应的二进制编码；当同时有几个输入有效时，其输出二进制码与优先级别最高的那个输入相对应。对于图 3-13 及表 3-6 所示的优先编码器 74LS148，采用 IF-THEN 语句描述时，其程序如程序 3.1 所示。

程序 3.1　描述优先编码器 74LS148 的 VHDL 程序。

```
LIBRARY IEEE;
USE IEEE.STD_LOGIC_1164.ALL;
ENTITY P_encoder_148 IS
```

```
PROT(S,I0,I1,I2,I3,I4,I5,I6,I7:IN STD_LOGIC;
    Y2,Y1,Y0<YEX,YS:OUT STD_LOGIC);
END P_encoder_148;
ARCHITECTURE example31 OF P_encoder_148 IS
    SIGNAL temp_in: STD_LOGIC_VECTOR(7 DOWNTO 0);
    SIGNAL temp_out: STD_LOGIC_VECTOR(4 DOWNTO 0);
BEGIN
    temp_in <= I7&I6&I5&I4&I3&I2&I1&I0
        PROCESS(S,temp_in)
        BEGIN
            IF(S='0')THEN
                IF (temp_in = '11111111') THEN
                    temp_out <= "11110";
                    ELSEIF(temp_in(7) = '0') THEN
                        temp_out <="00001";
                    ELSEIF(temp_in(6) = '0') THEN
                        temp_out <="00101";
                    ELSEIF(temp_in(5) = '0') THEN
                        temp_out <="01001";
                    ELSEIF(temp_in(4) = '0') THEN
                        temp_out <="01101";
                    ELSEIF(temp_in(3) = '0') THEN
                        temp_out <="10001";
                    ELSEIF(temp_in(2) = '0') THEN
                        temp_out <="10101";
                    ELSEIF(temp_in(1) = '0') THEN
                        temp_out <="11001";
                    ELSEIF(temp_in(0) = '0') THEN
                        temp_out <="11101";
                ENDIF
            ELSE
                temp_out <= "11111";
            ENDIF
            Ys <= temp_out(0);
            Yex <= temp_out(1);
            Y0 <= temp_out(2);
            Y1 <= temp_out(3);
            Y2 <= temp_out(4);
        END PROCESS;
    END example31;
```

在上述优先编码器 74LS148 的 VHDL 描述程序中，LIBRARY IEEE 为库说明语句，USE IEEE.STD_LOGIC_1164.ALL 为程序包说明语句。该程序中采用了 IF 语句的嵌套形式，外层 IF 语句是选择语句，选择条件是编码器输入的不同状态，由于 IF 多选择语句是从上到下顺序执行的，因此 I_7 的优先级别最高，I_6 次之，I_0 的优先级别最低。

2. 3 线-8 线译码器 74LS138 的 VHDL 描述

3 线-8 线译码器 74LS138 有 3 个数据输入端，3 个使能控制输入端，8 个输出端，其逻辑符号和功能表分别见图 3-15 及表 3-8。

采用 CASE 语句描述的 74LS138 的 VHDL 程序如程序 3.2 所示。

程序 3.2 描述译码器 74LS138 的 VHDL 程序。

```
USE IEEE.STD_LOGIC_1164.ALL;
ENTITY P_decoder_148 IS
PROT(S1,S2,S3,A2,A1,A0:IN STD_LOGIC;
     Y0,Y1,Y2,Y3,Y4,Y5,Y6,Y7:OUT STD_LOGIC);
END decoder_138;
ARCHITECTURE example32 OF decoder_138 IS
    SIGNAL temp_ine: STD_LOGIC_VECTOR(2 DOWNTO 0);
    SIGNAL temp_in : STD_LOGIC_VECTOR(2 DOWNTO 0);
    SIGNAL temp_out: STD_LOGIC_VECTOR(7 DOWNTO 0);
BEGIN
    temp_ine <= S1&S2&S3;
    temp_in   <= A2&A1&A0;
    PROCESS(temp_ine, temp_in)
    BEGIN
        IF(temp_ine = "100") THEN
            CASE temp_ine IS
                WHEN "000" => temp_out <= "11111110";
                WHEN "001" => temp_out <= "11111101";
                WHEN "010" => temp_out <= "11111011";
                WHEN "011" => temp_out <= "11110111";
                WHEN "100" => temp_out <= "11101111";
                WHEN "101" => temp_out <= "11011111";
                WHEN "110" => temp_out <= "10111111";
                WHEN "111" => temp_out <= "01111111";
            END CASE;
        ELSE
            temp_out <= "11111111";
        ENDIF;
        Y0 <= temp_out(0);
        Y1 <= temp_out(1);
```

```
            Y2 <= temp_out(2);
            Y3 <= temp_out(3);
            Y4 <= temp_out(4);
            Y5 <= temp_out(5);
            Y6 <= temp_out(6);
            Y7 <= temp_out(7);
        END PROCESS;
    END example32;
```

在上述程序中，实体说明了 74LS138 的输入输出关系，在结构体中首先定义了三个信号位矢量，并分别把输入使能信号和数据输入信号置为位矢量，以便于编程。使能信号和数据输入信号作为进程的敏感信号。在进程中，首先利用 IF 语句来判别使能条件是否满足，若满足 $S_1 = 1$、$S_2 = S_3 = 0$，则通过 CASE 语句判别输入数据的值，并使对应的输出为 0；若使能条件不满足，则令所有的输出为 1。为了书写方便，$\overline{Y_0} \sim \overline{Y_7}$ 分别用 $Y_0 \sim Y_7$ 表示。

3. 八选一数据选择器 74LS151 的 VHDL 描述

74LS151 的逻辑符号及功能表分别见图 3-6 和表 3-3。EN 表示输入使能，$D_0 \sim D_7$ 表示八个通道的数据输入，A_2、A_1、A_0 表示通道选择地址输入，Y 为输出。这样，该数据选择器的 VHDL 描述如程序 3.3 所示。

程序 3.3　描述八选一数据选择器 74LS151 的 VHDL 程序。

```
LIBRARY IEEE;
USE IEEE.STD_LOGIC_1164.ALL;
ENTITY mux8_1 IS
PROT(EN,A2,A1,A0,D0,D1,D2,D3,D4,D5,D6,D7:IN STD_LOGIC;
     Y:OUT STD_LOGIC);
END mux8_1;
ARCHITECTURE example33 OF mux8_1 IS
    SIGNAL temp_a: STD_LOGIC_VECTOR(2 DOWNTO 0);
BEGIN
temp_a <= A2&A1&A0;
PROCESS(EN,temp_a)
    BEGIN
        IF(EN='0')THEN
            CASE temp_a IS
                WHEN "000" => Y <= D0;
                WHEN "001" => Y <= D1;
                WHEN "010" => Y <= D2;
                WHEN "011" => Y <= D3;
                WHEN "100" => Y <= D4;
                WHEN "101" => Y <= D5;
                WHEN "110" => Y <= D6;
```

```
                        WHEN "111" => Y <= D7;
                        WHEN OTHERS => Y <= '0';
                    ENDCASE;
                ELSE
                    Y <= '0';
                ENDIF;
            END PROCESS;
    END example33;
```

4. 一位全加器的 VHDL 描述

若用 a、b 分别表示加数和被加数，ci 表示低位的进位信号，co 表示进位输出信号，S 表示和。当采用如图 3-39 所示的电路实现加法器时，与其相对应的 VHDL 描述如程序 3.4 所示。

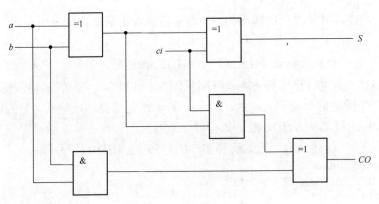

图 3-39　一位全加器电路图

程序 3.4　描述一位全加器的 VHDL 程序。

```
LIBRARY IEEE;
USE IEEE.STD_LOGIC_1164.ALL;
ENTITY adder IS
PROT(a, b, ci : IN STD_LOGIC;
        S, co : OUT STD_LOGIC);
END adder;
ARCHITECTURE example34 OF adder IS
    SIGNAL temp_a: STD_LOGIC_VECTOR(2 DOWNTO 0);
BEGIN
    PROCESS(a, b, ci)
    VARIABLE temp1, temp2, temp3, temp4 : STD_LOGIC;
    BEGIN
        temp1 := ci;
        temp2 := a XOR b;
        temp3 := a AND b;
```

```
        temp4 := temp1 AND temp2;
        s <= temp1 XOR TEMP2;
        co <= temp3 OR temp4;
    END PROCESS;
END example34;
```

在上述程序中，应注意信号赋值与变量赋值的不同。信号与变量的主要区别如下。

（1）赋值符号不同

把一个量赋值给信号用"<="；而变量赋值则用":="。信号和变量可以相互赋值，此时赋值符号应根据左边被赋值量的类型来确定。如果被赋值量是信号则用"<="；若被赋值量是变量则用":="。例如，temp1 是变量，ci 是信号，则应写为如下形式：

```
temp1 := ci;
ci <= temp1;
```

（2）使用场合不同

信号是全局量，变量是局部量。变量只能在进程中定义，且只能在其内部使用，如果要把进程中变量的结果传递给结构体，必须通过信号来实现。

对于加法运算，若定义输入、输出数据类型为整数，则可用整数的算术运算来完成，这样可使程序易写易读。

程序 3.5　描述 4 位加法器的 VHDL 程序。

```
LIBRARY IEEE;
USE IEEE.STD_LOGIC_1164.ALL;
USE IEEE.STD_LOGIC_UNSIGNED.ALL;
ENTITY ADDER4B IS
PROT(A : IN STD_LOGIC_VECTOR(3 DOWNTO 0);
     B : IN STD_LOGIC_VECTOR(3 DOWNTO 0);
     S : OUT STD_LOGIC_VECTOR(3 DOWNTO 0));
END ADDER4B;
ARCHITECTURE behav OF ADDER4B IS
    BEGIN
    S <= A+B;
END behav;
```

本章主要介绍组合逻辑电路的特点、组合逻辑电路的分析方法和设计方法，以及若干常用组合逻辑电路的电路结构、工作原理和使用方法，最后介绍组合逻

辑电路中的竞争—冒险。

　　尽管各种组合逻辑电路在功能上千差万别，但是它们的分析方法和设计方法有共同之处。掌握了分析方法，就可以识别任何一个给定的组合逻辑电路的逻辑功能；掌握了设计方法，就可以根据给定的设计要求设计出相应的组合逻辑电路。

　　考虑到某些种类的组合逻辑电路的常用特点，为了便于使用，一般都把它们制成了标准化的中规模集成器件，供用户直接选用。这些器件包括编码器、译码器、数据选择器、加法器、数值比较器、奇偶校验器等。为了增加使用的灵活性，在多数中规模集成的组合逻辑电路上，都设置了附加的控制端。控制端既可以控制电路的工作状态（工作或禁止），又可作为输出信号的选通信号，还可以实现器件的扩展。合理地运用这些控制端，不仅能使器件完成自身的逻辑功能，还可以用这些器件实现其他组合逻辑电路，最大限度地发挥电路的潜力。

　　为了增加组合逻辑电路使用的可靠性，需要检查电路中是否存在竞争—冒险。如果发现有竞争—冒险存在，则应采取措施加以消除。

 习 题 三

3-1　组合逻辑电路在功能和电路组成上各有什么特点？

3-2　什么叫编码？编码器有什么样的逻辑功能？

3-3　什么叫优先编码器？在优先编码中，为什么在被排斥的变量处打"×"？

3-4　什么叫译码器？译码器有哪些功能和用途？

3-5　什么叫数据选择器？数据选择器有什么功能和用途？

3-6　分析图 3-40 电路的逻辑功能，写出 Y_1、Y_2 的函数表达式，列出真值表，指出电路完成什么功能。

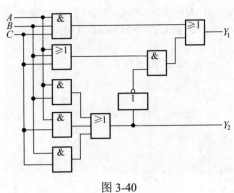

图 3-40

3-7　写出图 3-41 所示电路的逻辑函数表达式，其中以 S_3、S_2、S_1、S_0 作为控制信号，A、

B 作为输入数据，列表说明输出 Y 在 $S_3 \sim S_0$ 的作用下与 A、B 的关系。

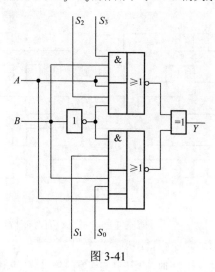

图 3-41

3-8 图 3-42 是对十进制数 9 求补的集成电路 CC14561 的逻辑图，写出当 $COMP = 1$、$Z = 0$ 和 $COMP = 0$、$Z = 0$ 时 Y_1、Y_2、Y_3、Y_4 的逻辑式，列出真值表。

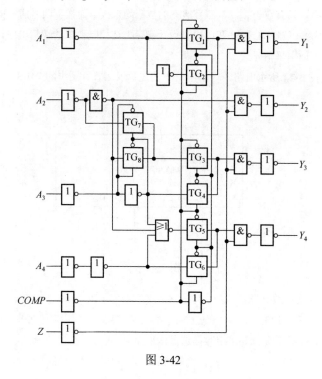

图 3-42

3-9 已知输入信号 A、B、C、D 的波形如图 3-43 所示，选择集成逻辑门设计实现产生输出 F 的组合逻辑电路。

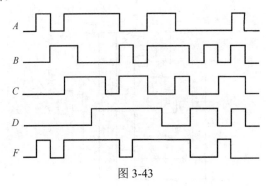

图 3-43

3-10 某医院有一、二、三、四号病室 4 间，每室设有呼叫按钮，同时在护士值班室内对应的装有一号、二号、三号、四号 4 个指示灯。

现要求当一号病室的按钮按下时，无论其它病室的按钮是否按下，只有一号灯亮。当一号病室的按钮没有按下而二号病室的按钮按下时，无论三、四号病室的按钮是否按下，只有二号灯亮。当一、二号病室的按钮都未按下而三号病室的按钮按下时，无论四号病室的按钮是否按下，只有三号灯亮。只有在一、二、三号病室的按钮均未按下而按下四号病室的按钮时，四号灯才亮。试用优先编码器 74LS148 和门电路设计满足上述控制要求的逻辑电路，给出控制四个指示灯状态的高、低电平信号。

3-11 分析图 3-44 所示电路，写出输出 Y 的逻辑表达式。图中的 74LS151 是 8 选 1 数据选择器。

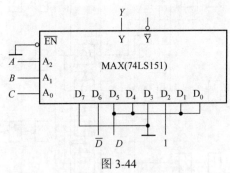

图 3-44

3-12 试用 4 选 1 数据选择器产生逻辑函数 $Y = \overline{\overline{ABC}} + \overline{AC} + BC$。

3-13 设计用 3 个开关控制一个电灯的逻辑电路，要求改变任何一个开关的状态都能控制电灯由亮变灭或者由灭变亮。要求用数据选择器来实现。

3-14 写出图 3-45 中 Z_1、Z_2、Z_3 的逻辑函数式，并化简为最简的与-或表达式。

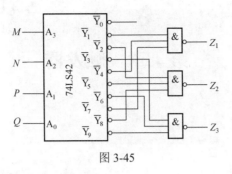

图 3-45

3-15　试画出用 3 线-8 线译码器 74LS138 和门电路产生如下多输出逻辑函数的逻辑图。

$$Y_1 = AC$$

$$Y_2 = A\overline{B}C + \overline{A}B\overline{C} + BC$$

$$Y_3 = \overline{BC} + AB\overline{C}$$

3-16　用 3 线-8 线译码器 74LS138 和门电路设计 1 位二进制全减器电路。输入为被减数、减数和来自低位的借位；输出为两数之差和向高位的借位。

3-17　试用 4 位并行加法器 74LS283 设计一个加/减运算电路。当控制信号 $M = 0$ 时它将两个输入的 4 位二进制数相加，而 $M = 1$ 时它将两个输入的 4 位二进制数相减。允许附加必要的门电路。

3-18　能否用一片 4 位并行加法器 74LS283 将余 3 代码转换成 8421BCD 代码？如果可能应当如何连线？

3-19　某化学实验室有化学试剂 24 种，编号为 1～24 号，在配方时，必须遵守下列规定：

（1）第 1 号不能与第 15 号同时使用；

（2）第 2 号不能与第 10 号同时使用；

（3）第 5、9、12 号不能同时使用；

（4）用第 7 号时必须同时配用第 18 号；

（5）用第 10、12 号时必须同时配用第 24 号。

请设计一个逻辑电路，能在违反上述任何一个规定时，发出报警指示信号。

3-20　判断函数 $F = \overline{A}B + AD + \overline{BCD}$ 对应组合电路是否存在竞争—冒险。

3-21　用 VHDL 语言设计一个 10 线-4 线有优先级的 BCD 编码器电路。

第 4 章　触发器

本章首先介绍触发器的几种电路结构，着重强调各种不同电路结构触发器的动作特点；然后按逻辑功能对触发器进行分类，并详细讨论各种逻辑功能触发器的特性方程、状态转换表、状态转换图及时序图等多种描述方法；最后简要介绍不同逻辑功能触发器之间实现逻辑功能转换的方法。

4.1　概述

1. 触发器的特点

在数字系统中，除了能够进行算术运算和逻辑运算的组合逻辑电路外，还需要具有记忆功能的时序逻辑电路。构成时序逻辑电路的基本单元是触发器。

为了实现记忆 1 位二进制数码的功能，触发器必须具备以下三个基本特点：

①具有两个能自行保持的稳定状态，用来表示二进制数的 0 和 1；

②根据不同的输入信号可以置成 1 或 0 状态；

③输入信号消失后，获得的新状态能自动保持。

2. 触发器的分类

集成触发器的类型很多，根据电路结构形式的不同，可以将其分为基本型触发器、同步型触发器、主从型触发器、边沿型触发器等。这些不同电路结构的触发器在状态变化过程中，具有不同的动作特点，掌握触发器的动作特点对于正确使用触发器十分必要。

根据触发器的逻辑功能不同，可分为 RS 触发器、JK 触发器、D 触发器、T 触发器、T′触发器等。

根据存储数据的原理不同，还把触发器分成静态触发器和动态触发器两大类。静态触发器是依靠电路状态的自锁存储数据；而动态触发器是通过在 MOS 管栅极输入电容中存储电荷来存储数据。

根据触发器稳定状态的特点不同，可分为双稳态触发器和单稳态触发器。

4.2　触发器电路的结构及动作特点

4.2.1　基本 RS 触发器

基本 RS 触发器是各种触发器电路中结构形式最简单的一种。同时，它又是多种复杂电路结构触发器的基本组成部分。

1. 电路结构和工作原理

基本 RS 触发器的电路如图 4-1 所示，它由两个与非门采用交叉耦合的方式连接而成，$\overline{R}_{\mathrm{D}}$ 和 $\overline{S}_{\mathrm{D}}$ 为触发器的输入端。Q 和 $\overline{Q}$ 为触发器的输出端，稳态时 Q 和 $\overline{Q}$ 的状态总是相反，通常规定当 $Q=1$、$\overline{Q}=0$ 时，称触发器的状态为 1 状态；当 $Q=0$、$\overline{Q}=1$ 时，称触发器的状态为 0 状态。

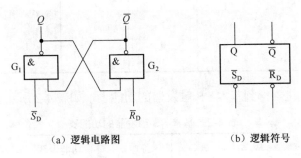

（a）逻辑电路图　　　　　　　　（b）逻辑符号

图 4-1　基本 RS 触发器

对图 4-1 进行分析，可得到触发器的逻辑功能。

①当 $\overline{S}_{\mathrm{D}}=1$，$\overline{R}_{\mathrm{D}}=0$ 时，不管触发器原来的状态如何，根据与非门的逻辑功能，触发器输出状态一定为：$Q=0$，$\overline{Q}=1$，触发器置成 0 状态；

②当 $\overline{S}_{\mathrm{D}}=0$，$\overline{R}_{\mathrm{D}}=1$ 时，同理可分析：$Q=1$，$\overline{Q}=0$，触发器置成 1 状态；

③当 $\overline{S}_{\mathrm{D}}=1$，$\overline{R}_{\mathrm{D}}=1$ 时，若触发器的原状态为 $Q=1$，$\overline{Q}=0$，由于交叉耦合连接，则 $\overline{Q}=0$ 反馈到 G_1 的输入端，使 Q 端仍为 1；而 $Q=1$ 又反馈到门 G_2 的输入端，以保证 $\overline{Q}$ 端仍为 0。触发器的状态保持不变。

反之，若触发器的原状态为 $Q=0$，$\overline{Q}=1$，同样可以分析得出，触发器的状态维持不变。因此，触发器具有记忆、保持功能。

④当 $\overline{S}_{\mathrm{D}}=0$，$\overline{R}_{\mathrm{D}}=0$ 时，则 $Q=1$，$\overline{Q}=1$，触发器两输出端 Q 和 $\overline{Q}$ 的状态均输出为 1。这不能满足 Q 和 $\overline{Q}$ 的状态必须相反的要求。当 $\overline{R}_{\mathrm{D}}$ 和 $\overline{S}_{\mathrm{D}}$ 同时由 0 变为 1

时，触发器将由各种偶然因素决定其最终状态。因此，把 $\overline{S}_D = 0$，$\overline{R}_D = 0$ 的触发器状态称之为不定状态，这种状态在使用中应禁止出现。

为了触发器获得确定的输出状态，输入信号应满足约束条件：$\overline{S}_D + \overline{R}_D = 1$。

将上述基本 RS 触发器的输出、输入关系用表 4-1 表示。表中 Q^n 指触发器的目前状态（简称初态或现态），Q^{n+1} 指触发器的输入端加一个电平值后，触发器的下一状态（简称次态）。

表 4-1　基本 RS 触发器的特性表

$\overline{S}_D$	$\overline{R}_D$	Q^n	Q^{n+1}	$\overline{Q}^{n+1}$
0	1	0	1	0
0	1	1	1	0
1	0	0	0	1
1	0	1	0	1
1	1	0	0	1
1	1	1	1	0
0	0	0	1	1
0	0	1	1	1

将表 4-1 简化，得到基本 RS 触发器的功能表，如表 4-2 所示。

表 4-2　基本 RS 触发器的功能表

$\overline{S}_D$	$\overline{R}_D$	Q^{n+1}	功能说明
0	1	1	置 1
1	0	0	置 0
1	1	Q^n	保持
0	0	×	无效

2. 动作特点

在基本 RS 触发器中，输入信号直接加在输出门的输入端，所以输入信号在全部作用时间内，都能直接改变输出端 Q 和 $\overline{Q}$ 的状态，这是基本 RS 触发器的动作特点。

因为 $\overline{R}_D = 0$ 时触发器复位，$\overline{S}_D = 0$ 时触发器置位，因此，$\overline{R}_D$ 称为直接复位端，$\overline{S}_D$ 称为直接置位端，为低电平有效。基本型触发器又称为直接复位、置位触发器。

例 4.1　在图 4-2（a）的基本 RS 触发器电路中，已知 $\overline{R}_D$ 和 $\overline{S}_D$ 的电压波形如图 4-2（b）所示，试画出 Q 和 $\overline{Q}$ 端对应的电压波形。

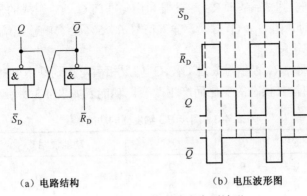

（a）电路结构 （b）电压波形图

图 4-2 例 4.1 的电路和电压波形

解 根据每个时间区间内 $\overline{R}_D$ 和 $\overline{S}_D$ 的状态，查触发器的特性表，即可找出 Q 和 $\overline{Q}$ 的相应状态，并画出它们的波形图。

在波形图中出现了 $\overline{S}_D = \overline{R}_D = 0$ 的状态，因此触发器的输出 Q 和 $\overline{Q}$ 同时为 1。由于 $\overline{S}_D$ 首先回到 1，所以触发器的次态可确定为 0。

4.2.2 同步 RS 触发器

在数字系统中，常常要求触发器的输入端 $\overline{R}_D$ 和 $\overline{S}_D$ 仅仅作为触发器发生状态变化的条件，不希望触发器状态随输入信号的变化，立即发生变化。为了协调电路各部分工作，常常要求某些触发器在同一时刻动作。因此，必须引入同步信号，使触发器只有在同步信号到达时，才按输入信号改变状态。通常把这个同步信号称作时钟脉冲，或称为时钟信号，简称时钟，用 CP 表示。

1. 电路结构和工作原理

实现时钟控制的最简单方式是采用图 4-3 所示的同步 RS 触发器结构。

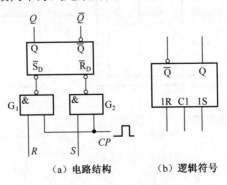

（a）电路结构 （b）逻辑符号

图 4-3 同步 RS 触发器

电路由两部分组成：基本 RS 触发器和由与非门 G_1、G_2 组成的输入控制电路。

当 $CP = 0$ 时，门 G_1、G_2 封锁，输入信号 R、S 不会影响输出端的状态，故触发器保持原状态不变。

当 $CP = 1$ 时，R、S 信号通过 G_1、G_2 门反相后，加到基本 RS 触发器，使 Q 和 $\overline{Q}$ 的状态跟随输入状态的变化而产生改变。功能表如表 4-3 所示。

表 4-3 同步 RS 触发器的功能表

S	R	Q^{n+1}	功能说明
0	0	Q^n	保持
0	1	0	清零
1	0	1	置位
1	1	$\times$	无效

2. 动作特点

由于在 $CP = 1$ 的全部时间内，R 和 S 信号都能通过门 G_1 和 G_2 加到基本 RS 触发器，所以在 $CP = 1$ 的全部时间内，R 和 S 的变化，都将引起触发器输出端的状态变化，这种触发方式称为电平触发。这是同步 RS 触发器的动作特点。

其中 R 端为复位端，S 端为置位端，为高电平有效。置位端与复位端不能同时产生作用，其约束条件为：$SR = 0$。

如果 $CP = 1$ 的期间内，输入信号多次发生变化，则触发器的状态也会发生多次翻转，这种现象称为空翻。

例 4.2 在图 4-3（a）的同步 RS 触发器电路中，已知 R 和 S 的电压波形如图 4-4 所示，试画出 Q 和 $\overline{Q}$ 端对应的电压波形。

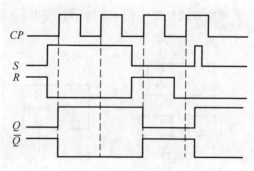

图 4-4 例 4.2 电压波形图

解 由输入电压波形图可见，在第一、第二、第三个 CP 高电平期间，根据同步 RS 触发器的功能表，由 R 与 S 的输入波形，可分析输出端 Q 和 $\overline{Q}$ 的波形。在第四个 CP 的高电平期间，S 端出现干扰脉冲信号，使输出端 Q 发生了翻转。

4.2.3 主从触发器

为了提高触发器工作的可靠性，希望在每个 CP 周期内，触发器的状态只能改变一次。为此，在同步 RS 触发器的基础上，设计了主从结构触发器。

1. 电路结构和工作原理

主从结构 RS 触发器由两个同步 RS 触发器组成，但它们的时钟信号相位相反，如图 4-5（a）所示。其中同步 RS 触发器 FF$_1$ 为主触发器，同步 RS 触发器 FF$_2$ 为从触发器。

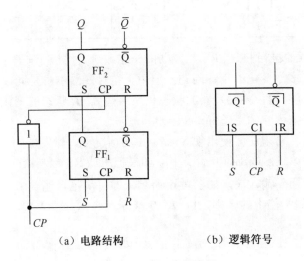

（a）电路结构　　　　　　（b）逻辑符号

图 4-5　主从 RS 触发器

当 $CP = 1$ 时，主触发器 FF$_1$ 打开，从触发器 FF$_2$ 被封锁，故主触发器根据 S 及 R 的状态翻转，而从触发器保持原来的状态不变。

当 CP 由 1 返回 0 时，主触发器 FF$_1$ 被封锁，此后无论 S、R 的状态如何改变，在 $CP = 0$ 的全部时间内，主触发器的状态不再改变；与此同时，从触发器 FF$_2$ 被打开，从触发器按照与主触发器相同的状态翻转。因此，在 CP 的一个变化周期中，触发器输出端的状态只可能改变一次。

主从触发器的逻辑符号如图 4-5（b）所示，逻辑符号中的"¬"表示延迟输出，即 CP 返回 0 以后，输出状态才改变。因此，输出状态的变化发生在 CP 信号的下降沿。

将上述的逻辑关系列成真值表，表 4-4 为主从 RS 触发器的特性表。

表 4-4 主从 RS 触发器的特性表

CP	S	R	Q^n	Q^{n+1}	$\bar{Q}^{n+1}$
×	×	×	×	Q^n	$\bar{Q}^n$
⎍	0	0	0	0	1
⎍	0	0	1	1	0
⎍	1	0	0	1	0
⎍	1	0	1	1	0
⎍	0	1	0	0	1
⎍	0	1	1	0	1
⎍	1	1	0	1	1
⎍	1	1	1	1	1

从同步 RS 触发器到主从 RS 触发器的结构改进，解决了 $CP = 1$ 期间，触发器输出状态可能多次变化的空翻问题。但由于主触发器本身是同步 RS 触发器，所以在 $CP = 1$ 期间内，主触发器的状态仍然会随 S、R 状态的变化而多次改变，所以输入信号仍需遵守约束条件：$SR = 0$。

为使用方便，希望在即使出现 $S = R = 1$ 的情况下，触发器的次态也能确定，因而需要进一步改进触发器的电路结构。如果把主从 RS 触发器的输出端 Q 和 $\bar{Q}$，作为控制信号接回到输入端，如图 4-6 所示，即可满足上述要求。为表示与主从 RS 触发器在逻辑功能上的区别，以 J、K 表示两个信号输入端，并称为主从 JK 触发器。

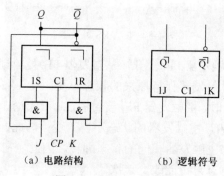

(a) 电路结构   (b) 逻辑符号

图 4-6 主从 JK 触发器

JK 触发器的逻辑功能与 RS 触发器的逻辑功能基本相同。不同之处在于 JK 触发器没有约束条件。在 $J = K = 1$ 时，每输入一时钟脉冲，触发器向相反的状态翻转一次。表 4-5 为主从 JK 触发器的功能表。

表 4-5　主从 JK 触发器的功能表

CP	J	K	Q^n	Q^{n+1}	功能说明
⊓⌐	0	0	0	0	保持原状态
	0	0	1	1	
⊓⌐	0	1	0	0	清零
	0	1	1	0	
⊓⌐	1	0	0	1	置位
	1	0	1	1	
⊓⌐	1	1	0	1	翻转
	1	1	1	0	

2. 动作特点及一次翻转现象

触发器状态在一个 CP 周期内，只在 CP 下降沿发生一次变化。如果 $CP = 1$ 期间，输入信号不发生变化，触发器的状态在 CP 下降沿，按特性表发生变化；如果 $CP = 1$ 期间，输入信号发生变化，触发器的状态在 CP 下降沿，按主触发器状态发生变化。

例 4.3　已知主从 JK 触发器的输入信号 J 和 K 的波形如图 4-7 所示，试画出输出端 Q 和 $\overline{Q}$ 端的电压波形。设触发器的初始状态为 0。

JK 触发器是一种使用很灵活的触发器，但主从型的 JK 触发器有一个缺点——一次翻转现象。通过分析一组变化波形，说明主从 JK 触发器的一次翻转现象。

主从 JK 触发器 J、K 端输入波形如图 4-8 所示。在 CP 上升沿前一瞬间和 CP 下降沿前一瞬间，都为 $J = 0$，$K = 0$，按照 JK 触发器的功能表分析，触发器应该不翻转，仅保持原状态 0。但是，由于在 $CP = 1$ 期间内，J 端信号出现过 1，这个 1 状态会影响主触发器状态的变化，最终造成从触发器的错误翻转。

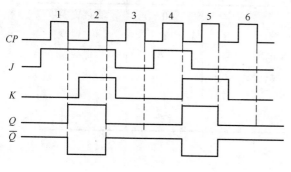

图 4-7　例 4.3 电压波形图

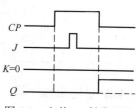

图 4-8　主从 JK 触发器的
　　　　一次翻转波形

由此看出. 主从 JK 触发器在 $CP=1$ 期间，主触发器只翻转一次，这种现象称为一次翻转现象。一次翻转现象是一种有害的现象。如果在 $CP=1$ 期间，触发器输入端出现干扰信号，就可能造成触发器误动作。为了避免发生一次翻转现象，在使用主从 JK 触发器时，要保证在 $CP=1$ 期间，J、K 保持状态不变，这使得主从 JK 触发器的使用受到一定的限制。

3. 集成主从 JK 触发器

集成 JK 触发器的产品较多，以下介绍一种 TTL 双 JK 触发器 74LS112。该器件内含两个相同的 JK 触发器，它们都带有预置和清零输入，属于下降沿触发的主从触发器，其逻辑符号图和引脚分布如图 4-9（a）和（b）所示。

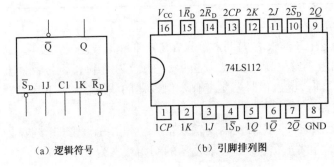

（a）逻辑符号　　　　　　　　　（b）引脚排列图

图 4-9　双主从 JK 触发器 74LS112

74LS112 的逻辑功能如表 4-6 所示。

表 4-6　74LS112 的功能表

输入					输出	功能说明
$\overline{R}_D$	$\overline{S}_D$	CP	$1J$	$1K$	Q^{n+1}	
0	1	×	×	×	0	直接置零
1	0	×	×	×	1	直接置位
1	1	⊓	0	0	Q^n	保持
1	1	⊓	0	1	0	置零
1	1	⊓	1	0	1	置位
1	1	⊓	1	1	$\overline{Q}^n$	翻转

4.2.4　边沿触发器

边沿触发器不仅将触发器的触发翻转控制在 CP 触发沿到来的一瞬间，而且将接收输入信号的时间也控制在 CP 触发沿到来的前一瞬间。因此，边沿触发器既没有空翻现象，也没有一次翻转现象，从而大大提高了触发器工作的可靠性和抗干扰能力。

目前已用于数字集成电路产品的边沿触发器有维持阻塞触发器、利用 CMOS 传输门的边沿触发器、利用门电路传输延迟时间的边沿触发器等几种。这里主要讨论维持阻塞触发器的特性。

1. 电路结构和工作原理

维持阻塞触发器的电路结构如图 4-10 所示。电路由三个基本 RS 触发器 $FF_1 \sim FF_3$ 组成。图中(1)线称为置 1 阻塞线，(2)线称为置 0 阻塞线。其工作过程如下：

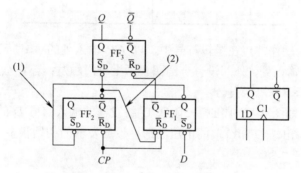

图 4-10　维持－阻塞结构的 D 触发器

①$CP = 0$ 时，基本 RS 触发器 FF_1、FF_2 输出为：$Q_1 = Q_2 = 0$ 或 $\bar{Q}_1 = \bar{Q}_2 = 1$，因此触发器的状态不变。

②当 CP 由 0 变为 1 时，这时触发器的状态由 D 决定。

若 $D = 1$，CP 上升沿到达前 $Q_1 = 0$，当 CP 上升沿到达后 Q_1 保持为 0，通过 FF_2 的作用（$Q_2 = 0$），使触发器的输出为 1，因此称 FF_2 为维持置 1 触发器。

若 $D = 0$，CP 上升沿到达前 $Q_1 = 0$，CP 上升沿到达后，FF_1 被置 1，通过 FF_1 的作用（$\bar{Q}_1 = 0$），使触发器的输出为 0，因此称 FF_1 为维持置 0 触发器。

③当 $CP = 1$ 时，$\bar{Q}_1$ 与 $\bar{Q}_2$ 的状态是互补的，其中必定有一个是 0。

若 $\bar{Q}_1 = 0$，则图 4-10 中(1)线起到了使触发器 FF_2 输出维持 $\bar{Q}_2 = 1$，从而阻止触发器变 1 状态的作用，所以称其为置 1 阻塞线。

若 $\bar{Q}_2 = 0$，则图 4-10 中(2)线起到了使触发器 FF_1 输出维持 $\bar{Q}_1 = 1$，从而阻止触发器变 0 状态的作用，所以称其为置 0 阻塞线。

2. 动作特点

触发器的状态在一个周期内只在 CP 上升沿发生一次变化，而且触发器的状

态只取决于 CP 上升沿到达时输入端 D 的状态，因此这是上升沿触发的边沿触发器。它的特性表如表 4-7 所示。因为输入信号是以单端 D 给出，所以也称之为 D 触发器。

表 4-7　边沿 D 触发器的特性表

CP	D	Q^n	Q^{n+1}
$\times$	$\times$	$\times$	Q^n
$\int$	0	0	0
$\int$	0	1	0
$\int$	1	0	1
$\int$	1	1	1

边沿触发的动作特点在逻辑符号中，以 CP 输入处的"＞"表示，如图 4-10 所示。另外 CP 输入处，外部没有小圆圈表示上升沿触发；若 CP 输入处，外部有小圆圈，则表示下降沿触发。

例 4.4　已知图 4-10 中维持－阻塞 D 触发器的输入信号 D 的波形如图 4-11 所示，试画出输出端 Q 和 $\overline{Q}$ 端的电压波形。设触发器的初始状态为 0。

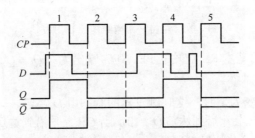

图 4-11　例 4.4 电压波形图

解　由于是边沿触发器，在分析波形图时，应注意以下两点：
①触发器的触发翻转发生在时钟脉冲的触发沿（这里是上升沿）；
②判断触发器次态的依据，是时钟脉冲触发边沿前一瞬间输入端的状态。

3. 集成 D 触发器

集成 D 触发器的定型产品种类比较多，这里介绍双 D 触发器 74LS74。芯片内含两个 D 触发器，每个触发器只有一个信号输入端 D，同时有直接置 0 端 $\overline{R}_D$ 和直接置 1 端 $\overline{S}_D$，属于上升沿触发边沿触发器。74LS74 的逻辑符号和引脚排列分别如图 4-12（a）和（b）所示。74LS74 的逻辑功能如表 4-8 所示。

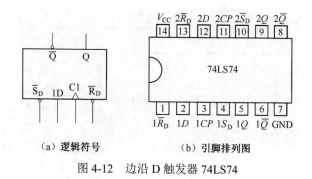

（a）逻辑符号　　　　　（b）引脚排列图

图 4-12　边沿 D 触发器 74LS74

表 4-8　74LS74 的功能表

输入				输出
$\overline{R}_D$	$\overline{S}_D$	CP	D	Q
0	1	×	×	0
1	0	×	×	1
1	1	⌐	0	0
1	1	⌐	1	1

4.3　触发器的逻辑功能及描述方法

4.3.1　触发器的逻辑功能及描述

从上节可以看到，由于每种触发器电路的信号输入方式不同，触发器的状态随输入信号而变化的规律不同，所以它们的逻辑功能也不完全一样。

按照逻辑功能的不同特点，通常将时钟控制的触发器分为 RS 触发器、JK 触发器、D 触发器、T 触发器、T′ 触发器等几种类型。

1. RS 触发器

凡在时钟信号作用下，逻辑功能符合表 4-9 特性表所规定的逻辑功能，即称之为 RS 触发器。

根据表 4-9 可以写出 RS 触发器的特性方程，化简后得到：

$$\begin{cases} Q^{n+1} = S + \overline{R}Q^n \\ SR = 0 \quad （约束条件） \end{cases} \tag{4.1}$$

式（4.1）为 RS 触发器的特性方程。

表 4-9　RS 触发器的特性表

S	R	Q^n	Q^{n+1}
0	0	0	0
0	0	1	1
0	1	0	0
0	1	1	0
1	0	0	1
1	0	1	1
1	1	0	不定
1	1	1	不定

此外，还可以用图 4-13 所示的状态转换图，直观地表示 RS 触发器的逻辑功能。图中以两个圆圈分别代表触发器的两种状态，用箭头表示状态转换的方向，同时在箭头的旁边注明转换的条件。

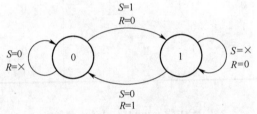

图 4-13　RS 触发器的状态转换图

因此，在描述触发器的逻辑功能时，有特性表、特性方程和状态转换图等三种方法。

2. JK 触发器

凡在时钟信号作用下，逻辑功能符合表 4-10 特性表所规定的逻辑功能者，称之为 JK 触发器。

表 4-10　JK 触发器的特性表

J	K	Q^n	Q^{n+1}
0	0	0	0
0	0	1	1
0	1	0	0
0	1	1	0
1	0	0	1
1	0	1	1
1	1	0	1
1	1	1	0

根据表 4-10 可以写出 JK 触发器的特性方程，化简后得到：

$$Q^{n+1} = J\overline{Q^n} + \overline{K}Q^n \tag{4.2}$$

式（4.2）为 JK 触发器的特性方程。

JK 触发器的状态转换图如图 4-14 所示。

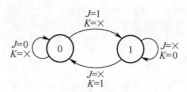

图 4-14　JK 触发器的状态转换图

3. T 触发器

在某些应用场合需要这样一种逻辑功能的触发器，当控制信号 $T = 1$ 时，每一个 CP 信号作用，它的状态就翻转一次；而当 $T = 0$ 时，CP 信号作用后，它的状态保持不变。具备这种逻辑功能的触发器称为 T 触发器。它的特性表如表 4-11 所示。

表 4-11　T 触发器的特性表

T	Q^n	Q^{n+1}
0	0	0
0	1	1
1	0	1
1	1	0

从特性表写出 T 触发器的特性方程为：

$$Q^{n+1} = T\overline{Q}^n + \overline{T}Q^n \tag{4.3}$$

T 触发器的状态转换图和逻辑符号如图 4-15 所示。

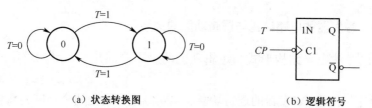

（a）状态转换图　　　　　　　　　　　（b）逻辑符号

图 4-15　T 触发器的状态转换图和逻辑符号

只要将 JK 触发器的两个输入端连在一起作为 T 端，就可以构成 T 触发器。

正因为如此，在触发器的定型产品中通常没有专门的 T 触发器。

当 T 触发器的控制端接至固定的高电平（即 T 恒等于 1），则由式（4.3）变为式（4.4）：

$$Q^{n+1} = \bar{Q}^n \tag{4.4}$$

从式（4.4）可分析，每次 CP 信号作用后，触发器必然翻转成与初态相反的状态，把这种接法的触发器称为 T′触发器。事实上，T′触发器是处于一种特定工作状态下的 T 触发器。

4. D 触发器

凡在时钟信号作用下，逻辑功能符合表 4-12 特性表所规定的逻辑功能者，称为 D 触发器。

表 4-12　D 触发器的特性表

D	Q^n	Q^{n+1}
0	0	0
0	1	0
1	0	1
1	1	1

由特性表写出 D 触发器的特性方程为：

$$Q^{n+1} = D \tag{4.5}$$

D 触发器的状态转换图如图 4-16 所示。

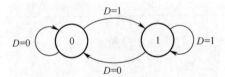

图 4-16　D 触发器的状态转换图

4.3.2　触发器的电路结构与逻辑功能的关系

前面已经从电路结构形式和逻辑功能两个不同的角度，对触发器做了分类介绍。

需要强调指出，触发器的逻辑功能和电路结构形式是两个不同的概念。所谓逻辑功能，是指触发器的次态、现态及输入信号之间，在稳态下的逻辑关系，这种逻辑关系可以用特性表、特性方程或状态转换图表示。根据逻辑功能的不同特点，把触发器分为 RSF、JKF、TF、T′F、DF 等几种类型。

而基本型触发器、同步型触发器、主从型触发器、边沿型触发器等是指电路结构的不同形式。由于电路结构形式的不同，因此具有各自不同的动作特点。

同一种逻辑功能的触发器，可以用不同的电路结构实现。反过来说，用同一种电路结构形式，可以实现不同逻辑功能。因此，逻辑功能与电路结构并无固定的对应关系，更不要把两者混为一谈。

通过 JK 触发器、RS 触发器、T 触发器三种类型触发器的特性表比较，可看出，其中 JK 触发器的逻辑功能最强，其包含 RS 触发器和 T 触发器的所有逻辑功能。因此，在需要使用 RS 触发器和 T 触发器的场合，完全可以用 JK 触发器替代。例如在需要 RS 触发器时，只要将 JK 触发器的 J、K 端当作 S、R 端使用，即可实现 RS 触发器的功能；在需要 T 触发器时，只要将 J 和 K 端连在一起作 T 端使用，即可实现 T 触发器的功能，因此，目前生产的时钟控制触发器定型产品中，只有 JK 触发器和 D 触发器两大类。

4.4　触发器逻辑功能的转换

在集成触发器的产品中，大多做成 D 触发器或 JK 触发器。如果只有一种类型的触发器，而系统中需要的却是另一种功能的触发器，这就需要把一种类型的触发器转换成另外一种类型，其转换方法如下：

①写出已有触发器和待求触发器的特性方程；

②变换待求触发器的特性方程，使之形式与已有触发器的特性方程一致；

③根据如果变量相同、系数相等，则方程一定相等的原则，比较已有和待求触发器的特性方程，求出转换逻辑关系。

1. JK 触发器转换为 RS、D、T、T′触发器

JK 触发器的特性方程如式（4.3）。

（1）JKF 转换为 RSF

RS 触发器的特性方程如式（4.1）。将 RS 触发器的特性方程变换为式（4.6）：

$$Q^{n+1} = S + \overline{R}Q^n = S(Q^n + \overline{Q}^n) + \overline{R}Q^n = S\overline{Q}^n + (S + \overline{R})Q^n$$
$$= S\overline{Q}^n + (\overline{\overline{S}R})Q^n \tag{4.6}$$

将 JK 触发器的特性方程和式（4.6）比较，可得式（4.7）：

$$\begin{cases} J = S \\ K = SR + \overline{S}R = R \quad (\text{利用约束条件} SR = 0) \end{cases} \tag{4.7}$$

转换电路如图 4-17 所示。

（2）JKF 转换为 DF

D 触发器的特性方程如式（4.5）。将 D 触发器的特性方程变换为式（4.8）：

$$Q^{n+1} = D(\bar{Q}^n + Q^n) = D\bar{Q}^n + DQ^n \tag{4.8}$$

将式（4.8）与 JK 触发器的特性方程比较可得式（4.9）：

$$\begin{cases} J = D \\ K = \bar{D} \end{cases} \tag{4.9}$$

转换电路如图 4-18 所示。

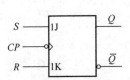
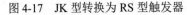
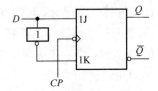

图 4-17　JK 型转换为 RS 型触发器　　　　图 4-18　JK 型转换为 D 型触发器

（3）JKF 转换为 TF

T 触发器的特性方程如式（4.3）。将此式与 JK 触发器的特性方程比较，可得式（4.10）：

$$\begin{cases} J = T \\ K = T \end{cases} \tag{4.10}$$

转换电路如图 4-19（a）所示。

令 $T = 1$，即可得 T′ 触发器，如图 4-19（b）所示。

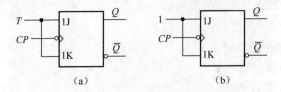

（a）　　　　　　　　　（b）

图 4-19　JK 型转换为 T、T′ 型触发器

2. D 型触发器转换 JK、T、T′ 型触发器

（1）DF 转换为 JKF

D 触发器的特性方程为式（4.5）。将其与 JK 触发器的特性方程比较，可得式（4.11）：

$$D = J\bar{Q}^n + \bar{K}Q^n = \overline{\overline{J\bar{Q}^n} \cdot \overline{\bar{K}Q^n}} \tag{4.11}$$

转换电路如图 4-20 所示。

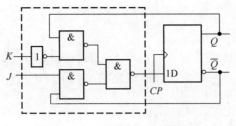

图 4-20　D 型转换为 JK 触发器

（2）DF 转换为 TF

根据 T 触发器的特性方程，转换电路的逻辑式为式（4.12）：

$$D = T\overline{Q}^n + \overline{T}Q^n = \overline{\overline{T\overline{Q}^n} \cdot \overline{\overline{T}Q^n}} \tag{4.12}$$

转换电路如图 4-21（a）所示。

只要令 $D = \overline{Q}^n$，即把 D 触发器的 $\overline{Q}$ 端接到 D 输入端，即可转换为 T′触发器，电路如图 4-21（b）所示。

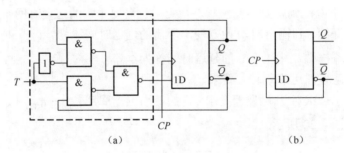

（a）　　　　　　　　　　　　　　（b）

图 4-21　D 型转换为 T、T′型触发器

4.5　辅修内容

4.5.1　触发器的动态特性

1. 动态参数

（1）平均传输时间 t_{pd}

它的定义是指时钟信号的动作沿（例如，主从触发器是指 CP 的下降沿，对维持阻塞触发器是指 CP 的上升沿）开始，到触发器输出状态稳定为止的持续时间。通常输出端由高电平变为低电平的传输时间称为 t_{CPHL}，从低电平变为高电平的传输时间为 t_{CPLH}，一般 t_{CPHL} 比 t_{CPLH} 大一级门的延迟时间。它们表明对时钟脉

冲 CP 的要求。

（2）最高时钟频率 $f_{\max}$

$f_{\max}$ 是触发器在计数状态下能正常工作的最高频率，是表明触发器工作速度的一个指标。在测定 $f_{\max}$ 时，必须在规定的负载条件下进行，因为测得的结果和负载状况有关系。

2. 集成触发器的脉冲工作特性

为了正确地使用触发器，不仅需要了解触发器的逻辑功能、主要参数，而且需要掌握触发器的脉冲工作特性，即触发器对时钟脉冲、输入信号以及它们之间互相配合的要求。

（1）JK 主从触发器的脉冲工作特性

由于主从 JK 触发器存在一次变化现象，因此输入端 J、K 的信号必须在 CP 下降沿前加入，并且不允许在 $CP=1$ 期间发生变化。为了工作可靠，$CP=1$ 的状态必须保持一段时间，直到主触发器的输出端电平稳定，这段时间称为维持时间 t_{CPH}。不难看出，t_{CPH} 应大于一级与门和三级与非门的传输延迟时间。

从 CP 下降沿到触发器输出状态稳定，也需要一定的延迟时间 t_{CPL}。从时钟脉冲触发沿开始，到输出端 Q 由 0 变 1 所需的延迟时间称为 t_{CPLH}，把从 CP 触发沿开始，到输出端 $\overline{Q}$ 由 1 变 0 的延迟时间称为 t_{CPHL}。

为了使触发器可靠翻转，要求 $t_{\mathrm{CPL}}>t_{\mathrm{CPHL}}$。

综上所示，JK 主从触发器要求 CP 的最小工作周期 $T_{\min}=t_{\mathrm{CPH}}+t_{\mathrm{CPL}}$，其脉冲工作特性如图 4-22 所示。

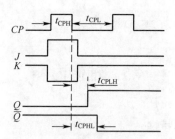

图 4-22　主从 JK 触发器的脉冲工作特性

（2）维持－阻塞 D 触发器的脉冲工作特性

在图 4-10 的维持－阻塞 D 触发器电路中，当时钟脉冲 CP 到来之前，电路处于准备状态。这时，输入端 D 信号决定了 FF_2、FF_3 的输出。在 CP 上升沿到来时，触发器 FF_1、FF_2 的输出状态，控制触发器翻转。因此在 CP 上升沿到达之前，Q_1、Q_2 必须有稳定的输出。而从信号加到 D 端开始，到 Q_1、Q_2 稳定，需要经过一段时间，把这段时间称为触发器的建立时间 t_{set}，即输入信号必须比 CP 脉冲早到达 t_{set}。由图 4-10 可看出，该电路的建立时间为两级与非门的延迟时间，即 $t_{set} = 2t_{pd}$。

为了使触发器可靠翻转，信号 D 还必须维持一段时间，在 CP 触发沿到来后，输入信号需要维持的时间称为触发器的保持时间 t_H。例如当 $D = 0$ 时，这个 D 信号必须维持到 FF_1 输出 $\overline{Q}_1 = 0$，所以 $D = 0$ 时的保持时间 $t_H = t_{pd}$。

另外，为保证触发器可靠翻转，$CP = 1$ 的状态也必须保持一段时间，直到触发器的 Q 和 $\overline{Q}$ 端电平稳定，这段时间称为触发器的维持时间 t_{CPH}。从时钟脉冲触发沿开始，到一个输出端由 0 变 1，所需的时间称为 t_{CPLH}；从时钟脉冲触发沿开始，到另一个输出端由 1 变 0，所需的时间称为 t_{CPHL}。由电路可分析：$t_{CPLH} = 2t_{pd}$，$t_{CPHL} = 3t_{pd}$。

综上所述，对输入信号及脉冲 CP 的要求如图 4-23 所示。

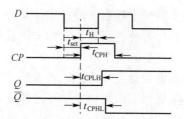

图 4-23　维持阻塞 D 触发器的动态特性

4.5.2　触发器的 VHDL 语言描述

1. 时钟信号的 VHDL 语言描述

触发器作为时序逻辑电路的基本器件，只有在时序信号有效时，其状态才可能发生改变。因此，用 VHDL 语言描述时钟信号是描述触发器的前提条件。

边沿触发器把时钟脉冲的上升沿或下降沿作为触发条件。在 VHDL 语言中采用时钟信号的属性，描述时钟脉冲的上升沿或下降沿。

①时钟脉冲波形的上升沿与时钟信号属性描述的关系为：时钟信号的初始值为 0；当上升沿到来时，表示发生一个时钟事件，利用 clk 'EVENT 描述；上升沿结束，时钟信号维持高电平，描述为 clk '1'。这样，表示时钟脉冲上升沿的描述为：

clk 'EVENT　AND clk '1'

②时钟脉冲波形的下降沿与时钟信号属性描述的关系为：时钟信号的初始值为 1；当下降沿到来时，表示发生了一个时钟事件，利用 clk 'EVENT 描述；下降沿结束，时钟信号维持低电平，描述为 clk '0'。这样，表示时钟脉冲下降沿

的描述为：

　　clk 'EVENT　AND clk '0'

　　2. 元件例化语句

　　元件例化语句就是引入一种连接关系，将预先设计的设计实体定义为一个元件，然后利用特定的语句，将此元件与当前设计实体中的指定端口连接，从而为当前设计实体引入低一级的设计层次。元件例化语句是 VHDL 设计实体构成自上而下层次化设计的重要途径。

　　元件例化语句由两部分组成：

　　第一部分将一个现有的设计实体定义为一个元件，格式为：

COMPONENT 元件名　IS

　　GENERIC (类属表);

　　port(端口名表);

END COMPONENT;

　　此元件定义语句相当于对一个现有的设计实体进行封装，使其只留出对外的接口界面，就像集成电路芯片对外的引脚。它的类属表可列出端口的数据类型和参数，端口名表可列出对外通信的各个端口名。

　　第二部分是此元件与当前设计实体中的连接说明，即说明所定义元件的端口名与当前设计实体中的连接端口名的映射关系。这种端口映射有两种主要手段：

　　①位置相关，例如：U1:nand2 port map(set, qbar, q)

　　②名称相关，例如：U1:nand2 port map(a=>set, c=>qbar, b=>q)

　　在名称相关法中，每一个实元件信号对应一个元件引脚名。例如(a=>set)说明将 a 赋值给 set。采用名称相关法可增加 VHDL 的可读性，它允许改变引脚的出场先后顺序。

　　3. RS 触发器的 VHDL 语言描述

　　电路结构体的描述主要包括实体的硬件结构、元件之间的互联关系、实体所完成的逻辑功能以及数据的传输变换等方面。具体编写结构体时，可从其中某一方面进行描述。以 RS 触发器为例，分别用结构式、行为式及算法关系等描述方法给出应用程序。

　　（1）结构式描述的结构体

　　由与非门构成的低电平有效 RS 触发器如图 4-24 所示，其结构式描述电路的 VHDL 语言描述如程序 4.1 所示。

　　程序 4.1

LIBRARY IEEE;

USE　IEEE. STD_LOGIC_1164.ALL;

```
ENTITY rsff   IS
    port(set,reset: IN    STD_LOGIC;
         q, qbar:INOUT STD_LOGIC);
END rsff;

ARCHITECTURE example1 of rsff IS
    COMPONENT nand2
    port(a,b:in bit;
        c:out bit);
    END COMPONENT;
BEGIN
    U1:nand2 port map(set, qbar, q) ;
    U2:nand2 port map(q, reset, qbar) ;
END example1
```

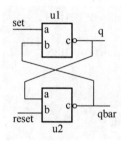

图 4-24　由与非门构成的低电平有效 RS 触发器

　　此程序中用到了二输入与非门（nand2）作元件，结构体中先对所用元件作说明。元件说明只需给出外部端口信息。结构体正文部分描述元件的具体安装和元件之间的互联关系。元件的具体安装，通过元件例化语句，将电路中的端口信号关联对应。

　　（2）行为式描述的结构体

　　图 4-24 所示电路行为式结构体的 VHDL 语言描述如程序 4.2 所示。

程序 4.2

```
ARCHITECTURE example2 of rsff IS
BEGIN
    q<=NOT (qbar AND set);
    qbar<=NOT (q AND reset);
END example2
```

这里两句赋值语句之间是并行关系，只要输入 set 和 reset 发生变化，这两个语句会同时执行，产生相应的输出。

（3）算法式描述的结构体

根据图 4-24 电路中输入输出间的关系，对应的算法式结构体的 VHDL 语言描述如程序 4.3 所示。

程序 4.3

```
ARCHITECTURE example3 of rsff IS
BEGIN
    PROCESS(set,reset)
        VARIABLE last_state: BIT
    BEGIN
        ASSERT    NOT(reset='0' set='0');
        REPORT"Input IS '0'";
        SEVERITY error;
        IF set='1'AND    reset='1'THEN
        last_state:= last_state;
        ELSIF set='0'AND    reset='1'    THEN
        last_state:="1";
        ELSIF    set='1'AND    reset='0' THEN
        last_state:="0";
        END IF;
        q<= last_state;
        qbar<= NOT(last_state);
    END PROCESS;
END example3;
```

这段程序用到了进程语句 PROCESS，括号中的信号是该进程的激活条件，只要 set 和 reset 信号有一个发生变化，该进程中的语句就会被顺序执行，输出的信号状态也会相应地改变。

4. D 触发器的 VHDL 语言描述

电平触发的 D 触发器 VHDL 语言描述如程序 4.4 所示。

程序 4.4

```
ENTITY latch IS
    PORT(d,clk: IN STD_LOGIC;
        q:OUT STD_LOGIC);
END latch;

ARCHITECTURE example4 of latch IS
BEGIN
    PROCESS(d,clk)
    BEGIN
```

```
    IF   clk='1'THEN
    q<=d;
    END IF;
  END PROCESS;
END example4;
```

D 触发器的逻辑符号如图 4-25 所示，其功能表如表 4-13 所示。其逻辑功能的 VHDL 描述如程序 4.5 所示。

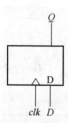

图 4-25   D 触发器的逻辑符号

表 4-13   D 触发器的功能表

输入		输出
clk	D	Q
0	$\times$	Q^n
1	$\times$	Q^n
$\int$	0	0
$\int$	1	1

程序 4.5

```
LIBRAARY IEEE;
USE IEEE. STD_LOGIC_1164.ALL;

ENTITY dff   IS
PORT (D,clk : IN STD_LOGIC;
      Q : OUT STD_LOGIC );
END dff;

ARCHITECTURE example5 OF dff IS
BEGIN
  PROCESS(clk)
  BEGIN
    IF (clk 'EVENT   AND clk '1')   THEN
    Q<=D
   END IF;
  END PROCESS;
END example5;
```

程序 4.5 中，进程以时钟信号作为敏感信号，每当时钟信号发生时，启动进程。判断是否有上升沿，若有，则把输入端数值 D，赋值给输出 Q；若没有，则进程结束。

5. JK 触发器的 VHDL 语言描述

带有异步置数、异步清零功能的 JK 触发器的逻辑符号如图 4-26 所示，其功能表如表 4-14 所示。此 JK 触发器的 VHDL 描述如程序 4.6 所示。

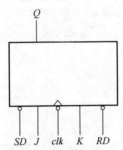

图 4-26　具有异步置数、异步清零端的 JK 触发器的逻辑符号

表 4-14　具有异步置数、异步清零端的 JK 触发器的功能表

输入					输出
clk	SD	RD	J	K	Q
×	0	×	×	×	1
×	1	0	×	×	0
0	1	1	×	×	Q^n
1	1	1	×	×	Q^n
⎍	1	1	0	0	Q^n
⎍	1	1	0	1	0
⎍	1	1	1	0	1
⎍	1	1	1	1	$\bar{Q}^n$

程序 4.6　具有异步置数、异步清零输入端的 JK 触发器的 VHDL 语言描述

```
LIBRARY IEEE;
USE IEEE. STD_LOGIC_1164.ALL;

ENTITY jkff IS
PORT (J,K,SD,RD,clk : IN    STD_LOGIC;
        Q: OUT STD_LOGIC );
END jkff;

ARCHITECTURE example6 OF jkff   IS
SIGNAL Q_S: STD_LOGIC;
```

```
BEGIN
PROCESS(SD,RD,clk)
BEGIN
    IF   (SD="0")      THEN
        Q_S<='1';
        ELSIF (RD="0")   THEN
    Q_S<='0';
    ELSIF (clk 'EVENT   AND clk '0')   THEN
      IF (J='0'AND   K='1')   THEN
      Q_S<='0';
      ELSIF (J='1'AND   K='0')   THEN
      Q_S<='1';
      ELS IF (J='1'AND   K='1')   THEN
      Q_S<=NOT Q_S ;
      END IF;
    END IF;
END PROCESS;
Q<= Q_S;
END example6;
```

本章小结

　　触发器是数字电路的一种基本逻辑单元。它有两个稳定状态，在一定的外界信号作用下，可以从一个稳定状态转换为另一个稳定状态；在外界信号不作用时，它将维持原来的稳定状态不变。因此，它可以作为二进制存储单元使用。

　　触发器的逻辑功能和结构形式是两个不同的概念。所谓逻辑功能，是指触发器的次态、现态及输入信号之间的逻辑关系。根据逻辑功能的不同，把触发器分成 RSF、JKF、DF、TF、T′F 等几种类型。描写触发器逻辑功能的方法主要有特性表、特性方程、状态转换图和波形图（又称时序图）等。

　　从电路结构形式上又可以把触发器分为基本型触发器、同步型触发器、主从型触发器、边沿型触发器等不同形式。不同电路结构的触发器，具有不同的动作特点。只有了解触发器的动作特点，才能正确地使用触发器。

　　同一逻辑功能的触发器，可以用不同电路结构形式实现。例如 D 型触发器，既可以用主从结构形式实现，也可以用维持－阻塞结构形式实现；反过来，同一种电路结构形式，可以构成具有不同逻辑功能的触发器。例如主从结构形式不仅可以构成 RS 型触发器，也可以构成 JK、D、T 等类型的触发器。因此，必须注意把触发器的逻辑功能与结构形式的概念区别。

利用特性方程可实现不同功能触发器间，逻辑功能的相互转换。

为了保证触发器在动态工作时能可靠地翻转，输入信号、时钟信号以及它们在时间上的相互配合应满足一定的要求。这些要求表现在对建立时间、保持时间、时钟信号的宽度和最高工作频率的限制。对于每个具体型号的集成触发器，可以通过手册查到其动态参数。在触发器工作时，应符合这些参数所规定的条件。

习题四

4-1 基本 RS 触发器的 $\overline{R}_D$ 和 $\overline{S}_D$ 端输入波形如图 4-27 所示，试画出 Q 和 $\overline{Q}$ 的输出波形。设触发器的初始状态为 0。

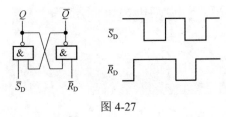

图 4-27

4-2 已知同步 RS 触发器的输入波形如图 4-28 所示，试画出 Q 和 $\overline{Q}$ 端的输出波形。设触发器的初始状态为 0。

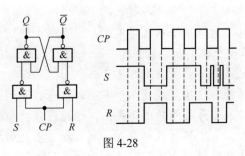

图 4-28

4-3 已知主从 JK 触发器的输入波形如图 4-29 所示，试画出 Q 和 $\overline{Q}$ 端的输出波形。设触发器的初始状态为 0。

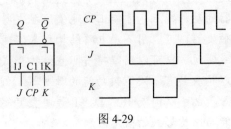

图 4-29

4-4　已知边沿 D 触发器的输入波形如图 4-30 所示，试画出其 Q 和 $\overline{Q}$ 端的输出波形。设触发器的初始状态为 0。

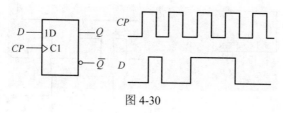

图 4-30

4-5　主从结构 T 触发器的输入波形如图 4-31 所示，试画出 Q 和 $\overline{Q}$ 端的输出波形。设触发器的初始状态为 0。

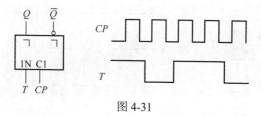

图 4-31

4-6　试画出图 4-32 中各触发器 Q 端的波形。设各触发器的初始状态为 0。

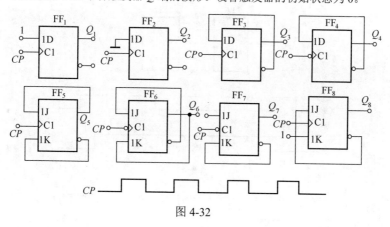

图 4-32

4-7　已知边沿触发结构的 JK 触发器的输入波形如图 4-33 所示，试画出 Q 和 $\overline{Q}$ 端的输出波形。设触发器的初始状态为 0。

4-8　已知维持－阻塞结构的 D 触发器各输入端的电压波形如图 4-34 所示，试画出 Q 和 $\overline{Q}$ 端的输出波形。设触发器的初始状态为 0。

4-9　在图 4-35 所示电路中，FF_0 为 T 触发器，FF_1 为 T′触发器，输入端 A 的波形如图 4-35 所示，试画出 Q_0 和 Q_1 端的波形。设触发器的初始状态均为 0。

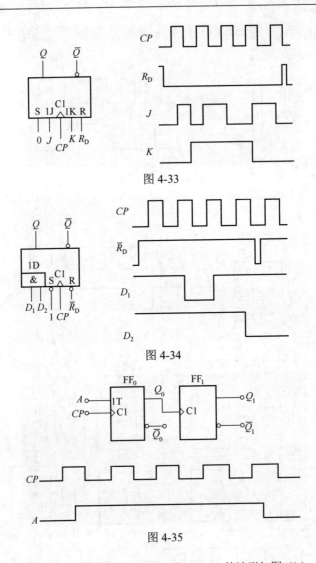

图 4-33

图 4-34

图 4-35

4-10　已知图 4-36（a）所示电路中，输入端 A、CP 的波形如图（b），试画出输出端 Q_2 的波形。设触发器的初始状态均为 0。

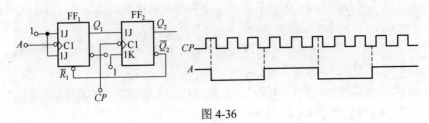

图 4-36

4-11　已知图 4-37（a）所示电路中输入端 A、CP 的波形如图（b），试画出输出端 B、C 的波形。设触发器的初始状态均为 0。

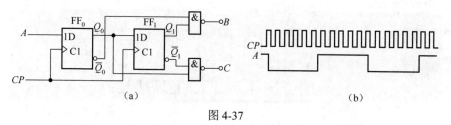

（a）　　　　　　　　　　　　　　　　　（b）

图 4-37

4-12　试写出图 4-38（a）中各电路的次态函数（即 Q_1^{n+1}、Q_2^{n+1} 与 Q_1^n、Q_2^n 及输入变量间的函数关系），并画出在给定信号作用下 Q_1、Q_2 的输出波形。设各触发器的初始状态均为 0。

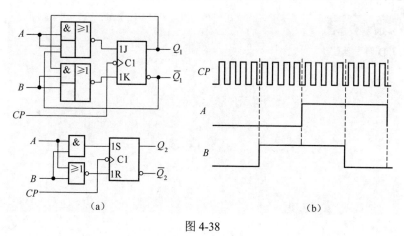

（a）　　　　　　　　　　　　　　　　　（b）

图 4-38

4-13　试画出图 4-39 的电路在一系列 CP 信号作用下 Q_1、Q_2、Q_3 端输出的波形。设触发器的初始状态均为 0。

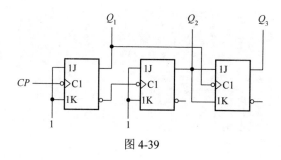

图 4-39

4-14　电路如图 4-40 所示，已知 CP 和 A 的波形，画出触发器 Q_0、Q_1 及输出 Y 的波形。

设触发器的初始状态均为 0。

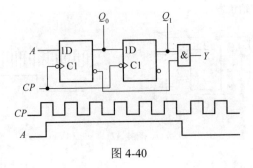

图 4-40

4-15　一个触发器的特性方程为 $Q^{n+1} = X \oplus Y \oplus Q^n$，试用下列两种触发器实现这种触发器的功能：

（1）JK 触发器；

（2）D 触发器。

第 5 章　时序逻辑电路

内容提要

本章主要讲授时序逻辑电路的分析和设计。首先概要讲述时序逻辑电路的逻辑功能和电路结构特点；然后详细介绍同步时序逻辑电路的分析步骤；接着重点讨论寄存器、计数器等常用时序逻辑电路的原理，及其典型中规模集成芯片的使用方法；最后简要说明时序逻辑电路的模块化设计方法。

5.1　概述

1. 定义

与组合逻辑电路形成鲜明对照，时序逻辑电路在任何一个时刻的输出状态，不仅取决于当时的输入信号，还与电路的原状态有关。因此时序电路必须包含具有记忆功能的存储器件。存储器件的种类很多，如触发器、延迟线、磁性器件等，但最常用的是触发器。本章只讨论由触发器作存储器件的时序逻辑电路。

时序电路在电路结构上有两个显著的特点：第一，时序电路通常包含组合电路和存储电路两个组成部分，而存储电路必不可少；第二，存储电路的输出状态必须反馈到组合电路的输入端，与输入信号一起，共同决定组合逻辑电路的输出。

2. 时序逻辑电路的结构框图

时序电路的结构框图如图 5-1 所示。其中存储电路通常是以触发器为基本单元电路构成，也可以用门电路加上适当的反馈构成。存储电路将过去的输入值对电路的影响保留，作为产生新状态的条件。同时，存储电路的状态又反馈到电路的输入端，与输入信号一起共同决定电路的输出状态。因此，时序电路必须存在反馈路径。图中 $X(x_1, x_2, \cdots, x_i)$ 和 $Y(y_1, y_2, \cdots, y_j)$ 是输入和输出信号；$Z(z_1, z_2, \cdots, z_k)$ 和 $Q(q_1, q_2, \cdots, q_l)$ 表示存储电路的输入和输出信号，都是时序电路内部的状态变量。

3. 逻辑方程

逻辑方程是描述时序电路逻辑功能的函数表达。它简明、概括又便于书写和运算。在分析图 5-1 所示一般时序电路时，各信号之间的逻辑关系需要三个方程组进行描述。

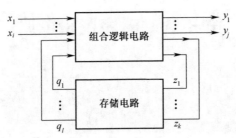

图 5-1 时序逻辑电路的结构框图

①输出方程：$Y = F[X,Q]$

$$\begin{cases} y_1 = f_1(x_1,x_2,\cdots,x_i,q_1,q_2,\cdots,q_l) \\ y_2 = f_2(x_1,x_2,\cdots,x_i,q_1,q_2,\cdots,q_l) \\ \quad\vdots \\ y_j = f_j(x_1,x_2,\cdots,x_i,q_1,q_2,\cdots,q_l) \end{cases} \tag{5.1}$$

②驱动方程：$Z = G[X,Q]$

$$\begin{cases} z_1 = g_1(x_1,x_2,\cdots,x_i,q_1,q_2,\cdots,q_l) \\ z_2 = g_2(x_1,x_2,\cdots,x_i,q_1,q_2,\cdots,q_l) \\ \quad\vdots \\ z_k = g_k(x_1,x_2,\cdots,x_i,q_1,q_2,\cdots,q_l) \end{cases} \tag{5.2}$$

③状态方程：$Q^{n+1} = H[Z,Q^n]$

$$\begin{cases} q_1^{n+1} = h_1(z_1,z_2,\cdots,z_k,q_1^n,q_2^n,\cdots,q_l^n) \\ q_2^{n+1} = h_2(z_1,z_2,\cdots,z_k,q_1^n,q_2^n,\cdots,q_l^n) \\ \quad\vdots \\ q_l^{n+1} = h_l(z_1,z_2,\cdots,z_k,q_1^n,q_2^n,\cdots,q_l^n) \end{cases} \tag{5.3}$$

其中 $q_1^n,q_2^n,\cdots,q_l^n$ 表示存储器电路中每个触发器的现态，$q_1^{n+1},q_2^{n+1},\cdots,q_l^{n+1}$ 表示存储器电路中每个触发器的次态。

4. 时序逻辑电路的分类

按照电路状态转换情况不同，时序电路分为同步时序电路和异步时序电路两大类。

在同步时序逻辑电路中，所有触发器的时钟脉冲 CP 都连在一起，在同一个时钟脉冲 CP 作用下，凡具备翻转条件的触发器在同一时刻状态翻转。也就是说，触发器状态的更新与时钟脉冲 CP 同步。而在异步时序逻辑电路中，某些触发器

的时钟输入端与 CP 连在一起，只有这些触发器状态的更新与 CP 同步，而其它触发器状态的更新则滞后于这些触发器。因此，异步时序逻辑电路的速度比同步时序逻辑电路慢，但结构比同步时序逻辑电路简单。

此外，有时还根据输出信号的特点，将时序电路划分为米利（Mealy）型和穆尔（Moore）型两种。在米利型电路中，输出信号不仅取决于存储电路的状态，而且还取决于输入变量，即 $Y = F[X, Q]$；在穆尔型电路中，输出信号仅仅取决于存储电路的状态，即 $Y = F[Q]$。

可见，穆尔型电路是米利型电路的一种特例。

5.2 同步时序逻辑电路的分析

分析时序电路主要分析给定时序电路的逻辑功能。具体地说，就是要求找出电路状态和输出状态在输入变量及时钟信号作用下的变化规律。

分析时序电路时，只要把状态变量和输入信号一样，当作逻辑函数的输入变量处理，那么分析组合电路的一些运算方法仍然可以使用。不过，由于任意时刻状态变量的取值都与电路的历史情况有关，所以分析过程比组合电路分析更复杂。为便于描述存储电路的状态及其转换规律，还要引入一些新的表示方法和分析方法。时序逻辑电路的分析过程如图 5-2 所示。

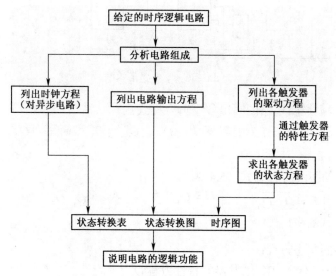

图 5-2 时序逻辑电路分析过程方框图

5.2.1　同步时序逻辑电路分析的一般步骤

首先讨论同步时序电路的分析方法。由于同步时序电路中，所有触发器都是在同一时钟信号作用下工作，所以分析方法比较简单。分析步骤如下：

①根据给定的时序逻辑电路图，写出下列各逻辑方程式：

a. 各触发器的驱动方程；

b. 时序电路的输出方程。

②将触发器的驱动方程代入相应触发器的特性方程，求得各触发器的状态方程。由这些状态方程构成整个时序电路的状态方程组。

③根据状态方程和输出方程，列出该时序电路的状态转换表，画出状态转换图或时序图。

④根据电路的状态转换表或状态转换图，说明给定时序逻辑电路的逻辑功能。

5.2.2　同步时序逻辑电路的分析举例

例 5.1　试分析图 5-3 所示时序逻辑电路的逻辑功能，并写出它的驱动方程、状态方程和输出方程。

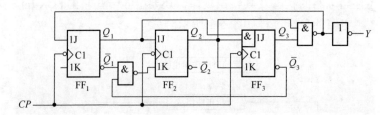

图 5-3　例 5.1 逻辑电路图

解　①根据逻辑电路图写出各逻辑方程式。

若把触发器的初态作为逻辑变量，Q_3^n、Q_2^n、Q_1^n 可简写为 Q_3、Q_2、Q_1，略去右上角的 n。

a. 电路的驱动方程为式（5.4）：

$$\begin{cases} J_1 = \overline{Q_2 \cdot Q_3} \\ K_1 = 1 \end{cases} \qquad \begin{cases} J_2 = Q_1 \\ K_2 = \overline{\overline{Q_1 \cdot \overline{Q_3}}} \end{cases} \qquad \begin{cases} J_3 = Q_1 \cdot Q_2 \\ K_3 = Q_2 \end{cases} \qquad (5.4)$$

b. 电路的状态方程：

将式（5.4）代入 JK 触发器的特性方程 $Q^{n+1} = J\overline{Q}^n + \overline{K}Q^n$，得到电路的状态方程式（5.5）：

$$\begin{cases} Q_1^{n+1} = \overline{Q_2 \cdot Q_3 \cdot \overline{Q_1}} \\ Q_2^{n+1} = Q_1 \cdot \overline{Q_2} + \overline{Q_1} \cdot \overline{Q_3} \cdot Q_2 \\ Q_3^{n+1} = Q_1 \cdot Q_2 \cdot \overline{Q_3} + \overline{Q_2} \cdot Q_3 \end{cases} \qquad (5.5)$$

c. 电路的输出方程为式（5.6）：

$$Y = Q_2 \cdot Q_3 \qquad (5.6)$$

②设电路的初始态 $Q_3 Q_2 Q_1 = 000$，将其代入式（5.5），得到 $Q_3^{n+1} Q_2^{n+1} Q_1^{n+1} = 001$，将其作为新的初态，重新代入式（5.5），可得到一组新的次态。依次类推，当 $Q_3 Q_2 Q_1 = 110$ 时，$Q_3^{n+1} Q_2^{n+1} Q_1^{n+1} = 000$，返回最初设定的初态。如果再继续分析，电路的状态将按前面的变化顺序进行反复循环，这样可得到表 5-1 的状态转换表。

表 5-1　例 5.1 的状态转换表

Q_3^n	Q_2^n	Q_1^n	Q_3^{n+1}	Q_2^{n+1}	Q_1^{n+1}	Y
0	0	0	0	0	1	0
0	0	1	0	1	0	0
0	1	0	0	1	1	0
0	1	1	1	0	0	0
1	0	0	1	0	1	0
1	0	1	1	1	0	0
1	1	0	0	0	0	1
1	1	1	0	0	0	1

最后需要检查得到的状态转换表是否包含电路所有可能出现的状态。结果发现，$Q_3 Q_2 Q_1$ 的状态组合共有 8 种，而根据上述计算过程列出的状态转换表中只有 7 种状态，缺少 $Q_3 Q_2 Q_1 = 111$ 这个状态。将此状态代入式（5.5），计算得到 $Q_3^{n+1} Q_2^{n+1} Q_1^{n+1} = 000$。

③为了更直观显示时序电路的逻辑功能，还可以把状态转换表的内容转换为状态转换图的形式，如图 5-4 所示。

④为便于用实验观察的方法检查时序电路的逻辑功能，还可根据状态转换表的内容画出时序图，如图 5-5 所示。

⑤逻辑功能分析。从时序图可看出，每经过 7 个时钟脉冲，电路的状态循环变化一次，所以这个电路具有对时钟脉冲 CP 的计数功能。同时，经过 7 个时钟

脉冲作用，输出端 Y 输出一个正脉冲。所以此电路是一个七进制计数器，Y 端是进位脉冲输出。

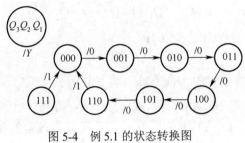

图 5-4 例 5.1 的状态转换图

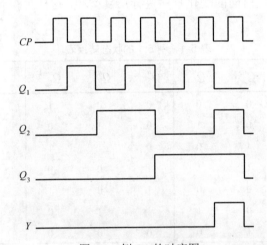

图 5-5 例 5.1 的时序图

电路从循环外的无效状态（ $Q_3Q_2Q_1=111$ ）能自动地回到循环状态（ $Q_3^{n+1}Q_2^{n+1}Q_1^{n+1}=000$ ），因此电路具有自启动能力。

例 5.2 试分析图 5-6 所示的同步时序电路的逻辑功能。

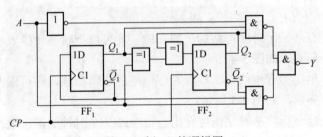

图 5-6 例 5.2 的逻辑图

解　①根据逻辑电路图写出各逻辑方程式。

a. 电路的驱动方程为式（5.7）：

$$\begin{cases} D_1 = \overline{Q_1} \\ D_2 = A \oplus Q_1 \oplus Q_2 \end{cases} \tag{5.7}$$

b. 电路的输出方程为式（5.8）：

$$Y = \overline{\overline{\overline{AQ_1Q_2}} \cdot \overline{A\overline{Q_1}\overline{Q_2}}} = \overline{A}Q_1Q_2 + A\overline{Q_1}\overline{Q_2} \tag{5.8}$$

②电路的状态方程为式（5.9）：

$$\begin{cases} Q_1^{n+1} = D_1 = \overline{Q_1} \\ Q_2^{n+1} = D_2 = A \oplus Q_1 \oplus Q_2 \end{cases} \tag{5.9}$$

③根据状态方程画出状态转换表如表 5-2 所示，状态转换图如图 5-7 所示，时序图如图 5-8 所示。

表 5-2　例 5.2 状态转换表

$Q_2^{n+1}Q_1^{n+1}/Y$ ⟍ $Q_2^nQ_1^n$ A	00	01	11	10
0	01/0	10/0	00/1	11/0
1	11/1	00/0	10/0	01/0

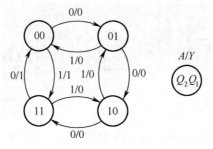

图 5-7　例 5.2 的状态图

④逻辑功能分析。从状态转换表、状态转换图或时序图可看出：此电路为可控计数器。当 $A = 0$ 时，电路是一个加法计数器，Q_2Q_1 的计数序列为：00→01→10→11→00，输出 Y 是向高位产生的进位信号；当 $A = 1$ 时，电路是一个减法计数器，Q_2Q_1 的计数序列为：00→11→10→01→00，输出 Y 是向高位产生的借位信号。

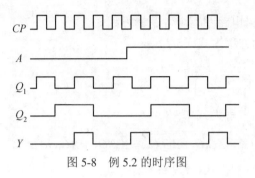

图 5-8 例 5.2 的时序图

5.3 同步时序逻辑电路的设计

5.3.1 同步时序逻辑电路设计的一般步骤

在设计时序逻辑电路时，要求设计者根据给出的具体逻辑问题，求出实现此逻辑功能的逻辑电路。所得到的设计结果力求简单。

当选用小规模集成电路做设计时，电路最简的标准是所用的触发器和门电路的数目最少，而且触发器和门电路的输入端数目也最少。而当使用中、大规模集成电路时，电路最简的标准则是使用的集成电路数目最少，种类最少，且互相间的连线也最少。

同步时序逻辑电路的设计过程如图 5-9 所示，一般可按以下步骤进行：

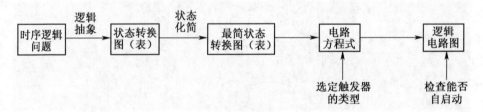

图 5-9 同步时序逻辑电路的设计过程

①经过逻辑抽象，得出电路的状态转换图或状态转换表。

把要求实现的时序逻辑功能表示为时序逻辑函数，可以用状态转换表或状态转换图的形式。经过以下步骤，可把给定的逻辑问题抽象为一个时序逻辑函数。

a. 分析给定的逻辑问题，确定输入变量、输出变量以及电路的状态数。通常都是把原因（或条件）作为输入逻辑变量，把结果作为输出逻辑变量；

b. 定义输入、输出逻辑状态和每个电路状态的含义，并将电路状态顺序编号；

c. 按照逻辑功能，画出电路的状态转换表或状态转换图。

②状态化简。若两个电路状态在相同的输入下有相同的输出，并且转换到同样一个次态，则称这两个状态为等价状态。显然等价状态是重复的，可以合并为一个。电路的状态数越少，设计的电路也越简单。状态化简的目的在于将等价状态合并，以求得到最简的状态转换图。

③状态分配。时序逻辑电路的状态是用触发器状态的不同组合来表示的。首先，需要确定触发器的数目 n。因为 n 个触发器共有 2^n 种状态组合，所以为获得时序电路所需的 M 个状态，必须满足：$2^{n-1} < M \leqslant 2^n$。

④选定触发器的类型，求出电路的状态方程、驱动方程和输出方程。因为不同逻辑功能的触发器驱动方式不同，所以选用不同类型的触发器，设计的电路也不同。为此，在设计具体的电路前，必须选定触发器的类型。选择触发器类型应考虑到器件的供应情况，并减少系统中使用的触发器种类。

根据状态转换图（或状态转换表）、选定的状态编码、触发器的类型，即可写出电路的状态方程、驱动方程和输出方程。

⑤根据得到的方程式，画出电路逻辑图。

⑥检查设计的电路能否自启动。如果电路不能自启动，则需采取措施加以解决。一种解决办法是在电路开始工作时，通过预置数将电路的状态置成有效状态循环中的某一种；另一种解决方法是通过修改逻辑设计。

5.3.2　同步时序逻辑电路设计举例

例 5.3　设计一个同步五进制加法计数器。

解　设计步骤如下：

①根据设计要求，设定状态，画出状态转换图。

五进制计数器有 5 个不同的状态，分别用 S_0、S_1、S_2、S_3、S_4 表示。在计数脉冲 CP 作用下，5 个状态循环转换，当电路状态为 S_4 时，输出 $Y = 1$。状态转换图如图 5-10 所示。

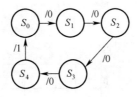

图 5-10　例 5.3 的状态图

②状态化简。五进制计数器应有 5 个状态，不需化简。

③状态分配，列出状态转换表。

由 $2^{n-1} < M \leqslant 2^n$ 可知，该计数器应采用 3 位二进制代码，因此选用三位二进制加法计数编码，即 $S_0 = 000$、$S_1 = 001$、…、$S_4 = 100$，由此列出状态转换表，如表 5-3 所示。

表 5-3　例 5.3 的状态转换表

状态转换顺序	现态			次态			进位输出
	Q_2^n	Q_1^n	Q_0^n	Q_2^{n+1}	Q_1^{n+1}	Q_0^{n+1}	Y
S_0	0	0	0	0	0	1	0
S_1	0	0	1	0	1	0	0
S_2	0	1	0	0	1	1	0
S_3	0	1	1	1	0	0	0
S_4	1	0	0	0	0	0	1

④选择触发器，并求各触发器的驱动方程及输出方程。

电路选用功能比较灵活的 JK 触发器。

根据状态转换表，画出电路的次态卡诺图如图 5-11 所示，其中三个无效状态 101、110、111 做无关项处理，在卡诺图中用"×"表示。

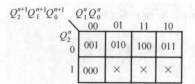

图 5-11　例 5.3 的次态卡诺图

将图 5-11 的次态卡诺图分解为图 5-12 所示的三个卡诺图，分别表示 Q_2^{n+1}、Q_1^{n+1}、Q_0^{n+1} 三个逻辑函数。根据这些分解卡诺图，可得到电路的状态方程式（5.10）。

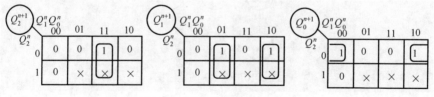

图 5-12　图 5-11 分解卡诺图

$$\begin{cases} Q_2^{n+1} = Q_1 Q_0 \\ Q_1^{n+1} = \overline{Q}_1 Q_0 + Q_1 \overline{Q}_0 \\ Q_0^{n+1} = \overline{Q}_2 \cdot \overline{Q}_0 \end{cases} \qquad (5.10)$$

选用 JK 触发器组成电路，则将状态方程变换成 JK 触发器特性方程的标准形式，即 $Q^{n+1} = J\overline{Q}^n + \overline{K}Q^n$，因此可将式（5.10）改写为式（5.11）：

$$\begin{cases} Q_2^{n+1} = Q_1 Q_0 = Q_1 Q_0 (Q_2 + \overline{Q}_2) = Q_1 Q_0 \overline{Q}_2 + \overline{1}Q_2 \\ Q_1^{n+1} = Q_0 \overline{Q}_1 + \overline{Q}_0 Q_1 \\ Q_0^{n+1} = \overline{Q}_2 \cdot \overline{Q}_0 + \overline{1}Q_0 \end{cases} \qquad (5.11)$$

在变换 Q_2^{n+1} 的逻辑式时，删除了约束项 $Q_2 Q_1 Q_0$。

将式（5.11）与 JK 触发器的特性方程对比，可分析各个触发器的驱动方程式（5.12）：

$$\begin{cases} J_2 = Q_1 Q_0, \ K_2 = 1 \\ J_1 = Q_0, \ \ K_1 = Q_0 \\ J_0 = \overline{Q}_2, \ \ K_0 = 1 \end{cases} \qquad (5.12)$$

另外，根据状态转换表，做出电路输出端 Y 的卡诺图，如图 5-13 所示。经化简得到输出方程为式（5.13）：

$$Y = Q_2 \qquad (5.13)$$

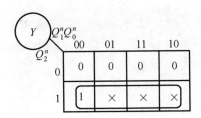

图 5-13　例 5.3 电路输出 Y 的卡诺图

⑤画出逻辑图。

根据驱动方程和输出方程，画出五进制计数器的逻辑图，如图 5-14 所示。

⑥检查电路能否自启动。

利用逻辑分析的方法，画出电路完整的状态转换图 5-15。由图可见：如果电路进入无效状态 101、110、111 时，在 CP 作用下，分别进入有效状态 010、010、000，所以电路具有自启动能力。

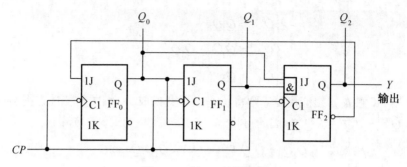

图 5-14 例 5.3 的逻辑图

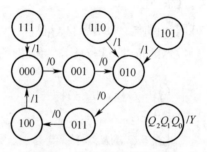

图 5-15 例 5.3 完整的状态图

例 5.4 设计串行数据检测电路。该检测器有一输入端 X，电路的功能是对输入信号进行检测。当连续输入三个 1（以及三个以上 1）时，该电路输出 $Y = 1$，否则输出 $Y = 0$。

解 ①根据设计要求，确定状态，画出状态转换图。

因为电路连续收到三个 1（以及三个以上 1）时，输出 $Y = 1$，其它情况输出 $Y = 0$。因此电路应有如下几个状态：

S_0——初始状态或没有收到 1 时的状态；

S_1——收到一个 1 后的状态；

S_2——连续收到两个 1 后的状态；

S_3——连续收到三个 1（以及三个以上 1）后的状态。

根据题意可画出如图 5-16 所示的原始状态图，分析如下：

当电路处于状态 S_0 时，若输入 $X = 0$，表示电路未收到 1，则电路应保持在状态 S_0 不变，同时 $Y = 0$；若 $X = 1$，表示电路收到一个 1，电路应转向状态 S_1，同时 $Y = 0$。

当电路处于状态 S_1 时，若输入 $X = 0$，则电路应回到 S_0，重新开始检测，输出 $Y = 0$；若 $X = 1$，电路应转向状态 S_2，表示电路连续收到两个 1，同时 $Y = 0$。

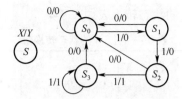

图 5-16 例 5.4 原始状态图

当电路处于状态 S_2 时，若输入 $X = 0$，则电路应回到 S_0，输出 $Y = 0$；若 $X = 1$，电路应转向状态 S_3，表示电路连续收到三个 1，同时 $Y = 1$。

当电路处于状态 S_3 时，若输入 $X = 0$，则电路应回到 S_0，输出 $Y = 0$；若 $X = 1$，电路应保持状态 S_3 不变，输出 $Y = 1$。

②状态化简。

状态化简就是合并等价状态。所谓等价状态就是在相同输入条件下，输出相同、次态也相同的状态。由图 5-16 可知，S_2 与 S_3 是等价状态。因为当输入 $X = 0$ 时，S_2 与 S_3 输出 Y 都是 0，且次态均转向 S_0；输入 $X = 1$ 时，S_2 与 S_3 输出 Y 都是 1，且次态均转向 S_3。所以可以将 S_2 与 S_3 合并，并用 S_2 表示。图 5-17 是经过简化的状态图。

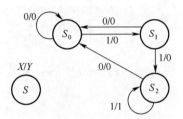

图 5-17 例 5.4 简化的状态转换图

③状态分配，列出状态转换编码表。

由图 5-17 可知，该电路有 3 个状态，可以用两位二进制代码组合（00、01、10、11）中的三个代码表示，因此取 $S_0 = 00$、$S_1 = 01$、$S_2 = 11$。图 5-18 是编码形式的状态转换图。

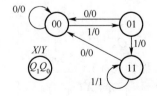

图 5-18 例 5.4 编码后状态转换图

由图 5-18 画出编码后的状态转换表如表 5-4。

表 5-4　例 5.4 的状态转换表

$Q_1^{n+1}Q_0^{n+1}/Y$　　　X $Q_1^n\,Q_0^n$	0	1
0　　0	00/0	01/0
0　　1	00/0	11/0
1　　1	00/0	11/1

④选择触发器，求出状态方程、驱动方程和输出方程。

选用两个 D 触发器组成电路。从状态转换图，可画出电路的次态卡诺图，如图 5-19 所示。

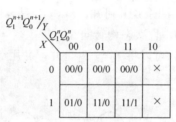

图 5-19　例 5.4 的次态卡诺图

将图 5-19 所示的卡诺图分解为图 5-20 中的三个卡诺图，分别表示 Q_1^{n+1}、Q_0^{n+1} 和 Y。

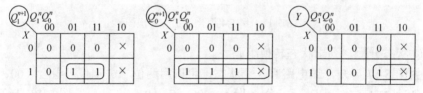

图 5-20　图 5-19 的卡诺图分解

化简后得到电路的状态方程为式（5.14）：

$$\begin{cases} Q_1^{n+1} = XQ_0 \\ Q_0^{n+1} = X \end{cases} \qquad (5.14)$$

由此可得 D 触发器的驱动方程为式（5.15）：

$$\begin{cases} D_1 = XQ_0 \\ D_0 = X \end{cases} \qquad (5.15)$$

同时由图 5-20 可得输出方程为式（5.16）：

$$Y = XQ_1 \qquad (5.16)$$

⑤画逻辑图。

根据驱动方程和输出方程，画出串行数据检测器的逻辑图，如图 5-21 所示。

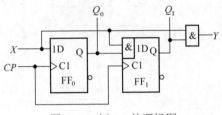

图 5-21　例 5.4 的逻辑图

⑥检查能否自启动。

图 5-22 是图 5-21 电路的状态转换图，通过状态转换图可分析，电路具有自启动能力。

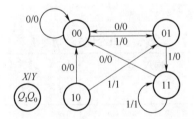

图 5-22　图 5-21 电路的状态转换图

5.4　若干常用时序逻辑电路及应用

5.4.1　寄存器和移位寄存器

1．寄存器

寄存器是存储二进制数码的时序电路组件，它具有接收和暂存二进制数码的功能。第 4 章介绍的各种集成触发器，就是一种可以存储 1 位二进制数的寄存器，用 N 个触发器即可存储 N 位二进制数。

图 5-23（a）所示是由 4 个 D 触发器组成的 4 位集成寄存器 74LSl75 的逻辑电路图，其引脚图如图 5-23（b）所示，其中，$\overline{R}_D$ 是异步清零控制端，$D_0 \sim D_3$ 是并行数据输入端，CP 为时钟脉冲端，$Q_0 \sim Q_3$ 是并行数据输出端，$\overline{Q}_0 \sim \overline{Q}_3$ 是反

码数据输出端。

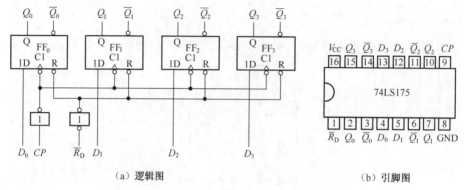

（a）逻辑图　　　　　　　　　　　　　　（b）引脚图

图 5-23　四位集成寄存器 74LS175

该电路的数码接收过程为：将需要存储的 4 位二进制数码，送到数据输入端 $D_0 \sim D_3$，CP 端接入时钟脉冲，在时钟脉冲上升沿的作用下，4 位数码并行输出在 4 个触发器的输出端。

74LS175 的功能表如表 5-5 所示。

表 5-5　74LS175 的功能表

清零	时钟	输入				输出				功能说明
$\overline{R}_D$	CP	D_0	D_1	D_2	D_3	Q_0	Q_1	Q_2	Q_3	
0	×	×	×	×	×	0	0	0	0	异步清零
1	⌐	D_0	D_1	D_2	D_3	D_0	D_1	D_2	D_3	数码寄存
1	1	×	×	×	×	保　　持				数据保持
1	0	×	×	×	×	保　　持				数据保持

2. 移位寄存器

移位寄存器不但可以寄存数码，而且在移位脉冲作用下，寄存器中的数码可根据需要向左或向右移动。移位寄存器也是数字系统和计算机中应用很广泛的基本逻辑部件。

（1）单向移位寄存器

图 5-24 所示是由 4 个 D 触发器组成的 4 位右移寄存器，4 个触发器共用一个时钟脉冲，所以它为同步时序逻辑电路。数码从串行输入端 D_1 输入，左边触发器的输出作为右边触发器的数码输入。其工作原理如下：

因为从 CP 上升沿到达输出端新状态的建立，需要传输延迟时间，当 CP

的上升沿同时作用于所有触发器时，触发器输入端（D 端）的状态还未改变。于是 FF_1 按 Q_0 原来的状态翻转，FF_2 按 Q_1 原来的状态翻转，FF_3 按 Q_2 原来的状态翻转。同时，加到寄存器输入端 D_1 的代码存入 FF_0。总的效果相当于移位寄存器里原有的代码依次右移了一位。

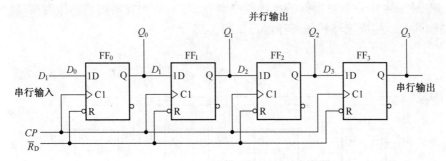

图 5-24　D 触发器构成的四位右移移位寄存器

设移位寄存器的初始状态为 0000，串行输入数码 $D_1 = 1101$，从高位到低位依次输入。在移位脉冲的作用下，移位寄存器中代码的移动情况如表 5-6 所示。图 5-25 为各触发器输出端在移位过程中的时序图。

表 5-6　移位寄存器状态表

CP	D_1	Q_0	Q_1	Q_2	Q_3
0	0	0	0	0	0
1	1	1	0	0	0
2	1	1	1	0	0
3	0	0	1	1	0
4	1	1	0	1	1

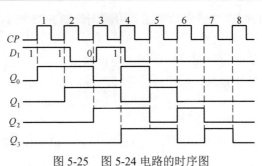

图 5-25　图 5-24 电路的时序图

可以分析，经过 4 个 CP 信号以后，串行输入的 4 位代码全部移入移位寄存器中。同时在 4 个触发器的输出端得到并行输出的代码。因此，利用移位寄存器可以实现代码的串行－并行转换。

如果首先将 4 位数据并行装载入移位寄存器的 4 个触发器中，然后连续加入
4 个移位脉冲，则移位寄存器里的 4 位代码将从串行输出端依次送出，从而实现
了代码的并行－串行转换。

将图 5-24 中各触发器间的连接顺序调换，使右边触发器的输出作为左边触发
器的输入，即构成左移移位寄存器，如图 5-26 所示。

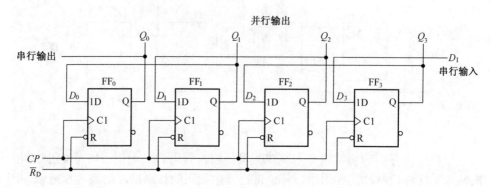

图 5-26　D 触发器构成的四位左移移位寄存器

（2）双向移位寄存器

为便于扩展逻辑功能和增加使用的灵活性，在定型生产的移位寄存器集成电
路中，又附加了左/右移控制、数据并行输入、保持、异步清零（置位）等功能。

图 5-27 为 4 位双向移位寄存器 74LS194 的逻辑图。

图 5-27 中 D_{IR} 为数据右移串行输入端，D_{IL} 为数据左移串行输入端，$D_0 \sim D_3$
为数据并行输入端，$Q_0 \sim Q_3$ 为数据并行输出端。移位寄存器的工作状态由控制端
S_1 和 S_0 的状态设定。此外，$\overline{R}_D$ 为异步清零端，低电平有效。74LS194 的功能表
如表 5-7 所示。74LS194 的逻辑功能图和引脚图如图 5-28 所示。

3．移位寄存器型计数器

移位寄存器除了作为存储信息使用，还可构成其它逻辑部件，这里介绍用移
位寄存器构成移位型计数器。常用移位型计数器的典型结构有两种：环形计数器
和扭环形计数器。

（1）环形计数器

图 5-29 是用 74LS194 构成的环形计数器的逻辑图和状态图。当脉冲启动信号
作用时，使 $S_1S_0 = 11$，从而不论移位寄存器原来状态如何，在 CP 作用下总是执
行置数操作，使 $Q_3Q_2Q_1Q_0 = 0001$。当启动信号由 1 变 0，$S_1S_0 = 01$，在 CP 作用
下，移位寄存器进行右移操作。在第 4 个 CP 到来之前 $Q_3Q_2Q_1Q_0 = 1000$。当第 4

个 CP 到来，由于 $D_{IR} = Q_3 = 1$，故在此 CP 作用下，$Q_3Q_2Q_1Q_0 = 0001$。可见此计数器共有 4 个状态，为四进制计数器。

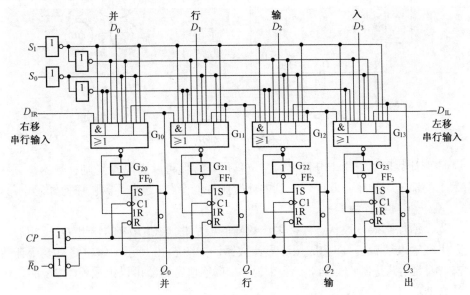

图 5-27　四位移位寄存器 74LS194 的逻辑图

表 5-7　74LS194 功能表

$\overline{R}_D$	S_1	S_0	功能说明
0	×	×	置零
1	0	0	保持
1	0	1	右移
1	1	0	左移
1	1	1	并行输入

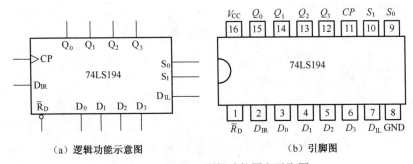

（a）逻辑功能示意图　　　　（b）引脚图

图 5-28　74LS194 逻辑功能图和引脚图

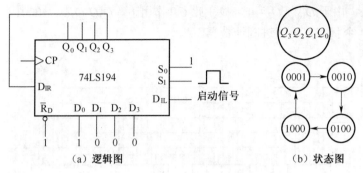

图 5-29　74LS194 构成的环形计数器

环形计数器的电路十分简单，N 位移位寄存器可以实现 N 进制计数器，且状态为 1 的输出端的序号即代表收到的计数脉冲的个数，通常不需要任何译码电路。

（2）扭环形计数器

为了增加有效计数状态，扩大计数器的模，将 74LS194 的输出 Q_3 反相后，接入串行输入端 D_{IR}，即构成扭环形计数器，如图 5-30 所示。该电路有 8 个计数状态，因此为八进制计数器。一般来说，N 位移位寄存器可以组成模为 $2N$ 的扭环形计数器。

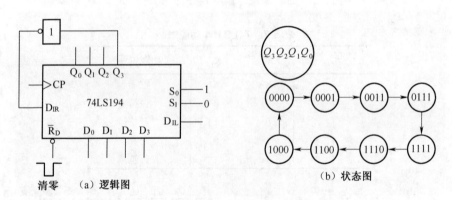

图 5-30　74LS194 构成的扭环形计数器

5.4.2　计数器

用以统计输入脉冲 CP 个数的电路，称为计数器。计数器是数字系统中常用的时序逻辑部件，除了计数功能外，还可广泛用于定时器、分频器、控制器、脉冲序列产生器等多种数字逻辑电路。

计数器的种类很多，特点各异。主要分类有：

　　按计数进制可分为二进制计数器和非二进制计数器。非二进制计数器中最典型的是十进制计数器。计数器的进制就是计数器电路中有效状态的个数，计数器的进制又称为计数器的"模"，用 M 表示。如十进制计数器中有 10 个有效状态（表示 0～9），即 $M = 10$。

　　按数字的增减趋势可分为加法计数器、减法计数器和可逆计数器。随着计数脉冲的输入，作递增计数的电路称为加法计数器；随着计数脉冲的输入，作递减计数的电路称为减法计数器；在控制信号作用下，可递增计数也可递减计数的电路称为可逆计数器。

　　按计数器中触发器翻转是否与计数脉冲同步，可分为同步计数器和异步计数器。在同步计数器中，计数脉冲同时加到所有触发器的时钟信号输入端，使应翻转的触发器同时翻转。在异步计数器中，计数脉冲只加到部分触发器的时钟脉冲输入端，而其它触发器的触发脉冲由电路内部提供，因此应翻转的触发器状态变化有先后。显然，异步计数器速度要比同步计数器慢。

1. 异步计数器

（1）异步二进制计数器

　　异步计数器在做递增计数时，采取从低位到高位，逐位进位的方式。因此，其中的各个触发器不是同步翻转。

　　按照二进制加法计数规则，如果触发器输出是 1，则再输入 CP 时，输出应变为 0，同时向高位发出进位信号，使高位翻转。若使用下降沿动作的 T′ 触发器组成计数器，则只要将低位触发器的 Q 端接至高位触发器的时钟脉冲输入端。当低位由 1 变为 0 时，Q 端的下降沿正好可作为高位的时钟脉冲信号。

　　图 5-31 是用下降沿触发的 T′ 触发器组成的 3 位二进制加法计数器，T′ 触发器是令 JK 触发器的 $J = K = 1$。

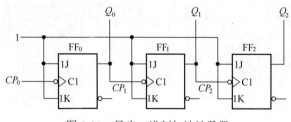

图 5-31　异步二进制加法计数器

　　根据 T′ 触发器的翻转规律，可画出在一系列 CP 脉冲信号作用下，Q_0、Q_1、Q_2 的电压波形，如图 5-32 所示。由图可见，触发器输出端次态比 CP 下降沿滞后一个传输延迟时间 t_{pd}。

用上升沿触发的 T′ 触发器同样可以组成异步二进制加法计数器，但每一级触发器的进位脉冲应改由 $\overline{Q}$ 端输出。

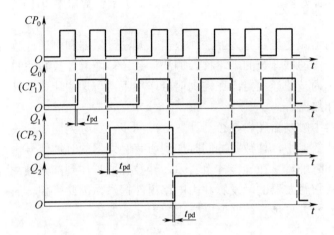

图 5-32　图 5-31 电路的电压波形图

从图 5-32 可看出，Q_0、Q_1、Q_2 的周期分别是 CP 周期的 2 倍、4 倍、8 倍，也可以说，Q_0、Q_1、Q_2 分别对 CP 进行二分频、四分频和八分频，因此计数器也可作为分频器。

二进制减法计数规则是：如果触发器输出状态已为 0，则输入计数脉冲时，输出应变为 1，同时向高位发出借位信号，使高位翻转。如果采用下降沿触发的 T′ 触发器组成 3 位二进制减法计数器，只要将低位触发器的 $\overline{Q}$ 端接至高位触发器的时钟脉冲输入端，如图 5-33 所示，其电压波形图如图 5-34 所示。

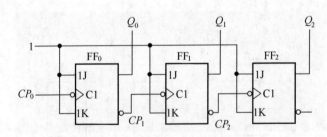

图 5-33　异步二进制减法计数器

（2）异步十进制计数器

74LS290 是二－五－十进制异步计数器，逻辑图如图 5-35 所示。它包含一个独立的二进制计数器和一个独立的异步五进制计数器。74LS290 功能表见表 5-8。

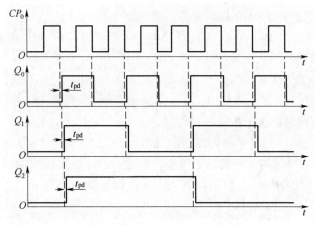

图 5-34　图 5-33 的电压波形图

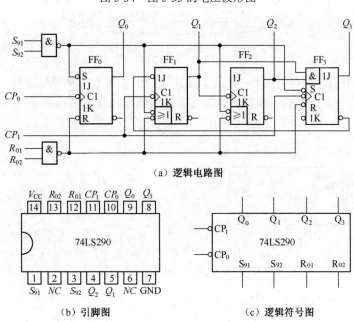

（a）逻辑电路图

（b）引脚图　　　　　　　　　（c）逻辑符号图

图 5-35　74LS290 的逻辑图与引脚图

表 5-8　74LS290 的功能表

$R_{01} \cdot R_{02}$	$S_{91} \cdot S_{92}$	CP	Q_3	Q_2	Q_1	Q_0	功能说明
1	0	×	0	0	0	0	异步清零
0	1	×	1	0	0	1	异步置9
0	0	⌐		计数			计数功能

由功能表分析 74LS290 具有如下功能：

① 清零功能：当 $S_{91} \cdot S_{92} = 0$、$R_{01} \cdot R_{02} = 1$ 时，计数器异步清零。

② 置 9 功能：当 $S_{91} \cdot S_{92} = 1$、$R_{01} \cdot R_{02} = 0$ 时，计数器异步置 9，即计数器的输出状态为 $Q_3 Q_2 Q_1 Q_0 = 1001$。

③ 计数功能：当 $S_{91} \cdot S_{92} = 0$、$R_{01} \cdot R_{02} = 0$ 时，计数器为计数功能。

1）如果将时钟脉冲 CP 接在 CP_0 端，而 Q_0 与 CP_1 不连接，那么电路只有 Q_0 对应的触发器工作，此时电路为二进制计数器。

2）如果将时钟脉冲 CP 接在 CP_1 端，此时 Q_0 对应的触发器不工作，而其余 3 个触发器构成五进制加法计数器，其状态转换图如图 5-36 所示。

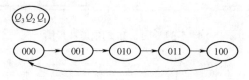

图 5-36　74LS290 构成五进制计数器

3）如果将时钟脉冲 CP 接在 CP_0 端，且把 Q_0 与 CP_1 从外部连接，即令 $Q_0 = CP_1$，则电路构成十进制加法计数器，其连接电路和状态转换图如图 5-37 所示。

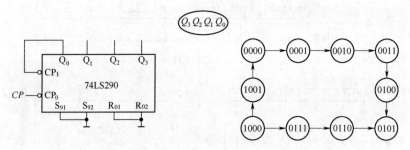

图 5-37　74LS290 构成十进制计数器（1）

4）如果将时钟脉冲 CP 接在 CP_1 端，且把 Q_3 与 CP_0 从外部连接，即令 $Q_3 = CP_0$，则电路也可构成十进制加法计数器，但其计数规律与 3）不同，其连接电路和状态转换图如图 5-38 所示。

与同步计数器相比，异步计数器具有结构简单的优点。用 T' 触发器构成二进制计数器时，可以不附加任何其它电路。

但异步计数器也存在两个明显的缺点。第一是工作频率比较低。因为异步计数器的各级触发器是以串行进位方式连接，所以在最不利的情况下，要经过所有触发器传输延迟时间之和，新状态才能稳定建立；第二是在电路状态译码时，存在竞争—冒险现象。这两个缺点使异步计数器的应用受到很大的限制。

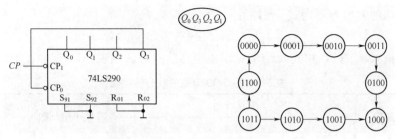

图 5-38　74LS290 构成十进制计数器（2）

2. 同步计数器

（1）二进制计数器

①二进制加法计数器。

图 5-39 所示为由 4 个 JK 触发器组成的四位同步二进制加法计数器的逻辑图。图中 JK 触发器连接成 T 触发器。各触发器的驱动方程为式（5.17）：

$$\begin{cases} J_0 = K_0 = 1 \\ J_1 = K_1 = Q_0 \\ J_2 = K_2 = Q_0Q_1 \\ J_3 = K_3 = Q_0Q_1Q_2 \end{cases} \qquad (5.17)$$

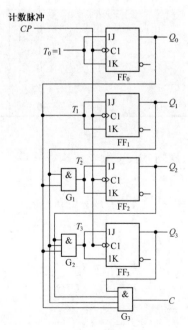

图 5-39　同步二进制加法计数器

电路的输出方程为式（5.18）：

$$C = Q_0 Q_1 Q_2 Q_3 \tag{5.18}$$

根据式（5.17）和式（5.18），求出电路的状态转换表如表 5-9 所示。

表 5-9　图 5-39 电路的状态转换表

计数顺序	电路状态				等效十进制数	进位输出 C
	Q_3	Q_2	Q_1	Q_0		
0	0	0	0	0	0	0
1	0	0	0	1	1	0
2	0	0	1	0	2	0
3	0	0	1	1	3	0
4	0	1	0	0	4	0
5	0	1	0	1	5	0
6	0	1	1	0	6	0
7	0	1	1	1	7	0
8	1	0	0	0	8	0
9	1	0	0	1	9	0
10	1	0	1	0	10	0
11	1	0	1	1	11	0
12	1	1	0	0	12	0
13	1	1	0	1	13	0
14	1	1	1	0	14	0
15	1	1	1	1	15	1
16	0	0	0	0	0	0

②二进制减法计数器。

根据二进制减法计数规则，用 JK 触发器构成同步二进制减法计数器如图 5-40 所示。

各触发器的驱动方程为式（5.19）：

$$\begin{cases} J_0 = K_0 = 1 \\ J_1 = K_1 = \overline{Q}_0 \\ J_2 = K_2 = \overline{Q}_0 \cdot \overline{Q}_1 \\ J_3 = K_3 = \overline{Q}_0 \cdot \overline{Q}_1 \cdot \overline{Q}_2 \end{cases} \tag{5.19}$$

电路的输出方程为：

$$B = \overline{Q}_0 \cdot \overline{Q}_1 \cdot \overline{Q}_2 \cdot \overline{Q}_3 \tag{5.20}$$

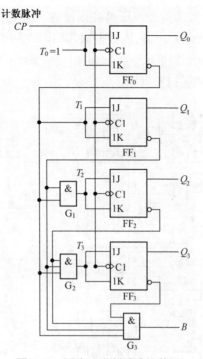

图 5-40　同步二进制减法计数器

③二进制可逆计数器。

既能进行加法计数又能进行减法计数的计数器，称为可逆计数器。将前面介绍的四位二进制同步加法计数器与减法计数器合并起来，并引入一加/减控制信号 X，便构成四位二进制同步可逆计数器，各触发器的驱动方程为式（5.21）：

$$\begin{cases} J_0 = K_0 = 1 \\ J_1 = K_1 = XQ_0 + \overline{X} \cdot \overline{Q}_0 \\ J_2 = K_2 = XQ_0Q_1 + \overline{X} \cdot \overline{Q}_0 \cdot \overline{Q}_1 \\ J_3 = K_3 = XQ_0Q_1Q_2 + \overline{X} \cdot \overline{Q}_0 \cdot \overline{Q}_1 \cdot \overline{Q}_2 \end{cases} \qquad (5.21)$$

当控制信号 $X = 1$ 时，各触发器的 JK 端与低位各触发器的 Q 端相连，电路做加法计数器；当控制信号 $X = 0$ 时，各触发器的 JK 端与低位各触发器的 $\overline{Q}$ 端相连，电路做减法计数器。由此实现可逆计数功能。

（2）集成二进制计数器

在实际生产的计数器芯片中，往往还附加一些控制电路，以增加电路的功能和使用的灵活性。

图 5-41（a）为中规模集成四位同步二进制计数器 74161 的逻辑图。这个电路

除了具有二进制加法计数功能外，还具有预置数、保持和异步清零等附加功能。图中 $\overline{LD}$ 为预置数控制端，$D_0 \sim D_3$ 为数据输入端，C 为进位输出端，$\overline{R}_D$ 为异步清零（复位）端，EP 和 ET 为工作状态控制端。图 5-41（b）为 74161 的引脚图，图 5-41（c）为 74161 的逻辑符号图。

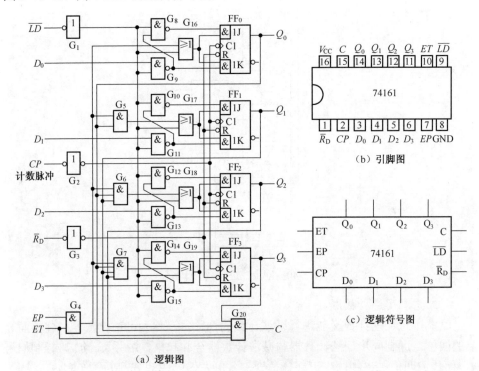

图 5-41   四位二进制同步计数器 74161

表 5-10 为 74161 的功能表。由表可知，74161 具有以下功能：

①异步清零：当 $\overline{R}_D = 0$ 时，不管其它输入端的状态如何，不论有无时钟脉冲 CP，计数器输出将被直接清零（$Q_3 Q_2 Q_1 Q_0 = 0000$），称为异步清零。

②同步预置数：当 $\overline{R}_D = 1$、$\overline{LD} = 0$ 时，在输入时钟脉冲 CP 上升沿的作用下，并行输入端的数据 $D_3 \sim D_0$ 被置入计数器的输出端，即 $Q_3 Q_2 Q_1 Q_0 = D_3 D_2 D_1 D_0$。由于这个操作要与 CP 上升沿同步，所以称为同步预置数。

③计数功能：当 $\overline{R}_D = \overline{LD} = EP = ET = 1$ 时，在 CP 端输入计数脉冲，计数器进行二进制加法计数。

④保持：当 $\overline{R}_D = \overline{LD} = 1$，且 $EP \cdot ET = 0$，即两个控制端中有 0 时，则计数器保持原来状态不变。这时，如果 $EP = 0$、$ET = 1$，则进位输出信号 C 保持不变；

$ET = 0$，则不管 EP 状态如何，进位输出信号 C 为 0。

表 5-10　74161 的功能表

CP	$\bar{R}_{\mathrm{D}}$	$\overline{LD}$	EP	ET	工作状态
$\times$	0	$\times$	$\times$	$\times$	置零
⎍	1	0	$\times$	$\times$	预置数
$\times$	1	1	0	1	保持
$\times$	1	1	$\times$	0	保持（但 $C = 0$）
⎍	1	1	1	1	计数

图 5-42 是 74161 典型的时序波形图，该图分别表示异步清零操作、同步置数操作、加法计数操作、计数保持操作的输入输出信号波形。

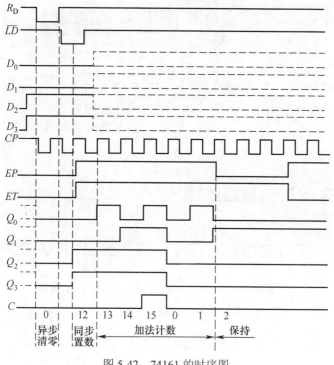

图 5-42　74161 的时序图

图 5-43 是集成四位二进制同步可逆计数器 74LS191 的逻辑电路图、引脚图和逻辑符号图。由于电路只有一个时钟信号（也就是计数输入脉冲）输入端，所以称这种电路结构为单时钟结构。

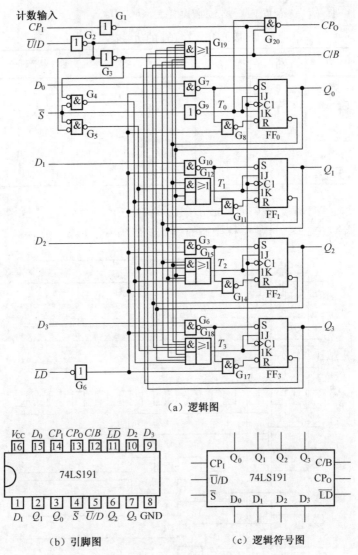

（a）逻辑图

（b）引脚图　　　（c）逻辑符号图

图 5-43　单时钟同步二进制加/减计数器 74LS191

74LS191 的功能表如表 5-11 所示。74LS191 的功能分析如下：

①异步置数：当 $\overline{LD}$ = 0 时，电路处于置数状态。不论 CP_I 有无时钟脉冲，$D_0 \sim D_3$ 的数据立即被置入计数器的输出端，即 $Q_3 Q_2 Q_1 Q_0 = D_3 D_2 D_1 D_0$。由于不受时钟脉冲 CP_I 的控制，所以称为异步置数。

②计数：当 $\overline{LD}$ = 1 且 $\overline{S}$ = 0 时，在 CP_I 输入计数脉冲，计数器进行二进制计数。

当 $\overline{U}/D = 0$ 时，做加法计数，若 $Q_3Q_2Q_1Q_0 = 1111$，则 $C/B = 1$，有进位输出；
当 $\overline{U}/D = 1$ 时，做减法计数，若 $Q_3Q_2Q_1Q_0 = 0000$，则 $C/B = 1$，有借位输出。
在 $C/B = 1$ 的情况下，下一个 CP_I 上升沿到达前，CP_O 端有一负脉冲输出。

③保持：当 $\overline{LD} = 1$ 且 $\overline{S} = 1$ 时，计数器保持原状态不变。

表 5-11 74LS191 的功能表

CP_I	$\overline{S}$	$\overline{LD}$	$\overline{U}/D$	工作状态
×	1	1	×	保持
×	×	0	×	异步预置数
⊓	0	1	0	加法计数
⊓	0	1	1	减法计数

图 5-44 是 74LS191 的时序图。

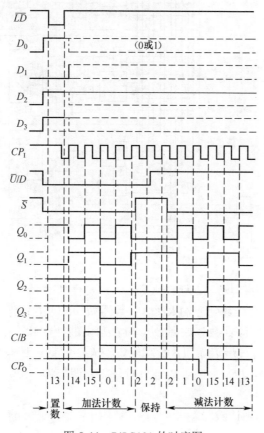

图 5-44 74LS191 的时序图

如果加法计数脉冲和减法计数脉冲来自两个不同的脉冲源，则需要使用双时钟结构的加/减计数器计数。图 5-45 是双时钟加/减计数器 74LS193 的电路结构图。

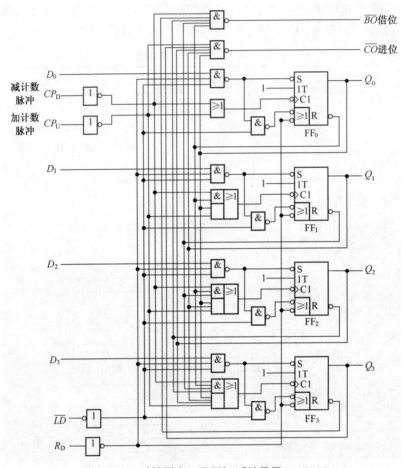

图 5-45　双时钟同步二进制加/减计数器 74LS193

图中的 4 个触发器均连接为 T'触发器，只要有时钟信号加到触发器，它就产生翻转。当 CP_U 端有计数脉冲输入时，计数器做加法计数；当 CP_D 端有计数脉冲输入时，计数器做减法计数。加到 CP_U 和 CP_D 上的计数脉冲在时间上应该错开。

74L5193 也具有异步清零和置数功能。当 $R_D = 1$ 时，所有触发器清零，且不受计数脉冲控制。当 $\overline{LD} = 0$ 且 $R_D = 0$ 时，将立即把 $D_0 \sim D_3$ 的状态置入 $Q_0 \sim Q_3$ 中，与计数脉冲无关。

（3）集成十进制计数器

图 5-46 是同步十进制加法计数器 74160 的逻辑电路图、引脚图和逻辑符号图。

74160 输入端的功能和用法与 74161 的功能表相同。所不同的仅在于 74160 是十进制加法计数器,而 74161 是四位二进制加法计数器。

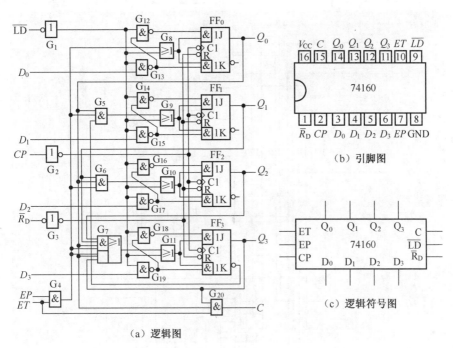

（a）逻辑图

图 5-46　同步十进制加法计数器 74160

在同步十进制加法计数器和同步十进制减法计数器的基础上,增加一加/减控制信号,就可得到同步十进制可逆计数器。图 5-47 为集成同步十进制可逆计数器 74LS190 的逻辑图。

当加/减控制信号 $\overline{U}/D = 0$ 时,计数器为加法计数;当 $\overline{U}/D = 1$ 时,计数器为减法计数。其它输入端、输出端的功能及用法与同步二进制可逆计数器 74LS191 完全相似。74LS190 的功能表也与 74LS191 的功能表（见表 5-11）相同。

同步十进制加/减计数器也有双时钟结构,例如 74LS192,其功能与用法与 74LS193 相同。

3. 任意进制计数器

目前常见的集成计数器一般为二进制或十进制计数器,如果需要其它进制的计数器,可用现有的集成芯片,利用其清零端或置数端外加适当的门电路连接而成。

假定已有的是 N 进制计数器,而需要得到的是 M 进制计数器,这时有 $M < N$

和 $M>N$ 两种可能的情况。本章主要讨论 $M<N$ 时构成任意进制计数器的方法。

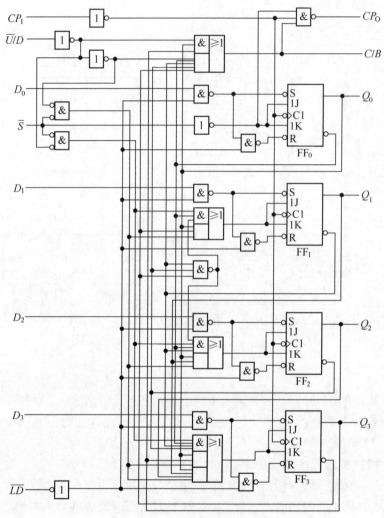

图 5-47　同步十进制可逆计数器 74LS190 的逻辑图

在 N 进制计数器的顺序计数过程中，若设法使之跳跃 $N-M$ 个状态，就可得到 M 进制计数器。实现跳跃的方法有清零法和置数法两种。

清零法适用于有清零输入端的计数器。其工作原理是：设原有的计数器为 N 进制，当它从全 0 状态 S_0 开始计数，并接收了 M 个计数脉冲后，电路进入 S_M 状态。如果将 S_M 状态译码，产生一个清零信号，并加到计数器的清零输入端，则计数器将为 S_0 状态，这样即可跳过 $N-M$ 个状态，得到 M 进制计数器。

如果计数器具有异步清零输入端，则当电路进入 S_M 状态后，立即被置成 S_0 状态，所以 S_M 状态仅在极短的瞬时出现，因此在稳定的状态循环中，应不包括 S_M 状态。图 5-48（a）为异步清零法示意图。

置数法是通过给计数器置入某个数值的方法，跳跃 $N-M$ 个状态，从而获得 M 进制计数器的，图 5-48（b）为置数法示意图。置数操作可以在电路的任何状态下进行，此方法适用于有置数功能的计数器。

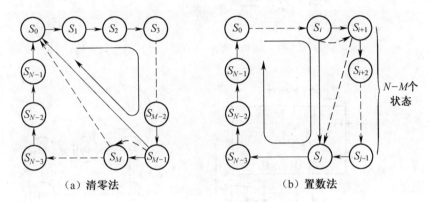

（a）清零法　　　　　　　（b）置数法

图 5-48　实现任意进制计数器的两种方法

对于同步预置数的计数器（如 74160、74161），$\overline{LD} = 0$ 的信号从 S_i 状态译出，需要等待下一个 CP 信号才能将预置数置入计数器，因此稳定的状态循环中应包含有 S_i 状态。

对于异步置数的计数器（如 74LS190、74LS191），只要 $\overline{LD} = 0$，立即会将预置数置入计数器，而不受 CP 信号的控制，因此 $\overline{LD} = 0$ 信号应从 S_{i+1} 状态译出。S_{i+1} 状态只在极短的瞬间出现，稳态的状态循环中不包含这个状态，如图 5-48（b）中虚线所示。

例 5.5　试应用同步十进制计数器 74160，分别采用清零法和置数法实现六进制计数器。

解　①采用清零法。由于 74160 是异步置零，因此实现六进制计数器的清零信号应是 0110。利用门电路将清零信号译码为 $\overline{R}_D = 0$，将计数器状态清零。图 5-49 是应用清零法实现六进制计数器的电路图和状态转换图。由状态转换图可见，清零信号 0110 不包含在稳定的循环状态中，用虚线表示。

②采用置数法。由于 74160 是同步置数，因此实现六进制计数器，采用 0101 作为置数信号，门电路译码产生 $\overline{LD} = 0$，下一个 CP 到达时置入 0000。图 5-50 为用置数法实现六进制计数器的电路图和状态转换图。

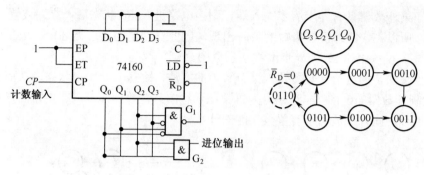

图 5-49　用清零法实现六进制计数器

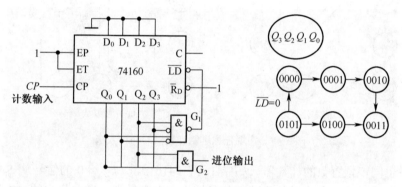

图 5-50　用置数法实现六进制（置入 0000）

此外也可以采用图 5-51 所示的方法，采用 0100 作为置数信号产生 $\overline{LD} = 0$，置入的数值为 1001。

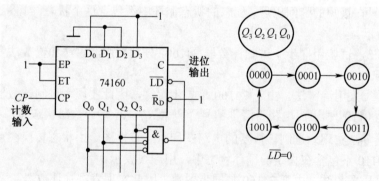

图 5-51　用置数法实现六进制（置入 1001）

5.5　辅修内容

5.5.1　异步时序逻辑电路的分析

异步时序电路的设计步骤和同步时序电路的设计基本相同，也是根据设计要求构成原始状态转换表；对状态转换表进行化简；对最简状态转换表进行编码；选定触发器类型；确定输出方程和控制方程；画逻辑图等。

异步时序逻辑电路中没有统一的时钟脉冲，因此，分析时必须指出时钟方程。在考虑各触发器状态转换时，除考虑驱动信号的情况外，还必须考虑其 CP 端的情况，即根据各触发器的时钟方程及触发方式，确定各 CP 端是否有触发信号作用。有触发信号作用的触发器能改变状态，无触发信号作用的触发器则保持原状态不变。

例 5.6　试分析图 5-52 所示的时序逻辑电路。

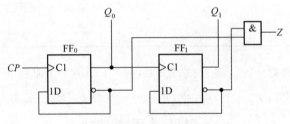

图 5-52　例 5.6 的逻辑电路图

解　由图 5-52 可看出，FF_1 的时钟信号输入端没有与时钟脉冲 CP 连接，而是连接到 FF_0 的 Q_0 端，所以电路为异步时序逻辑电路。具体分析如下：

①写出逻缉方程式。

时钟方程如下：

$$\begin{cases} CP_0 = CP \\ CP_1 = Q_0 \end{cases}$$

输出方程如下：

$$Z = \overline{Q_1^n} \cdot \overline{Q_0^n}$$

各触发器的驱动方程如下：

$$\begin{cases} D_0 = \overline{Q_0^n} \\ D_1 = \overline{Q_1^n} \end{cases}$$

②将各驱动方程代入 D 触发器的特性方程，得到各触发器的状态方程。

$$\begin{cases} Q_0^{n+1} = D_0 = \overline{Q_0^n} \\ Q_1^{n+1} = D_1 = \overline{Q_1^n} \end{cases}$$

③做出状态转换表、状态图、时序图。

触发器的状态方程只有在满足时钟条件（即上升沿作用）时，将现态的各种取值代入才有效，否则电路保持原状态不变。因此，在状态转换表中，需增加各触发器 CP 端的状况，有上升沿作用，用 ↑ 表示；无上升沿作用，用 0 表示。列出状态转换表如表 5-12 所示。

表 5-12　例 5.6 的状态转换表

现态		次态		输出	时钟脉冲	
Q_1^n	Q_0^n	Q_1^{n+1}	Q_0^{n+1}	Z	CP_1	CP_0
0	0	1	1	1	↑	↑
1	1	1	0	0	0	↑
1	0	0	1	0	↑	↑
0	1	0	0	0	0	↑

表 5-12 中的第一行，现态 $Q_1^n Q_0^n = 00$ 时，一个 CP 脉冲上升沿作用，则 FF$_0$ 满足时钟条件，即 CP_0 为 ↑，将 $Q_1^n Q_0^n = 00$ 代入状态方程，计算得 $Q_0^{n+1} = 1$。由于 Q_0 由 0 翻转为 1，故 CP_1 为 ↑，则 FF$_1$ 也满足时钟条件，将 $Q_1^n Q_0^n = 00$ 代入状态方程，计算得 $Q_1^{n+1} = 1$，所以 $Q_1^{n+1} Q_0^{n+1} = 11$。将 $Q_1^n Q_0^n = 00$ 代入输出方程，计算得输出 $Z = 1$。其余依此类推。

根据状态转换表可得状态转换图和时序图，如图 5-53 所示。

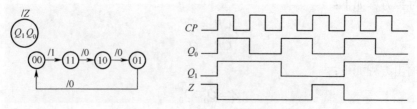

图 5-53　例 5.6 的状态转换图和时序图

④逻辑功能分析。

由状态转换图可知：该电路共有 4 个状态 00、01、10、11，在时钟脉冲的作用下，按减 1 规律循环变化，所以电路是一个四进制减法计数器，其中 Z 是借位信号。

5.5.2　时序逻辑电路中的竞争与冒险

因为时序逻辑电路通常都包含组合逻辑电路和存储电路两个部分，所以它的竞争－冒险现象也包含两个方面。

一方面是其中的组合逻辑电路部分可能发生的竞争－冒险现象。产生这种现象的原因前面已介绍。这种由于竞争而产生的尖峰脉冲并不影响组合逻辑电路的稳态输出，但如果它被存储电路中的触发器接收就可能引起触发器的误翻转，造成整个时序电路的误动作，这种现象必须绝对避免。

另一方面是存储电路（或者说是触发器）工作过程中发生的竞争－冒险现象，这也是时序电路所特有的一个问题。

在讨论触发器的动态特性时曾经指出，为了保证触发器可靠地翻转，输入信号和时钟信号在时间配合上应满足一定的要求。然而当输入信号和时钟信号同时改变，而且途经不同路径到达同一触发器时，便产生了竞争。竞争的结果有可能导致触发器误动作，这种现象称为存储电路（或触发器）的竞争－冒险现象。

在图 5-54 的八进制异步计数器电路中，就存在这种存储电路的竞争－冒险现象。

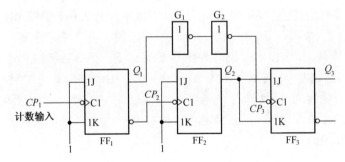

图 5-54　八进制异步计数器

计数器由 3 个 JK 触发器 FF_1、FF_2、FF_3 及两个反相器 G_1、G_2 组成。

其中 FF_1 工作在 $J_1 = K_1 = 1$ 的状态，每次 CP_1 的下降沿到达时，FF_1 都会翻转；FF_2 工作在 $J_2 = K_2 = 1$ 的状态，所以每次 $\overline{Q_1}$ 由 1 跳变为 0 时，FF_2 都要翻转；FF_3 的时钟信号 CP_3 取自 Q_1，输入端 $J_3 = K_3 = Q_2$，而 FF_2 的时钟信号又取自 $\overline{Q_1}$。因而当 FF_1 由 0 变成 1 时，FF_3 的输入信号和时钟电平同时改变，导致了竞争－冒险现象的发生。

如果 Q_1 从 0 变成 1 时，Q_2 的变化先于 CP_3 的上升沿到达，那么在 $CP_3 = 1$ 的全部时间里，J_3 和 K_3 的状态将始终不变，可以根据 CP_3 下降沿到达时 Q_2 的状态决定 FF_3 是否翻转。由此，可得到的状态转换表见表 5-13，显然电路是八进制计数器。

表 5-13　图 5-54 电路的状态转换表（一）

计数顺序	电路状态		
	Q_1	Q_2	Q_3
0	0	0	0
1	1	1	0
2	0	1	1
3	1	0	1
4	0	0	1
5	1	1	1
6	0	1	0
7	1	0	0
8	0	0	0

如果 Q_1 从 0 变成 1 时，CP_3 的上升沿先到达 FF_3，而 Q_2 的变化在后。则在 $CP_3 = 1$ 的期间内，J_3 和 K_3 的状态可能发生变化，这就不能简单地按照 CP_3 下降沿到达时 Q_2 的状态决定 Q_3 的次态。例如，当 $Q_1Q_2Q_3$ 从 011 变成 101 时，FF_1 从 0 变为 1。由于 CP_3 首先从 0 变成 1，而 Q_2 原来的 1 状态尚未改变，所以在很短的时间里出现了 J_3、K_3、CP_3 同时为 1 的状态。下一个计数脉冲到达，产生 CP_3 的下降沿，虽然这时 Q_2 已变为 0，使 $J_3 = K_3 = 0$，但由于 FF_3 的主触发器已经是 0，从触发器仍要翻转为 0，使 $Q_1Q_2Q_3 = 000$。于是可得到另外一个状态转换表，如表 5-14 所示。如果在设计时，无法确定 CP_3 和 Q_2 哪一个先改变状态，那么也不能确定电路状态转换的规律。

表 5-14　图 5-54 电路的状态转换表（二）

计数顺序	电路状态		
	Q_1	Q_2	Q_3
0	0	0	0
1	1	1	0
2	0	1	1
3	1	0	1
4	0	0	0

　　为了确保 CP_3 的上升沿在 Q_2 的新状态稳定建立后才到达 FF$_3$，可以在 Q_1 到 CP_3 的传输通道，增加延迟环节。图 5-55 电路中的两个反相器 G$_1$ 和 G$_2$ 就是作为延迟环节。只要 G$_1$ 和 G$_2$ 的传输延迟时间足够长，一定能使 Q_2 的变化先于 CP_3 的变化，保证电路按八进制计数循环正常工作。

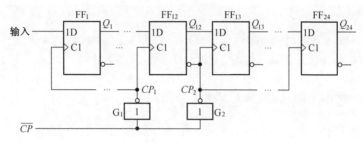

图 5-55　移位寄存器的时钟偏移现象

　　在同步时序电路中，由于所有触发器都在同一时钟脉冲作用下动作，而在此之前每个触发器的输入信号均已处于稳定状态，因而可以认为不存在竞争现象。因此，一般认为时序电路的竞争－冒险现象仅发生在异步时序电路中。

　　在有些规模较大的同步时序电路中，由于每个门的带负载能力有限，所以经常是先采用一个时钟信号同时驱动几个门电路，然后再由这几个门电路分别去驱动若干触发器。由于每个门的传输延迟时间不同，严格地讲系统已不是真正的同步时序逻辑电路，故仍有可能发生时序电路的竞争－冒险现象。

　　在图 5-55 所示的移位寄存器中，由于触发器的数目较多，所以采用分段供给时钟信号的方式。触发器 FF$_1$～FF$_{12}$ 的时钟信号 CP_1 由 G$_1$ 供给，FF$_{13}$～FF$_{24}$ 的时钟信号 CP_2 由 G$_2$ 供给。如果 G$_1$ 和 G$_2$ 的传输延迟时间不同，则 CP_1 和 CP_2 之间将产生时间差，发生时钟偏移现象。

　　时钟信号偏移有可能造成移位寄存器的误动作。如果 G$_1$ 的传输延迟时间比 G$_2$ 的传输延迟时间小得多，则当 $\overline{CP}$ 输入一个负脉冲时，CP_1 的上升沿将先于 CP_2 的上升沿到达，使 FF$_{12}$ 先于 FF$_{13}$ 动作。如果两个门的传输延迟时间之差大于 FF$_{12}$ 的传输延迟时间，那么 CP_2 的上升沿到 FF$_{13}$ 时，FF$_{12}$ 已经翻转为新状态了。这时 FF$_{13}$ 接收的是 FF$_{12}$ 的新状态，而把 FF$_{12}$ 原来状态丢失，移位的结果是错误的。

　　可以利用增加 FF$_{12}$ 的 Q 端到 FF$_{13}$ 的 D 端之间的传输延迟时间来解决。具体的做法可以在 FF$_{12}$ 的 $\overline{Q}$ 端与 FF$_{13}$ 的 D 端之间增加一反相器，如图 5-56（a）所示。

　　另外，也可在 FF$_{12}$ 的 Q 端与地之间接入一个很小的电容，如图 5-56（b）所示。

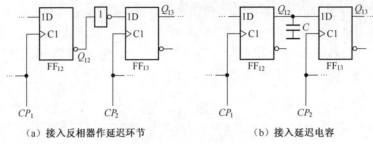

（a）接入反相器作延迟环节　　　　　　（b）接入延迟电容

图 5-56　防止移位寄存器错移的方法

5.5.3　常用时序逻辑电路的 VHDL 语言描述

1. 生成语句

生成语句用来产生多个相同的结构，用以简化逻辑描述。生成语句有一种复制功能，在设计中，只要根据某些条件设定某一元件或某设计单元，就可以利用生成语句复制一组完全相同的并行元件或设计单元结构。生成语句有两种形式，其语句格式如下：

①标号 1：FOR　循环变量　IN　　取值范围　GENERATE

　　　　　说明

　　　　　BEGIN

　　　　　并行语句；

　　　　　END　GENERATE[标号 1]

②标号 2：IF　条件　　GENERATE

　　　　　说明

　　　　　BEGIN

　　　　　并行语句；

　　　　　END　GENERATE[标号 2]

上述两种格式的区别在于：FOR-GENERATE 语句用于描述多重模式，其中的并行语句是用来复制的基本单元；IF-GENERATE 语句用于描述结构的例外情况，当 IF 条件为真时，才执行其内部的语句。

2. 寄存器的 VHDL 描述

（1）四位数据寄存器的 VHDL 描述

4 位数据寄存器如图 5-57 所示，电路由 D 触发器构成，当 R_D 为零时，触发器异步清零。时钟脉冲上升沿作用，把数据输入端 $d_0 \sim d_3$ 的数据置入 $Q_0 \sim Q_3$。

在第 4 章已介绍过利用 VHDL 语言描述 D 触发器。本章设计利用已有的 D 触发器的程序，直接设计 4 位数据寄存器的 VHDL 语言描述，如程序 5.1 所示。

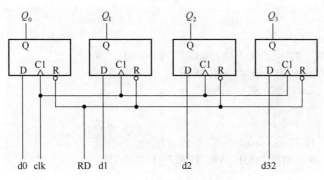

图 5-57　四位数据寄存器

程序 5.1　4 位数据寄存器的 VHDL 描述

```
ENTITY datereg IS
PORT (d0,d1,d2,d3,RD,clk    : IN   STD_LOGIC;
       Q0,Q1,Q2,Q3   : OUT STD_LOGIC );
END    datereg;

ARCHITECTURE example1 of datereg IS
COMPONENT dff2
PORT (D,c1,R: IN   STD_LOGIC;
       Q: OUT STD_LOGIC);
END COMPONENT;

SIGNAL d,q_m: STD_LOGIC_VECTOR(3   DOWNTO   0 );
BEGIN
d<=d3&d2&d1&d0;
aa1: FOR i IN   0 TO 3   GENERATE
bb1: dff2   PORT   MAP   (d(i),clk,RD,q_m(i));
END GENERATE;
Q3<=q_m(3); Q2<=q_m(2); Q1<=q_m(1); Q0<=q_m(0);
END    example1;
```

（2）8 位三态输出锁存器

8 位三态输出锁存器的功能如图 5-58 所示，其 VHDL 语言描述如程序 5.2 所示。

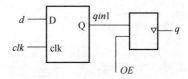

图 5-58　三态输出的锁存器

程序 5.2

```
ENTITY latch IS
PORT (d: IN   STD_LOGIC_VECTOR(7   DOWNTO   0);
      q : OUT STD_LOGIC_VECTOR(7   DOWNTO   0) ;
        clk,OE: IN   STD_LOGIC);
END latch;

ARCHITECTURE example2   OF   latch   IS
SIGNAL qin1:  STD_LOGIC_VECTOR(7   DOWNTO   0);
BEGIN
PROCESS(clk,d)
BEGIN
    IF clk='1'   THEN
    Qin1<=d
    END IF;
END PROCESS;
q <=qin1 WHEN   (OE='1') ;
ELSE "ZZZZZZZZ";
END example2;
```

（3）计数器的 VHDL 描述

一个具有同步清零端 R、同步使能端 en 的 256 进制可逆计数器的 VHDL 语言描述如程序 5.3 所示。

程序 5.3　同步清零、同步使能的 256 进制可逆计数器的 VHDL 描述

```
ENTITY counter1 IS
PORT (clk,R,en,up_down   : IN   BIT;
      q : OUT   INTEGER   RANGE   0   TO   255);
END counter1;

ARCHITECTURE example3 OF counter1 IS
        BEGIN
        PROCESS(clk)
        VARIABLE cnt:  INTEGER   RANGE   0   TO   255;
    VARIABLE direction:   INTEGER;
    BEGIN
    IF (up_down='1')   THEN   direction:=1;
    ELSE   direction:=-1;
    END   IF
    IF   (clk 'EVENT   AND clk '1')   THEN
    IF R='0'   THEN   cnt:=0;
```

```
ELSIF   en='0'   THEN
IF cnt=255   THEN   cnt:=0
ELSE
cnt:=cnt+direction;
END IF;
END IF;
END IF;
END IF;
q<=cnt;
END PROCESS;
END example3;
```

本章小结

　　时序逻辑电路任何一个时刻的输出状态，不仅取决于当时的输入信号，还与电路原状态有关。因此时序电路中必须含有具有记忆功能的存储器件，触发器是最常用的存储器件。

　　根据时序逻辑电路在逻辑功能上的特点，任意时刻时序逻辑电路的状态和输出都可以表示为输入变量和电路原来状态的逻辑函数。通常描述时序逻辑电路逻辑功能的方法有方程组（由状态方程、驱动方程和输出方程组成）、状态转换表、状态转换图和时序图等。它们各具特色，可应用于不同场合。其中方程组是与具体电路结构直接对应的一种表达方式。在分析时序电路时，一般首先是从电路图写出方程组；在设计时序电路时，也是通过方程组最后才能画出逻辑图。状态转换表和状态转换图的特点是给出电路工作的全部过程，能使电路的逻辑功能一目了然，这也是在得到方程组后还要画出状态转换图或列出状态转换表的原因。时序图的表示方法便于进行波形观察，因而适用于实验调试。

　　由于具体时序电路千变万化，所以它们的种类不胜枚举。本章介绍的寄存器、移位寄存器、计数器只是其中常见的几种。

　　计数器是一种简单而又最常用的时序逻辑器件。它们在计算机和其它数字系统中起着重要作用。计数器不仅能用于统计输入时钟脉冲的个数，还能用于分频、定时、产生节拍脉冲等。利用已有的 M 进制集成计数器，可以构成任意进制计数器。采用的方法有置数法和清零法。

　　寄存器是一种常用的时序逻辑器件。寄存器可分为数码寄存器和移位寄存器。移位寄存器又分为单向移位寄存器和双向移位寄存器。集成移位寄存器使用方便、功能全、输入和输出方式灵活。可用移位寄存器实现数据的串－并转换、组成环形计数器、扭环形计数器、顺序脉冲发生器等。

　　由于时序电路通常包含组合电路和存储电路两部分，所以时序电路中的竞争－冒险现象也有两个方面：一方面组合电路的竞争－冒险产生的尖峰脉冲如果被存储电路接收，将引起触发器翻转，使电路发生误动作；另一方面存储电路本身也存在竞争－冒险问题。

　　存储电路中竞争－冒险现象的实质，是由于触发器的输入信号和时钟信号同时改变，时间上配合不当，从而可能导致触发器误动作。因为这种现象一般只发生在异步时序电路中，所以在设计较大时序系统时多数都采用同步时序电路。

习 题 五

　　5-1　时序逻辑电路如图 5-59 所示，电路初始状态为 $Q_0Q_1Q_2 = 100$，试分析电路的逻辑功能，并画出电路的时序图。

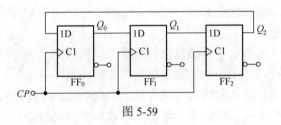

图 5-59

　　5-2　试分析图 5-60 时序电路的逻辑功能，写出电路的驱动方程、状态方程和输出方程，画出电路的状态转换图。说明电路能否自启动。

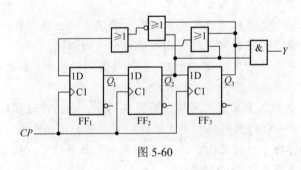

图 5-60

　　5-3　试分析图 5-61 时序电路的逻辑功能，写出电路的驱动方程、状态方程和输出方程，并画出电路的状态转换图。说明电路能否自启动。

　　5-4　分析图 5-62 所示电路的逻辑功能，列出其状态转换表。

　　5-5　分析图 5-63 所示的电路，画出状态转换图，说明发光二极管的工作状态。

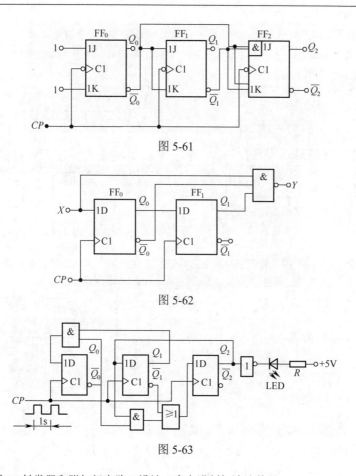

图 5-61

图 5-62

图 5-63

5-6　用 JK 触发器和附加门电路，设计一个七进制加法计数器。

5-7　用 D 触发器和附加门电路，设计一个十一进制计数器，并检查设计的电路是否能自启动。

5-8　设计一个步进电机用的三相 6 状态脉冲分配器。用 1 表示线圈导通，用 0 表示线圈截止，则三个线圈 ABC 的状态转换图如图 5-64 所示。在正转时控制输入端 G 为 1，反转时控制输入端 G 为 0。

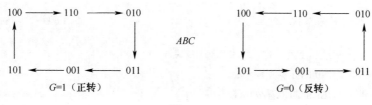

图 5-64

5-9 分析图 5-65 所示电路，画出状态转换图，并说明电路的功能。

5-10 试分析图 5-66 的计数器电路，画出其时序图。若计数输入脉冲的频率为 7kHz，则 Y 的频率为多少？

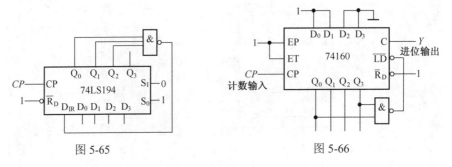

图 5-65　　　　　　　　　　图 5-66

5-11 分析图 5-67 所示的电路，画出它们的状态转换图，指出各是几进制计数器。

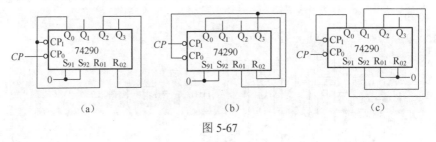

(a)　　　　　　　(b)　　　　　　　(c)

图 5-67

5-12 试分析图 5-68 的计数器电路，说明计数器的模是多少？

5-13 试分析图 5-69 所示电路，当 $M=1$ 和 $M=0$ 时，计数器各是几进制？

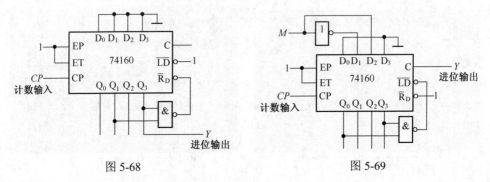

图 5-68　　　　　　　　　　图 5-69

5-14 试分别用以下方法设计一七进制计数器：

（1）利用 74290 的异步清零功能；

（2）利用 74161 的同步置数功能。

5-15 试用 74161 设计可控进制计数器。要求当输入控制变量 $M=0$ 时，工作在六进制；

当 $M=1$ 时，工作在十二进制。

5-16　分析图 5-70 所示的电路，说明电路实现什么功能。

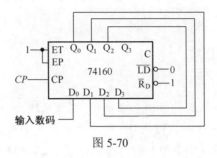

图 5-70

5-17　图 5-71 所示电路为 74161 构成的延迟电路，试分析电路的功能，当 $d_0d_1d_2d_3 = 1010$ 时，画出 Y 的输出波形。

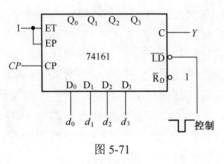

图 5-71

5-18　图 5-72 所示电路中，若两个移位寄存器中的原始数据分别为 $A_3A_2A_1A_0 = 1001$，$B_3B_2B_1B_0 = 0011$，经过 4 个 CP 信号后，两个移位寄存器中的数据为多少？这个电路实现什么功能？

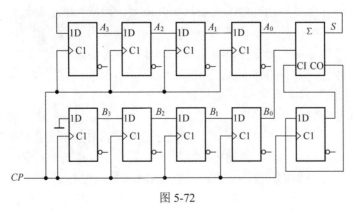

图 5-72

第6章　半导体存储器

 **内容提要**

本章首先介绍半导体存储器的基本结构、工作原理；然后逐一介绍掩膜 ROM、PROM、EPROM、EEPROM、FLASH 等不同类型只读存储器的原理及特点；此外，分别对静态存储器（SRAM）和动态存储器（DRAM）的结构特点及性能进行比较；最后重点讲述用存储器实现组合逻辑函数的方法。

6.1　概述

1. 半导体存储器的特点与应用

数字信息在运算或处理过程中，需要使用专门的存储器进行较长时间的存储。正是因为存储器，计算机才具有对信息的记忆功能。存储器的种类很多，本章主要讨论半导体存储器。半导体存储器有品种多、容量大、速度快、耗电省、体积小、操作方便、维护容易等优点，在数字设备中得到广泛应用。目前，微型计算机的内存普遍采用了大容量的半导体存储器。

存储器是由许多触发器或其它记忆元件构成的，用以存储一系列二进制数码。所存的信息通常以字为单位进行描述，一个字就是一个信息单元。存储器也相应以字为单位划分各存储单元（即数字电路中的寄存器）。

因为半导体存储器的存储单元数目极其庞大，而器件的引脚数目有限，所以在电路结构上不能像寄存器，把每个存储单元的输入和输出直接引出。为解决这个矛盾，在存储器中给每个存储单元编写地址，只有输入地址代码所指定的那组存储单元，才能与公共的输入/输出引脚接通，进行数据的读出或写入。

2. 半导体存储器的分类

半导体存储器的种类很多，首先从存、取功能上可分为只读存储器（ROM）和随机存储器（RAM）两大类。易失性是区分存储器种类的重要外部特征之一。易失性是指电源掉电后，存储器内的数据是否丢失。若存储数据丢失，则属易失性存储器；否则为非易失性存储器。一般 RAM 属易失性存储器，ROM 以及计算机的外部存储器（如软盘、硬盘等）则属非易失性存储器。

只读存储器 ROM 在正常工作状态下，只能从中读取数据，不能快速地随时修改或重新写入数据。ROM 的优点是电路结构简单，而且掉电以后数据不会丢失。它的缺点是只适用于存储固定数据的场合。只读存储器按存储内容写入方式的不同，可以分为掩膜 ROM 和可编程 ROM。可编程 ROM 又可细分为一次可编程 PROM、光电擦除可编程 EPROM、电可擦除可编程 EEPROM 和快闪存储器等不同类型。掩膜 ROM 中的数据在电路制作时已经固化，无法更改。PROM 的数据可以由用户根据自己的需要写入，但一经写入以后就不能再修改；EPROM 里的数据可以由用户根据自己的需要写入，而且还能擦除重写，但擦除时需用紫外光对芯片照射；EEPROM 可以用电脉冲对芯片进行擦除，所以它比 EPROM 具有更大的使用灵活性。

随机存储器与只读存储器的根本区别在于，正常工作状态下就可以随时向存储器里写入数据或从中读出数据。根据所采用的存储单元工作原理的不同，可将随机存储器分为静态存储器（SRAM）和动态存储器（DRAM）。由于动态存储器存储单元的结构非常简单，所以它所能达到的集成度远高于静态存储器。但是动态存储器的存取速度不如静态存储器。

另外，从制造工艺上又可把存储器分为双极型和 MOS 型。双极型存储器具有工作速度快、功耗大、价格较高等特点，它以双极型触发器为基本单元，主要用于对速度要求较高的场合，如在微机中作高速缓存；MOS 电路（尤其是 CMOS 电路）具有功耗低、集成度高、工艺简单、价格低等优点，主要用于大容量的存储器，如在计算机中作内存。

综上所述，半导体存储器的分类可表示为图 6-1 所示。

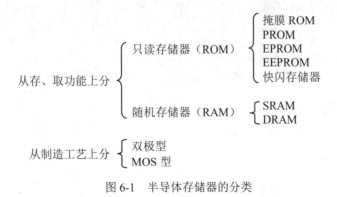

图 6-1　半导体存储器的分类

3. 半导体存储器的主要技术指标

（1）存储容量

存储容量指存储器所能存放信息的多少，存储容量越大，说明它能存储的信息越多。

存储器中的一个基本存储单元能存储一个 Bit 的信息，也就是可以存入一个 0 或 1。所以存储容量就是该存储器基本存储单元的总数。

（2）存取时间

存储器的存取时间一般用读（写）周期来描述，连续两次读取（或写入）操作所间隔的最短时间，称为读（或写）周期。读（或写）周期越短，存储器的工作速度就越高。

6.2 只读存储器

6.2.1 掩膜只读存储器

掩膜只读存储器又称固定 ROM，芯片在生产厂制造时，利用掩膜技术把需要存储的内容用电路结构固定，使用时无法再改变。

1. ROM 的电路结构

ROM 的电路结构包含存储矩阵、地址译码器和输出缓冲器三个部分，如图 6-2 所示。存储矩阵由许多存储单元排列而成。存储单元可以用二极管、双极型三极管或 MOS 管构成。每个单元能存放 1 位二值代码（0 或 1）。每一个或一组存储单元有一组对应的地址代码。

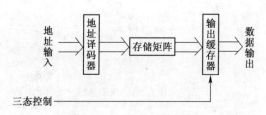

图 6-2 ROM 的结构框图

地址译码器的作用是将输入的地址代码译成相应的控制信号，利用这个控制信号从存储矩阵中选出指定存储单元，并把其中的数据送到输出缓冲器。

输出缓冲器的作用有两个，一是能提高存储器的带负载能力，二是实现对输出状态的三态控制，以便与系统总线连接。

2. ROM 电路的工作原理

图 6-3 是具有 2 位地址代码和 4 位数据输出的 ROM 电路。

地址译码器是由 4 个二极管与门组成的译码器。2 位地址代码 A_1A_0 能给出 4 个不同的地址。地址译码器将这 4 个地址代码分别译成 $W_0 \sim W_3$ 这 4 根线上的高电平信号。

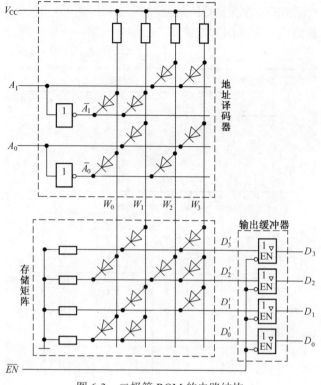

图 6-3　二极管 ROM 的电路结构

　　存储矩阵是由 4 个二极管或门组成的编码器。当 $W_0 \sim W_3$ 这 4 根线分别给出高电平信号时，都会在 $D_0 \sim D_3$ 这 4 根线上输出一组 4 位二值代码。通常将每个输出代码叫一个"字"，$W_0 \sim W_3$ 称为字线；$D_0 \sim D_3$ 称为位线（或数据线）。

　　输出端的缓冲器用于提高存储器带负载能力，并将输出的高、低电平变换为标准的逻辑电平。同时，通过给定 $\overline{EN}$ 信号，实现对输出的三态控制。

　　在读取数据时，输入指定的地址码，并令 $\overline{EN} = 0$，则指定地址内各存储单元所存数据便会输出在数据线。例如当 $A_1A_0 = 10$ 时，$W_2 = 1$，而其它字线均为低电平。由于只有 D'_2 一根线与 W_2 间接有二极管，所以这个二极管导通后，使 D'_2 为高电平，而 D'_0、D'_1、D'_3 为低电平。如果这时 $\overline{EN} = 0$，即可在数据输出端得到 $D_3D_2D_1D_0 = 0100$。4 个地址单元的存储内容列于数据表 6-1 中。

　　由以上分析不难看出，这个存储矩阵由 16 个存储单元组成，每个字线和位线的交叉点即代表一个存储单元。交点处接有二极管的单元表示存储数据 1；没有接二极管的单元表示存储数据 0。交叉点的数目也就是存储单元数。

　　采用 MOS 工艺制作 ROM 时，译码器、存储矩阵和输出缓冲器全用 MOS 管组成。图 6-4 给出 MOS 管存储矩阵的原理图。在大规模集成电路中,MOS 管多做成源、漏对称结构。为画图的方便,一般都采用图中所用的简化画法。

表 6-1 图 6-3 ROM 中的数据表

地址		数据			
A_1	A_0	D_3	D_2	D_1	D_0
0	0	0	1	0	1
0	1	1	0	1	1
1	0	0	1	0	0
1	1	1	1	1	0

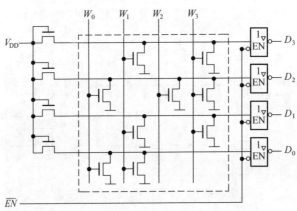

图 6-4 MOS 管构成的存储矩阵

在地址译码器的输出字线 $W_0 \sim W_3$ 中,某一条字线为高电平时,接在这条字线上的 NMOS 管导通,这些导通的 NMOS 管将位线下拉到低电平,经输出电路反相,使其输出为 1;没接导通 NMOS 管的位线仍为高电平,使其输出为 0。所以和二极管存储矩阵一样,矩阵中字线与位线的交叉点有 NMOS 管的表示存储数据 1;无 NMOS 管的表示存储数据 0。因此图 6-4 存储的数据与表 6-1 相同。

3. ROM 的容量

存储矩阵交叉点的数目即存储单元数。习惯上用存储单元的数目表示存储器的存储容量,并写成"字线数×位线数"的形式。例如,图 6-3 中 ROM 的存储量应表示成"$2^2 \times 4$ 位"。

6.2.2 可编程只读存储器(PROM)

在开发数字电路新产品的工作过程中,设计人员需要根据要求改变存储内容。此时可通过 PROM 实现。PROM 的总体结构与掩膜 ROM 一样,同样由存储矩阵、

地址译码器和输出电路组成。不过在出厂时，
已经在存储矩阵的所有交叉点上全部制作存
储元件，即相当于在所有存储单元中已全部存
入 1。

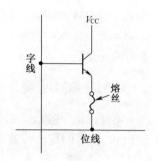

图 6-5 是熔丝型 PROM 存储单元的原理
图。它由一只三极管和串在发射极的快速熔丝
组成。三极管的 be 结，相当于接在字线与位
线间的二极管。熔丝用很细的低熔点合金丝或
多晶硅导线制成。在写入数据时，只要设法将
需存入 0 的存储单元上的熔丝烧断。

图 6-5　熔丝型 PROM 的存储单元

　　图 6-6 是一个 16×8 位的 PROM 结构原理图。编程时首先输入地址代码，找
出要写入 0 的单元地址。然后将 V_{CC} 和选中的字线提高到编程所要求的高电平，
同时在编程单元的位线加入编程脉冲（幅度约 20V，持续时间约十几微秒）。这时
写入放大器 A_W 的输出为低电平，三极管导通，有较大的脉冲电流流过熔丝，将其
熔断。正常工作时，读出放大器 A_R 输出的高电平，不足以使 D_Z 导通，A_W 不工作。

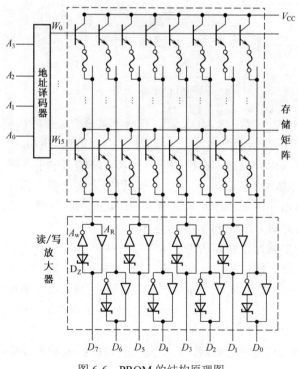

图 6-6　PROM 的结构原理图

可见，PROM 的内容一经写入就不可能修改，所以它只能写入一次。因此，PROM 仍不能满足研制过程中经常修改存储内容的需要。这就要求使用一种可以擦除重写的 ROM。

6.2.3 可擦除的可编程只读存储器（EPROM）

由于可擦除的 PROM（EPROM）中存储的数据可以擦除重写，因而在需要经常修改 ROM 内容的场合，其便成为一种比较理想的器件。

最早研究成功并投入使用的 EPROM 是用紫外线照射进行擦除，称为 EPROM。因此，现在提到 EPROM 就专指这种用紫外线擦除的 PROM（UVE-PROM）。不久出现了用电信号可擦除的 PROM（EEPROM）。后来又研制成功了快闪存储器（Flash-Memory），也是一种用电信号擦除的可编程 ROM。

1. EPROM

如图 6-7 所示的叠栅注入 MOS 管（简称 SIMOS 管）是制作 EPROM 的存储单元。

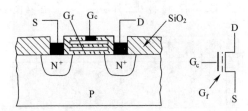

图 6-7　SIMOS 管的结构和符号

它是一个 N 沟道增强型 MOS 管，有两个重叠的栅极－控制栅 G_c 和浮置栅 G_f。控制栅 G_c 用于控制读出和写入，浮置栅 G_f 用于注入电荷。

浮置栅未注入电荷以前，在控制栅上加入正常的高电平，使漏极－源极之间产生导电沟道，SIMOS 管导通。反之，在浮置栅上注入负电荷后，必须在控制栅上加入更高的电压才能抵消注入电荷的影响，从而形成导电沟道，因此在栅极加正常的高电平信号时，SIMOS 管将不会导通。

当漏极－源极间加以较高的电压（约+20～+25V）时，将发生雪崩击穿现象。如果同时在控制栅上加以高压脉冲（幅度约+25V，宽度约 50ms），则在栅极电场的作用下，一些速度较高的电子便穿越 SiO_2 层到达浮置栅，被俘置栅俘获，而形成注入电荷。浮置栅注入了电荷的 SIMOS 管相当于写入 1，未注入电荷的相当于存入 0。

漏极和源极间的高压去掉后，由于注入到栅极的电荷没有放电通路，所以能长久保存。在+125℃的环境温度下，70%以上的电荷能保存 10 年以上。

如果用紫外线或射线照射 SIMOS 管的栅极氧化层，则 SiO₂ 层中将产生电子
—空穴对，为浮置栅极的电荷提供泄放通道，使之放电。待栅极上的电荷消失后，
导电沟道也随之消失，SIMOS 管恢复为截止状态，这个过程称为擦除。擦除时间
约为 20～30 分钟。为便于擦除操作，在器件外壳上装有透明的石英盖板。在写入
数据后，使用不透明的胶带将石英板遮蔽，以防数据丢失。

2. EEPROM

虽然用紫外线擦除的 EPROM 具备了可擦除重写的功能，但擦除操作复杂，
擦除速度很慢。为克服这些缺点，目前使用较多的是用电信号擦除的 PROM，即
EEPROM。

在 EEPROM 的存储单元中采用浮栅隧道氧化层 MOS 管（简称 Flotox 管），
它的结构如图 6-8 所示。

Flotox 管与 SIMOS 管相似，它有两个栅极——控制栅 G_c 和浮置栅 G_f。所不
同的是 Flotox 管的浮置栅与漏区之间，有一个氧化层极薄（厚度在 2×10^{-8} m 以上）
的区域。这个区域称为隧道区。当隧道区的电场强度大到一定程度时（$>10^7$V/cm），
便在漏区和浮置栅间出现导电隧道，电子可以双向通过，形成电流。这种现象称
为隧道效应。

加在控制栅 G_c 和漏极 D 上的电压，是通过浮置栅—漏极间的电容和浮置栅
—控制栅间的电容分压加到隧道区。为使加在隧道区上的电压增加，需要减小浮
置栅和漏区间的电容，因而要求把隧道区的面积做得非常小。可见，制作 Flotox
管时，对隧道区氧化层的厚度、面积和耐压的要求都很严格。

为了提高擦、写的可靠性，并保护隧道区的超薄氧化层，在 EEPROM 的存储
单元中，除 Flotox 管外还附加一个选通管，如图 6-9 所示。图中的 VT_1 为 Flotox
管（也称为存储管），VT_2 为普通的 N 沟道增强型 MOS 管（也称选通管）。根据
浮置栅的充电状态来区分存储单元的 1 或 0 状态。

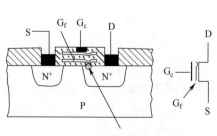

图 6-8 Flotox 管的结构和符号

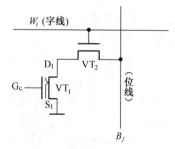

图 6-9 PROM 的存储单元

虽然 EEPROM 改用电压信号擦除，但出于擦除和写入时需要加高电压脉冲，

而且擦、写的时间仍较长，所以在系统正常工作状态下，EEPROM 仍然只能工作在读出状态，作 ROM 使用。

　　3. 快闪存储器（Flash-Memory）

　　从上面对 EEPROM 的介绍可看到，为了提高擦除和写入的可靠性，EEPROM 的存储单元用了两只 MOS 管。这无疑将限制 EEPROM 集成度的提高。快闪存储器的存储单元采用了一种类似于 EPROM 的单管叠栅结构，制成新一代电信号擦除的 PROM。

　　快闪存储器既吸收了 EPROM 结构简单、编程可靠的优点，又保留了 EEPROM 用隧道效应擦除的快捷特性。图 6-10 是快闪存储器采用的叠栅 MOS 管的结构示意图。它的结构特点是浮栅与衬底间氧化层的厚度较薄。在 EPROM 中此氧化层的厚度一般为 30～40nm，而在快闪存储器中氧化层的厚度仅为 10～15nm。而且浮栅与源区重叠的部分是由源区的横向扩散形成的，面积极小。因而浮置栅－源区间的电容比浮置栅－控制栅间的电容小得多。当控制栅极和源极间加电压，大部分电压都将降在浮置栅与源极间的电容。快闪存储器的存储单元就是用一只单管组成，如图 6-11 所示。

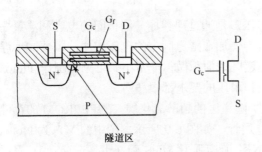
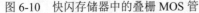
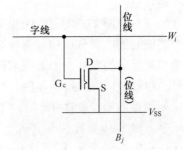

图 6-10　快闪存储器中的叠栅 MOS 管　　　　　图 6-11　快闪存储器的存储单元

　　读出状态下，字线给出+5V 的逻辑高电平、存储单元公共端 V_{ss} 为低电平。如果浮置栅没有充电，叠栅 MOS 管导通，位线输出 0；如果浮置栅充有负电荷，则叠栅 MOS 管截止，位线输出 1。

　　快闪存储器的写入方法和 EPROM 相同，即利用雪崩注入的方法使浮置栅充电。在写入状态下，叠栅 MOS 管的漏极位线接至一个较高的正电压（一般为 6V），V_{ss} 接低电平。同时在控制栅，加一个幅度 12V 左右、宽度约 10μs 的正脉冲。这时漏极－源极间将发生雪崩击穿，一部分速度高的电子穿过氧化层到达浮置栅，形成浮置栅充电电荷。浮置栅充电后，叠栅 MOS 管的开启电压在 7V 以上，因此，字线为正常高电平时，它不会导通。

　　快闪存储器的擦除操作是利用隧道效应，类似 EEPROM 写入操作。在擦除状态下,使控制栅电压处于低电平,同时在源极 V_{ss} 加入幅度 12V 左右、宽度约 100ms 的正脉冲。这时在浮置栅与源区间极小重叠部分产生隧道效应,使浮置栅上的电荷经隧道区释放。浮置栅放电后,叠栅 MOS 管的开启电压在 2V 以下,控制栅+5V 的电压一定会使其导通。

由于片内所有叠栅 MOS 管的源极连在一起,所以全部存储单元同时被擦除。这也是它不同于 EEPROM 的一个特点。

自从快闪存储器问世以来,以其高集成度、大容量、低成本和使用方便等优点,引起普遍关注。产品的集成度在逐年提高,快闪存储器将成为较大容量磁性存储器（例如 PC 机中的软磁盘和硬磁盘等）的替代产品。

6.2.4　EPROM 集成芯片简介

目前常见的 EPROM 集成芯片有 2716（2K×8 位）、2732（4K×8 位）,…,27512（64K×8 位）等,这几种芯片仅存放容量和编程高压等参数不同,其它参数基本相同。下面以 2716 为例介绍。

2716 的引脚定义如图 6-12 所示。

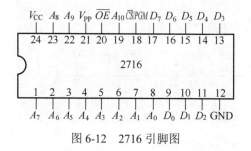

图 6-12　2716 引脚图

2716 的主要参数有:电源电压 V_{CC} = +5V,编程高电压 V_{PP} = 25V,工作电流最大值 100mA,维持电流最大值 25μA,最大读取时间 450ns,存储容量 2K×8 位。

2716 的外引线有地址线 $A_0 \sim A_{10}$,数据线 $D_0 \sim D_7$,控制线 $\overline{CE}/PGM$ 、$\overline{OE}$ 以及电源 V_{CC}, V_{PP},地 GND 等。

2716 有五种工作方式,将此五种工作方式归纳于表 6-2,简要分析如下:

①读方式:当 $\overline{CE}/PGM = 0$ 、输出允许 $\overline{OE} = 0$,并且输入地址码时,可从 $D_0 \sim D_7$ 读出该地址单元数据。

②维持方式:$\overline{CE}/PGM = 1$ 时,$D_0 \sim D_7$ 呈高阻浮置态,芯片进入维持状态,电源电流下降到维持电流 25μA 以下。

③编程方式:V_{PP} = +25V,$\overline{OE} = 1$,地址码和需要存入该地址单元的数据稳

定送入，在 $\overline{CE}/PGM$ 端送入 50ms 宽的正脉冲，数据立刻被写入到此地址单元。

表 6-2　2716 工作方式

工作方式	$\overline{CE}/PGM$	$\overline{OE}$	V_{PP}	输出 D
读出	0	0	+5V	数据输出
维持	1	×	+5V	高阻浮置
编程	⎍	1	+25V	数据写入
编程禁止	0	1	+25V	高阻浮置
编程校验	0	0	+25V	数据输出

④编程禁止方式：当对多片 2716 编程时，除 $\overline{CE}/PGM$ 外，各芯片其它同名端子全部接在一起。对其中一片编程时，可使该片的 $\overline{CE}/PGM$ 端加编程正脉冲，其他芯片 $\overline{CE}/PGM=0$，禁止数据写入，即这些片处于编程禁止状态。

⑤编程校验方式：$V_{PP}=+25V$，再按"读方式"操作，即可读出已编程固化好的内容，以便校对。

目前常用 EEPROM 的型号有 2816、2816A、2817、2817A，均为 2K×8 位；2864 为 8K×8 位。

EEPROM 2864 的引脚图见图 6-13。

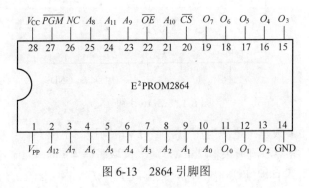

图 6-13　2864 引脚图

<h1 align="center">6.3　随机存储器</h1>

随机存储器也叫随机读/写存储器，简称 RAM。在 RAM 工作时，可随时从任何一个指定地址读出数据，也可以随时将数据写入任何指定的存储单元。它的最大优点是读、写方便，使用灵活。但是，它也存在数据易失的缺点。RAM 又分为静态随机存储器 SRAM 和动态随机存储器 DRAM 两大类。

6.3.1 静态随机存储器

1. SRAM 的静态存储单元

RAM 的核心元件是存储矩阵中的存储单元。静态存储单元是在静态触发器的基础上附加门控管构成。因此，它是靠触发器的保持功能存储数据。

图 6-14 是用六只 N 沟道增强型 MOS 管组成的静态存储单元。

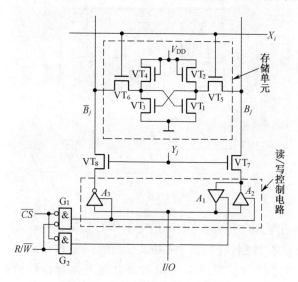

图 6-14　六管 NMOS 静态存储单元

$VT_1 \sim VT_4$ 组成基本 RS 触发器，用于记忆 1 位二值代码。VT_5 和 VT_6 是门控管，作模拟开关使用，以控制触发器 Q 和 $\overline{Q}$ 与位线 B_j、$\overline{B}_j$ 之间的联系。

VT_5 与 VT_6 的开关状态由字线 X_i 的状态决定。$X_i = 1$ 时，VT_5 与 VT_6 导通，触发器的 Q 和 $\overline{Q}$ 端与位线 B_j、$\overline{B}_j$ 接通；$X_i = 0$ 时，VT_5 与 VT_6 截止，触发器 Q 和 $\overline{Q}$ 与位线 B_j、$\overline{B}_j$ 间的联系被切断。

VT_7 与 VT_8 是每一列存储单元共用的两门控管，用于与读/写缓冲放大器间的连接。VT_7 与 VT_8 的开关状态由列地址译码器的输出 Y_j 控制。$Y_j = 1$ 时，VT_7 与 VT_8 导通，$Y_j = 0$ 时，VT_7 与 VT_8 截止。

存储单元所在的一行及所在的一列同时被选中以后，$X_i = 1$、$Y_j = 1$，VT_5、VT_6、VT_7、VT_8 均处于导通状态。Q 和 $\overline{Q}$ 与 B_j、$\overline{B}_j$ 接通。如果 $\overline{CS} = 0$、$R/\overline{W} = 1$，则读/写缓冲放大器的 A_1 接通、A_2 和 A_3 截止，Q 端的状态经 A_1 送到 I/O 端口，实现数据的读出；如果 $\overline{CS} = 0$、$R/\overline{W} = 0$，则读/写缓冲放大器的 A_1 截止，A_2 和 A_3 导

通，加到 I/O 端口的数据被写入存储单元。

　　由于 CMOS 电路具有微功耗的特点，尽管它的制造工艺比 NMOS 电路复杂，但在大容量的静态存储器中几乎都采用 CMOS 存储单元。图 6-15 是 CMOS 静态存储单元的电路。它的结构形式及工作原理与图 6-14 相似。不同点在于 CMOS 静态存储单元中，两个反相器的负载管 VT_2 和 VT_4 改用 P 沟道增强型 MOS 管。

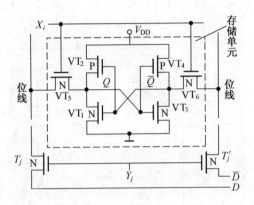

图 6-15　六管 CMOS 静态存储单元

　　采用 CMOS 工艺的 SRAM，不仅正常工作时功耗很低，而且还能在降低电源电压的状态下保存数据。因此，它可以在交流供电系统断电后用电池供电，以保持存储器中的数据不致丢失，用这种方法弥补半导体随机存储器数据易失的缺陷。

　　2. SRAM 的结构和工作原理

　　SRAM 电路通常由存储矩阵、地址译码器和读/写控制电路（也称输入/输出电路）三部分组成，如图 6-16 所示。

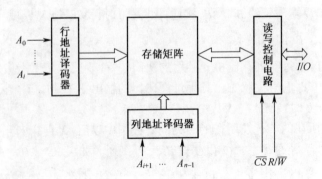

图 6-16　SRAM 的结构框图

存储矩阵由许多存储单元排列而成，每个存储单元能存储 1 位二值数码，在地址译码器和读/写电路的控制下，既可实现数据写入，又可将存储数据读出。

地址译码器一般分成行地址译码器和列地址译码器两部分。行地址译码器将输入地址代码的若干位译成某一条字线的高或低电平信号输出，从存储矩阵中选中一行存储单元；列地址译码器将输入地址代码的其余几位译成某条线的高或低电平信号，从字线选中的一行存储单元中再选 1 位（或几位）。这些被选中的单元，经读/写控制电路与输入/出端口接通，进行读或写操作。

读/写控制电路用于对电路的工作状态进行控制。当读/写控制信号 $R/\overline{W} = 1$ 时，执行读操作，将存储单元里的数据送到输入/输出端口；当 $R/\overline{W} = 0$ 时，执行写操作，加载在输入/输出端口的数据被写入存储单元。图中的双向箭头，表示一组可双向传输数据的导线，所包含的导线数目等于并行输入/输出数据的位数。多数 RAM 集成电路使用一根读/写控制线。但有少数的 RAM 集成电路，采用 2 个输入端分别进行读、写控制。

在读/写控制电路中，都另设有片选输入端 $\overline{CS}$。当 $\overline{CS} = 0$ 时，RAM 为正常工作状态；当 $\overline{CS} = 1$ 时，所有的输入/输出端口均为高阻态，不能对 RAM 进行读/写操作。

图 6-17 是 RAM 集成芯片 2114（1024×4 位）的结构框图。

2114 采用高速 NMOS 工艺制作，使用单一的+5V 电源，全部输入、输出逻辑电平与 TTL 电路兼容，完成一次读或写操作的时间为 100～200ns。

2114 的 4096 个存储单元排列成 64×64 的矩阵。10 条输入地址代码分成两组译码，其中 $A_3 \sim A_8$ 位地址码加到行地址译码器，使 $X_0 \sim X_{63}$ 中一个输出为 1，其余输出为 0，即从 64 行存储单元中选出指定的一行；$A_0 \sim A_2$ 及 A_9 这 4 位地址码加到列地址译码器，使 $Y_0 \sim Y_{15}$ 中一个输出为 1，即从已选中的一行中选出 4 个存储单元进行读/写操作。

$I/O_1 \sim I/O_4$ 既是数据输入端，又是数据输出端。在 $R/\overline{W}$ 和 $\overline{CS}$ 信号的控制下，进行读/写操作。

当 $\overline{CS} = 0$，且 $R/\overline{W} = 1$ 时，执行读出操作，由地址译码器选中的 4 个存储单元中的数据输出到 $I/O_1 \sim I/O_4$。

当 $\overline{CS} = 0$，且 $R/\overline{W} = 0$ 时，执行写入操作，加载在 $I/O_1 \sim I/O_4$ 端的输入数据写入指定的 4 个存储单元。

当 $\overline{CS} = 1$，所有的 I/O 端口均处于禁止态，将存储器内部电路与外部连线隔离。因此，可以直接把 $I/O_1 \sim I/O_4$ 与系统总线相连，或将多片 2114 的输入/输出端并联使用。

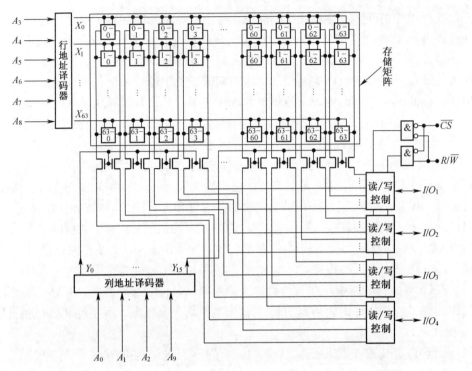

图 6-17 2114 的结构框图

3. 静态 RAM 集成芯片

图 6-18 所示是静态 CMOS RAM 6116（2K×8 位）的引脚排列图。$A_0 \sim A_{10}$ 是地址码输入端；$D_0 \sim D_7$ 是数据输出端；$\overline{CS}$ 是片选端，低电平有效；$\overline{OE}$ 是输出使能控制端，低电平有效；$\overline{WE}$ 是写入控制端。

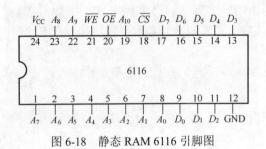

图 6-18 静态 RAM 6116 引脚图

6116 有三种操作方式：

①写入方式：当 $\overline{CS}=0$、$\overline{WE}=0$、$\overline{OE}=1$ 时，$D_0 \sim D_7$ 上的内容存入 $A_0 \sim A_{10}$ 对应的存储单元。

②读出方式：当 $\overline{CS} = 0$、$\overline{WE} = 1$、$\overline{OE} = 0$ 时，$A_0 \sim A_{10}$ 对应单元的内容输出到 $D_0 \sim D_7$。

③低功耗维持方式：当 $\overline{CS} = 1$ 时，此时器件电流仅 $20\mu A$ 左右。

随着新技术的开发应用，目前静态存储单元的集成度已大大提高，再加上采用 CMOS 工艺，功耗和速度指标得以改善，使其得到广泛应用。对于现在用的 64KB 静态 RAM，每片功耗只有 $10mV$，其维持功耗可低至 $15nW$，完全可用电池作后备电源构成非易失性存储器。

6.3.2 动态随机存储器

1. DRAM 的动态存储单元的特点

RAM 的动态存储单元是利用 MOS 管栅极电容可以存储电荷的原理。由于存储单元的结构能做得非常简单，所以在大容量、高集成度的 RAM 中得到普遍的应用。但由于栅极电容的容量很小（通常仅为几 pF），而漏电流又不可能绝对为零，所以电荷保存的时间有限。为了及时补充漏掉的电荷，以避免存储的信号丢失，必须定时给栅极电容补充电荷，通常把这种操作称为刷新或再生。因此，DRAM 工作时必须辅以必要的刷新控制电路，使操作复杂化。尽管如此，DRAM 仍然是目前大容量 RAM 的主流产品。

早期采用的动态存储单元为四管电路或三管电路。这两种电路的优点是外围控制电路比较简单，读出信号也比较大，而缺点是电路结构不够简单，不利于提高集成度。

（1）四管动态 MOS 存储单元

图 6-19 是四管动态存储单元的电路结构图。VT_1 和 VT_2 是两只 N 沟道增强型的 MOS 管，它们的栅极和漏极交叉相连，数据以电荷的形式存储在 VT_1 和 VT_2 的栅极电容 C_1 和 C_2 中，而 C_1 和 C_2 上的电压又控制 VT_1 和 VT_2 导通或截止，产生位线 B 和 $\overline{B}$ 上的高、低电平。

若 C_1 被充电，而且使 C_1 的端电压大于 VT_1 的开启电压，同时 C_2 没有被充电，则 VT_1 导通、VT_2 截止。由此，把 $v_{C1} = 1$、$v_{C2} = 0$ 这一状态称为存储单元的 0 状态；反之，将 $v_{C1} = 0$、$v_{C2} = 1$，VT_1 截止、VT_2 导通的状态称为存储单元的 1 状态。

VT_5 和 VT_6 组成了对位线的预充电电路。它们被每一列存储单元共用。在读出操作开始，先在 VT_5 和 VT_6 的栅极加预充电控制脉冲，使 VT_5 和 VT_6 导通，位线 B 和 $\overline{B}$ 与 V_{DD} 接通，将位线的分布电容 C_B 和 $C_{\overline{B}}$ 充电至高电平。预充电控制脉冲消失后，位线上的高电平在短时间内由 C_B 和 $C_{\overline{B}}$ 维持。

如果在位线处于高电平期间，令 X、Y 同时为高电平，则 VT_3、VT_4、VT_7 和

VT_8导通，存储的数据被读出。假定存储单元为 0 状态，即 VT_1 导通、VT_2 截止，$v_{C1}=1$、$v_{C2}=0$，此时 C_B 将通过 VT_3 和 VT_1 放电，使位线 B 变成低电平。同时，因为 VT_2 截止，位线 $\overline{B}$ 仍然保持为高电平。这样就把存储单元的状态读到 B 和 $\overline{B}$。而且这时 Y 也为高电平，VT_7 和 VT_8 为导通状态，所以 B 和 $\overline{B}$ 的高、低电平经过 VT_7 和 VT_8 送到数据端 D 和 $\overline{D}$。

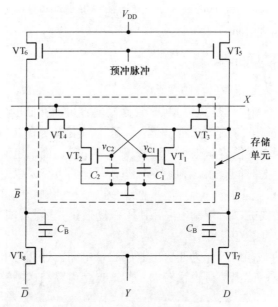

图 6-19　四管动态 MOS 存储单元

对位线的预充电具有十分重要的作用。假如在 VT_3 和 VT_4 导通前，没有对 C_B 和 $C_{\overline{B}}$ 预充电，那么在 VT_4 导通后，$\overline{B}$ 线上的高电平必须靠 C_1 上的电荷向 $C_{\overline{B}}$ 充电来建立，这就势必使 C_1 损失一部分电荷。而且，因为位线上连接的器件较多，$C_{\overline{B}}$ 一般比 C_1 大很多，有可能在读出数据时将 C_1 上的高电平破坏，使存储的数据丢失。有了预充电电路以后，在 VT_3、VT_4 导通前，$\overline{B}$ 的电位已被预充到接近 V_{DD} 的高电平，VT_3、VT_4 导通时，$\overline{B}$ 的电位比 v_{C1} 高，所以 C_1 上的电荷不仅不会损失，反而得到补充，相当于进行一次刷新。

在进行写入操作时，X、Y 同时给出高电平，输入数据加到 D、$\overline{D}$ 上，通过 VT_7、VT_8 传到位线 B、$\overline{B}$，再经 VT_3、VT_4 将数据写入 C_1 或 C_2 中。

（2）三管动态 MOS 存储单元

三管动态存储单元比四管动态存储单元所需元件略少，其电路如图 6-20 所示。信息存储于 VT_2 管栅极电容 C 中，用 C 上的电压控制 VT_2 的状态。读和写的字线及位线都是分开的，读字选择线控制 VT_3 管，写字选择线控制 VT_1 管。VT_4 是同一列共用的预充电管。

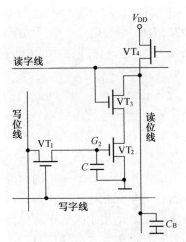

图 6-20　三管动态 MOS 存储单元

在进行读操作时，首先读位线被预充电至高电平，其次控制读字线为高电平，VT_3 导通。如果 C 上充有电荷，而且 C 上电压大于 VT_2 的开启电压，则 VT_2 导通，C_B 将通过 VT_3、VT_2 放电，使读位线变为低电平；如果 C 上没有电荷，则 VT_2 截止，C_B 没有放电回路，读位线上的电平，通过读出放大电路送至存储器的输出端。

在进行写操作时，控制写字线为高电平，则 VT_1 导通，存储器的输入信号送到写位线，将通过 VT_1 控制 C 上的电压，把信息存到 C 中。

在读出时，C 上的电压，即 G_2 点电平与读位线的电平相反；再写入时，写位线电平与 G_2 点电平是一致的。如果周期性地先进行读，将 C 中信息送至读位线，经反相器送至写位线，然后再进行写，这样就可对存储单元周期性地进行刷新。

（3）单管动态 MOS 存储单元

此存储单元只用一只 MOS 管和一个电容，如图 6-21 所示。信息存于电容 C_1 中，MOS 管 VT_1 是门控管，通过控制 VT_1，把信息从位线送至存储单元，或者把信息从存储单元读至位线。

在写入时，位线通过 VT_1 控制 C_1 的电压；在读出时，C_1 向 C_B 提供电荷，使位线建立输出电位。

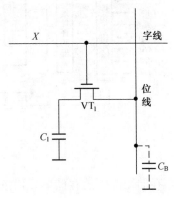

图 6-21　单管动态 MOS 存储单元

该电路的缺点是进行读操作时，存储元件 C_1 上的电荷有损失，即读操作是破坏性的，因此，在每次读出后，需对存储单元进行一次刷新。

此外，由于位线上连接元件较多，C_B 较大，为了节省每个存储单元所占面积，C_1 又不可能做得很大，因而实际 $C_B \geqslant C_1$，于是读出时的位线电压 V_B 很小，即位线高低电平差值很小。为了检测位线很小的电平变化，需要高灵敏度的读出放大器。

上述三种动态存储单元各有优缺点。四管电路用的管子数多，占用芯片面积大，但它不需要另加刷新电路，读出过程就是刷新过程，因此外围电路简单；三管电路所用的管子数略少，但因读、写选择线和数据线是分开的，刷新需要外围电路反馈控制，所以单元与外围电路的连线多；单管电路最简单，但需用高灵敏的读出放大器，且每次读出后，需要进行刷新，因而外围电路更复杂。

将静态存储单元与动态存储单元相比较，不难看出，动态存储单元比静态存储单元所用的元件少，集成度高，适用于大容量存储器；静态存储单元虽然使用元件多，集成度低，但因为它是用触发器存储信息，不必定期刷新，使用方便，适用于小容量存储器。

2. DRAM 的整体结构特点

提高存储器集成度的同时，为了减少器件引脚的数目，目前的大容量 DRAM 大多采用 1 位输入、1 位输出和地址分时输入的方式。

图 6-22 是一个 64K×1 位的 DRAM 总体结构的框图。从总体上讲，依然包含地址译码器、存储矩阵和输入/输出电路三个组成部分。

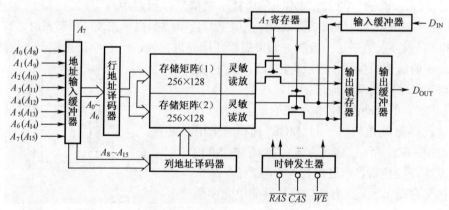

图 6-22   DRAM 的总体结构框图

存储矩阵中的存储单元仍按行、列排列。为了压缩地址译码器的规模，经常将存储矩阵划分为若干块。图 6-22 中将存储矩阵划分为 2 个 128 行和 256 列的矩阵。每个矩阵含有 128 个灵敏的读出放大器。它采用双重译码寻址，16 位地址码分成行地址和列地址。两个矩阵共用一个列地址译码器和输入、输出电路；行地址译码器由两个 128 选 1 译码器组成；行地址 A_7 用于实现对两个矩阵进行选择。

为了减少集成芯片的引脚，采用行、列地址代码分时从同一组引脚输入的方法。分时操作由 $\overline{CAS}$ 和 $\overline{RAS}$ 两个时钟信号控制。首先令 $\overline{RAS} = 0$，输入地址代码的 $A_0 \sim A_7$，然后令 $\overline{CAS} = 0$，再输入地址代码的 $A_8 \sim A_{15}$。$A_0 \sim A_6$ 被送到行地址译码器并被锁存，A_7 送入对应的寄存器。行地址译码器的输出同时从存储矩阵（1）和存储矩阵（2）中各选中一行存储单元，然后再由 A_7 通过输入/输出电路从两行中选出一行。$A_8 \sim A_{15}$ 被送到列地址译码器，列地址译码器的输出从 256 列中选中一列。

当 $\overline{WE} = 1$ 时，进行读操作，输入地址代码选中存储单元的数据，经过输出锁存器、输出三态缓冲器送至数据的输出端 D_{OUT}；当 $\overline{WE} = 0$ 时，进行写操作，加到数据输入端 D_{IN} 的数据，经过输入缓冲器写入由输入地址指定的存储单元。

DRAM 的读、写、刷新等操作，由芯片内部的时钟发生器产生的两相时钟信号控制，而时钟发生器受 $\overline{RAS}$、$\overline{CAS}$ 制约。$\overline{RAS}$ 和 $\overline{CAS}$ 两个信号应具有精确的时间关系。

6.4　存储器的应用

6.4.1　作函数运算表电路

数学运算是数控装置和数字系统中需要经常进行的操作。如果把函数变量在一定范围内的取值及其相应的函数取值列成表格，写入只读存储器，需要此函数运算时，只要给出所对应的"地址"，即可得到相应的函数值。此时 ROM 实际已成为函数运算表电路。

例 6.1　试用 ROM 构成实现函数 $y = x^2$ 的运算表电路，设定 x 的取值范围为 0～15 的正整数。

解　①分析要求、设定变量。

自变量 x 的取值范围为 0～15 的正整数，可对应采用 4 位二进制，用 $B = B_3 B_2 B_1 B_0$ 表示。根据 $y = x^2$ 的运算关系，可求出 Y 的最大值是 $15^2 = 225$，可用 8 位二进制数 $Y = Y_7 Y_6 Y_5 Y_4 Y_3 Y_2 Y_1 Y_0$ 表示。

②列出真值表及函数运算表。

表 6-3 是根据 $y = x^2$ 所列的真值表。

表 6-3　例 6.1 的真值表

B_3	B_2	B_1	B_0	Y_7	Y_6	Y_5	Y_4	Y_3	Y_2	Y_1	Y_0	十进制数
0	0	0	0	0	0	0	0	0	0	0	0	0
0	0	0	1	0	0	0	0	0	0	0	1	1
0	0	1	0	0	0	0	0	0	1	0	0	4
0	0	1	1	0	0	0	0	1	0	0	1	9
0	1	0	0	0	0	0	1	0	0	0	0	16
0	1	0	1	0	0	0	1	1	0	0	1	25
0	1	1	0	0	0	1	0	0	1	0	0	36
0	1	1	1	0	0	1	1	0	0	0	1	49
1	0	0	0	0	1	0	0	0	0	0	0	64
1	0	0	1	0	1	0	0	0	0	0	1	81
1	0	1	0	0	1	0	0	1	0	0	0	100
1	0	1	1	0	1	1	1	1	0	0	1	121
1	1	0	0	1	0	0	1	0	0	0	0	144
1	1	0	1	1	0	1	0	1	0	0	1	169
1	1	1	0	1	1	0	0	0	1	0	0	196
1	1	1	1	1	1	1	0	0	0	0	1	225

③写出逻辑函数表达式。

$$\begin{cases} Y_0 = m_1 + m_3 + m_5 + m_7 + m_9 + m_{11} + m_{13} + m_{15} \\ Y_1 = 0 \\ Y_2 = m_2 + m_6 + m_{10} + m_{14} \\ Y_3 = m_3 + m_5 + m_{11} + m_{13} \\ Y_4 = m_4 + m_5 + m_7 + m_9 + m_{11} + m_{12} \\ Y_5 = m_6 + m_7 + m_{10} + m_{11} + m_{13} + m_{15} \\ Y_6 = m_8 + m_9 + m_{10} + m_{11} + m_{14} + m_{15} \\ Y_7 = m_{12} + m_{13} + m_{14} + m_{15} \end{cases} \tag{6.1}$$

④画出 ROM 存储矩阵结点逻辑图。

为作图方便，将 ROM 矩阵中存入数据①的存储单元，用结点表示，从而得到 ROM 存储矩阵逻辑图，如图 6-23 所示。

在图 6-23 电路中，字线 $W_0 \sim W_{15}$ 分别与最小项 $m_0 \sim m_{15}$ 一一对应。作为地址译码器的与门阵列，其连接是固定的，其任务是对输入地址码（变量）的译码，产生具体的地址码（变量）的全部最小项；而作为存储矩阵的或门阵列是可编程的，交叉点的状态即存储矩阵的数值，可由用户编程决定。

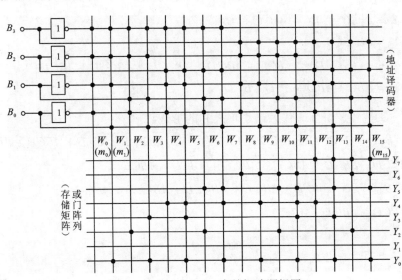

图 6-23　例 6.1 ROM 存储矩阵逻辑图

把 ROM 存储矩阵当成逻辑器件应用时，可将其用方框图表示。例 6.1 中 ROM 存储矩阵的用方框图表示，如图 6-24 所示。

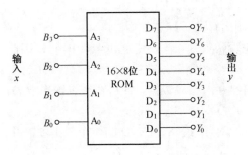

图 6-24　例 6.1 ROM 的方框图表示

6.4.2　实现任意组合逻辑函数

从 ROM 的逻辑结构示意图可知，只读存储器的基本部分是与门阵列及或门阵列。与门阵列实现对输入变量的译码，产生变量的全部最小项；或门阵列完成有关最小项的或运算，因此从理论上讲，利用 ROM 可以实现任何组合逻辑函数。

具有 n 位输入地址、m 位数据输出的 ROM，可以实现最多 m 个输出函数，n 个逻辑变量的组合逻辑函数。只要根据函数的形式，向 ROM 写入相应数据即可。

例 6.2 试用 ROM 实现下列函数：

$$\begin{cases} Y_1 = \overline{A} \cdot \overline{B}C + \overline{A}B\overline{C} + A\overline{B} \cdot \overline{C} + ABC \\ Y_2 = BC + CA \\ Y_3 = \overline{A} \cdot \overline{B} \cdot \overline{C} \cdot \overline{D} + \overline{A} \cdot \overline{B}CD + \overline{A}B\overline{C}\overline{D} + A\overline{B} \cdot \overline{C}D + AB\overline{C} \cdot \overline{D} + ABCD \\ Y_4 = ABC + ABD + ACD + BCD \end{cases} \tag{6.2}$$

解 ①把各逻辑函数化为最小项之和的形式。

$$\begin{cases} Y_1 = \overline{A} \cdot \overline{B}CD + \overline{A} \cdot \overline{B}C\overline{D} + \overline{A}BC\overline{D} + \overline{A}B\overline{C} \cdot \overline{D} + A\overline{B} \cdot \overline{C}D + A\overline{B} \cdot \overline{C} \cdot \overline{D} + ABCD + AB C\overline{D} \\ Y_2 = ABCD + \overline{A}BCD + ABC\overline{D} + \overline{A}BC\overline{D} + A\overline{B}CD + A\overline{B}C\overline{D} \\ Y_3 = \overline{A} \cdot \overline{B} \cdot \overline{C} \cdot \overline{D} + \overline{A} \cdot \overline{B}CD + \overline{A}BC\overline{D} + A\overline{B} \cdot \overline{C}D + AB\overline{C} \cdot \overline{D} + ABCD \\ Y_4 = ABCD + ABC\overline{D} + AB\overline{C}D + A\overline{B}CD + \overline{A}BCD \end{cases}$$

$$(6.3)$$

用最小项编号形式表示为：

$$\begin{cases} Y_1 = \sum m(2,3,4,5,8,9,14,15) \\ Y_2 = \sum m(6,7,10,11,14,15) \\ Y_3 = \sum m(0,3,6,9,12,15) \\ Y_4 = \sum m(7,11,13,14,15) \end{cases} \tag{6.4}$$

②选型 ROM，画出存储矩阵连接图。

要实现的组合逻辑函数为 4 输入变量和 4 输出函数，因此选用 16×4 位 ROM。将 A、B、C、D 这 4 个输入变量分别接至地址输入端 A_3、A_2、A_1、A_0；按照逻辑函数的要求，在存储器存入相应数据，即可在数据输出端 D_3、D_2、D_1、D_0 得到 4 个输出函数 Y_1、Y_2、Y_3、Y_4。

因为每个输入地址对应 A、B、C、D 的一个最小项，并使地址译码器的一条字线为 1，而每一位数据输出都是若干字线输出的逻辑加。故可按式（6.4）列出 ROM 存储矩阵中应存入的数据表，如表 6-4 所示。

表 6-4 例 6.2 中 ROM 的数据表

函数\最小项	Y_1	Y_2	Y_3	Y_4	
$\overline{A}\overline{B}\overline{C}\overline{D}$ m_0	0	0	1	0	W_0 0000
$\overline{A}\overline{B}\overline{C}D$ m_1	0	0	0	0	W_1 0001

续表

函数 最小项	Y_1	Y_2	Y_3	Y_4	
$\overline{A}\,\overline{B}C\overline{D}$ m_2	1	0	0	0	W_2 0010
$\overline{A}\,\overline{B}CD$ m_3	1	0	1	0	W_3 0011
$\overline{A}B\overline{C}\,\overline{D}$ m_4	1	0	0	0	W_4 0100
$\overline{A}B\overline{C}D$ m_5	1	0	0	0	W_5 0101
$\overline{A}BC\overline{D}$ m_6	0	1	1	0	W_6 0110
$\overline{A}BCD$ m_7	0	1	0	1	W_7 0111
$A\overline{B}\,\overline{C}\,\overline{D}$ m_8	1	0	0	0	W_8 1000
$A\overline{B}\,\overline{C}D$ m_9	1	0	1	0	W_9 1001
$A\overline{B}C\overline{D}$ m_{10}	0	1	0	0	W_{10} 1010
$A\overline{B}CD$ m_{11}	0	1	0	1	W_{11} 1011
$AB\overline{C}\,\overline{D}$ m_{12}	0	0	1	0	W_{12} 1100
$AB\overline{C}D$ m_{13}	0	0	0	1	W_{13} 1101
$ABC\overline{D}$ m_{14}	1	1	0	1	W_{14} 1110
$ABCD$ m_{15}	1	1	1	1	W_{15} 1111
	D_3	D_2	D_1	D_0	地址 数据

若使用 EPROM 实现上述组合逻辑函数，则只要按表 6-4 将所有数据写入对

应的地址单元即可。

若使用 PROM 或掩膜 ROM，还可根据表 6-4，画出存储矩阵的结点连接图。存储矩阵连线图如图 6-25 所示。

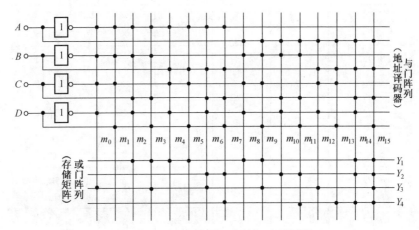

图 6-25 例 6.2 ROM 存储矩阵逻辑图

③画 ROM 的简化方框图。

ROM 存储矩阵的简化方框图如图 6-26 所示。

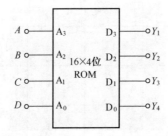

图 6-26 例 6.2 ROM 的方框图表示

例 6.3 试用 ROM 设计 8 段字符显示译码器，其真值表如表 6-5 所示。

表 6-5 例 6.3 的真值表

输入				输出								字形
D	C	B	A	a	b	c	d	e	f	g	h	
0	0	0	0	1	1	1	1	1	1	0	1	0.
0	0	0	1	0	1	1	0	0	0	0	1	1.
0	0	1	0	1	1	0	1	1	0	1	1	2.

续表

输入				输出								字形
D	C	B	A	a	b	c	d	e	f	g	h	
0	0	1	1	1	1	1	1	0	0	1	1	3.
0	1	0	0	0	1	1	0	0	1	1	1	4.
0	1	0	1	1	0	1	1	0	1	1	1	5.
0	1	1	0	1	0	1	1	1	1	1	1	6.
0	1	1	1	1	1	1	0	0	0	0	1	7.
1	0	0	0	1	1	1	1	1	1	1	1	8.
1	0	0	1	1	1	1	1	0	1	1	1	9.
1	0	1	0	1	1	1	1	1	1	0	0	0.
1	0	1	1	0	0	1	1	1	1	1	0	b
1	1	0	0	0	0	0	1	1	1	0	0	c
1	1	0	1	0	1	1	1	1	0	1	0	d
1	1	1	0	1	0	1	1	1	1	1	0	e
1	1	1	1	1	0	0	0	1	1	1	0	F

　　解　由给定的真值表可分析，应选用至少 4 位输入地址、8 位输出数据（$2^4 \times 8$ 位）ROM 实现此译码电路。以地址输入端 A_3、A_2、A_1、A_0 作为 BCD 代码的 D、C、B、A 的输入端，同时以数据输出端 $D_0 \sim D_7$ 作为各字段 $a \sim h$ 的控制信号，如图 6-27 所示。

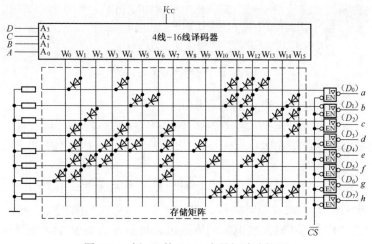

图 6-27　例 6.3 的 ROM 存储矩阵连接图

若制成掩膜 ROM，则可依照表 6-5 画出存储矩阵的连接电路，如图 6-27 所示。图中结点接入二极管，表示存入 0；未接入二极管，表示存入 1。

若使用 EPROM 实现此显示译码器，则只要把表 6-5 中左边的 *DCBA* 当作输入地址，右边的 *abcdefgh* 当作存储数据，依次写入 EPROM 即可。

6.5　辅修内容

6.5.1　顺序存取存储器（SAM）

顺序存取存储器（SAM）由动态移存器组成。动态移存器电路简单，适合大规模集成。它利用 MOS 管和基片之间的输入电容暂存信息。动态移存器由动态 CMOS 反相器串接而成。

1. 动态 CMOS 反相器

（1）电路结构

动态 CMOS 反相器的一种电路结构如图 6-28 所示。它由传输门 TG 及 CMOS 反相器 VT_1、VT_2 组成，传输门 TG 相当于串接在 VT_1、VT_2 输入端的可控开关，由 *CP* 控制。栅极电容 *C* 是存储信息的主要"元件"，由于 *C* 是 VT_1 与 VT_2 栅极的寄生电容，所以用虚线表示。

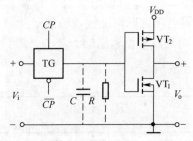

图 6-28　动态 CMOS 反相器

（2）MOS 管栅极电容 *C* 的暂存作用

若输入信号 v_i 为高电平，当 $CP = 1$ 时，传输门 TG 导通，输入信号对栅极电容充电到高电平，由于充电电阻很小，所以充电迅速，一般 *CP* 的正脉冲宽度只要几微秒。

当 $CP = 0$ 时，TG 关断，*C* 经栅极对地漏电阻 *R* 放电。由于漏电阻的阻值极大，通常 $R > 10^{10}\,\Omega$，故放电时间常数 *RC* 较大。所以 VT_1 管的输入电压要经过很长时间，才能下降到其输入高电平的下限值。可见，只要使 TG 短暂导通，就能靠栅极电容 *C* 的电荷存储效应暂存信息。

若在输入电压下降到反相器输入高电平的下限值之前，再送一个 CP，使 C 上的电荷得到补充，就可使反相器继续保持输出 0。所以为了长期保持电容 C 的高电平，需要每隔一定时间对 C 补充一次电荷，通常称之为"刷新"。显然，CP 的周期不能太长，一般小于 1ms。

2. 动态 CMOS 移存单元

动态 CMOS 移存单元的一种结构形式如图 6-29 所示。它由两个动态 CMOS 移存单元串接成主从结构，TG_1、VT_1、VT_2 构成主动态 CMOS 反相器；TG_2、VT_3、VT_4 构成从动态 CMOS 反相器。

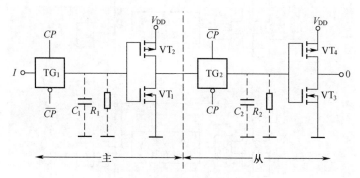

图 6-29 动态 CMOS 移存单元

动态 CMOS 移存单元的工作原理与主从 D 触发器相似，当 $CP = 1$ 时，TG_1 导通，输入数据存入栅极电容 C_1；而 TG_2 关断，栅极电容 C_2 上的信息不变。这时主动态 CMOS 反相器接收信息；从动态 CMOS 反相器保持原状态。

当 $CP = 0$，TG_1 关断，封锁输入信号；TG_2 导通，C_1 上的信息经 VT_1、VT_2 反相器传输到 C_2，再经 VT_3、VT_4 反相输出。这时主动态 CMOS 反相器保持原状态；从动态反相器 CMOS 随主动态 CMOS 反相器变化。如此经过一个 CP 的推动，数据即可向右移动一位。

3. 动态移存器和顺序存取存储器

动态移存器可用动态 CMOS 移存单元串接而成，如图 6-30 所示是由 1024 个动态 CMOS 移存单元串接成的 1024 位 CMOS 动态移存器。

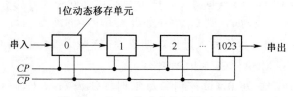

图 6-30 1024 位动态移存器示意图

图 6-31 是用 8 条 1024 位动态移存器和控制电路构成的 SAM。它有循环刷新、读、写三种工作方式。

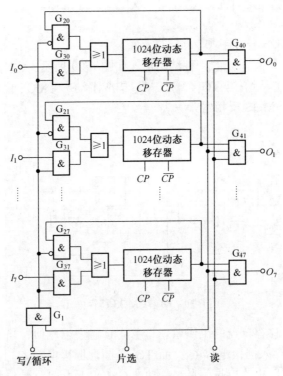

图 6-31   1024×8 位 FIFO 型 SAM

（1）循环刷新

当片选端为 0 时，SAM 未被选中，G_1、$G_{30} \sim G_{37}$、$G_{40} \sim G_{47}$ 被封锁，$G_{20} \sim G_{27}$ 打开，所以不能从数据输入端 $I_0 \sim I_7$ 输入数据，也不能从输出端 $O_0 \sim O_7$ 输出数据。它只能在 CP 推动下，将原来存入的数据，由移存器输出端再反馈送入其输入端，执行循环刷新操作。

（2）读/写操作

当片选端为 1 时，SAM 被选中，即可对它进行读、写操作。

若写/循环 控制端为 1，则 G_1、$G_{30} \sim G_{37}$ 打开，$G_{20} \sim G_{27}$ 被封锁，在 CP 推动下，数据输入移存器，执行写入操作。如果读控制端也为 1，则 $G_{40} \sim G_{47}$ 打开，可以读取数据，SAM 执行边写边读操作。

若写/循环 控制端为 0，读控制端为 1 时，$G_{20} \sim G_{27}$、$G_{40} \sim G_{47}$ 打开，$G_{30} \sim G_{37}$ 被封锁，在 CP 推动下，执行读出操作，数据从输出端 $O_0 \sim O_7$ 输出，同时将

输出数据再反馈送入移存器，以保留原数据。

SAM 可在 CP 推动下，每次对外读（写）一个并行的 8 位数据，可称这 8 位数据为一个字，该 SAM 可存储 1024 个字，字长 8 位，存储容量为 1024×8 位。由于需要读出的数据必须在 CP 推动下逐位移动到输出端才可读出，所以存取时间较长，而且移存器的位数越多，最大存取时间越长。

因为在这种 SAM 中存储的数据字只能按"先入先出"的原则顺序读出，所以称这种结构的 SAM 为先入先出型顺序存取存储器，简称 FIFO 型 SAM。

此外，利用双向动态移存器还可构成先入后出型 SAM，简称 FILO 型 SAM。如图 6-32 为 m×4 位 FILO 型 SAM，图中数据输入、输出端均从移存器的 Q_0 端引出，经 I/O 控制电路 G_1、G_2 与 I/O 端子相接。

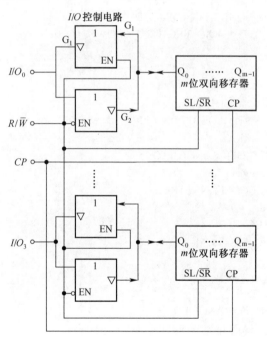

图 6-32　m×4 位 FILO 型 SAM

写入数据时，$R/\overline{W} = 0$，使输入三态门 G_2 工作，输出三态门 G_1 禁止，同时左/右移位控制信号 $SL/\overline{SR} = 0$，使移存器为右移状态。在 CP 推动下，加于 I/O 端的输入数据被逐字送入移存器，最先送入的数据字存入各移存器的 Q_{m-1}，最后送入的数据字存于各移存器的 Q_0。

读出数据时，$R/\overline{W} = 1$，使 G_1 工作，G_2 禁止，同时使 $SL/\overline{SR} = 1$，移存器为左移状态。在 CP 推动下，移存器中的数据字被依次通过各路的 G_1 输出到 I/O 端，

而且是最后存入 Q_0 的数据字最先读出；最先存入 Q_{m-1} 的数据字最后读出。这种 FILO 的工作方式在微机中又称之为堆栈。

6.5.2　存储器的 VHDL 语言描述

1. ROM 存储器的 VHDL 语言描述

程序 6.1　256×4 ROM 存储器的 VHDL 语言描述

```
LIBRARY IEEE;
USE IEEE. STD_LOGIC_1164.ALL;

ENTITY rom IS
PORT(g1,g2: IN    STD_LOGIC;
    Addr:IN STD_LOGIC_VECTOR(7    DOWNTO    0);
    Dout:OUT    STD_LOGIC_VECTOR(3    DOWNTO    0));

END rom;

ARCHITECTURE example1 of rom    IS
SUBTYPE word IS STD_LOGIC_VECTOR(3    DOWNTO    0);
TYPE memory IS ARRAY(0    TO    255)OF word;
SIGNL: adr-in: INTEGER RANGE 0 TO 255;
VAREBLE rom:memory;
VAREBLE startup:BOOLEAN: = TRUE;
VAREBLE 1:LINE
VAREBLE j :INTEGER;
FILE romin:TEXT IS IN "ROM.in";
BEGIN
    PROCESS(g1,g2,adr)
    IF startup THEN;
        FOR j IN rom'RANGE LOOP
            READLINE(romin,1);
            READ(1,rom(j));
        END LOOP
        Startup: = FALSE;
    END IF;
    adr-in< = CONV-INTEGER(adr);
        IF (g1 = '1'AND g2 = '1') THEN
        Dout< = rom(adr-in);
        ELSE
        Dout< = "zzzz";
```

```
          END IF;
     END PROCESS;
   END example1;
```

2. RAM 存储器的 VHDL 语言描述

程序 6.2　256×8 RAM 存储器的 VHDL 语言描述

```
LIBRARY IEEE;
USE   IEEE. STD_LOGIC_1164.ALL;

ENTITY ram   IS
   GENERIC(k:INTEGER: = 8
w: INTEGER: = 8) ;
PORT (wr,rd,cs: IN   STD_LOGIC;
    Addr:IN STD_LOGIC_VECTOR(w-1   DOWNTO   0);
    Din:IN   STD_LOGIC_VECTOR(k-1   DOWNTO   0);
    Dout:OUT   STD_LOGIC_VECTOR(k-1   DOWNTO   0));
END ram;

ARCHITECTURE example2 of ram   IS
SUBTYPE word IS   STD_LOGIC_VECTOR(k-1   DOWNTO   0);
TYPE memory IS   ARRAY(0   TO   2**w-1)OF word;
SIGNAL: sram:memory;
SIGNAL: din-change,wr-rise:TIME: = 0ps;
BEGIN
    Adr-in< = CONV-INTEGER(adr);
    PROCESS(wr)
     BEGIN
      IF(wr'EVENT   AND wr = '1')   THEN
        IF(cs = '1' AND wr = '1') THEN
        Sram(addr-in)< = din AFTER   2ns;
        END IF;
      END IF;
    Wr rise< = NOW;
    ASSERT(NOW-din-change> = 800ps);
    REPORT "SETUP   ERROR dim(sram)";
    SEVERITY WARNING;
    END PROCESS;
   PROCESS(rd,cs)
     BEGIN
       IF(cs = '1'AND rd = '0') THEN
       Dout< =   sram(addr-in)   AFTER 3ns;
```

```
        ELSE
        Dout< = "ZZZZZZZ"    AFTER    4ns;
        END IF;
    END PROCESS;
    PROCESS(din)
        BEGIN
        din-change< = NOW;
        ASSERT(NOW-din-change> = 300ps);
        REPORT "HOLD ERROR dim(sram)";
        SEVERITY WARNING;
        END PROCESS;
    END example2;
```

 本章小结

　　半导体存储器是现代数字系统，特别是计算机系统中的重要组成部件。存储器分为 RAM 和 ROM 两大类，绝大多数为 MOS 工艺制成的大规模数字集成电路。

　　ROM 是一种非易失性的存储器，它存储固定数据，一般只能读出。根据数据写入方式的不同，ROM 又可分为固定 ROM 和 PROM。后者又可细分为 PROM、EPROM、EEPROM 及快闪存储器等。特别是 EEPROM 和快闪存储器可以进行电擦除，已兼有 RAM 的特性。

　　RAM 是一种时序逻辑电路，具有记忆功能。存储的数据随电源断电而丢失，因此是一种易失性的读写存储器。它包含有 SRAM 和 DRAM 两种类型，前者用触发器记忆数据，后者靠 MOS 管栅极电容存储数据。因此，在不掉电的情况下，SRAM 可以长久保持数据，而 DRAM 则必须定期刷新。

　　除了一般常见的 ROM、RAM，有些场合也要用到一些特殊的存储器，如串行存储器等。

　　半导体存储器是一种能存储大量数据或信号的半导体器件。由于要求存储的数据容量很大，而器件的引脚数目有限，因而不可能将每个存储单元电路的输入和输出端都固定地接到一个引脚上。因此，存储器的电路结构形式与寄存器不同。

　　在半导体存储器中采用了按地址存放数据的方法。只有输入地址代码所指定的存储单元，才能与输入/输出端口连接，并进行读/写操作。因此，存储器的电路结构中，包含地址译码器、存储矩阵和输入/输出电路三个部分。

　　存储器的应用领域极为广泛，凡是需要存储数据或记录信号的系统中都有其部件。尤其在电子计算机中，存储器是必不可少的一个重要组成部分。

　　此外，存储器还可用于实现组合逻辑电路。从逻辑电路构成的角度来看，ROM

是由与逻辑阵列（地址译码器）和或逻辑阵列（存储矩阵）构成，ROM 的输出是输入最小项的逻辑加。因此采用 ROM 实现的组合逻辑函数不需要化简，这给逻辑设计带来极大方便。

6-1　已知 ROM 的数据表如表 6-6 所示，若将地址输入 A_3、A_2、A_1、A_0 作为 4 个输入逻辑变量，将数据输出 D_3、D_2、D_1、D_0 作为函数输出，试写出输出与输入的逻辑函数式，并化为最简与－或式。

表 6-6　习题 6-1 数据表

地址输入				数据输出			
A_3	A_2	A_1	A_0	D_3	D_2	D_1	D_0
0	0	0	0	0	0	0	1
0	0	0	1	0	0	1	0
0	0	1	0	0	0	1	0
0	0	1	1	0	1	0	0
0	1	0	0	0	0	1	0
0	1	0	1	0	1	0	0
0	1	1	0	0	1	0	0
0	1	1	1	1	0	0	0
1	0	0	0	0	0	1	0
1	0	0	1	0	1	0	0
1	0	1	0	0	1	0	0
1	0	1	1	1	0	0	0
1	1	0	0	0	1	0	0
1	1	0	1	1	0	0	0
1	1	1	0	1	0	0	0
1	1	1	1	0	0	0	1

6-2　图 6-33 是一个 16×4 位的 ROM，A_3、A_2、A_1、A_0 为地址输入，D_3、D_2、D_1、D_0 为数据输出。若将 D_3、D_2、D_1、D_0 视为 A_3、A_2、A_1、A_0 的逻辑函数，试写出 D_3、D_2、D_1、D_0 的逻辑函数式。

6-3　用 ROM 实现下列一组组合逻辑函数，试画出存储矩阵的点阵图。

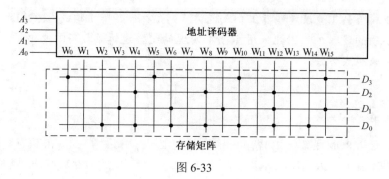

图 6-33

$$\begin{cases} Y_1 = \overline{A} \cdot \overline{B} \cdot \overline{C} \cdot \overline{D} + \overline{A}B\overline{C}D + A\overline{B}C\overline{D} + ABCD \\ Y_2 = \overline{A} \cdot BC\overline{D} + \overline{A}BCD + A\overline{B} \cdot \overline{C} \cdot \overline{D} + AB\overline{C}D \\ Y_3 = \overline{A}BD + \overline{B}C\overline{D} \\ Y_4 = BD + \overline{B} \cdot \overline{D} \end{cases}$$

6-4 用 16×4 位 ROM 设计一个将两个 2 位二进制数相乘的乘法器电路，列出 ROM 的数据表，并画出存储矩阵的点阵图。

6-5 用 ROM 设计一个选举电路，供 5 人选举使用。当有 4 人以上同意时，输出为 11；当有 3 人同意时，输出为 10；3 人不同意时，输出为 01；其它情况输出为 00。

第7章　数字系统的分析与设计

 内容提要

　　本章主要介绍了数字系统的扩展方法，包括中规模集成组合逻辑电路的扩展，中规模时序逻辑电路的扩展，存储器的扩展；重点介绍了数字系统的模块化分析方法和设计方法；辅修内容介绍 VHDL 语言在数字系统模块化分析与设计方法中的应用。

7.1　概述

　　虽然组合逻辑电路与时序逻辑电路有各自不同的特点，但在数字系统中两类电路并非完全隔离，往往需要相互连接组成具有一定功能的数字系统。数字系统不是简单组合逻辑电路，也不是简单时序逻辑电路，它是具有复杂组合逻辑功能和复杂时序逻辑功能的系统。第 3 章介绍了常用的中规模集成组合逻辑芯片如 8 线－3 线优先编码器 74LS148，3 线－8 线译码器 74LS138，8 选 1 数据选择器 74LS151，四位超前进位加法器 74LS283，四位数值比较器 CC14585（74LS85）；第 5 章介绍了常用的中规模集成时序逻辑芯片如四位双向移位寄存器 74LS194，同步四位二进制加法计数器 74LS161，同步十进制加法计数器 74LS160，同步单时钟四位二进制加/减计数器 74LS191；第 6 章介绍了常用的大规模集成存储器芯片如可擦可编程的只读存储器 EPROM2716，E^2PROM2864，随机存取存储器 RAM6116，它们是组成复杂数字系统的基本部件。

　　由它们组成方式的不同可把数字系统分为两大类：由多片同一类型芯片组成的数字系统称为数字系统功能扩展，由多片不同类型的芯片组成的数字系统称为数字系统综合。

　　综合型数字系统根据构造方式不同又可分为四类：由多片不同组合逻辑芯片构成的数字系统称为组合复合型；由多片不同时序逻辑芯片构成的数字系统称为时序复合型；由组合逻辑芯片控制时序逻辑芯片所构成的数字系统称为组合时序型，由时序逻辑芯片控制组合逻辑芯片所构成的数字系统称为时序组合型。

下面分别介绍数字系统的扩展方法、数字系统的分析方法和数字系统的设计方法。

7.2　数字系统的扩展

随着数字系统所处理的数据位数的增加，需要对功能芯片进行扩展。下面就常用组合逻辑电路、常用时序逻辑电路、存储器的扩展为例介绍数字系统的扩展方法。

7.2.1　中规模集成组合逻辑电路的功能扩展

常用组合逻辑电路需要功能扩展时可用多块同一类型的芯片，利用功能扩展端或控制端进行级连，例如可用两片 74LS148 功能扩展端 $\overline{S}_1$、$\overline{Y}_{EX}$、$\overline{Y}_S$ 构成 16 线—4 线编辑器，可用两片 74LS138 功能扩展端 S_1、$\overline{S}_2$、$\overline{S}_3$ 构成 4 线—16 线译码器，可用两片 74LS283 进位端构成 8 位加法器，可用两片 74LS151 利用控制端构成 16 选 1 数据选择器，可用两片 CC14585 串行比较输入端构成 8 位数值比较器。如要得到 12 位加法器可用 3 片 74LS283，如要得到 16 位加法器可用 4 片 74LS283，其他组合逻辑电路的扩展同理可得。下面介绍几种芯片的功能扩展方法。

例 7.1　试用两片 74LS148 接成 16 线—4 线优先编码器，将 $\overline{A}_0 \sim \overline{A}_{15}$ 这 16 个低电平输入信号编为 0000～1111 的 16 个 4 位二进制代码。其中 $\overline{A}_{15}$ 的优先权最高，$\overline{A}_0$ 的优先权最低。

解　由于每片 74LS148 只有 8 个编码输入，所以需将 16 个输入信号分别接到两片上。现将 $\overline{A}_{15} \sim \overline{A}_8$ 这 8 个优先权高的输入信号接到第（1）片的 $\overline{I}_7 \sim \overline{I}_0$ 输入端，而将 $\overline{A}_7 \sim \overline{A}_0$ 这 8 个优先权低的输入信号接到第（2）片的 $\overline{I}_7 \sim \overline{I}_0$。

按照优先顺序的要求，只有 $\overline{I}_{15} \sim \overline{I}_8$ 均无输入信号时，才允许对 $\overline{I}_7 \sim \overline{I}_0$ 的输入信号编码。$\overline{Y}_S$ 作为第（2）片的选通输入信号 $\overline{S}$ 就行了。

此外，当第（1）片有编码信号输入时它的 $\overline{Y}_{EX} = 0$，无编码信号输入时 $\overline{Y}_{EX} = 1$，正好可以用它作为输出编码的第四位，以区分 8 个高优先权输入信号和 8 个低优先权输入信号的编码。编码输出的低 3 位应为两片输出 $\overline{Y}_2$、$\overline{Y}_1$、$\overline{Y}_0$ 的逻辑与非。

依照上面的分析，便得到了图 7-1 的逻辑图。由图 7-1 可见，当 $\overline{A}_{15} \sim \overline{A}_8$ 中任一输入端为低电平时，例如 $\overline{A}_{11} = 0$，则片（1）的 $\overline{Y}_{EX} = 0$，$Z_3 = 1$，$\overline{Y}_2 \overline{Y}_1 \overline{Y}_0 = 100$。同时片（1）的 $\overline{Y}_S = 1$，将片（2）封锁，使它的输出 $\overline{Y}_2 \overline{Y}_1 \overline{Y}_0 = 111$。于是在最后的输出端得到 $Z_3 Z_2 Z_1 Z_0 = 1011$。如果 $\overline{A}_{15} \sim \overline{A}_8$ 中同时有几个输入端为低电平，则只对

其中优先权最高的一个信号编码。

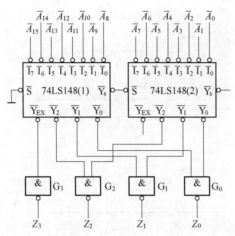

图 7-1　用两片 74LS148 接成的 16 线－4 线优先编码器

当 $\overline{A}_{15}\sim\overline{A}_8$ 全部为高电平（没有编码输入信号）时，片（1）的 $\overline{Y}_S=0$，故片（2）的 $\overline{S}=0$，处于编码工作状态，对 $\overline{A}_7\sim\overline{A}_0$ 输入低电平信号中优先权最高的一个进行编码。例如 $\overline{A}_5=0$，则片（2）的 $\overline{Y}_2\overline{Y}_1\overline{Y}_0=010$。而此时片（1）的 $\overline{Y}_{EX}=1$，$Z_3=0$。片（1）的 $\overline{Y}_2\overline{Y}_1\overline{Y}_0=111$。于是在输出得到了 $Z_3Z_2Z_1=0101$。

例 7.2　试用两片 3 线－8 线译码器 74LS138 组成 4 线－16 线译码器，将输入的 4 位二进制代码 $D_3D_2D_1D_0$ 译成 16 个独立的低电平信号 $\overline{Z}_0\sim\overline{Z}_{15}$。

解　由第 3 章介绍可知，74LS138 仅有 3 个地址输入端 A_2、A_1、A_0。如果想对 4 位二进制代码 $D_3D_2D_1D_0$ 译成 16 个独立的低电平信号 $\overline{Z}_0\sim\overline{Z}_{15}$，只能利用一个附加控制端（$S_1$、$\overline{S}_2$、$\overline{S}_3$ 当中的一个）作为第 4 个地址输入端。

取第（1）片 74LS138 的 $\overline{S}_2$ 和 $\overline{S}_3$ 作为它的第 4 个地址输入端（同时令 $S_1=1$），取第（2）片的 S_1 作为它的第 4 个地址输入端（同时令 $\overline{S}_2=\overline{S}_3=0$），取两片的 $A_2=D_2$、$A_1=D_1$、$A_0=D_0$，并将第（1）片的 $\overline{S}_2$ 和 $\overline{S}_3$ 接 D_3，将第（2）片的 S_1 接 D_3，如图 7-2 所示，于是得到两片 74LS138 的输出分别为

$$\begin{cases} \overline{Z}_0=\overline{\overline{D}_3\overline{D}_2\overline{D}_1\overline{D}_0} \\ \overline{Z}_1=\overline{\overline{D}_3\overline{D}_2\overline{D}_1D_0} \\ \quad\vdots \\ \overline{Z}_7=\overline{\overline{D}_3D_2D_1D_0} \end{cases} \tag{7.1}$$

$$\begin{cases} \overline{Z}_8 = \overline{\overline{D}_3\overline{D}_2\overline{D}_1\overline{D}_0} \\ \overline{Z}_9 = \overline{\overline{D}_3\overline{D}_2\overline{D}_1 D_0} \\ \quad\vdots \\ \overline{Z}_{15} = \overline{D_3 D_2 D_1 D_0} \end{cases} \qquad (7.2)$$

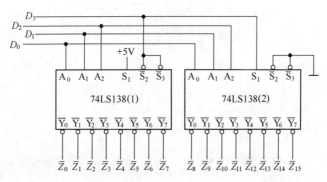

图 7-2　用两片 74LS138 接成的 4 线－16 线译码器

式（7.1）表明，当 $D_3 = 0$ 时第（1）片 **74LS138** 工作而第（2）片 **74LS138** 禁止，将 $D_3 D_2 D_1 D_0$ 的 0000～0111 这 8 个代码译成 $\overline{Z}_0 \sim \overline{Z}_7$ 这 8 个低电平信号。而式（7.2）表明，当 $D_3 = 1$ 时，第（2）片 74LS138 工作，第（1）片 74LS138 禁止，将 $D_3 D_2 D_1 D_0$ 的 1000～1111 这 8 个代码译成 $\overline{Z}_8 \sim \overline{Z}_{15}$ 这 8 个低电平信号。这样就用两片 3 线－8 线译码器扩展成一个 4 线－16 线的译码器了。同理，也可以用两个带控制端的 4 线－16 线译码器接成一个 5 线－32 线译码器。

例 7.3　试用两片 CC14585 组成一个 8 位数值比较器。

解　根据多位数比较的规则，在高位相等时取决于低位的比较结果。

在 CC14585 中只有两个输入的 4 位数相等时，输出才由 $I_{(A<B)}$ 和 $I_{(A=B)}$ 的输入信号决定。因此，在将两个数的高 4 位 $C_7 C_6 C_5 C_4$ 和 $D_7 D_6 D_5 D_4$ 接到第（2）片 CC14585 上，而将低 4 位 $C_3 C_2 C_1 C_0$ 和 $D_3 D_2 D_1 D_0$ 接到第（1）片 CC14585 上时，只需把第（1）片的 $Y_{(A<B)}$ 和 $Y_{(A=B)}$ 接到第（2）片的 $I_{(A<B)}$ 和 $I_{(A=B)}$ 就行了。

在 CC14585 中 $Y_{(A>B)}$ 信号是用 $Y_{(A<B)}$ 和 $Y_{(A=B)}$ 产生的，因此在扩展连接时，只需输入低位比较结果给 $I_{(A<B)}$ 和 $I_{(A=B)}$ 就够了。从 CC14585 的逻辑图上可知，$I_{(A>B)}$ 并未用于产生 $Y_{(A>B)}$ 的输出信号，它仅仅是一个控制信号。当 $I_{(A>B)}$ 为高电平时，允许有 $Y_{(A>B)}$ 信号输出，而当 $I_{(A>B)}$ 为低电平时，$Y_{(A>B)}$ 输出端被封锁在低电平。因此，在正常工作时应使 $I_{(A>B)}$ 端处于高电平。连线图如图 7-3 所示。

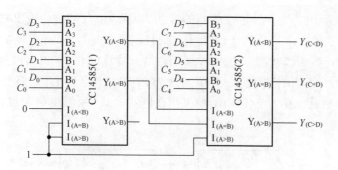

图 7-3 将两片 CC14585 接成 8 位数值比较器

7.2.2 中规模集成时序逻辑电路的功能扩展

常用时序逻辑电路需要功能扩展时也可用多块同一类型的芯片利用功能扩展端或控制端进行级联，例如可用两片 74LS194 构成 8 位双向移位寄存器，可用两片 74LS161 构成 8 位二进制加法计数器和任意进制计数器。下面介绍几种时序逻辑芯片的功能扩展方法。

例 7.4 用 74LS194 构成 8 位双向移位寄存器。

解 用 74LS194 接成多位双向移位寄存器的接法十分简单。图 7-4 是用两片 74LS194 接成 8 位双向移位寄存器的连接图。这时只需将其中一片的 Q_3 接至另一片的 D_{IR} 端，而将另一片的 Q_0 接到这一片的 D_{IL}，同时把两片的 S_1、S_0、CP 和 $\overline{R}_D$ 分别并联就行了。

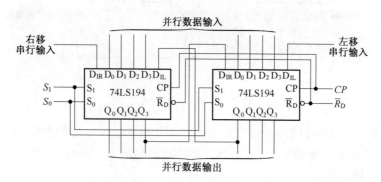

图 7-4 用两片 74LS194 接成 8 位双向移位寄存器

例 7.5 试用两片 74LS161 接成 8 位二进制计数器。

解 本例中将两片 74LS161 直接按并行进位方式（同步方法）或串行进位方式（异步方法）连接即得 8 位二进制计数器。

图 7-5 所示电路是并行进位方式的接法。以第（1）片的进位输出 C 作为第（2）片的 EP 和 ET 输入，每当第（1）片计成 1111 时 C 变为 1，下个 CP 信号到达时第（2）片为计数工作状态，计入 1，而第（1）片计成 0（0000），它的 C 端回到低电平第（2）片为保持状态。第（1）片的 EP 和 ET 恒为 1，始终处于计数工作状态。可见这种接法两片 74LS161 是工作在同步方式，所以也称为同步连接方法。

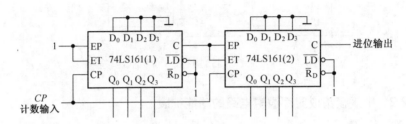

图 7-5　并行进位方式

图 7-6 所示电路是串行进位方式的连接方法。两片 74LS161 的 EP 和 ET 恒为 1，都工作在计数状态。第（1）片每计到 1111 时 C 端输出变为高电平，经反相器后使第（2）片的 CP 端为低电平。下个计数输入脉冲到达后，第（1）片计成 0（0000）状态，C 端跳回低电平，经反相后使第（2）片的输入端产生一个正跳变，于是第（2）片计入 1。可见，在这种接法下两片 74LS161 不是同步工作的，所以也称为异步工作方式。

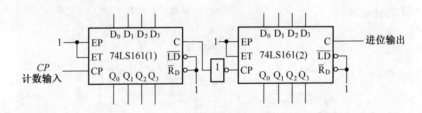

图 7-6　串行进位方式

例 7.6　试用两片同步十进制计数器 74160 接成二十九进制计数器。

解　因为 $M = 29$ 是一个素数，所以必须用整体清零法或整体置数法构成二十九进制计数器。

图 7-7 是整体清零方式的接法。首先将两片 74160 以并行进位方式连接成一个百进制计数器。当计数器从全 0 状态开始计数，计入 29 个脉冲时，经门 G_1 译码产生低电平信号立刻将两片 74160 同时置零，于是便得到了二十九进制计数器。需要注意的是计数过程中第（2）片 74160 不出现 1001 状态，因而它的 C 端不能

给出进位信号。而且，门 G_1 输出的脉冲持续时间极短，也不宜作进位输出信号。如果要求输出进位信号持续时间为一个时钟信号周期，则应从电路的 28 状态译出。当电路计入 28 个脉冲后门 G_2 输出变为低电平，第 29 个计数脉冲到达后门 G_2 的输出跳变为高电平。

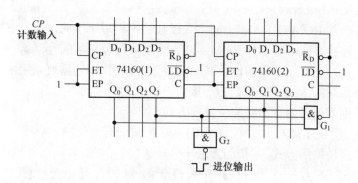

图 7-7　整体清零方式

通过这个例子可以看到，整体清零法不仅可靠性较差，而且往往还要另加译码电路才能得到需要的进位输出信号。

采用整体置数方式可以避免清零法的缺点。图 7-8 所示电路是采用整体置数法接成的二十九进制计数器。首先仍需将两片 74160 接成百进制计数器。然后电路的 28 状态译码产生 $\overline{LD} = 0$ 信号，同时加到两片 74160 上，在下个计数脉冲（第 29 个输入脉冲）到达时，将 0000 同时置入两片 74160 中，从而得到二十九进制计数器。进位信号可以直接由门 G 的输出端引出。

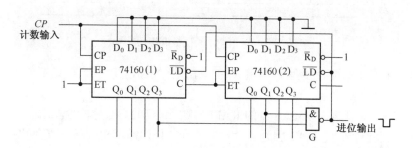

图 7-8　整体置数方式

如果要构成一个 M 进制计数器，当 M 为大于 N 的合数时，可将 M 分解为 N_1 和 N_2 之积，且 N_1、N_2 小于 N，再将两个 N 进制计数器分别接成 N_1 进制计数器和 N_2 进制计数器，然后以并行进位方式或串行进位方式将它们连接起来。当然当

M 为合数时，也可采用整体清零方式或整体置数方式。

7.2.3 存储器容量的扩展

当使用一片 ROM 或 RAM 器件不能满足对存储容量的要求时，就需要将若干片 ROM 或 RAM 组合起来，形成一个容量大的存储器。

如果每一片 ROM 或 RAM 中的字数已经够用而每个字的位数不够用时，应采用位扩展的连接方式，将多片 ROM 或 RAM 组成位数更多的存储器。

如果每一片存储器的数据位数够用而字数不够用时，则需要采用字扩展方式，将多片存储器（RAM 或 ROM）芯片接成一个字数更多的存储器。

下面分别举例说明存储器的位扩展方法与字扩展方法。

例 7.7 用 8 片 1024×1 位的 RAM 接成一个 1024×8 位的 RAM。

解 这是位扩展方式，连接的方法十分简单，只需把 8 片的所有地址线 $R/\overline{W}$、$\overline{CS}$ 分别并联起来，每一片的 I/O 端作为整个 RAM 输入/输出数据端的一位。总的存储容量为每一片存储容量的 8 倍。其具体连接如图 7-9 所示。

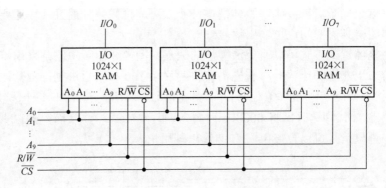

图 7-9 RAM 的位扩展接法

ROM 芯片上没有读/写控制端 $R/\overline{W}$，在进行位扩展时其余引出端的连接方法和 RAM 完全相同。

例 7.8 试用 4 片 256×8 位的 RAM 接成一个 1024×8 位的 RAM。

解 这是字扩展方式。因为 4 片中共有 1024 个字，所以必须给它们编成 1024 个不同的地址。然而每片集成电路上的地址输入端只有 8 位（$A_0 \sim A_7$），给出的地位范围全都是 0～255，无法区分 4 片中同样的地址单元。

因此，必须增加两位地址代码 A_8、A_9，使地址代码增加到 10 位，才能得到 $2^{10}=1024$ 个地址。如果取第一片的 $A_9A_8=00$，第二片的 $A_9A_8=01$，第三片的 $A_9A_8=10$，第四片的 $A_9A_8=11$，那么 4 片的地址分配如表 7-1 所示。

表 7-1 各片 RAM 电路地址分配

器件编号 RAM	A_9A_8	$\overline{Y_0}$	$\overline{Y_1}$	$\overline{Y_2}$	$\overline{Y_3}$	地址范围 $A_9A_8A_7A_6A_5A_4A_3A_2A_1A_0$ （等效十进制数）
（1）	0 0	0	1	1	1	00 00000000 ～ 00 11111111 (0) (255)
（2）	0 1	1	0	1	1	01 00000000 ～ 01 11111111 (256) (511)
（3）	1 0	1	1	0	1	10 00000000 ～ 10 11111111 (512) (767)
（4）	1 1	1	1	1	0	11 00000000 ～ 11 11111111 (768) (1023)

由表 7-1 可见，4 片 RAM 的低 8 位地址是相同的，所以接线时把它们分别并联起来就行了。由于每片 RAM 上只有 8 个地址输入端，所以 A_8、A_9 的输入端只好借用 $\overline{CS}$ 端。图中使用 2 线－4 线译码器将 A_9A_8 的 4 种编码 00、01、10、11 分别译成 $\overline{Y_0}$、$\overline{Y_1}$、$\overline{Y_2}$、$\overline{Y_3}$ 这 4 个低电平输出信号，然后用它们分别去控制 4 片 RAM 的 $\overline{CS}$ 端。

此外，由于每一片 RAM 的数据端 I/O_0 - I/O_7 都设置了由 $\overline{CS}$ 控制的三态输出缓冲器，而现在它们的 $\overline{CS}$ 任何时候只有一个处于低电平，故可将它们的数据端并联起来，作为整个 RAM 的 8 位数据输入/输出端。其具体连接如图 7-10 所示。

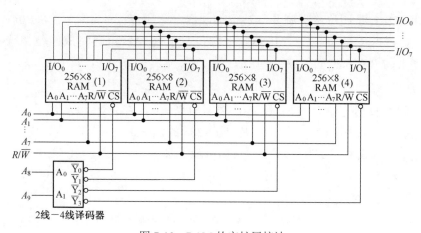

图 7-10 RAM 的字扩展接法

上述字扩展法也同样适用于 ROM 电路。

如果一片 RAM 或 ROM 的位数和字数都不够用，就需要同时采用位扩展和字扩展方法，用多片器件组成一个大的存储器系统，以满足对存储容量的要求。

7.3　数字系统的分析

数字系统是由多片不同功能的芯片所组成的，可用模块化分析方法分析其逻辑功能。

模块化分析方法的步骤如下：

①列出各功能模块的逻辑功能，不必从模块内部电路分析，把各模块看成黑箱处理；

②根据给出的电路图理清各模块之间的连接关系或控制关系；

③根据给定条件分析各模块的工作状态以及整个系统的工作状态；

④列出整个系统的功能表或状态转换图或者画出其时序图；

⑤说明整个系统的逻辑功能。

下面举例说明各种不同类型的数字系统的分析过程。

例 7.9　如图 7-11 所示是由 2 片 74LS283 和 1 片 74LS85 组成的数字系统。

①如果 $X_3X_2X_1X_0 = 0011$，$Y_3Y_2Y_1Y_0 = 0110$，求 $Z_3Z_2Z_1Z_0$ 和 T；

②如果 $X_3X_2X_1X_0 = 0110$，$Y_3Y_2Y_1Y_0 = 0101$，求 $Z_3Z_2Z_1Z_0$ 和 T；

③如果 $X_3X_2X_1X_0 = 1001$，$Y_3Y_2Y_1Y_0 = 1000$，求 $Z_3Z_2Z_1Z_0$ 和 T；

④如果 $X_3X_2X_1X_0$ 和 $Y_3Y_2Y_1Y_0$ 为十进制数的 BCD 码，说明其逻辑功能。

解　该数字系统由 3 块组合逻辑芯片组成，所以属于组合复合型数字系统。

74LS283 是四位二进制并行进位加法器，它完成 $A_3A_2A_1A_0 + B_3B_2B_1B_0 + C_I = S_3S_2S_1S_0$，产生进位 C_O；74LS85 是四位数值比较器，它完成四位二进制数 $A_3A_2A_1A_0$ 与 $B_3B_2B_1B_0$ 的比较，产生 $Y_{(A>B)}$、$Y_{(A<B)}$、$Y_{(A=B)}$ 的输出，其中 $I_{(A>B)}$、$I_{(A<B)}$、$I_{(A=B)}$ 是串行比较输入端。

如图 7-11 所示，第（1）片 74LS283 的 $C_I = 0$，完成 $X_3X_2X_1X_0 + Y_3Y_2Y_1Y_0 = S_3S_2S_1S_0$，产生进位 C_O；第（2）片 74LS283 的 $C_I = 0$，完成第（1）片 74LS283 产生的和 $S_3S_2S_1S_0 + 0TT0 = Z_3Z_2Z_1Z_0$；74LS85 把第（1）片 74LS283 产生的和 $S_3S_2S_1S_0$ 与 9（1001）比较产生 $Y_{(A>B)}$，即比较 $S_3S_2S_1S_0$ 是否比 9（1001）大；输出信号 $T = C_O + Y_{(A>B)}$。

①如果 $X_3X_2X_1X_0 = 0011$，$Y_3Y_2Y_1Y_0 = 0110$，那么第（1）片 74LS283 的 $S_3S_2S_1S_0 = 1001$，$C_O = 0$，74LS85 的 $Y_{(A>B)} = 0$，所以 $T = C_O + Y_{(A>B)} = 0$，$Z_3Z_2Z_1Z_0 = 1001 + 0000 = 1001$；

②如果 $X_3X_2X_1X_0 = 0110$，$Y_3Y_2Y_1Y_0 = 0101$，那么第（1）片 74LS283 的

$S_3S_2S_1S_0 = 1011$，$C_O = 0$，74LS85 的 $Y_{(A>B)} = 1$，所以 $T = C_O + Y_{(A>B)} = 1$，$Z_3Z_2Z_1Z_0 = 1011+0110 = 0001$；

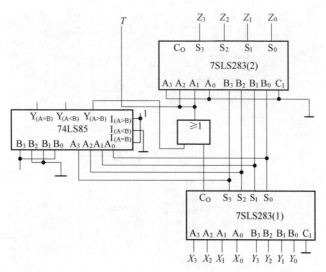

图 7-11　BCD 码十进制加法器

③如果 $X_3X_2X_1X_0 = 1001$，$Y_3Y_2Y_1Y_0 = 1000$，那么第（1）片 74LS283 的 $S_3S_2S_1S_0 = 0001$，$C_O = 1$，74LS85 的 $Y_{(A>B)} = 0$，所以 $T = C_O + Y_{(A>B)} = 1$，$Z_3Z_2Z_1Z_0 = 0001+0110 = 0111$；

④如果 $X_3X_2X_1X_0$ 和 $Y_3Y_2Y_1Y_0$ 为十进制数的 BCD 码，当和小于等于 9（1001）时，和直接输出；当和大于 9（1001）或产生进位时，和加 6（0110）输出，并产生进位 T；所以该数字系统完成两个 BCD 码的十进制数的加法。

例 7.10　试分析图 7-12 所示数字系统逻辑功能，并指出在图 7-13 所示的时钟信号及 S_1、S_0 状态作用下，t_4 时刻以后输出 Y 与两组并行输入的二进制数 M、N 在数值上的关系。假定 M、N 的状态始终未变。

解　该电路由两片 4 位加法器 74LS283 和 4 片移位寄存器 74LS194 组成。两片 74LS283 接成了一个 8 位并行加法器，4 片 74LS194 分别接成了两个 8 位的单向移位寄存器。由于两个 8 位移位寄存器的输出分别加到了 8 位并行加法器的两组输入端，所以图 7-12 电路是将两个 8 位移位寄存器里的内容相加的运算电路。该数字系统由 74LS194 控制了 74LS283，所以属于时序组合型数字系统。

由图 7-13 可知，当 $t = t_1$ 时 CP_1 和 CP_2 的第一个上升沿同时到达，因为这时 $S_1 = S_0 = 1$，所以移位寄存器处在数据并行输入工作状态，M、N 的数值便被分别存入两个移位寄存器。

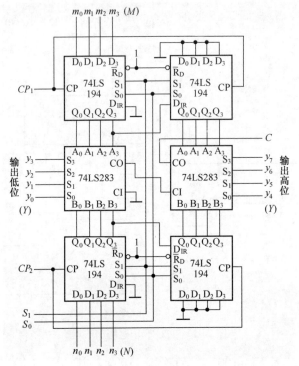

图 7-12　移位加法器

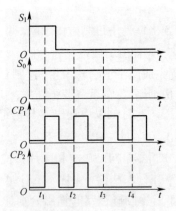

图 7-13　例 7.10 电路的波形图

$t_1 = t_2$ 以后，M、N 同时右移一位。若 m_0、n_0 是 M、N 的最低位，则右移一位相当于两数各乘以 2。

至 $t = t_4$ 时 M 又右移了两位，所以这时上面一个移位寄存器里的数为 $M \times 8$，

下面一个移位寄存器里的数为 $N \times 2$。两数经加法器相加后得到

$$Y = M \times 8 + N \times 2$$

例 7.11　试分析如图 7-14 所示由 74LS161 和 74LS138 的数字系统的逻辑功能。

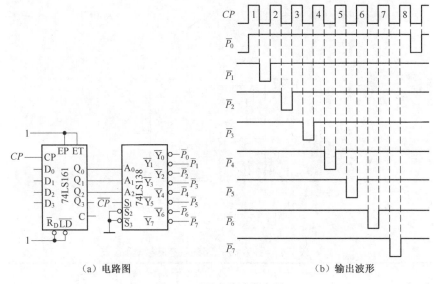

（a）电路图　　　　　　　　（b）输出波形

图 7-14　顺序脉冲发生器

解　74LS161 是 4 位同步二进制计数器，74LS138 是 3 线－8 线译码器，所以该电路也属于时序组合型数字系统。

图中 74LS161 的 $\overline{R}_D$、$\overline{LD}$、EP 和 ET 均接高电平，由 74LS161 的功能表可知，74LS161 工作在计数状态，74LS161 的低 3 位输出 Q_0、Q_1、Q_2 作为 74LS138 的 3 位输入信号。所以在连续输入 CP 信号的情况下，$Q_2Q_1Q_0$ 的状态将按 000 一直到 111 的顺序反复循环，并在译码器输出端依次输出 $\overline{P}_0 \sim \overline{P}_7$ 的顺序脉冲。所以该数字系统是顺序脉冲发生器。

虽然 74LS161 中的触发器是在同一时钟信号操作下工作的，但由于各个触发器的传输延迟时间不可能完全相同，所以在将计数器的状态译码时仍然存在竞争－冒险现象。为消除竞争－冒险现象，可以在 74LS138 的 S_1 端加入选通脉冲。选通脉冲的有效时间应与触发器的翻转时间错开。例如图中选取 $\overline{CP}$ 作为 74LS138 的选通脉冲，即得到图 7-14（b）所示的输出电压波形。

例 7.12　试分析如图 7-15 所示由 74LS161 和 74LS151 所构成的数字系统的逻辑功能。

解 该电路由四位二进制计数器74LS161与8选1数据选择器74LS151组成，所以该电路属于时序组合型数字系统。

如图 7-15 所示，74LS161 工作在计数状态，计数器的 $Q_2Q_1Q_0$ 控制 74LS151 的地址输入代码 $A_2A_1A_0$，而 74LS151 的 $D_0 = D_1 = D_2 = D_4 = 1$、$D_3 = D_5 = D_6 = D_7 = 0$，当 CP 信号连续不断地加到计数器时，便可在 Y 端得到不断循环的序列信号 11101000，具体工作过程如表 7-2 所示。所以该数字系统是一个脉冲序列信号发生器。

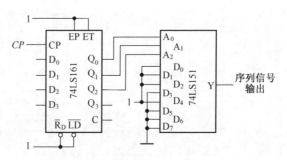

图 7-15 序列信号发生器

表 7-2 图 7-15 电路的状态转换表

CP 顺序	Q_2 (A_2	Q_1 A_1	Q_0 A_0)	Y
0	0	0	0	$D_0(1)$
1	0	0	1	$D_1(1)$
2	0	1	0	$D_2(1)$
3	0	1	1	$D_3(0)$
4	1	0	0	$D_4(1)$
5	1	0	1	$D_5(0)$
6	1	1	0	$D_6(0)$
7	1	1	1	$D_7(0)$
8	0	0	0	$D_0(1)$

该电路在需要修改序列信号时，只要修改加到 $D_0 \sim D_7$ 的高、低电平即可实现，而不需对电路结构作任何更动。因此，使用这种电路既灵活又方便。

例 7.13 图 7-16 所示电路是用 8 线－3 线优先编码器 74LS148 和同步四位二进制计数器 74LS161 组成的可控分频器，试说明当输入控制信号 S 打在 74LS148

的不同输入端时由 Y 端输出的脉冲频率各为多少。已知 CP 端输入脉冲的频率为 10kHz。

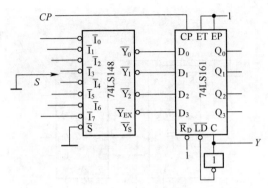

图 7-16 可控分频器

解 该电路是 74LS148 控制 74LS161 的工作状态，因此该数字系统属于组合时序型。

由图 7-16 可知，74LS161 工作在计数工作状态，它的并行数据输入端 $D_3D_2D_1D_0$ 受 74LS148 输出控制，74LS148 在 $\overline{S} = 0$ 时处于正常编码状态，当开关 S 打在不同输入位置时，对不同输入信号进行编码，从而使 74LS161 工作在不同进制的计数状态，因而 Y 端输出脉冲频率不同。所以该数字系统是一个可控分频器。

假设 S 打在 $\overline{I_7}$ 的位置时，$D_3D_2D_1D_0 = 0000$，74LS161 是十六进制计数器，所以 Y 的输出频率是 CP 脉冲频率的十六分频，即为 0.625kHz。

假设 S 打在 $\overline{I_6}$ 的位置时，$D_3D_2D_1D_0 = 0001$，74LS161 是十五进制计数器，所以 Y 的输出频率是 CP 脉冲频率的十五分频，即为 0.667kHz。

以此类推，当 S 分别打在 $\overline{I_5}$、$\overline{I_4}$、$\overline{I_3}$、$\overline{I_2}$、$\overline{I_1}$、$\overline{I_0}$ 的不同位置时，$D_3D_2D_1D_0$ 分别为 0010、0011、0100、0101、0110、0111，74LS161 分别是 14、13、12、11、10、9 进制计数器，所以 Y 的输出频率分别为 0.714kHz、0.769kHz、0.833kHz、0.909kHz、1kHz、1.11kHz。

例 7.14 如图 7-17 所示是由 74LS194 和 74LS160 组成的跳频信号发生器，试分析当 CP_1 脉冲频率为 10kHz 时，CP_2 脉冲频率为 10Hz 时，输出信号 Y 的波形的频率成分（已知 74LS194 的初始状态为 0001）。

解 该数字系统由四位双向移位寄存器 74LS194 和同步十进制计数器 74LS160 组成，所以该电路属于时序复合型数字系统。

从图 7-17 可知，74LS160 工作在计数状态，它的并行数据输入端受 74LS194 的输出状态控制。而 74LS194 的 $S_1 = 0$，$S_0 = 1$，Q_3 接右移串行数据输入端，它工作在循环右移工作状态，在 10Hz 低频信号作用下，74LS194 循环右移 1 位，使得 74LS160 的计数进制发生变化，输出信号 Y 的频率发生变化，从而构成频率循环变化的脉冲信号发生器。

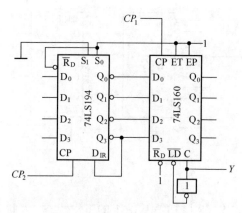

图 7-17　跳频脉冲信号发生器

当 74LS194 的 $Q_3Q_2Q_1Q_0 = 0001$ 时，74LS160 是九进制计数器，所以 Y 的输出频率是 CP_1 脉冲频率的九分频，即为 1.11kHz。

当 74LS194 的 $Q_3Q_2Q_1Q_0 = 0010$ 时，74LS160 是八进制计数器，所以 Y 的输出频率是 CP_1 脉冲频率的八分频，即为 1.25kHz。

当 74LS194 的 $Q_3Q_2Q_1Q_0 = 0100$ 时，74LS160 是六进制计数器，所以 Y 的输出频率是 CP_1 脉冲频率的六分频，即为 1.67kHz。

当 74LS194 的 $Q_3Q_2Q_1Q_0 = 1000$ 时，74LS160 是二进制计数器，所以 Y 的输出频率是 CP_1 脉冲频率的二分频，即为 5kHz。

所以该系统循环输出 1.11kHz、1.25kHz、1.67kHz、5kHz 的脉冲信号，周期为 400ms，每个频率的信号的持续时间为 100ms。

7.4　数字系统的设计

数字系统是用来对数字信号进行采集、加工、传输、运算、处理和输出的，因此一个完整的数字系统往往包括输入模块、功能子模块、控制模块、输出模块和时基模块等 5 个部分，如图 7-18 所示。各部分具有相对的独立性，在控制模块的协调和指挥下完成各自的功能。因此可用模块化设计方法来设计数字系统。

模块化设计方法的步骤如下：

①逻辑抽象，确定输入、输出逻辑变量和电路状态数；

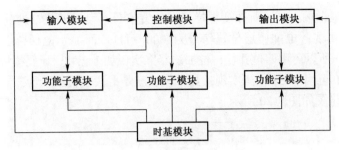

图 7-18　数字系统的组成

②确定系统的时钟信号；

③根据系统的设计要求，划分系统的模块；

④根据各功能模块的要求选用 SSI、MSI、LSI 实现；

⑤画出数字系统电路图。

下面举例说明数字系统的模块化设计方法。

例 7.15　试设计一个八层电梯楼层显示控制器，要求如下：

①能显示电梯行进楼层的位置；

②能响应电梯楼层按钮的呼唤，控制电梯的上、下行；

③电梯在行进时不响应呼梯。

解　通过对本数字系统的分析可知，该系统可分为 3 个模块：输入模块、控制模块和输出显示模块。输入模块接收电梯楼层按钮的呼唤、编码与寄存，因此输入模块又可分为编码模块和寄存模块；控制模块控制电梯的上、下行及停梯，因此控制模块又可分为数值比较模块和计数模块；输出显示模块显示电梯行进楼层的位置，因此又可分为加 1 模块和译码模块。各模块之间的关系如图 7-19 所示。

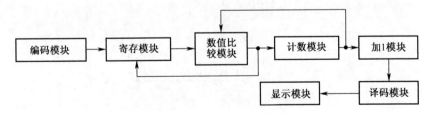

图 7-19　电梯楼层显示控制器的模块图

其中编码模块把电梯 1～8 层的呼梯信号编为二进制代码 000～111，可选用 8 线－3 线优先编码器 74LS148 来实现；寄存模块在允许呼梯时把呼梯编码信号进行锁存，可用四位寄存器 74LS194 来实现，数值比较模块比较呼梯编码信号与电梯停梯位置信号的大小来控制电梯的上、下行，可用四位数值比较器 74LS85 来实现；

计数模块随电梯的上、下行改变电梯楼层位置信号，可用四位二进制加/减计数器74LS191 来实现；电梯楼层位置信号为 000～111，而显示电梯楼层位置信号为0001～1000，所以可用四位并行进位加法器来实现加 1 模块；译码模块实现七段字符显示译码，可用 74LS47 来实现；显示模块就是七段字符显示器。

　　具体电路图如图 7-20 所示。

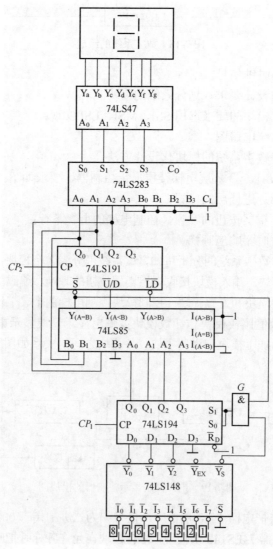

图 7-20　电梯楼层显示控制器电路原理图

　　下面举例说明电路的工作过程：

假设开始时电梯停在 1 层，74LS194 的输出 $Q_3Q_2Q_1Q_0 = 0000$，计数器 74LS191 的输出 $Q_3Q_2Q_1Q_0 = 0000$，数值比较器 74LS85 的输出 $Y_{(A=B)} = 1$，$Y_{(A<B)} = 0$，计数器 74LS191 停止计数，74LS283 的输出 $S_3S_2S_1S_0 = 0001$，所以数码管显示为"1"，这时没有呼梯时，与门 G 输出为 0，74LS194 的 $S_1S_0 = 00$，74LS194 的输出保持不变。如果这时 7 层有人呼梯时，74LS148 的输出 $\overline{Y_2}\,\overline{Y_1}\,\overline{Y_0} = 110$，$\overline{Y_s}$ 为高电平，与门 G 输出为 1，74LS194 的 $S_1S_0 = 11$，工作在并行置数状态，74LS194 在 CP_1 的脉冲作用下，输出 $Q_3Q_2Q_1Q_0$ 变为 0110，数值比较器 74LS85 的输出 $Y_{(A=B)} = 0$，$Y_{(A<B)} = 0$，计数器 74LS191 在 CP_2 的脉冲作用下加法计数，74LS191 的输出 $Q_3Q_2Q_1Q_0$ 从 0000 开始不断增加到 0110，数码管的显示也同时从"1"开始不断增加到"7"，在这之前与门 G 输出为 0，74LS194 的 $S_1S_0 = 00$，不接收呼梯信号，输出保持不变，直到 74LS191 计数到 0110 时，数值比较器 74LS85 的输出 $Y_{(A=B)} = 1$，$Y_{(A<B)} = 0$，计数器 74LS191 停止计数，数码管显示为"7"，这时才能响应呼梯信号。

如果这时 2 层又有人呼梯时，74LS148 的输出 $\overline{Y_2}\,\overline{Y_1}\,\overline{Y_0} = 001$，$\overline{Y_s}$ 为高电平，与门 G 输出为 1，74LS194 的 $S_1S_0 = 11$，工作在并行置数状态，74LS194 在 CP_1 的脉冲作用下，输出 $Q_3Q_2Q_1Q_0$ 变为 0001，数值比较器 74LS85 的输出 $Y_{(A=B)} = 0$，$Y_{(A<B)} = 1$，计数器 74LS191 在 CP_2 的脉冲作用下减法计数，74LS191 的输出 $Q_3Q_2Q_1Q_0$ 从 0110 开始不断减小到 0001，数码管的显示也同时从"7"开始减小到"2"，在这之前与门 G 输出为 0，74LS194 的 $S_1S_0 = 00$，不接收呼梯信号，输出保持不变，直到 74LS191 计数到 0001 时，数值比较器 74LS85 的输出 $Y_{(A=B)} = 1$，$Y_{(A<B)} = 0$，计数器 74LS191 停止计数，数码管显示为"2"，这时才能响应下一次呼梯信号。

7.5 辅修内容

通过前述各章的学习，已经熟悉了数字电路的基本结构模块，了解用 VHDL 语言描述数字电路基本单元电路的方法。既然已经理解了各个模块的结构、工作原理及描述方法，本章将通过由某些基本模块组成的数字系统的分析与设计，来说明 VHDL 语言在数字系统分析与设计中的应用。

7.5.1 键盘编码器的分析

在许多数字系统中，经常采用按键作为系统的输入方法之一，为系统提供数据输入或者命令输入。当按键数目较多时，每把一个按键连接到键盘矩阵中行和列的交叉点，如图 7-21 所示，一个 4×4 行列结构可构成有 16 个按键的键盘。在图 7-21 中，列线通过上拉电阻接 5V 电源，当没有键按下时，键盘矩阵中的行列之间不连通，所有列线处于高电平，而当有键按下时，列线电平状态将由与此列线相连的行线电平决定，行线如为低电平，则列线也为低电平；如若行线为高电平，则列线也为高电平，这是识别矩阵中的键盘是否有键被按下的关键所在。由于矩阵键盘中行线和列线为多键共用，各键均影响该键所在行列的电平。为了识别矩阵键盘中哪一个按键被按下，可采用在某一时刻，仅让一条行线处于低电平，而其余行线处于高电平，如果此时其中一列变为低电平，则说明被按下的键处于被拉低的一行与当前变为低电平的列交叉的位置；如果没有一列变为低电平，则说明被拉低的这一行没有键被按下。此时可通过拉低下一行继续查找。这种依次拉低各行的方法叫做键盘扫描。

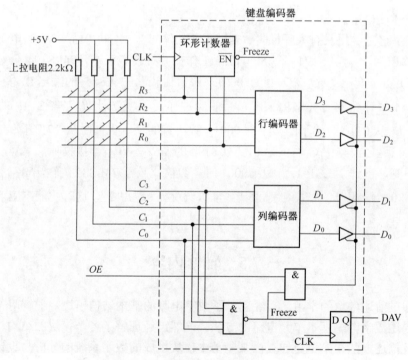

图 7-21　键盘编码器电路组成框图

程序 7.1 是实现图 7-21 所示键盘编码器的 VHDL 源程序。参考图 7-21 可见程序 7.1 中第 4～10 行为实体部分，在端口定义中说明 clk 作为时钟脉冲，column 为列数据输入，row 为行数据输出，d_out 为编码输出，d_avail 为数据有效信号。

第 12 行为结构体定义，第 13、14 行分别定义了信号 freeze 和 d，freeze 位检测什么时间有键按下，d 信号用来组合行和列的编码数据，形成表示所按键的四位数值。第 16 行定义了进程，用以实现环形计数器的值，其敏感信号为 clk。在进程中，定义了变量 r_counter，用于暂存环形计数器。第 19 行利用 IF 语句检测时钟脉冲的上升沿，如果出现时钟脉冲上升沿，再利用 IF 语句判别是否有键按下，如果无键按下，则利用 CASE 语句使环形计数器计数。第 33～39 行的 CASE 语句用于描述行值的编码过程；第 41～44 行的 CASE 语句用于描述列值的编码过程。第 48 行开始的 IF 语句用于判别是否输出编码结果。

程序 7.1　VHDL 键盘扫描编码器。

```
LIBRARY IEEE;
USE IEEE.STD_LOGIC_1164.ALL;

ENTITY keyscanning IS
  PORT(clk, oe: IN STD_LOGIC;
        column: IN STD_LOGIC_VECTOR(3 dowto 0);
        row: OUT STD_LOGIC_VECTOR(3 downto 0);
        d_out: OUT STD_LOGIC_VECTOR(3 downto 0);
        d_avail: OUT STD_LOGIC);
END keyscanning;

  ARCHITECTURE example01 OF keyscanning IS
    SIGNAL freeze: STD_LOGIC;
    SIGNAL d: STD_LOGIC_VECTOR(3 downto 0);
  BEGIN
    PROCESS(clk)
    VARIABLE r_counter: STD_LOGIC_VECTOR(3 downto 0);
  BEGIN
    IF(clk = '1' AND clk'EVENT)THEN
      IF freeze = '0' THEN
      CASE r_counter IS
        WHEN "1110" = > r_counter: = "1101";
        WHEN "1101" = > r_counter: = "1011";
        WHEN "1011" = > r_counter: = "0111";
        WHEN "0111" = > r_counter: = "1110";
        WHEN OTHERS = > r_counter: = "1110";
      END CASE;
    END IF;
d_avail < = freeze;
END IF;
  row < = r_counter;
```

```
        CASE r_counter IS
          WHEN "1110" = > d(3 downto 2) < = "00";
          WHEN "1101" = > d(3 downto 2) < = "01";
          WHEN "1011" = > d(3 downto 2) < = "10";
          WHEN "0111" = > d(3 downto 2) < = "11";
          WHEN OTHERS = > d(3 downto 2) < = "00";
        END CASE;

        CASE column IS
          WHEN "1110" = > d(1 downto 0) < = "00"; freeze < = '1';
          WHEN "1101" = > d(1 downto 0) < = "01"; freeze < = '1';
          WHEN "1011" = > d(1 downto 0) < = "10"; freeze < = '1';
          WHEN "0111" = > d(1 downto 0) < = "11"; freeze < = '1';
          WHEN OTHERS = > d(1 downto 0) < = "00"; freeze < = '0';
        END CASE;
    IF(freeze = '1' AND oe = '1') THEN

        d_out < = d;
        ELSE d_out < = "ZZZZ";
        END IF;
      END PROCESS;
END example01;
```

分析程序 7.1 所示程序，重点应注意下述几个方面。

1. 四位环形计数器

此处利用 CASE 语句描述了四位移位寄存器型计数器，即环形计数器，用于产生四个扫描序列。4 个状态中每次仅有一位为低电平，为了保证环形计数器能自启动，对于 1110、1101、1011、0111 之外的任何状态，均令其次态为 1110，它是利用语句：

```
WHEN OTHERS = > r_counter: = "1110";
```

实现的。

当检测到有键按下时，freeze = 1，环形计数器保持当前状态不变，直到此键释放。这一功能是通过 IF - THEN 语句实现的，即如果 freeze = '0'不成立，则不执行描述环形计数器的 CASE 语言。由于 IF - THEN 语句是不完全条件句，电路中会自动引入锁存器，保持原状态不变。

按照上述分析，可得环形计数器的状态转换图如图 7-22 所示。

2. 行编码和列编码

每个键代表行号和列号的唯一组合，通过对行和列进行编号，并把行和列编号的二进制数形成四位二进制数表示相对应的各个按键。由程序 7.1 可见，对行和列的编码是通过两组 CASE 语句实现的，其区别在于 CASE 与 IS 之间的表达式不同，环形计数器的值决定行编码的值，所检测到反映各列状态的 column 值决定列编码的值。若各键排列的位置及行列的编码如图 7-23 所示，譬如键 9 被按下，当进行扫描时，只有第一列检测到低电平，因此，行编号为 10_2，列编码为 01_2，二者组合输出编码为 1001_2，即代表键 9 的编码，如图 7-23 所示。

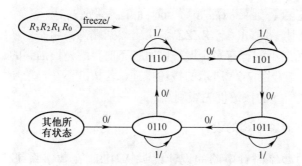

图 7-22　四位环形计数器的状态转换图

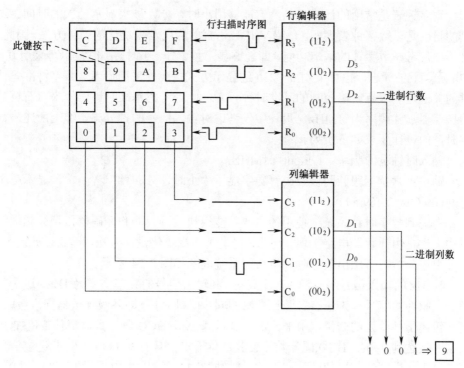

图 7-23　当键 9 被按下时的编码过程

3. 多键被同时按下的处理结果分析

注意到由于环形计数器正常工作后，只会在 1110、1101、1011、0111 这四个状态之间循环，故在正常工作过程中，不会出现同时有两行被扫描的情况。但有可能出现同时两个键被按下的情况，譬如在同一行中同时多个键被按下，则在列编码的 CASE 语句将会执行下面的语句：

WHEN OTHERS = > d(1 downto 0) < = "00"; freeze < = '0';

因此，进程结束时，d_out < = "ZZZZ"，输出数据端为高阻态，输出数据有效信号 d‑avail 为 0。而当不同行有多个键被同时按下时，最先扫描到的一行的键具有输出编码优先权。结合图 7-23 所示的按键排列，若按键不在当前所扫描的行，则低一行的按键比高一行的按键优先级别高。

7.5.2　数字时钟电路的设计

本节将通过数字时钟电路的设计说明 VHDL 在数字系统模块化设计中的应用。

1. 设计要求及系统框图

数字钟表是常用的计量工具，它能够用小时、分、秒来显示一天的时间。这里的目的是以数字钟表为例，介绍 VHDL 语言的应用及模块化的设计方法，因此，设计中仅考虑数字钟的基本功能，即能够显示秒、分、小时。小时显示可采用 0～12h 及上下午标志，也可采用 0～23h 的显示方式，此处采用后者。数字钟准确计时的关键是要求有精确控制的基准时钟频率，此处考虑基准时钟信号来自石英晶体振荡器，其频率为 1MHz，设计中仅考虑对输入信号的预分频。综上所述，数字时钟的设计要求如下所列。

输入时钟脉冲频率：f_input = 1MHz;

输出：六位七段共阴极数码管数字显示"小时、分、秒"各两位，显示范围是 00:00:00～23:59:59。

考虑到数字时钟系统中使用的主要功能模块是计数器和译码器，预分频电路事实上也是由计数器电路实现。因此，尽量采用模块化设计方法，提高设计效率。综合上述分析，可做出数字时钟电路的系统框图如图 7-24 所示。

1MHz 的输入信号经过模 10^6 计数器，其输出信号的频率降低为 1Hz。这个每秒一个脉冲的信号作为所有各级计数器的同步时钟脉冲，即各级计数器同步级联。第一级属于秒单元的个位，用来计数和显示 0～9s，BCD 码计数器每秒数值加 1，当这一级达到 9s 时，BCD 码计数器使其进位输出信号有效（tc = 1），此进位信号使秒单元六进制计数器使能。在下一个时钟脉冲有效沿，BCD 计数器复位到 0，同时六进制计数器计数值加 1。上述过程持续 59s，此时，六进制计数器的状态为

5（101_2），BCD 计数器的状态为 9（1001_2），因此显示读数为 59s，同时六进制计数器进位信号 tc 为高电平，使分单元 BCD 计数器使能，下一个时钟脉冲到来时，秒单元的 BCD 码计数器和六进制计数器同时变为 0。

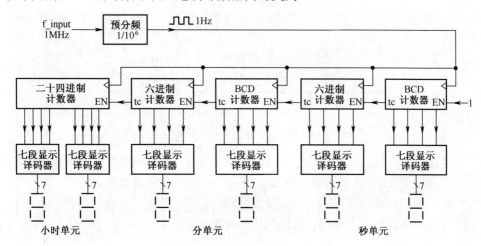

图 7-24　数字时钟电路的系统框图

秒单元六进制计数器的进位输出信号 tc 为每分钟 1 个脉冲（即秒单元六进制计数器每 60s 一个循环），这个信号送到分单元使分单元 BCD 计数器使能，分单元计数和显示 0～59min。其电路结构及工作原理与秒单元完全相同。

分单元六进制计数器的进位输出信号 tc 为每小时 1 个脉冲（即分单元六进制计数器每 60min 一个循环）。这个进位信号送到小时单元，使小时单元计数器使能，并计数和显示 00～23。故小时单元为一个 24 进制的计数器。

2. 从上到下的模块化设计

从上到下的设计方法表明在模块化设计中，首先从复杂的最高层开始设计，或者说把整个项目看作是一个封闭的、具有输入输出的黑匣子，匣子内部的详细结构情况如何现在还不知道。这里仅能说明的是希望它具有什么特性。对于数字时钟模块化设计的顶层模块，已知其输入为 1MHz 的基准脉冲信号，输出为六位七段数码管数码显示的驱动信号。综合考虑可得其顶层模拟的框图如图 7-25 所示。

一个模块是按大小、重要性，或复杂程度分类的一组对象。建立了系统顶层框图之后，下一步是把问题分解为多个易于管理的单元。首先，需要把 10^6Hz

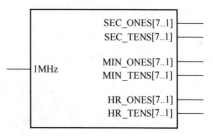

图 7-25　数字时钟的顶层模块框图

的输入信号转换为每秒一个脉冲的时间信号，把基准频率转换为系统所要求频率的电路称作预分频器；其次，把秒计数器、分计数器、小时计数器作为独立的单元是合理的。综上所述，模块结构如图 7-26 所示，它表明把设计项目分解为 4 个单元模块。

图 7-26　数字时钟模块结构图

预分频模块的主要目的是把 10^6Hz 的输入信号分频为每秒一个脉冲的输出信号。它要求用到模 10^6 计数器，此处采用 6 个十进制计数器级联。

六十进制计数器很容易由十进制计数器与六进制计数器级联而组成，如图 7-27 所示，这就是六十进制计数器模块的内部组成。

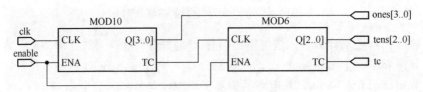

图 7-27　六十进制计数器模块内部的框图结构

二十四进制计数器可以单独作为一个模块进行设计，其结构框图如图 7-28 所示。

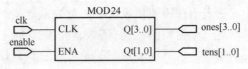

图 7-28　二十四进制计数器模块结构框图

七段译码显示电路作为一个设计模块，可供各个单元共用，其结构框图如图 7-29 所示。

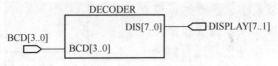

图 7-29　七段译码显示模块结构框图

综合上述分析，可得整个系统的模块化设计框图如图 7-30 所示。

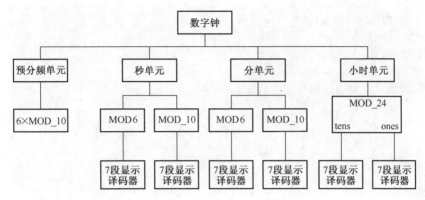

图 7-30　数字时钟模块化设计的整体框图

3. 从下向上创建模块

（1）用 VHDL 设计六进制计数器

如程序 7.2 所示，设计中增加了计数器使能输入（enable）和进位输出（tc），注意增加的使能输入和进位输出包括在端口定义中。在结构体描述段，判断如何更新 count 值前，首先检查 enable 的状态。在 enable 为低电平的情况下，变量 count 保持当前值不变，计数器不增加。请注意，IF 总是与 END IF 配对使用，当 count 等于 5 并且 enable 有效时，进位信号 tc 变为高电平。

程序 7.2　采用 VHDL 设计的六进制计数器。

```
LIBRARY ieee;
USE ieee. std_logic_1164. all;

ENTITY counter_6 IS
PORT (clock, enable : IN STD_LOGIC;
      q              : OUT INTEGER RANGE 0 TO 5;
      tc             :OUT STD_LOGIC);
END COUNTER_6;

ARCHITECTURE example02 OF counter_6 IS
BEGIN
PROCESS (clock)                        --响应时钟脉冲
VARIABLE count    : INTEGER RANGE 0 TO 5;
BEGIN
  IF (clock = '1' AND clock 'EVENT) THEN
    IF enable = '1' THEN
```

```
    IF count < 5 THEN
       count : = count + 1;
    ELSE count : = 0;
    END IF;
  END IF;
 END IF;
IF (count = 5) AND (enable = '1') THEN        --同步级联输出
    tc < = '1';
ELSE tc < = '0';
END IF;
    q < = count;
END PROCESS;
END example02;
```

图 7-31 所示为六进制计数器的仿真波形。仿真结果表明：计数状态为 0～5，当 enable 为低电平时，计数器响应 enable 输入的方式是忽视时钟脉冲并冻结计数过程。在使能状态并且计数值为其最大值 5 时，产生进位输出。

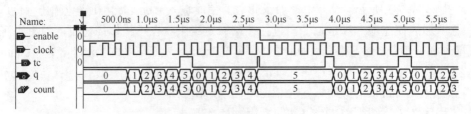

图 7-31 六进制计数器的仿真波形

（2）用 VHDL 设计十进制计数器

十进制计数器与程序 7.2 所描述的六进制计数器之间仅有一些微小的差别。需要改变的仅仅是：输出通道和变量 count（所用整数范围）的位数及计数器开始新一轮计数前应达到的最大计数值。所设计的十进制计数器如程序 7.3 所示。

程序 7.3 采用 VHDL 设计的十进制计数器。

```
LIBRARY ieee;
USE ieee. std_logic_1164. all;

ENTITY counter_10 IS
PORT (clock, enable : IN STD_LOGIC;
     q              : OUT INTEGER RANGE 0 TO 9;
     tc             :OUT STD_LOGIC);
END counter_10;
```

```
ARCHITE example03 OF counter_10 IS
BEGIN
PROCESS (clock)                        --响应时钟脉冲
   VARIABLE count : INTEGER RANGE 0 TO 9;
BEGIN
   IF (clock = '1' AND clock 'EVENT) THEN
     IF enable = '1' THEN
       count : = count + 1;
       ELSE count : = 0;
       END IF;
     END IF;
   END IF;
IF (count = 9) AND (enable = '1') THEN        --同步级联输出
     tc < = '1';
ELSE tc < = '0';
END IF;
     q < = count;
END PROCESS;

END example03;
```

图 7-32 所示为十进制计数器的仿真测试波形，测试结果表明：计数状态为 0~9，当 enable 为低电平时，计数器响应 enable 输入的方式是：忽视时钟脉冲并冻结计数过程。在使能状态并且计数值为其最大值 9 时，产生进位输出。

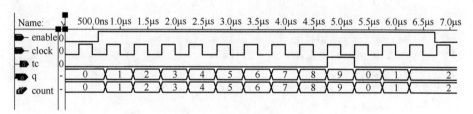

图 7-32　十进制计数器的仿真波形

（3）用 VHDL 设计二十四进制计数器

小时单元中计数器的 VHDL 程序，在端口定义中把计数值分为个位和十位两部分。在结构体中，分别定义了 ones 和 tens 两个变量，当检测到时钟脉冲上升沿时，首先检查使能信号是否有效。若使能信号有效，分别对 ones 和 tens 按计数规律进行处理。其程序如程序 7.4 所示。

程序 7.4　采用 VHDL 设计的二十四进制计数器。

```
LIBRARY ieee;
USE ieee. std_logic_1164. all;
```

```
ENTITY counter_24 IS
PORT (clock, enable : IN STD_LOGIC;
       hr_ones       : OUT INTEGER RANGE 0 TO 9;
       hr_tens       :OUT INTEGER RANGE 0 TO 2;
END counter_24;


ARCHITECTURE example04 OF counter_24 IS
BEGIN
  PROCESS (clock)                        --响应时钟脉冲
  VARIABLE ones   : INTEGER RANGE 0 TO 9;
  VARIABLE tens   : INTEGER RANGE 0 TO 2;
  BEGIN
    IF (clock = '1' AND clock 'EVENT) THEN
      IF enable = '1' THEN
        IF (ones < 9) AND (tens = 0) THEN
          ones : = ones + 1;
        ELSIF (ones = 9) AND (tens = 0) THEN
          ones : = 0;
          tens : = 1;
        ELSIF (ones < 9) AND (tens = 1) THEN
          ones : = ones + 1;
        ELSIF (ones = 9) AND (tens = 1) THEN
          ones : = 0;
          tens : = tens + 1;
        ELSIF (ones < 3) AND (tens = 2) THEN
          ones : = ones + 1;
        ELSIF (ones = 3) AND (tens = 2) THEN
          ones : = 0;
          tens : = 0;
      END IF;
    END IF;
  END IF;
  hr_ones < = ones;
  hr_tens < = tens;
END PROCESS;


END example04;
```

图 7-33 所示为二十四进制计数器的仿真测试波形，测试结果表明：计数状态为 0～23，当 enable 为低电平时，计数器响应 enable 输入的方式是：忽视时钟脉

冲并冻结计数过程。在使能状态并且计数值为其最大值 23 时，下一个时钟脉冲使
计数器复位。

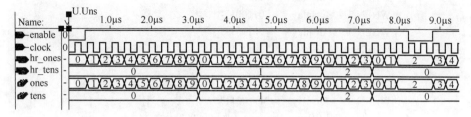

图 7-33　二十四进制计数器的仿真波形

（4）用 VHDL 设计七段数码显示译码器

七段数码显示译码器的输入信号为各计数器的输出信号，其信号形式为 8421
BCD 码；输出信号为七段数码管的驱动信号，分别用 a、b、c、d、e、f、g 表示，
假设采用共阴极数码管。为了编程方便，用标准逻辑位矢量 display 来表示，即
display = [a,b,c,d,e,f,g]。对于非 8421 BCD 码输入，规定数码管不亮。具体程序见
程序 7.5，仿真结果如图 7-34 所示。

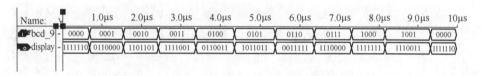

图 7-34　七段数码显示译码器的仿真波形

程序 7.5　采用 VHDL 设计的七段数码显示译码器。

```
LIBRARY IEEE;
USE IEEE. STD_LOGIC_1164. ALL;

ENTITY decoder_7 IS
    PORT (bcd_9        : IN INTEGER RANGE 0 TO 9;
          display      :OUT STD_LOGIC_VECTOR(6 downto 0));    --a,b,c,d,e,f,g
    END decoder_7;

ARCHITECTURE example08 OF decoder_7 IS
    BEGIN
      PROCESS (bcd_9)
        BEGIN
          CASE bcd_9 IS
            WHEN 0 = > display < = "1111110"
```

```
            WHEN 1 = > display < = "0110000"
            WHEN 2 = > display < = "1101101"
            WHEN 3 = > display < = "1111001"
            WHEN 4 = > display < = "0110011"
            WHEN 5 = > display < = "1011011"
            WHEN 6 = > display < = "0011111"
            WHEN 7 = > display < = "1110000"
            WHEN 8 = > display < = "1111111"
            WHEN 9 = > display < = "1110011"
            WHEN OTHERS = > display < = "0000000"
        END CASE;
      END PROCESS;
    END example08;
```

由于在秒和分单元的十位，其数字变化范围为 0～5，对应三位二进制数。若与其个位采用相同的七段数码显示译码器，则需要通过并置运算对相应信号进行处理。也可以另设计一个对三位二进制数进行译码的程序，以便在高一层次的设计中调用。

（5）利用已有模块设计六十进制计数器和模 10^6 预分频模块

前面已设计了六进制和十进制计数器模块的两个 VHDL 文件，现在讨论如何用 VHDL 的文本描述形式把它们合并为六十进制计数器。其方法是把这些设计文件作为元件 COMPONENT 来描述，元件包含它所代表的 VHDL 文件的所有重要信息。为了描述六十进制计数器，设计了如程序 7.6 所示的 VHDL 文件。在其结构体描述段中，首先对元件进行了定义，然后代表元件的名称可与关键字 PORTMAP 一起来描述这些元件之间的相互连接关系。

程序 7.6　采用 VHDL 设计的六十进制计数器。

```
LIBRARY ieee;
USE ieee. std_logic_1164. all;

ENTITY counter_60 IS
PORT (clk, ena        : IN STD_LOGIC;
      tens            : OUT INTEGER RANGE 0 TO 5;
      ones            : OUT INTEGER RANGE 0 TO 9;
      tc              :OUT STD_LOGIC);
END counter_60;

ARCHITECTURE example06 OF counter_60 IS
SIGNAL cascade_wire    : STD_LOGIC;
COMPONENT counter_6                          --六进制计数器模块
```

```
PORT (clock, enable      : IN STD_LOGIC;
        q                : OUT INTEGER RANGE 0 TO 5;
        tc               : OUT STD_LOGIC);
END COMPONENT;
COMPONENT counter_10                    --十进制计数器模块
PORT (clock, enable      : IN STD_LOGIC;
        q                : OUT INTEGER RANGE 0 TO 9;
        tc               : OUT STD_LOGIC);
END COMPONENT;

BEGIN
mod10 : counter_10
    PORT MAP (clock = > clk, enable = > ena, q > ones, tc = > cascade + wire);
    PORT MAP (clock = > clk, enable = > cascade_wire, q > tens, tc = > tc);
END example06;
```

六十进制计数器的仿真测试波形如图 7-35 所示。

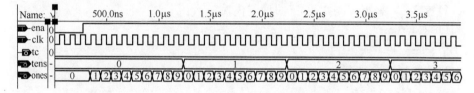

图 7-35 六十进制计数器的仿真波形

预分频部分可用十进制计数器进行组合，以便形成 10^6 分频功能。其设计方法与设计六十进制计数器类似。不同之处是设计中用到了生成语句，以便程序简化，如程序 7.7 所示。

程序 7.7 采用 VHDL 设计的模 10^6 预分频模块。

```
LIBRARY ieee;
USE ieee. std_logic_1164. all;

ENTITY counter_106 IS
PORT (clk : IN STD_LOGIC;
        tco : OUT STD_LOGIC);
END counter_106;

ARCHITECTURE example07 OF counter_106 IS
SIGNAL cascade_wire      : STD_LOGIC_VECTOR( 0 TO 6 );
CONSTANT VCC: STD_LOGIC = '1';
COMPONENT counter_10                     --十进制计数器模块
```

```
    PORT (clock, enable      : IN STD_LOGIC;
          tc                 : OUT STD_LOGIC);
    END COMPONENT;

    BEGIN
    cascade_wire ( 0 ) < = VCC;
    gen : FOR I IN 0 TO 5 GENERATE
       u1 : counter_10 PORT MAP ( clock = > clk, enable = > cascade_wire (i),
                                  tc = > cascade_wire( i + 1 ));
       END GENERATE;
       tco < = cascade_wire ( 6 ) ;
    END example07;
```

4. 设计顶层模块的 VHDL 源程序

前面已分别建立了预分频、秒、分、小时及七段数码显示译码器等单元模块，现在利用上述各个模块来设计层次结构中顶层模块的 VHDL 程序。程序 7.8 即为所设计的源程序。

程序 7.8 采用 VHDL 设计的顶层模块。

```
LIBRARY ieee;
USE ieee. std_logic_1164. all;

ENTITY clock_uplevel IS
PORT (clkin                   : IN STD_LOGIC;
      sec_ones                : OUT STD_LOGIC_VECTOR ( 7 downto 1 );
      sec_tens                : OUT STD_LOGIC_VECTOR ( 7 downto 1 );
      min_ones                : OUT STD_LOGIC_VECTOR ( 7 downto 1 );
      min_tens                : OUT STD_LOGIC_VECTOR ( 7 downto 1 );
      hr_ones                 : OUT STD_LOGIC_VECTOR ( 7 downto 1 );
      hr_tens                 : OUT STD_LOGIC_VECTOR ( 7 downto 1 ));
END clock_uplevel;

ARCHITECTURE example09 OF clock_uplevel IS
SIGNAL cascade_wire1, cascade_wire2, cascade_wire3 : STD_LOGIC;
SIGNAL sec_onesm, min_onesm, hr_onesm : INTEGER RANGE 0 to 9;
SIGNAL sec_tensm, min_tensm, hr_tensm : INTEGER RANGE 0 to 7;

COMPONENT counter_106
PORT (clki               : IN STD_LOGIC;
      tco                : OUT STD_LOGIC);
END COMPONENT;
```

```
COMPONENT counter_60            --六十进制计数器模块
PORT (clk, ena          : IN STD_LOGIC;
      tens              : OUT INTEGER RANGE 0 to 5;
      ones              : OUT INTEGER RANGE 0 to 9;
      tc                : OUT STD_LOGIC);
END COMPONENT;

COMPONENT counter_24            --二十四进制计数器模块
PORT (clock, enable     : IN STD_LOGIC;
      hr_tens           : OUT INTEGER RANGE 0 to 5;
      hr_ones           : OUT INTEGER RANGE 0 to 9 );
END COMPONENT;

COMPONENT decoder_7             --七段译码器模块，ones
PORT ( bcd_9            : IN INTEGER RANGE 0 to 9;
      display           : OUT STD_LOGIC_VECTOR ( 7 downto 1 ) );

COMPONENT decoder_7t            --七段译码器模块，tens
PORT ( bcd_9            : IN INTEGER RANGE 0 to 5;
      display)          : OUT STD_LOGIC_VECTOR ( 7 downto 1 ) );

END COMPONENT;

BEGIN
  prescale : counter_106
    PORT MAP (clki = > clkin, tco = > cascade_wire1 );

  second : counter_60
    PORT MAP (clk = > clkin, ena = > cascade_wire1, tens = > sec_tensm,
              ones = > sec_onesm, tc = > cascade_wire2 );

  minute : counter_60
    PORT MAP (clk = > clkin, ena = > cascade_wire2, tens = > min_
              tensm, ones = > min_onesm, tc = > cascade_wire3 );

  hour : counter_24
    PORT MAP (clock = > clkin, enable = > cascade_wire3, hr_tens = > hr
              _tensm, hr_ones = > hr_onesm );

sec_ones_decoder : decoder_7
  PORT MAP (bcd_9 = > sec_onesm, display = > sec_ones );
sec_tens_decoder : decoder_7t
```

　　　　　PORT MAP (bcd_9 = > sec_tensm, display = > sec_tens);

sec_ones_decoder : decoder_7
　　　PORT MAP (bcd_9 = > min_onesm, display = > min_ones);
sec_tens_decoder : decoder_7t
　　　PORT MAP (bcd_9 = > min_tensm, display = > min_tens);

sec_ones_decoder : decoder_7
　　　PORT MAP (bcd_9 = > hr_onesm, display = > hr_ones);
sec_tens_decoder : decoder_7t
　　　PORT MAP (bcd_9 = > hr_tensm, display = > hr_tens);
END example09;

　　　在实际设计中，经过对项目结构模块的定义、创建及分模块仿真，证明其工作过程正确后，还可以采用图形设计文件将各个模块合并为单元，进而把单元合并为最终结果。具体方法是分别创建相应符号来代表特定设计文件的特性。例如，采用VHDL 书写的六进制计数器的设计文件（如程序 7.2 所示），可用如图 7-36 所示的电路模块来表示。事实上，在 quartus 软件中只要单击相关按钮即可创建这个符号，此后即认为这个符号具有 VHDL 程序中所规定的特性。

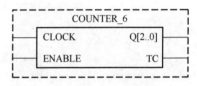

图 7-36　由六进制计数器 VHDL 设计文件产生的图形符号

　　　类似地，可分别产生预分频模块、六十进制计数器、二十四进制计数器、七段译码器等的图形符号，进而采用图形输入法建立数字时钟的顶层模块如图 7-37 所示。

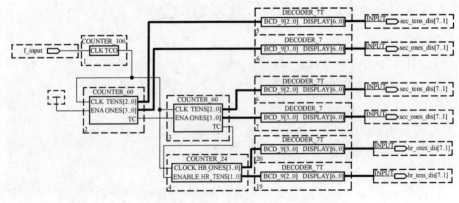

图 7-37　采用图形描述方法绘制的顶层设计模块

在上述设计方案中，采用了静态显示方式。这样，对应六位七段数码显示其输出引脚较多。为了减少输出引脚的数量，可以改进输出电路的结构形式，采用动态扫描的显示方式。此问题留给读者思考，并提出解决方案。

7.5.3　简易交通信号灯控制电路的设计

交通信号灯控制系统是目前城市道路平面交叉路口常用的控制系统，随着智能交通控制系统的不断完善，对信号灯控制系统的要求越来越复杂，此处以最简单的单个平面交叉路口定周期交通信号灯控制系统为例，介绍采用 VHDL 进行设计的方法。

1. 设计要求及系统框图

（1）设计要求

设计交叉路口由主干道和支干道交叉形成，主干道绿灯时间为 65s，支干道绿灯时间为 30s，在信号灯由绿灯变为红灯之间，有 5s 的黄灯过渡段。系统可以在人工干预信号的控制下，主干道处于常绿灯、支干道常红灯的状态；当人工干预信号无效时，各个信号灯的状态时序图如图 7-38 所示，其中高电平表示灯亮、低电平表示灯不亮。

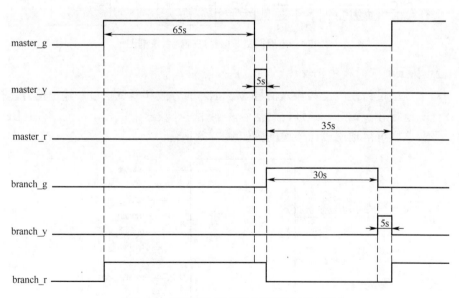

图 7-38　定周期交通信号灯控制系统时序图

在主、支干道为绿灯或者红灯时，以秒为单位，采用倒计时的方式显示通行或者禁止通行的剩余时间。设计中仅考虑控制部分的功能，灯驱动电路及译码显示部分留作习题，由读者自己完成。系统时钟脉冲由 50Hz 交流电源整型变换得到，此处假设已获得了可与 TTL 兼容的 50Hz 方波信号。

（2）系统结构框图

按照系统的设计要求，可将系统组成分为 4 个部分，即预分频电路、主控制器、主干道时减法计数器、支干道灯时减法计数器。预分频电路对输入 50Hz 的方波信号分别进行 5、50 分频，得到的 10Hz 信号用作主控制器的时钟信号；得到的 1Hz 信号用作减法计数器的时钟信号。主控制器是系统的核心，由它产生主、支干道的信号灯控制信号，各个信号灯的控制信号在时序上应满足图 7-38 所示的波形要求，并产生倒计时计数器的使能信号。主干道灯时减法计数器在使能信号的控制下，分别完成 65s（绿灯亮）和 35s（红灯亮）的倒计时，输出信号送译码显示电路。支干道灯时减法计数器在使能信号的控制下，分别完成 70s（红灯亮）和 30s（绿灯亮）的倒计时，输出信号送译码显示电路。依据上述分析，可得定周期交通信号灯控制系统的框图如图 7-39 所示。

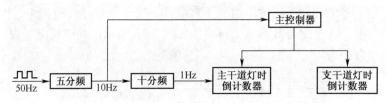

图 7-39 定周期交通信号灯控制系统框图

2. 从上到下的模块化设计

对于顶层设计模块，其输入信号为 50Hz 的方波和复位信号，输出信号包括主、支干道绿灯、黄灯、红灯控制信号，倒计时计数器十位和个位的 8421 BCD 码信号。这样可得顶层设计模块框图如图 7-40 所示。

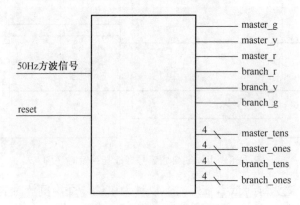

图 7-40 顶层设计模块框图

对于较低的层次，按其功能可分为四个单元进行设计，它们是预分频单元、主控制器单元、主干道灯时倒计时单元、支干道灯时倒计时单元等。模块化设计中单元层次的结构框图如图 7-41 所示。

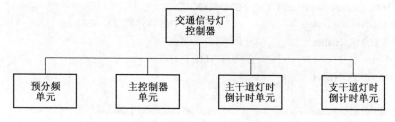

图 7-41　模块化设计中单元层次的结构框图

对于主控制器模块，其输入信号为 10Hz 的方波和复位信号，输出信号包括主、支干道绿灯、黄灯、红灯控制信号。主控制器模块的框图如图 7-42 所示。

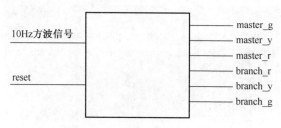

图 7-42　主控制器模块的框图

3. 从下向上创建模块

（1）用 VHDL 设计预分频模块

预分频模块的输入信号是 50Hz 的方波信号，输出信号为 10Hz 和 1Hz 的方波信号，分别作为主控制模块和倒计时模块的时钟脉冲信号。考虑到分频电路的具体要求，计数状态作为变量处理，在端口定义中仅考虑进位输出信号。对于五分频和十分频程序，可在十进制计数器的基础上修改而得到。此处分别将五分频和十分频单元作为元件处理，具体程序请读者自己设计。按照上述思路可设计出预分频模块的 VHDL 程序如程序 7.9 所示。

程序 7.9　预分频模块 VHDL 程序。

```
LIBRARY ieee;
USE ieee. std_logic_1164. all;

ENTITY counter_50 IS
PORT (clk_in                    : IN STD_LOGIC;
```

```
        F10_out, fl_out          : OUT STD_LOGIC);
END counter_50;

ARCHITECTURE example31 OF counter_50 IS
SIGNAL cascade_wire, enal       : STD_LOGIC;
COMPONENT counter_10                        --十进制计数器模块
PORT (clock, enable             : IN STD_LOGIC;
        tc                      : OUT STD_LOGIC);
END COMPONENT;

COMPONENT counter_5                         --五进制计数器模块
PORT (clock, enable             : IN STD_LOGIC;
        tc                      : OUT STD_LOGIC);
END COMPONENT;

BEGIN
    enal < = '1' ;
  u1 : counter_5 PORT MAP ( clock = > clk_in, enable = > enal, tc = > cascade_wire );
  u2 : counter_10 PORT MAP ( clock = > clk_in, enable = > cascade_wire, tc = > fl_out );
    fl0_out < = cascade_wire;
END example31;
```

图 7-43 是预分频模块的仿真波形。

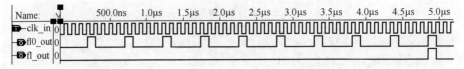

图 7-43　预分频模块的仿真波形

（2）用 VHDL 设计主控制器模块

主控制器模块的功能是在时钟脉冲和复位信号的控制下，形成主、支干道的绿灯、黄灯、红灯的控制信号。为了提高控制精度，输入时钟脉冲的周期采用 0.1s，则计数值相应扩大 10 倍。程序设计中用到了两个进程，一个主控时序进程，用来实现有限状态机（4 个状态），另一个是辅助进程，用来实现状态译码。主控制器的状态图如图 7-44 所示，其 VHDL 程序如程序 7.10 所示。

程序 7.10　主控制器模块的 VHDL 程序。

```
LIBRARY ieee;
USE ieee. std_logic_1164. all;

ENTITY master_kzl IS
```

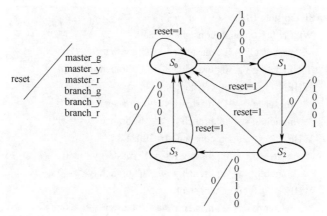

图 7-44 主控制器的状态转换图

```
PORT (clock, reset                    : IN STD_LOGIC;
        master_g, master_r, master_y : OUT STD_LOGIC;
        branch_g, branch_r, branch_y: OUT STD_LOGIC);
END master_kzl;
ARCHITECTURE example32 OF master_kzl IS
    signal clkk                        : STD_LOGIC;
    SIGNAL cu_state                    : INTEGER RANGE 0 TO 650;
COMPONENT count_k
    PORT (clk_in                       : IN STD_LOGIC;
            count_d                    : IN INTEGER RANGE 0 TO 650;
            tc_out                     : OUT STD_LOGIC);
END COMPONENT;
    BEGIN
    reg : PROCESS ( clkk, reset)
      BEGIN
      IF reset = '1' THEN
        cu_state < = 0
      elsIF ( clkk = '1' AND clkk' EVENT ) THEN
          IF cu_state = 3 THEN
            cu_state < = 0;
          ELSE
            cu_state < = cu_state + 1;
          END IF;
        END IF;
      END PROCESS;
com : PROCESS ( cu_state )
      BEGIN
```

```
        CASE cu_state IS
          WHEN 0 = > count_constant < = 650;
             master_g < = '1'; master_r < = '0'; master_y < = '0';
             branch_g < = '0'; branch_r < = "1"; branch_y < = '0';
          WHEN 1 = > count_constant < = 50;
             master_g < = '1'; master_r < = '0'; master_y < = '1';
             branch_g < = '0'; branch_r < = "1"; branch_y < = '0';
          WHEN 2 = > count_constant < = 300;
             master_g < = '0'; master_r < = '1'; master_y < = '0';
             branch_g < = '1'; branch_r < = '0'; branch_y < = '0';
          WHEN 3 = > count_constant < = 50;
             master_g < = '0'; master_r < = '1'; master_y < = '0';
             branch_g < = '0'; branch_r < = "0"; branch_y < = '1';
          WHEN OTHERS = > count_constant < = 650;
        END CASE;
      END PROCESS;
    U1 : count_k
      PORT MAP ( clock, count_constant, clkk );
    END example32;
```

主控制模块中用到元件 count_k，其功能是在不同的状态下，预置不同的计数初始值，进行减法计数，当计数值等于 0 时，输出一个脉冲信号，使有限状态机进入下一个状态。元件 count_k 的程序如程序 7.11 所示。

程序 7.11　元件 count_k 的 VHDL 程序。

```
LIBRARY ieee;
USE ieee. std_logic_1164. all;

ENTITY count_k IS
  PORT (clk_in                : IN STD_LOGIC;
        count_d               : IN INTEGER RANGE 0 TO 650;
        clock_out             : OUT STD_LOGIC);
END count_k;

ARCHITECTURE example33 OF count_k IS
SIGNAL count                  : INTEGER RANGE 0 TO 650;
BEGIN
PROCESS ( clk_in )                        --响应时钟脉冲
BEGIN
    IF ( clk_in = '1' AND clk_in ' EVENT ) THEN
        IF count / =0 THEN
                count < = count-1;
```

```
            ELSE
                    count < = count_d;
            END IF;
        END IF;
        END PROCESS;
    PROCESS ( count )                    --响应时钟脉冲
    begin
    IF ( count = 0 AND clk_in = '0' ) THEN
        clock_out < = '1';
      ELSE clock_out < = '1';
    END IF;
    END PROCESS;
    END example33;
```

对程序 7.10 进行仿真，仿真所得波形如图 7-45 所示，分析可见其结果与设计要求相符合。

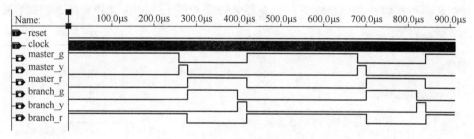

图 7-45　主控制器的仿真波形

采用与前述类似的方法，可以设计主支干道倒计时计数和显示模块。然后采用图形输入法创建顶层模块，完成整个设计过程。这部分内容留作习题，请读者自己完成。

本章小结

数字系统用来对数字信号进行采集、加工、传输、运算、处理和输出，因此一个完整的数字系统往往包括输入模块、功能子模块、控制模块、输出模块和时基模块等 5 个部分。它不是简单组合逻辑电路，也不是简单时序逻辑电路，它是具有复杂组合逻辑功能和复杂时序逻辑功能的系统，但它仍然是由组合逻辑电路和时序逻辑电路构成的。由它们组成方式的不同可把数字系统分为两大类：由多片同一类型芯片组成的数字系统称为数字系统功能扩展，由多片不同类型的芯片组成的数字系统称为数字系统综合。

综合型数字系统根据构造方式不同又可分为 4 类：由多片不同组合逻辑芯片构成的数字系统称为组合复合型；由多片不同时序逻辑芯片构成的数字系统称为时序复合型；由组合逻辑芯片控制时序逻辑芯片所构成的数字系统称为组合时序型，由时序逻辑芯片控制组合逻辑芯片所构成的数字系统称为时序组合型。

本章以 74LS148、74LS138、CC14585 为例介绍组合逻辑电路的扩展方法；以 74LS194、74LS161 为例介绍时序逻辑电路的扩展方法及任意进制计数器的设计方法；同时介绍了存储器的字与位的扩展方法。

本章通过 BCD 码加法器、移位加法器、顺序脉冲发生器、序列脉冲发生器、跳频脉冲发生器、可控分频器介绍数字系统的模块化分析方法；通过电梯楼层显示控制器介绍了数字系统的模块化设计方法。

本章通过键盘编码器、数字钟表、简易交易信号灯控制系统分析与设计实例，介绍了 VHDL 语言在数字系统设计中的应用。模块化的设计思想是设计复杂的数字系统时应首先考虑的方法，尽管这部分内容对数字电子技术基础来讲有点复杂，但它是今后数字系统设计发展的方向。另外，希望本章的内容能对读者的课程设计有所启发。

 习题七

7-1 试画出用 4 片 8 线−3 线优先编码器 74LS148 组成 32 线−5 线优先编码器的逻辑图。允许附加必要的门电路。

7-2 画出用两片 4 线−16 线译码器 74LS154 组成 5 线−32 线译码器的接线图。图 7-46 是 74LS154 的逻辑框图，图中 $\overline{S}_A$、$\overline{S}_B$ 是两个控制端（亦称片选端），译码器工作时应使 $\overline{S}_A$ 和 $\overline{S}_B$ 同时为低电平。当输入信号 $A_3A_2A_1A_0$ 为 0000～1111 这 16 种状态时，输出端从 $\overline{Y}_0$ 到 $\overline{Y}_{15}$ 依次给出低电平输出信号。

7-3 试用两片双 4 选 1 数据选择器 74LS153 和 3 线−8 线译码器 74LS138 接成 16 选 1 的数据选择器。

7-4 图 7-47 是用两个 4 选 1 数据选择器组成的逻辑电路，试写出输出 Z 与输入 M、N、P、Q 之间的逻辑函数式。已知数据选择器的逻辑函数式为

$$Y = [D_0\overline{A}_1\overline{A}_0 + D_1\overline{A}_1 A_0 + D_2 A_1\overline{A}_0 + D_3 A_1 A_0] \cdot \overline{\overline{S}}$$

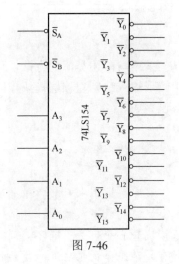

图 7-46

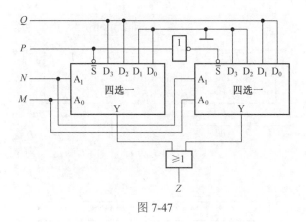

图 7-47

7-5　若使用 4 位数值比较器 CC14585 组成 10 位数值比较器，需要用几片？各片之间应如何连接？

7-6　试用两个 4 位数值比较器组成 3 个数的判断电路。要求能够判别 3 个 4 位二进制数 $A(a_3a_2a_1a_0)$、$B(b_3b_2b_1b_0)$、$C(c_3c_2c_1c_0)$ 是否相等、A 是否最大、A 是否最小，并分别给出"三个数相等"、"A 最大"、"A 最小"的输出信号。可以附加必要的门电路。

7-7　画出用两片同步十进制计数器 74160 接成同步三十一进制计数器的接线图，可以附加必要的门电路。

7-8　试画出用 4 片 74LS194 组成 16 位双向移位寄存器的逻辑图。

7-9　试分析图 7-48 计数器电路的分频比（即 Y 与 CP 的频率之比）。

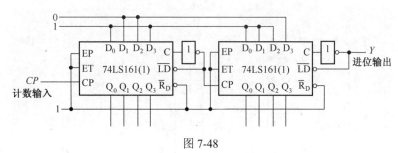

图 7-48

7-10　图 7-49 电路是由两片同步十进制计数器 74160 组成的计数器，试分析这是多少进制的计数器？

7-11　分析图 7-50 给出的电路，说明这是多少进制的计数器。

7-12　用同步十进制计数器芯片 74160 设计一个三百六十五进制的计数器。要求各位间为十进制关系。允许附加必要的门电路。

7-13　设计一个数字钟电路，要求能用七段数码管显示从 00:00:00 到 23:59:59 之间的任一时刻。

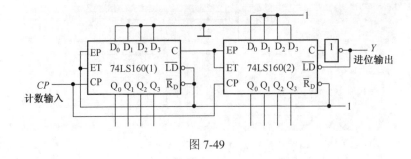

图 7-49

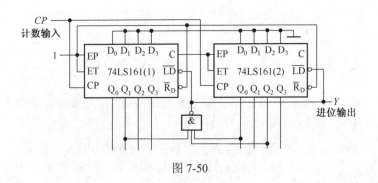

图 7-50

7-14 图 7-51 所示电路是用二－十进制优先编码器 74LS147 和同步十进制计数器 74160 组成的可控分频器，试说明当输入控制信号 A、B、C、D、E、F、G、H、I 分别为低电平时由 Y 端输出的脉冲频率各为多少。已知 CP 端输入脉冲的频率为10kHz。

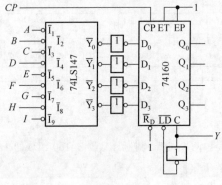

图 7-51

7-15 试用同步十进制可逆计数器 74LS190 和二－十进制优先编码器 74LS147 设计一个工作在减法计数状态的可控分频器。要求在控制信号 A、B、C、D、E、F、G、H 分别为 1 时分频比对应为 1/2、1/3、1/4、1/5、1/6、1/7、1/8、1/9。可以附加必要的门电路。

7-16　试利用同步十六进制计数器 74LS161 和 4 线－16 线译码器 74LS154 设计节拍脉冲发生器，要求从 12 个输出端顺序、循环地输出等宽的负脉冲。

7-17　设计一个序列信号发生器电路，使之在一系列 CP 信号作用下能周期性地输出"0010110111"的序列信号。

7-18　设计一个灯光控制逻辑电路。要求红、绿、黄三种颜色的灯在时钟信号作用下按表 7-3 规定的顺序转换状态。表中的 1 表示"亮"，0 表示"灭"。要求电路能自启动，并尽可能采用中规模集成电路芯片。

表 7-3

CP 顺序	红	黄	绿
0	0	0	0
1	1	0	0
2	0	1	0
3	0	0	0
4	1	1	1
5	0	0	1
6	0	1	0
7	1	0	0
8	0	0	0

7-19　试用 4 片 2114（1024×4 位的 RAM）和 3 线－8 线译码器 74LS138 组成 4096×4 位的 RAM。

7-20　试用 16 片 2114（1024×4 位的 RAM）和 3 线－8 线译码器 74LS138 接成一个 8K×8 位的 RAM。

7-21　用两片 1024×8 位的 EPROM 接成一个数码转换器，将 10 位二进制数转换成等值的 4 位二－十进制数。

（1）试画出电路接线图，标明输入和输出。

（2）当地址输入 $A_9A_8A_7A_6A_5A_4A_3A_2A_1A_0$ 分别为 0000000000、100000000、111111111 时，两片 EPROM 中对应地址中的数据各为什么？

7-22　图 7-52 是用 16×4 位 ROM 和同步十六进制加法计数器 74LS161 组成的脉冲分频电路，ROM 的数据表如表 7-4 所示。试画出在 CP 信号连续作用下 D_3、D_2、D_1 和 D_0 输出的电压波形，并说明它们和 CP 信号频率之比。

7-23　在数字钟的数码显示中如果采用动态扫描显示方式，试用 VHDL 语言设计动态数码驱动显示模块。

7-24　设计交通信号灯控制系统的主、支干道倒计时计数和显示模块，进而完成整个系统的设计。

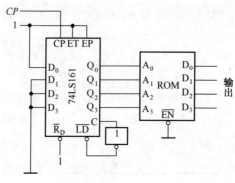

图 7-52

表 7-4

地址输入				数据输出			
A_3	A_2	A_1	A_0	D_3	D_2	D_1	D_0
0	0	0	0	1	1	1	1
0	0	0	1	0	0	0	0
0	0	1	0	0	0	1	1
0	0	1	1	0	1	0	0
0	1	0	0	0	1	0	1
0	1	0	1	1	0	1	0
0	1	1	0	1	0	0	1
0	1	1	1	1	0	0	0
1	0	0	0	1	1	1	1
1	0	0	1	1	1	0	0
1	0	1	0	0	0	0	1
1	0	1	1	0	0	1	0
1	1	0	0	0	0	0	1
1	1	0	1	0	1	0	0
1	1	1	0	0	1	1	1
1	1	1	1	0	0	0	0

7-25 在定周期交通信号灯控制系统中，若基准频率信号不是采用由 50Hz 的交流电源得到的信号，而是由一石英晶体振荡器产生 2MHz 的方波信号，试用 VHDL 语言设计预分频模块。

7-26 采用模块化的设计方法，设计一个简易数字频率计。设被测信号的频率范围为 1Hz～100kHz，要求用 4 位七段数码管和适当的单位指示来显示被测频率值。

第 8 章　可编程逻辑器件

内容提要

本章主要介绍了可编程逻辑器件（PLD）的电路结构、工作原理，主要包括 FPLA、PAL、GAL 三种低密度的可编程逻辑器件，辅修内容中介绍高密度可编程逻辑器件及其开发与应用。

8.1　概述

数字集成电路产品从逻辑功能的特点上可以分为两种形式，即标准通用型和专用型。标准通用型集成电路是指常用的中、小规模数字电路（如 74 系列、4000 系列等），其逻辑功能设计以实现数字系统的基本功能块为目的，一般比较简单，并且固定不变，特点是通用性强，使用方便灵活。但是采用通用型器件设计数字逻辑系统时设计灵活性差，不便于修改，体积、重量较大，可靠性和可维护性较差等。

专用型集成电路是指按某种专门用途而设计、制造的集成电路，又称 ASIC（Application Specific Integrated Circuit），具有体积小，功耗低，可靠性高，高度保密性等特点。从发展过程及技术特点来看，ASIC 器件包括全定制和半定制两大类，半定制 ASIC 又可分为门阵列（Gate Array）、标准单元（Standard Cell）和可编程逻辑器件（Programmable Logic Device）。

可编程逻辑器件（PLD）是 20 世纪 70 年代发展起来的有划时代意义的新型逻辑器件，自 20 世纪 80 年代以来发展非常迅速。它是一种由用户配置（用户编程）以完成某种逻辑功能的器件。不同种类的 PLD 大多具有与、或两级结构，其基本电路结构可表示为图 8-1 所示。

它由 4 个部分组成：输入电路、与阵列、或阵列、输出电路，其中输入电路产生输入变量、反馈变量的互补输入，与阵列产生输入变量、反馈变量的乘积项，或阵列产生乘积项之和，输出电路使或项按一定电路结构形式输出或反馈。

描述 PLD 器件基本结构的逻辑图形符号如下。

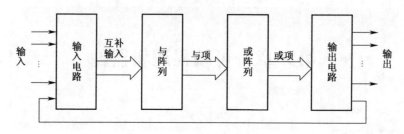

图 8-1　PLD 电路结构框图

图 8-2 表示 PLD 器件的连接方法，实点表示硬线连接，也就是固定连接；"×"表示可编程连接，交叉点处无实点或 "×" 符号表示不连接，即断开连接。

图 8-2　PLD 的连接法

图 8-3 表示 PLD 器件的互补输出缓冲器，它的两个输出 P_1 和 P_2 是其输入 A 的原码和反码，即 $P_1 = A$，$P_2 = \overline{A}$。

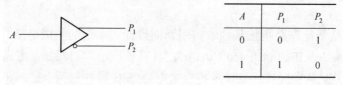

A	P_1	P_2
0	0	1
1	1	0

图 8-3　PLD 的互补输出缓冲器

图 8-4 表示 PLD 器件的三态输出缓冲器，它的输出 P 在三态控制信号（EN）的禁止状态（0/1）下与输入 A 无关，呈现高阻；使能状态（1/0）下为输入 A 的反码，即 $P = \overline{A}$。

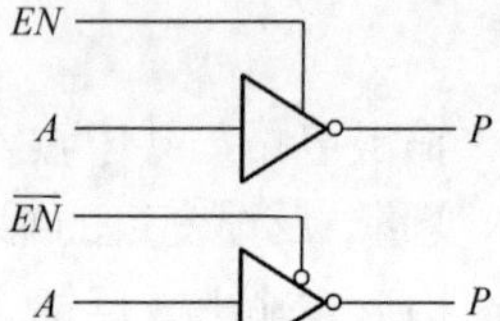

A	EN	P		A	$\overline{EN}$	P
0	1	1		0	0	1
1	1	0		1	0	0
X	0	高阻		X	1	高阻

图 8-4　PLD 的三态输出缓冲器

图 8-5 给出了 PLD 器件的与门表示法，输入 A、B、C、D 称为"输入项"，输出 $P = A \cdot B \cdot D$ 称为"乘积项"，也称为"与项"。

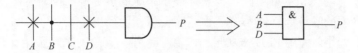

图 8-5　PLD 的与门表示法

图 8-6 给出了 PLD 器件的或门表示法，输出 $Y = P_1 + P_3 + P_4$ 称为"和项"，也称为"或项"。

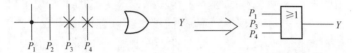

图 8-6　PLD 的或门表示法

图 8-7 给出了 PLD 器件输出恒等于 0 的与门缺省表示法，输出 P 为全部输入项的可编程连接，$P = A \cdot \overline{A} \cdot B \cdot \overline{B}$。这说明，当缓冲器的互补输出都连至一乘积项时，该乘积项恒为"0"。

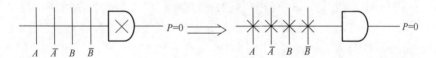

图 8-7　PLD 的与门缺省表示

PLD 集标准通用器件和半定制逻辑器件的许多优点于一身，再加上它的可编程性，为数字系统的设计带来了很多方便，随着工艺和技术的进步，在现代数字系统的设计中占有越来越重要地位，其优点如下：

①设计简单、灵活。可编程逻辑器件的可编程性及可擦除性，以及所采用 EDA（Electronic Design Automation）工具的高度自动化，使得采用 PLD 器件进行系统设计的过程大为精简。用户只需指定这些器件要执行的功能就能完成设计，而一般中小规模集成电路要做到这一点，需要选用、搭配、调试多个标准电路，这是一个很繁琐的过程。PLD 在电路设计结束后，可立即进行验证和随意修改，直到设计目的实现，具有很好的设计灵活性，无须重新布线和生产印刷电路版，也几乎不必承担全定制器件的设计风险，大大缩短了系统的设计周期。新一代的具有系统内可重构特性的 PLD 器件，可通过输入不同的配置数据来实现不同的硬件功能，使数字系统具有更好的灵活性和自适应性。

②高性能和高可靠性。用一块 PLD 器件可代替几十块乃至数百块中、小规模集成电路，从而使电路性能优化，外部连线大大减少，所用器件数目明显缩减，系统的体积、功耗和重量降低，大大提高了系统的可靠性，同时也减少了交叉干扰和可能产生的噪声源，使系统运行速度更高、运行更稳定。

③降低费用。使用 PLD 来实现一个数字系统，其总的制造费用比使用中、小规模集成电路和全定制掩膜器件都要低。对于采用中、小规模器件的系统而言，其总费用的 50%～75%要用于测试器件、装置和制作印刷电路板等方面，而全定制掩膜器件的 NRE 费用（不可重复使用的工程费）相当高，并且每修改一次，基本上又须付一次 NRE 费用。采用 PLD 来设计数字系统，它几乎不需要 NRE 费用，并且由于所用器件少，测试和装置的工作量大大减少，加上避免了修改逻辑带来的重新设计和生产或再付 NRE 等一系列问题，所以有效地降低了系统的成本。

PLD 器件自问世以为，已经形成各种不同类型、不同结构的产品。主要包括低密度可编程的逻辑器件和高密度可编程的逻辑器件 HDPLD（High Density Programmable Logic Device）。低密度器件可用门数低于 600 门，称为简单 PLD，产品主要有 PROM 现场可编程逻辑阵列 FPLA（Field Programmable Logic Array）、可编程阵列逻辑 PAL（Programmable Array Logic）、通用阵列逻辑 GAL（Generic Array Logic）等，工艺上是以 CMOS 工艺 EPROM、EEPROM 和 FLASH 存储单元来实现的。HDPLD 器件的可用门数高于 600 门，主要指复杂可编程逻辑器件 CPLD（Complex Programmable Logic Device）和现场可编程门阵列 FPGA（Field Programmable Gate Array）。主要以 CMOS 工艺利用 EPROM、EEPROM、FLASH、SRAM 和反熔丝技术实现，PLD 尤其是 HDPLD 已成为当今世界最富吸引力的半导体市场之一。

8.2　现场可编程逻辑阵列（FPLA）

根据逻辑代数的知识可以得知：任何一个复杂的逻辑函数式都可以变换成与一或表达式，因此任何逻辑功能皆可用一级"与"逻辑电路和一级"或"逻辑电路来实现。

回想我们在前面所学到的 PROM 器件，图 8-8 所示为用 PLD 表示法所画的 PROM 结构，由图可以看到，它是由固定的"与"阵列和可编程的"或"阵列组成，由于它具有最小项之和的标准"与"一"或"式逻辑描述，可以用来实现各种逻辑函数，所以它也被称为第一代 PLD。但由于它的"与"阵列为全译码制，当输入有 n 个变量时，"与"阵列的输出为 n 个输入变量可能组合的全部最小项，即 2^n 个与项，导致了阵列较大、开关时间较长，速度较其他逻辑器件慢，另外，大多数逻辑功能不需要输入的全部可能组合，PROM 器件内部资源利用率不高。所以 PROM 的主要用途还是作为存储器，如存放固定的程序、各种查表操作等。

　　现场可编程逻辑阵列 FPLA 是在 1970 年研制成功的，图 8-9 所示为 FPLA 的基本结构，由图可见，FPLA 的基本结构类似于 PROM，也是由"与""或"两级阵列组成，但其"与"阵列是可编程的，"与"阵列不是全译码方式，它只产生函数所需的乘积项。"或"阵列也是可编程的，它选择所需要的乘积项来连接到指定的"或"门上，相对

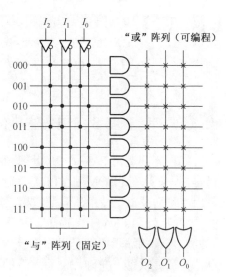

图 8-8　PROM 的基本结构

PROM 而言，FPLA 提供了一个较小较快的阵列，在其输出端产生的逻辑函数是简化的与－或表达式。因此使用 FPLA 设计组合逻辑电路比 PROM 更合理，是处理逻辑函数的一种更有效的方式，但在以往使用 FPLA 时，由于其"与""或"两个阵列都可编程，编程工具和支持软件都有一定的困难，且运行速度不够快。

　　例 8.1　分析用 FPLA 构成如图 8-10 所示的逻辑函数关系，写出输出逻辑表达式。

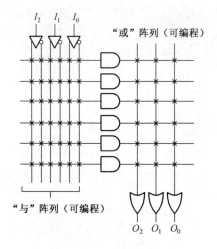

图 8-9　FPLA 的基本结构

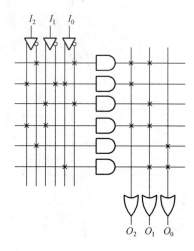

图 8-10　FPLA 构成组合逻辑函数

解 由图 8-10 可写出输出逻辑表达式如下：

$$O_2 = \overline{I_2}\overline{I_0} + I_2\overline{I_1}I_0 + I_2I_1$$

$$O_1 = \overline{I_2}\overline{I_0} + I_1\overline{I_0} + I_2I_1 + I_0$$

$$O_0 = \overline{I_2} + I_0$$

8.3 可编程阵列逻辑（PAL）

可编程阵列逻辑 PAL 是 20 世纪 70 年代后期由美国 MMI 公司推出的可编辑逻辑器件，它是在 PROM 和 FPLA 基础上发展起来的，它同 PROM 和 FPLA 一样都采用"阵列逻辑"技术，但是它相比较 PROM 而言更灵活，便于完成多种逻辑功能，同时又比 FPLA 工艺简单，易于编程和实现。

PAL 器件的编辑原理是采用熔丝工艺来实现各种逻辑功能，这种"可熔连接"给设计人员提供了"在硅片上写入"的功能。

8.3.1 PAL 器件的基本结构

PAL 器件的基本结构是由可编程的"与"逻辑阵列和固定的"或"逻辑阵列完成的，如图 8-11 所示。PAL 器件所实现的逻辑表达式具有"积之和"的形式，因而可以完成任意逻辑功能。

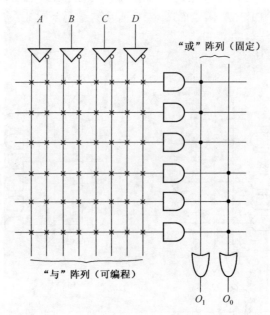

图 8-11 PAL 的基本结构

由图 8-11 可见，"与"逻辑阵列的所有编程点均采用金属熔丝，编程时将有用的熔丝保留，将无用的熔丝熔断，即可得到所需电路，而"或"逻辑阵列是固定不变的。

8.3.2 PAL 器件的类型

为了满足组合逻辑电路和时序逻辑电路设计的需要，PAL 有多种不同类型的输出结构和反馈方式，一般可分为专用输出结构、可编程输入/输出结构，带反馈的寄存器输出结构等几种类型。

1. 专用输出结构

专用输出结构的 PAL 器件的逻辑图如图 8-12 所示。它是在图 8-11 所示的 PAL 基本门阵列结构的输出加入反相器而形成的，以与或非表达式输出（低电平有效）。PAL 基本门阵列的输出结构也属于专用输出结构，以与或表达式输出（高电平有效）。有些 PAL 器件输出端采用互补输出结构，同时输出一对互补信号，也属于专用输出结构。

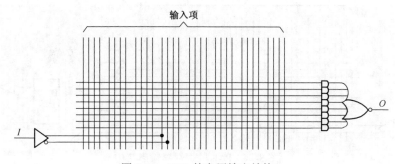

图 8-12 PAL 的专用输出结构

专用输出结构的共同特点是所有设置的输出端只能作输出使用，这种结构的 PAL 器件只适用于某些简单组合逻辑的场合。

2. 可编程输入/输出结构

可编程输入/输出结构（可编程 I/O 结构）的 PAL 器件的逻辑图如图 8-13 所示，特点是输出端有一个三态门，并用某一乘积项编程来控制其三态，同时三态输出又反馈送回"与"逻辑阵列。当编程使该乘积项恒为 0 时，则三态门呈现高阻，此时可把 I/O 作输入端；当编程该乘积项为 1 时，则三态门选通，I/O 端只能作输出端。

3. 带反馈的寄存器输出结构

带反馈的寄存器输出结构的逻辑图如图 8-14 所示，特点是在 PAL 的基本与一或两级阵列和输出三态缓冲器之间加入由触发器组成的寄存器，在时钟的上升沿，与或阵列的输出存入 D 触发器，D 触发器的 $\overline{Q}$ 端反馈回"与"逻辑阵列，Q 端通过三态门送到输出端，此结构使 PAL 器件能方便地实现各种时序逻辑功能。

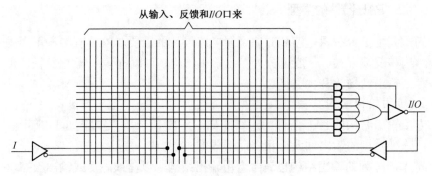

图 8-13　PAL 的可编程 I/O 结构

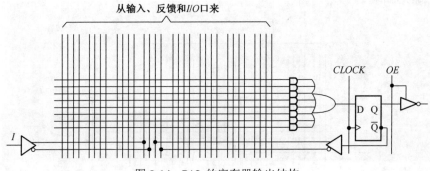

图 8-14　PAL 的寄存器输出结构

8.3.3　PAL 器件的应用实例

1. 用 PAL 器件实现基本门电路

基本门电路包括"与"、"或"、"与非"、"或非"、"异或"、"反相"等。要实现的逻辑函数式为

$$B = \overline{A} \text{（反相）}$$
$$E = CD \text{（与）}$$
$$H = F + G \text{（或）}$$
$$L = \overline{JSK} \text{（与非）}$$
$$O = \overline{M + N} \text{（或非）}$$
$$R = P \oplus Q \text{（异或）}$$

由于总共需要 12 个输入端和 6 个输出端，所以选用输出"高"有效的器件 PAL12H6，如图 8-15 所示。

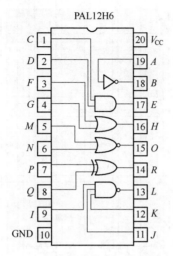

图 8-15　PAL12H6 基本门电路引脚分配图

按照上述逻辑函数式编程后的逻辑图如图 8-16 所示，图中画"×"的与门表示编程时没有利用，由于未编辑时这些与门的所有输入端均有熔丝与列线相连，所以它们的输出恒为 0。为了简化作图起见，所有输入端交叉点上的"×"就不画了，而用与门符号里面的"×"来代替。

2. 用 PAL 器件实现一个 4 位循环码计数器，并要求该计数器具有置零和对输出进行三态控制的功能

用 PAL 器件实现此计数器时，所用的器件中至少应包含 4 个触发器和相应的与－或逻辑阵列。从手册中可以查到，PAL16R4 可以满足上述要求，PAL16R4 的电路中有 4 个触发器，而且触发器的输出端设置有三态缓冲器，它有 8 个变量输入端，除了 4 个寄存器输出端以外还有 4 个可编程 I/O 端。

画出状态转换表和次态卡诺图化简，可得到每个触发器的驱动方程（即 D 端的逻辑函数式）如下：

$$D_3 = Q_3\overline{Q_1} + Q_3\overline{Q_0} + Q_2Q_1Q_0 + R$$
$$D_2 = Q_2\overline{Q_0} + Q_2Q_1 + \overline{Q_3}Q_1Q_0 + R$$
$$D_1 = Q_1Q_0 + Q_3\overline{Q_2}\,\overline{Q_0} + \overline{Q_3}Q_2\overline{Q_0} + R$$
$$D_0 = \overline{Q_3}\,\overline{Q_2}\,\overline{Q_1} + Q_3Q_2\overline{Q_1} + \overline{Q_3}Q_2Q_1 + Q_3\overline{Q_2}Q_1 + R$$

其中，R 为置零输入信号，$Q_3Q_2Q_1Q_0$ 为循环码的反码，$Y_3Y_2Y_1Y_0$ 为循环码原码，进

位输出信号的逻辑函数式为：$\overline{C} = \overline{\overline{Q_3 Q_2 Q_1 Q_0}}$ 。

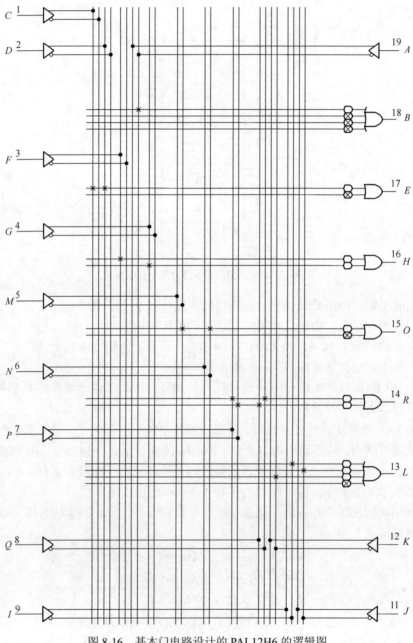

图 8-16　基本门电路设计的 PAL12H6 的逻辑图

按照上述方程编程后 PAL16R4 的逻辑图如图 8-17 所示。图 8-17 中 1 接时钟输入，亦即计数脉冲输入；11 脚接输出缓冲器的三态控制信号 $\overline{OE}$；2 脚接置零信号 R，正常计数时 R 应处于低电平；17、16、15、14 脚分别为输出 Y_3、Y_2、Y_1、Y_0；18 脚为 $\overline{C}$ 输出端。

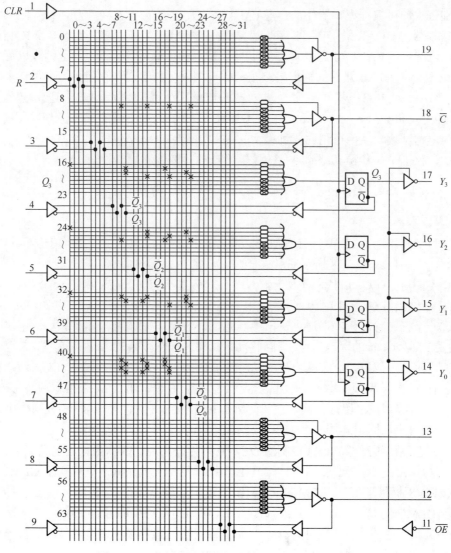

图 8-17　4 位循环计数器设计的 PAL16R4 的逻辑图

以上所讲的设计工作都可以在开发工具上自动进行，只要按照编程软件规定的格式输入逻辑真值表，后面的工作都由计算机去完成。

8.4 通用阵列逻辑（GAL）

通用阵列逻辑 GAL 是 Lattice 公司于 1985 年推出的一种新型的、建立在 PAL 基础之上的可编程逻辑器件，它与 PAL 一样，也具有"与"阵列和"或"阵列两级基本结构。GAL 采用电可擦除的 CMOS（E^2CMOS）工艺制造，可重新配制逻辑，可重新组态各个可编程单元，而 PAL 采用双极型熔丝工艺，一旦编程以后不能修改；并且 PAL 器件的输出电路结构的类型繁多，给设计和使用带来了许多不便。GAL 对电路结构进行了改进，在输出端引入了可编程的输出逻辑宏单元 OLMC（Output Logic Macro Cell），OLMC 可被编程为不同的工作状态，具有不同的电路结构，从而可用同一种类型的 GAL 器件实现 PAL 器件的各种输出电路结构，保证了对各种类型的复杂的逻辑设计的可变性和灵活性。

8.4.1 GAL 器件的基本结构

1. 基本结构

目前常用的 GAL 器件有 GAL16V8 和 GAL22V10 两种系列，它们的结构基本相同，下面以如图 8-18 所示 GAL16V8 为例说明 GAL 的基本结构。

由图可见，GAL16V8 有 8 个输入端（2～9 脚），每个输入端有一个输入缓冲器；8 个输出端（12～19 脚），每个输出端有一个输出逻辑宏单元（OLMC），OLMC 通过一个三态输出缓冲器送到输出端，通过一个反馈/输入缓冲器到"与"逻辑阵列；32 列×64 行的"与"逻辑阵列可编程，32 列表示有 32 个输入变量（8 个输入的原码和反码以及 8 个输出反馈信号的原码和反码，共 32 个输入变量），64 行表示有 64 个乘积项（每一个输出含 8 个乘积项，8 个输出共 64 个乘积项），共有 2048 个可编程点；组成"或"逻辑阵列的 8 个或门分别包含于 8 个 OLMC 中，每一个 OLMC 固定连接 8 个乘积项，不可编程；另外，1 脚是系统时钟 CLK，11 脚为三态输出缓冲器的公共控制端 OE，10 脚为公共地，20 脚为直流电源 V_{CC}（直流+5V）。由图 8-18 可见，GAL 与 PAL 相比，结构上的不同之处就在于 OLMC，GAL16V8 提供了 8 个 OLMC，OLMC 的逻辑结构图如图 8-19 所示，图中的(n)表示 OLMC 的编号，这个编号与每个 OLMC 所对应的引脚号码一致。

OLMC 中的或门完成或操作，有 8 个输入端，固定接收来自"与"逻辑阵列的输出，或门输出端只能实现不大于 8 个乘积项的与−或逻辑函数；或门的输出信号送到一个受 $XOR(n)$信号控制的异或门，完成极性选择，当 $XOR(n) = 0$ 时，异或门输出与输入（或门输出）同相，当 $XOR(n) = 1$ 时，异或门输出与输入反相。

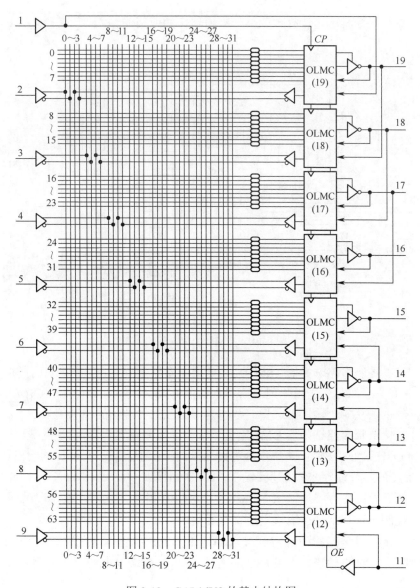

图 8-18　GAL16V8 的基本结构图

OLMC 中的四个多路选择器在控制信号 $AC(0)$ 和 $AC1(n)$ 的作用下，可实现不同的输出电路结构。

①乘积项选择多路选择器 PTMUX 是 2 选 1 多路选择器，PTMUX 的一个输入是地，另一个输入是该 OLMC 所连的来自"与"逻辑阵列的 8 个乘积项的第一项，而另外 7 个乘积项直接作为或门的输入。PTMUX 在 $AC(0)$ 和 $AC1(n)$ 的"与

非"运算结果控制下，选择地或第一乘积项作为或门的输入。

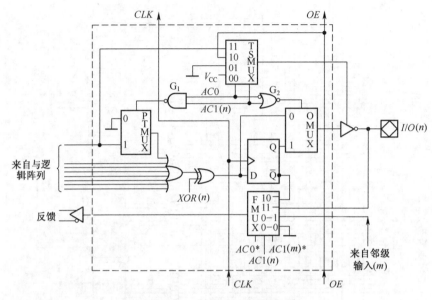

图 8-19　OLMC 的逻辑结构图

②三态控制多路选择器 TSMUX 是 4 选 1 多路选择器，4 个输入信号是 V_{CC}、地、OE 和来自"与"逻辑阵列的第一乘积项，TSMUX 在 $AC(0)$ 和 $AC1(n)$ 的两位编码控制下，从 4 个输入中选择一个作为输出三态缓冲器的控制信号。

③输出选择多路选择器 OMUX 是一个 2 选 1 多路选择器，前述异或门输出直接送到 OMUX 的 O 输入端，作为逻辑运算的组合型输出；异或门的输出在时钟信号 CLK 的上升沿存入 D 触发器，D 触发器的输出 Q 送到 OMUX 的 1 输入端，作为逻辑运算的寄存器型输出。OMUX 在 $\overline{AC(0)}$ 和 $AC1(n)$ 的"或非"运算结果控制下选择组合逻辑输出或寄存器输出。

④反馈选择多路选择器 FMUX 是 8 选 1 多路选择器，但它的输入信号只有 4 个：D 触发器的 Q 输出，本级 OLMC 输出 $I/O(n)$，邻级 OLMC 输出和地，FMUX 在 $AC(0)$、$AC1(n)$、$AC1(m)$ 的三位编码控制下选择一作为反馈信号送回"与"逻辑阵列的输入信号。对于 GAL 最外层的 OLMC，如图 8-18 所示 GAL16V8 的 OLMC(12) 和 OLMC(19)，分别用 11 号引脚和 1 号引脚作为这两个单元的邻级输入，用 $\overline{SYN}$ 作为 $AC(0)$，SYN 作为 $AC1(m)$。

2. OLMC 的组态

由上述 OLMC 的结构可见，OLMC 在 SYN、$AC(0)$、$AC1(n)$ 的控制下，可以重新组态，即可以工作在不同模式下：专用输入模式；专用组合输出模式；带反馈的组合输出模式；时序逻辑的组合输出模式；寄存器输出模式。

SYN 为 0 或 1，用以决定被组态的 OLMC，是时序或组合逻辑电路，$AC(0)$、$AC1(n)$ 用以控制 OLMC 的电路结构，$AC(0)$ 是所有 OLMC 共用的，而 $AC1(n)$ 则是每 OLMC 个单独具有的。

①$SYN = 1$，$AC(0) = 0$，$AC1(n) = 1$ 时，OLMC(n) 的电路结构为专用输入模式，是组合逻辑电路。OLMC 在 101 模式下的电路结构图如图 8-20 所示，此时，引脚 1 和 11 可作普通数据输入端使用，输出三态缓冲器为禁止态而使相应的 *I/O* 端不能作输出只能作输入端使用，并且该输入信号需经邻级 OLMC 的 FMUX 反馈回"与"逻辑阵列输入。需要注意的是，由图 8-18 所示 GAL16V8 的结构可见，OLMC(15) 和 OLMC(16) 因无 FMUX 相连，故不能作专用输入模式，即 101 模式。

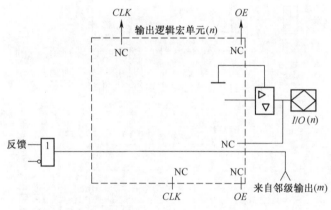

图 8-20　OLMC 的专用输入模式

②$SYN = 1$，$AC(0) = 0$，$AC1(n) = 0$ 时，OLMC(n) 的电路结构为专用组合输出模式，是组合逻辑电路。OLMC 在 100 模式下的电路结构图如图 8-21 所示，此时，引脚 1 和 11 可作普通数据输入端使用，输出三态缓冲器处于工作状态，输出始终允许，异或门的输出经 OMUX 送到三态缓冲器。因为三态缓冲器是一个反相器，所以 $XOR(n) = 0$ 时输出的组合逻辑函数为低电平有效，当 $XOR(n) = 1$ 时为高电平有效。当相邻 OLMC 的 $AC1(m)$ 也为 0 时，FMUX 接地，没有反馈信号，相应的 *I/O* 端只能作纯组合输出而不能作反馈输入使用。所有（8 个）OLMC 都可做专用组合输出的 100 模式，前述专用输入的 101 模式只能与 100 模式共存于一个 GAL 芯片才有意义，起码 OLMC(15) 和 OLMC(16) 需工作在 100 模式。

③$SYN = 1$，$AC(0) = 1$，$AC1(n) = 1$ 时，OLMC(n) 的电路结构为带反馈的组合输出模式。其电路结构图如图 8-22 所示，引脚 1 和 11 可作普通数据输入端使用，输出三态缓冲器由第一乘积项控制，并且三态缓冲器的输出信号又反馈回"与"

逻辑阵列的输入。在 111 模式下，只要一个 OLMC 工作在 111 模式，则 8 个 OLMC 必然全工作在 111 模式；对于图 8-18 中所示的 OLMC(19) 和 OLMC(12)，为维持与 PAL 器件 JEDEC 熔丝图的完全兼容，要用 $\overline{SYN}$ 代替 $AC(0)$，用 SYN 代替 $AC1(m)$，故 OLMC(19) 和 OLMC(12) 的输出不能反馈回"与逻辑阵列"。

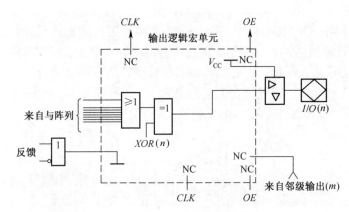

图 8-21 OLMC 的专用组合输出模式

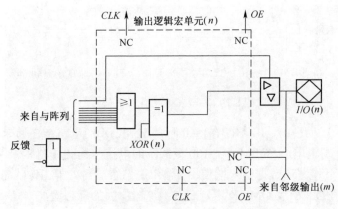

图 8-22 OLMC 的带反馈组合输出模式

④$SYN = 0$，$AC(0) = 1$，$AC1(n) = 0$ 时，OLMC(n) 的电路结构为寄存器输出模式，是时序逻辑电路。此模式下的 OLMC(n) 的电路结构图如图 8-23 所示，引脚 1 是时钟信号 CLK 输入端，引脚 11 是公共三态控制信号 $\overline{OE}$ 的输入端；异或门的输出送 D 触发器寄存，D 触发器的 Q 端输出，送到三态输出缓冲器，同时 $\overline{Q}$ 端经 FMUX 反馈回"与"逻辑阵列输入，三态输入缓冲器由 11 脚外加的 $\overline{OE}$ 信号控制，所有 8 个都可工作在此寄存器输入的 010 模式下。

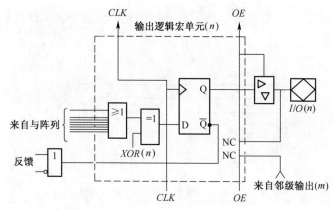

图 8-23　OLMC 的寄存器输出模式

⑤$SYN = 0$，$AC(0) = 1$，$AC1(n) = 1$ 时，OLMC(n)的电路结构为时序逻辑的组合输出模式，此模式下的 OLMC(n)的电路结构图如图 8-24 所示，异或门的输出直接送往输出三态缓冲器，输出三态缓冲器由第一乘积项控制，而 $I/O(n)$ 信号经 FMUX 反馈回 "与逻辑阵列"。须注意的是，工作在 011 模式的 OLMC 不能单独存在，必须和寄存器输出的 010 模式的 OLMC 共存于一片 GAL 芯片中，也就是说，工作在 011 模式的 OLMC 是时序逻辑电路中的组合逻辑部分，此时 1 脚仍是时钟信号 CLK 输入端，11 脚也是公共三态控制信号输入端 $\overline{OE}$，但 CLK 和 $\overline{OE}$ 是供给其他工作在 010 模式下的 OLMC 使用的。

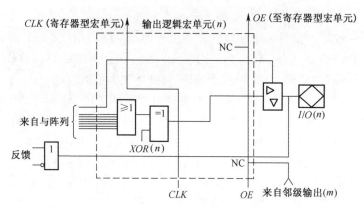

图 8-24　OLMC 的时序逻辑组合输出模式

8.4.2　GAL 的行地址映射图

GAL16V8 的行地址映射图如图 8-25 所示，它对应 GAL 器件内部可编程逻辑功能电路、信息记录和电路管理的所有编程单元，但并不表示这些编程单元的实际空间布局情况。

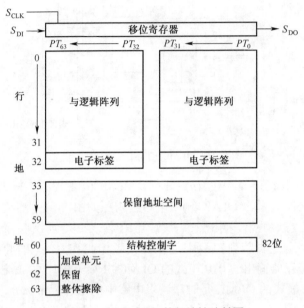

图 8-25　GAL16V8 的行地址映射图

第 0～31 行，每行 64 位，为 32×64 的阵列，对应 32×64 的"与"逻辑阵列的编程单元，每一位对应一个编程单元。

第 33～59 行，是保留给制造厂家备用的地址空间，用户不可以使用。

第 61 行，该行只有 1 位，为加密单元。这一位一旦被编程，就禁止对"与"逻辑阵列的存取，从而防止"与"逻辑阵列被再次编程或读出，可以达到保密电路设计结果的目的，该保密单元只有在整体擦除时和"与"逻辑阵列一起被擦除。

第 63 行，该行只有 1 位，为整体擦除位。将该位清 0，就执行清除功能，从第 0 行到 63 行的所有内容统统被擦除，原被编程器件回到编程前的未使用状态。

由图 8-25 可见，整个行地址结构对应一个 64 位的移位寄存器，该移位寄存器用于串行预装入编程数据，每装满一次，就向行地址中写入一行，整个行地址的编程是逐行进行的。第 32 行是电路标签（ES），共 64 位（8 个字节），用户可任意对这 64 个数据位分成若干个字段，每个字段可以占用不大于 64 位的任意位数，不同字段用来存储不同的内容：制造厂标记码、器件编程数据码、编程器识别码、编程模式号代码及保留字段等。即使第 61 行的加密单元被编程，ES 的数据始终能读出，在整体擦除时，ES 的数据也被擦除，保证在重新编程时 ES 的数据始终是最新的。

第 60 行是结构控制字，上面所述 GAL 器件的各种组态形式的实现是由结构控制字来控制的。控制字共 82 位，其组成如图 8-26 所示，其中的(*n*)表示它们控制 GAL16V8 时的每个 OLMC 的输出引脚号。

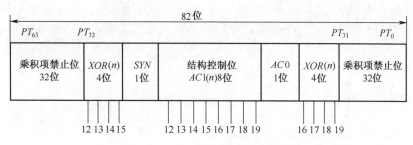

图 8-26　GAL16V8 的结构控制字

结构控制字各位的功能如下：

乘积项 *PT* 禁止位：共 64 位，分别控制"与"逻辑阵列的 64 行，即 64 个乘积项（$PT_0 \sim PT_{63}$），以屏蔽某些不用的乘积项。

极性控制位 *XOR*(*n*)：共 8 位，分别控制 8 个 OLMC 中异或门的输出极性。$XOR(n) = 0$ 时，输出低电平有效；$XOR(n) = 1$ 时，输出高电平有效。

同步位 *SYN*：仅一位，它确定 GAL 器件具有寄存器输出功能或纯组合型的输出功能。在最外层的两个 OLMC 中，即 GAL16V8 的 OLMC(12)和 OLMC(19)，用 $\overline{SYN}$ 代替 *AC*0，用 *SYN* 代替 *AC*1(*m*)。

结构控制位 *AC*1(*n*)：共 8 位，分别控制 8 个 OLMC。

结构控制位 *AC*0：只 1 位，对于 8 个 OLMC 是公共的。

8.5　辅修内容

8.5.1　高密度可编程逻辑器件（HDPLD）

虽然前面两节所述的 PAL 和 GAL 比传统的 SSI/MSI 具有更高的设计灵活性，但是它们的一个明显的缺点就在于：引脚数有限，规模小，集成度不尽人意。在 20 世纪 80 年代中后期发展起来的高密度可编程逻辑器件（HDPLD）是 VLSI 集成工艺高度发展的产物，相对低密度 PLD（PAL、GAL）而言规模大得多，功能也强得多。

HDPLD 一般按结构可分为两类：一类是 CPLD，其主体仍是与或阵列；另一类是 FPGA，是逻辑单元阵列。

1. 复杂可编程逻辑器件（CPLD）

CPLD 将 PLD 的概念扩展到更高层次的集成度范畴，从而可改善系统的性能，使产品的 PCB 板面积进一步缩小，可靠性大大提高，成本进一步下降。和 PAL、GAL 相比，CPLD 允许具有更多的输入信号、乘积项和宏单元，内含多个逻辑块，每一个逻辑块就相当于一片 GAL16V8 的 PLD。这些逻辑块可以使用可编程内连线的布线来实现相互间的联系，如图 8-27 所示。其结构规模更加合理，从而有效节约硅片使用面积，提高性能降低成本。

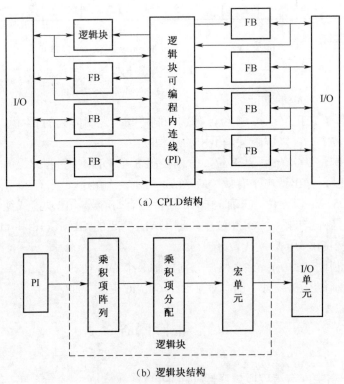

图 8-27　CPLD 及其逻辑块结构

下面说明 CPLD 的一般特性。

（1）逻辑块

图 8-27 所示的 CPLD 的一个逻辑块就相似于前面介绍的 GAL16V8 这样一个低密度 PLD，也是由乘积项阵列、乘积项分配结构和宏单元组成，I/O 单元通常是作为一个独立的单元存在的，但在有的情况下也被视为逻辑块的一个组成部分。

逻辑块的大小是指其逻辑容量，其典型指标是指宏单元的数目，不同于 PAL、GAL 的是 CPLD 的一个逻辑块通常包含 4～20 个宏单元。另外，逻辑块的输入项数、乘积项数、乘积项的分配表也是重要的指标。

（2）乘积项阵列

也就是"与"逻辑阵列，不同的 CPLD 中的乘积项阵列是有差别的，它的一个重要指标就是乘积项阵列的容量大小，它定义了每个宏单元乘积项的平均数量和每个逻辑块乘积项的最大数量。

（3）乘积项分配

在 PAL 和 GAL 器件的"与"－"或"逻辑阵列中，每个或门输入的一组乘积数目是固定的，而且在许多情况下每一组的数目又是相等的。但由于需要产生的"与"－"或"逻辑函数所包含的乘积项各不相同，因而"与"－"或"阵列中的乘积项就得不到充分利用。为了克服这种局限性，CPLD 在乘积项分配上做了一些改进，不同的 CPLD 厂商采用不同的方法来处理乘积项的分配问题。

① 可变乘积项分配，配置一个固定的但数量不同的乘积项给各个宏单元，这样既便于产生不同乘积项数的逻辑函数，又有利于提高乘积项的利用率。

② 在有的 CPLD 中，将每一组乘积项分作两部分，产生两个"与"－"或"逻辑函数，然后通过编程使这两部分既可以单独地送到输出逻辑电路，又可以组合在一起产生一个项数更多的"与"－"或"逻辑函数，如图 8-28 所示。

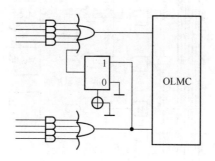

图 8-28　ATV750 中的乘积项分配

③ 乘积项扩展，如图 8-29 所示，对每个单元配给 4 个乘积项，并允许一组扩展乘积项（Expander Product Terms）可单独配给某一宏单元或多个宏单元。这种将乘积项用于特定的宏单元的概念被称作"乘积项导引"（Product Term Steering），而相同的乘积项可用于多个宏单元的概念则被称作"乘积项共享"（Product Term Sharing）。

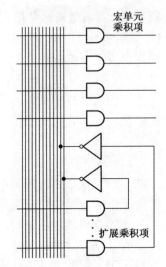

图 8-29　MAX5000 中的乘积项分配

如图 8-30 所示，5 个乘积项可以通过一个或门直接引入相邻的宏单元，且依次重复，这种并行扩展附加延时极小，不像共享扩展那样，信号通过乘积项阵列来传送。

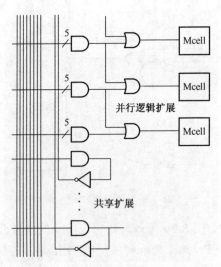

图 8-30　MAX7000 中的乘积项分配

如图 8-31 所示，其中的乘积项是由所谓的 4 乘积项组合来控制，用于其他的宏单元时没有附加的延时。

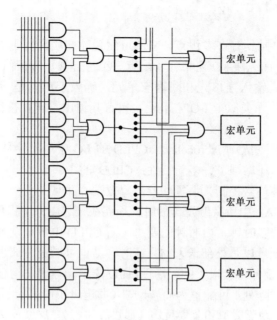

图 8-31　MACH3 中的乘积项分配

　　如图 8-32 所示，根据给定的宏单元中实现的逻辑表达式的需要，每个宏单元可配给 0～16 个乘积项。每个乘积项能被配给一个特定的宏单元，同时，大多数的乘积项也能够为周围多达 4 个相邻宏单元所共享，且无附加延时。

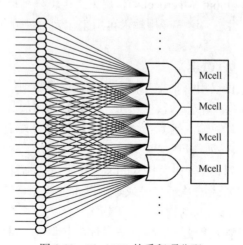

图 8-32　Flash370 的乘积项分配

不同的乘积项分配机制给设计者的设计带来很好的灵活性。

（4）宏单元

CPLD 的宏单元具有许多优点，它的可配置能力明显优于 GAL16V8 的宏单元。GAL16V8 仅有一种 I/O 宏单元（附有 I/O 的宏单元），而 CPLD 除了 I/O 宏单元外，通常还有输入宏单元和隐埋宏单元，输入宏单元是指仅附有输入脚的宏单元；隐埋宏单元类似于 I/O 宏单元，只有其输出不能直接传送到 I/O，而是反馈到 PI。

① I/O 宏单元（I/O Macrocells）。CPLD 的 I/O 宏单元除具有 GAL16V8 I/O 宏单元的特性外，还增强了许多新特性：CPLD 的 I/O 宏单元中触发器通常具有异步（指不受时钟信号控制）清零和异步置数端，并且受两个独立的与项控制，使用更加灵活；GAL 中所有触发器的时钟端连在一起由外部提供，是系统时钟，不能满足数字系统多时钟、内时钟的要求，而 CPLD 中各触发器的时钟是可以异步工作的，时钟既可以是外部送入的系统时钟，也可以是内部生成的时钟（乘积项形成），给系统设计带来很大的灵活性；I/O 宏单元输出的组合或时序逻辑信号均可反馈回乘积项阵列，可配置为局域反馈（即逻辑块内部的不使用 PI 的宏单元反馈，对其他逻辑块无效）和全局反馈（通过 n 进行），局域反馈的优点是在逻辑块中实现对其他宏单元的信号快速传送，其弱点在于会引起复杂的时序问题和资源占用。

② 隐埋宏单元（Buried Macrocells）和 I/O 宏单元类似，其不同之处在于隐埋宏单元的输出只能用作反馈而不能驱动 I/O 单元。

③ 输入宏单元（Input Macrocells），用来给逻辑阵列提供专用的输入，而不是 I/O 宏单元的输入组态。这些专用输入可用来作为时钟输入，通向 PI 的输入或兼作两者功能。

（5）I/O 单元（I/O Cells）

大多数 I/O 单元仅仅用来根据其输出使能状态来驱动信号从器件输出，以及为输入的外来信号提供一个输入数据通路。CPLD 为增加其灵活性通常只有少数几个专用输入端（作时钟输入等），大部分端口皆是 I/O 端。

2. 现场可编程门阵列（FPGA）

现场可编程门阵列 FPGA 是美国 Xilinx 公司于 20 世纪 80 年代中首先推出的，是一种结构不同前面所述的基于与一或阵列逻辑的新型可编程逻辑器件。FPGA 采用类似于门阵列（GA）的结构形式，沿用了门阵列这个名称，具有更高的集成度，更强的逻辑实现能力和更好的设计灵活性，其集成度可达 100 万门/片以上。

（1）FPGA 的一般结构与特性

FPGA 实际上是由一系列逻辑单元的阵列构成的，这些阵列单元通过可编程连线阵列，可实现逻辑单元之间的互联，也可实现和可编程 I/O 单元的互联。如果说半定制门阵列是由晶体管的阵列所组成的，FPGA 就可称为由逻辑单元的阵列组成的（LCA），在门阵列设计中，布线是专门设计且不可编程，而 FPGA 的布线资源却由密布的可编程开关来实现相互间的连线。且这些布线资源又可实现逻辑单元与逻辑单元、逻辑单元与 I/O 单元之间的可编程连接。总的来说，FPGA 的逻辑单元从功能而言，比 CPLD 的组合乘积项及宏单元要简单得多，但是它却可以由各逻辑单元的级联组合来创建很大的函数功能。

FPGA 的一般结构如图 8-33 所示，它通常包含三种可编程单元，即可编程逻辑块 CLB（Configurable Logic Block）、可编程输入/输出块 IOB（I/O Block）和可编程互连 PI（Programmable Interconnect）。

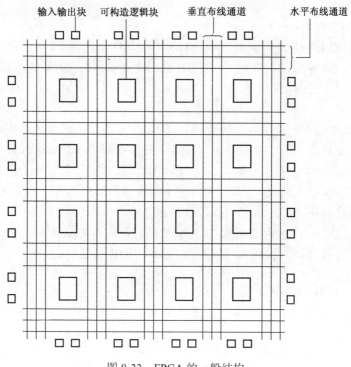

图 8-33　FPGA 的一般结构

可编程逻辑块 CLB 是实现用户功能的基本单元，每个 CLB 都包含组合逻辑电路和存储电路（触发器）两部分，可以设置成规模不大的组合逻辑电路或时序逻辑电路，CLB 通常规则地排列成一个阵列，散布于整个芯片；可编程输入/输出块完成芯片上逻辑与外部引脚之间的接口，常围绕着阵列排列于芯片四周；为了能将这些 CLB、IOB 灵活地连接成各种应用电路，在 CLB 之间及 CLB 与 IOB 之间配备了丰富的连线资源，这些可编程内部互联资源包括各种长度的金属连线和可编程的连接开关。

FPGA 的这种 LCA 阵列结构克服了上面几节所述的 PLD 中那种固定的"与"—"或"逻辑阵列结构局限性，在组成一些复杂的、特殊的数字系统时显得更加灵活。同时，FPGA 除了个别的几个引脚以外，大部分引脚都与可编程的 IOB 相连，根据需要可设置成输入端或输出端，因此，FPGA 器件最大可能的输入端数和输出端数要比同等规模的 CPLD 多，加大了可编程 I/O 端的数目，也使得各引脚信号的安排更加方便合理。

（2）FPGA 的可编程单元

现以 Xilinx 公司生产的 XC2064 为例，介绍 FPGA 内部的可编程单元：IOB、CLB 和 PI 的结构和工作原理。

① 可编程逻辑块 CLB。

可编程逻辑块 CLB 阵列是实现用户所需逻辑的功能元素，以矩阵形式安排在器件的中心。如 XC2064 由 64 个 CLB，排列成 8 行×8 列的矩阵。每个 CLB 可配置为实现一个逻辑功能小单元，并由可编程互连 PI 相互连接，以实现复杂的逻辑功能。

每个 CLB 包含一个组合逻辑电路、一个触发器存储单元和一些数据选择器组成的内部控制电路，其结构如图 8-34 所示。在图中所用的数据选择器符号上只标出了数据输入端和数据输出端，省略了地址输入端。实际上每个 2 选 1 数据选择器都应当有 1 位输入地址代码，每个 4 选 1 数据选择器应当有 2 位输入地址代码。这些代码都存放在 FPGA 内部的编程数据存储器中。每个 CLB 有四个逻辑输入：A、B、C 和 D。一个由内部相邻 CLB 驱动的时钟输入 CLK，两个输出 X 和 Y。由它们驱动互联阵列，从而实现与其他 CLB 和 IOB 的连接。

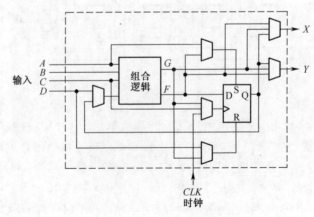

图 8-34　XC2064 中的 CLB 结构

CLB 的组合逻辑电路部分是一个四输入二输出的通用逻辑模块。根据设计需要可以将组合逻辑部分设置成 3 种不同的模式：FG 模式如图 8-35（a）所示，可以产生两个三变量的任何形式的逻辑函数；FGM 模式如图 8-35（b）所示，可以产生含有 A、B、C、D、Q 的五变量逻辑函数；F 模式如图 8-35（c）所示，可以产生任何形式的四变量组合逻辑函数。

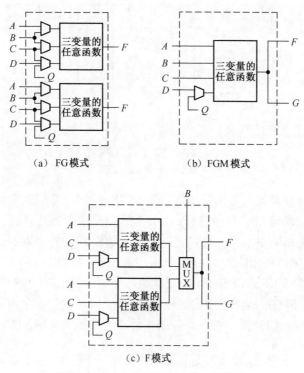

（a）FG 模式　　　　　　　　（b）FGM 模式

（c）F 模式

图 8-35　XC2064 中 CLB 的 3 种模式

CLB 组合逻辑电路的输出与输入间的逻辑函数关系由一组编程控制信号决定，将编程信号与函数对应关系列成函数表，在编程过程中通过查表即可找出所需的编程数据。以查找表方式来产生组合逻辑使得 CLB 中组合逻辑部分的延时是固定的，与逻辑函数的复杂度无关。

CLB 的触发器存储单元结构如图 8-36 所示，它只含一个触发器（在 XC3000 和 XC4000 系列的 FPGA 器件中，每个 CLB 中有两个触发器），其中触发器可以编程为边沿触发的 D 触发器，也可以编程为电平触发的 D 型锁存器。触发器的数据输入接收组合逻辑电路部分的输出 F；时钟信号由数据选择器 MUX_1 给出，既可以选择片内公共时钟 CLK 作为时钟信号，工作在同步方式，也可以选择组合电

路的输出 G 或输入变量 C 作为时钟信号，工作在异步方式。而且，用数据选择器 MUX_2 还可以选择用时钟的上升沿或下降沿（高电平或低电平）触发。

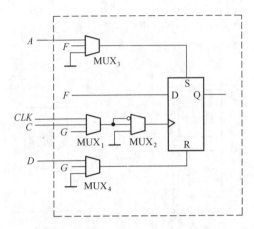

图 8-36　XC2064 中 CLB 的存储单元

触发器的异步置位信号由数据选择器 MUX_3 给出，异步置位信号可以从输入变量 A 和组合电路输出 F 当中选择；异步置零信号由数据选择器 MUX_4 给出，既可以选择组合电路输出 G，也可以选择输入变量 D 作为异步置零信号。

② 可编程输入/输出块（IOB）。

输入/输出块 IOB 是 FPGA 内部逻辑块与外部器件引脚（PIN）的接口，XC2064 是 Xinlinx 公司 FPGA 器件中结构比较简单的一种，共有 56 个可编程的 I/O 端。每个 IOB 含有输出缓冲器、输入缓冲器、触发器和控制电路，如图 8-37 所示。

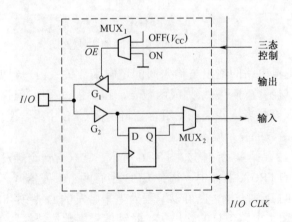

图 8-37　XC2064 的 IOB

IOB 输入缓冲器 G_2 具有可编程阈值检测功能，把引脚上的电平（TTL 电路为 1.4V，CMOS 电路为 2.2V）转换成芯片的内部电平。

MUX$_2$ 用于输入方式的选择。当 MUX$_2$ 的输出选中输入缓冲器 G_2 的输出时，为异步输入方式，加到 I/O 引脚的输入信号就直接通过 G_2、MUX$_2$ 送往 FPGA 内部；当 MUX$_2$ 的输出选中触发器的输出时，为同步输入方式，在此方式下，加到 I/O 引脚的输入信号必须在时钟信号 I/O CLK 的触发下，由触发器输出经过 MUX$_2$ 送往内部电路。在 XC2064 中，所有 IOB 的时钟信号是公用的。

输出三态缓冲器的控制信号由 MUX$_1$ 给出。MUX$_1$ 输出低电平时 IOB 工作输出状态，FPGA 内部产生的信号通过 G_1，送至 I/O 引脚；MUX$_1$ 输出高电平时 G_1 为高阻态，IOB 工作在输入状态。

③可编程互连（PI）。

可编程互连是连接各个可编程模块（CLB 和 IOB）的通道，它主要由金属线和可编程开关组成。金属线分为通用内部连线、长线和直接连接线三种，可编程开关分为开关矩阵 SM（Switching Matrices）和可编程连接点 PIP（Programmable Interconnect Points）。

通用内部连线是 CLB 阵列之间的一组垂直和水平金属线段，其长度分别等于 CLB 的行距或列距。CLB 的输入和输出端可与相邻的通用内部连线相连，垂直金属线段和水平金属线段的交叉处用矩阵开关连接，相邻的通用内部连线通过开关矩阵相互连接形成网络，如图 8-38 所示。

直接连线为相邻 CLB 或相邻 CLB 与 IOB 之间提供有效的连线手段。每个 CLB 的输出通过直接连线和与之相邻的 CLB 或 IOB 的输入相连。这种连线布线短，延时小，最适合相邻块间信号的高速传送。

长线是垂直或水平地贯穿于整个芯片的金属线，最适合于传送高扇出低偏移控制信号或时钟信号。

开关矩阵 SM 的作用如同一个可以实现多根导线转换的接线盒，通过对开关矩阵编程，可以将来自任何方向上的一根导线转接至其他方向的某一根导线上。其内部结构如图 8-39 所示。

可编程连接点 PIP 是一些独立的开关，用于相交布线线段或布线线段与 CLB 与 IOB 端口之间的连接，如图 8-40 所示。

3. FPGA 与 CPLD 的比较与选用

一般来讲，由于 CPLD 器件内可以通过逻辑阵列将大型函数在一级逻辑中实现，因此它能够提供最高的系统运行速度，并且其易于确定的时序参数也有助于逻辑分析工作，但是它的寄存器资源相对 FPGA 较少。在设计实现时，设计逻辑被划分到 CPLD 中各个逻辑块内，并可由用户控制其具体使用方式。

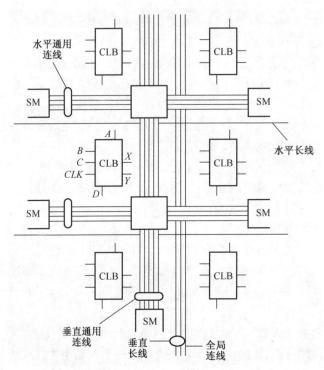

图 8-38　FPGA 内部的通用内部连线长线和开关矩阵

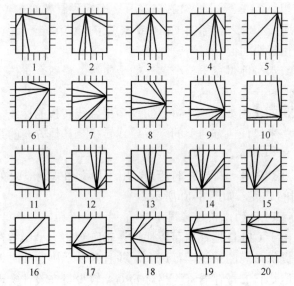

图 8-39　FPGA 内部开关矩阵结构

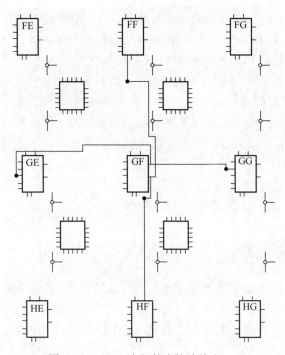

图 8-40　FPGA 内部的直接连线和 PIP

　　FPGA 器件具有较小的基本逻辑单元，通常较适合实现流水线结构的设计，也可以利用逻辑单元的级联来实现较长的数据通路。相对于 CPLD 器件 FPGA 的逻辑单元阵列是可以将设计功能进行更细的划分，因而能够更充分地利用单元内的各种资源，但同时也加大了逻辑优化和时序分析的难度。

　　在选择系统的目标器件之前，必须清楚地了解设计的功能要求和所需的逻辑资源，以及在运行速度、成本、封装等方面的要求。假设开发周期是考虑的首要因素，那么有必要选用一种在进行修改了设计后能够保持管脚排列不变的器件。在全面了解设计要求之后，就可以将各种器件的功能与设计要求进行对比，并利用一些测试数据来帮助选择。在做出决定之前，还必须确认能够获得相应的便于使用的软件工具，并且已有的开发环境能满足该工具的要求。

8.5.2　可编程逻辑器件的开发与编程

1. 概述

　　随着 PLD 集成度的不断提高，各种新技术、新工艺在 PLD 器件产生上的采用，PLD 器件的速度、性能不断提高，功能日益强大，PLD 的编程也日益复杂，设计开发的工作量也越来越大。目前，各家 PLD 的生产厂商和一些软件公司相继推出了各种功能完善、高效率的 PLD 开发系统，具有良好的适应性，可以支持 PAL、GAL、CPLD 和 FPGA 等多种 PLD 产品的开发和设计。

PLD 开发系统由 PLD 开发的硬件工具和软件工具两部分共同组成。

编程器是 PLD 开发的硬件工具，当然计算机是必不可少的。PLD 器件编程的实质，是向 PLD 器件装入一组符合用户设计要求的数据文件（一般是 JEDEC 文件），编程器就是对 PLD 进行写入和擦除的专用装置，能提供写入或擦除操作所需要的电源电压和控制信号。编程数据可以从计算机而来（通过并行接口或串行接口的方式），也可以从预先编程的芯片（或称配置芯片）中而来。编程器把编程数据装入（卸载）到 PLD 器件（或配置芯片）之后，还要对 PLD 器件的每一个存储元进行校验，以确保在数据传输过程中数据没有丢失或误传，保证编程的正确无误。

早期生产的编程器往往只适用于一种或少数几种类型的 PLD 产品，而目前生产的编程器都有较强的通用性。

将 PLD 器件插在编程器上编程是传统的编程技术，在系统编程 ISP（InSystem Programmable）技术不用编程器，直接在用户自己设计的目标系统中或线路板（PCB）上对 PLD 器件编程，这就打破了使用 PLD 必须先编程后装配的惯例，而可以先装配后编程，成为产品后还可以反复编程，从而开创了数字电子系统设计技术新的一页。

PLD 器件的开发软件工具是近十多年间迅速发展起来的，其主要功能是将用户的逻辑设计文件转换成编程器所接受的格式（一般是 JEDEC 文件），此外开发软件还有设计模拟、功能测试和进行文件编制的功能。开发软件包括 PLD 专用的编程语言和相应的汇编程序或编译程序，大体上可以分为汇编型、编译型和原理图收集型三种。

PLD 器件的开发工作在 20 世纪 70 年代早期，要靠手工操作对几千个独立的熔丝位置进行逐一定义，以实现对芯片的逻辑功能设计，那时尚无开发软件工具可供使用，需要手工键入编程码，极大地限制了 PLD 器件的广泛应用。

汇编型软件出现于 20 世纪 70 年代末期，是由 PLD 生产商开发的，主要用于支持自己的产品，对不同类型 PLD 的兼容性较差。这类软件要求以简化后的与－或逻辑式输入，不具备自动化简的功能，最具代表性的汇编程序是由 MMI 公司开发的 PALSAM 以及随后出现的 FM（Fast Mpa）等。

由于 MMI 公司的汇编型软件不支持其他公司的 PLD 器件，所以每个制造厂都要针对自己的产品开发不同的软件，这就给 PLD 器件的作用带来了极大的不便。进入 20 世纪 80 年代后，功能更强、效率更高、兼容性更好的编译型开发软件很快地得到了推广应用，比较流行的有 Data I/O 公司开发的 ABEL 和 Logical

Device 公司的 CUPL，都具有公用的用户接口，不仅支持自己的 PLD 产品，也支持其他生产研制的 PLD 器件，是一种通用软件。这类软件输入的源程序采用专用的高级编程语言（也称为硬件描述语言 HDL）编写，有自动化简和优化设计功能。除了能自动完成设计以外，还有电路模拟和自动测试等附加功能。

20 世纪 80 年代后期又出现了功能更强的原理图收集型开发软件。例如，Data I/O 公司的 Synario，这类软件不仅可以用高级编程语言输入，而且可以用电路原理图输入，可以把逻辑电路原理图（例如用中、小规模集成器件组成的数字系统）自动转换为各种 PLD 器件的有关文件。

20 世纪 90 年代以来，PLD 开发软件开始向集成化方向发展。为了给用户提供更加方便的设计手段，一些生产 PLD 产品的主要公司都推出了自己的集成化开发系统软件（软件包）。这类集成化开发系统软件通过一个设计程序管理软件把一些已经广泛应用的优秀 PLD 开发集成为一个大的软件系统，在进行 PLD 器件的开发时，开发人员可灵活地调用这些资源完成设计工作。属于这种集成化的软件系统有 Xilinx 公司的 Foundation、Altera 公司的 MAX + PLUS Ⅱ 和 Lattice 公司的 pDS +等。

所有这些集成化的 PLD 开发系统软件一般具有模块化结构、支持多平台（PC 和工作站）、开放的接口环境和全面综合等特点。

2. PLD 的开发过程

就具体一个数字逻辑系统、一个实际电路而言，如何让 PLD 器件发挥作用，实现预期的功能，这就是 PLD 器件的开发过程，也就是在 PLD 开发系统的支持下，对 PLD 器件进行编程，使其能执行设计要求的各种操作（一个从生产厂家出来的 PLD 器件在未作编程前，是不能执行任何操作的）。PLD 器件的开发过程大体可分为如下几个步骤：

（1）逻辑设计

逻辑设计的任务是根据系统设计要求，设计者把自己的设计思想（所设计的电路）转化为一个简洁而完整的逻辑功能描述。按现代通行的自上而下（自顶向下）数字系统设计方法，一个系统将被分为控制器和若干功能模块，对控制器的逻辑描述常要精细到门、触发器，通常把对控制器的逻辑功能表示为逻辑函数的形式——逻辑方程、真值表或状态转换表（图）；目前的集成化开发系统软件都集成了包括各种功能模块的数据库，故对功能模块的逻辑描述还可以使用原理图或功能描述语言。

（2）选定 PLD 的类型和型号

对于给定的设计要求选择相应的 PLD 器件时，应该注意如下几点：

①设计目标。需要知道所设计系统所需的运行速度，最大的信号建立时间，

时钟至输出的时延，同时，还需要有一个设计需要花费多少逻辑资源的概念——100门、1000门还是10000门？一个近似的框架有助于针对性的选择。

②结构特性。需要多少时钟？需要多少复位？需要多少种输出使能控制？多少关键信号？充分了解将采用哪些类型的资源，对于要进行的设计，哪些资源必需，哪些资源可忽略。

③有效的基准数据，针对所希望实现的应用设计类型——状态机、计数器、数据通路、运算电路、组合逻辑，充分理解将要采用 PLD 来实现的应用设计单元的形式，掌握有关的基准数据，将有助于选择最适合该应用设计的器件结构。

④标准化测试。虽然许多设计工程师需要事先选择好某一 PLD 器件，以便在进行 PLD 设计的同时进行应用设计的板级设计。但如果时间充裕的话，最好花一些时间来测试一下对其设计用不同的器件来实现的不同效果。

（3）选定开发系统工具

选用的开发系统必须能支持选定器件的开发工作。与 PLD 器件相比，开发系统价格要昂贵得多，因此，应该充分利用现有的开发系统，在系统所能支持的 PLD 种类和型号中选择合用的器件。PLD 器件的结构越来越复杂，集成度越来越高，各个 PLD 器件生产厂家都针对自己的产品系列推出了适应自己产品的集成化 PLD 开发系统，一般而言，都应根据所选 PLD 器件选择相应厂家提供的开发系统。

（4）编程 JEDEC 文件

所谓 JEDEC 文件是一种由电子器件工程联合会制定的记录 PLD 编程数据的标准文件格式。它是以二进制数形式表示的，也称作熔丝图，如图 8-41 所示，其中 C 段是阵列的内容，0 表示该位置的编程单元应予接通，1 表示该位置的可编程连接应予断开。

①设计输入。设计者将自己的逻辑设计结果以上一阶段选用的开发系统软件所要求的格式或语言写成源文件送入计算机，这一过程是与设计人员直接交互的过程之一，在这阶段设计者能够运用设计工具对自己的设计思想，实现从想法到实现的转变。PLD 开发系统软件提供了相应的工具或接口，设计入口包括多方面的设计输入方式，用户具体采用什么工具取决于用户的设计思想用什么样的形式表达出来，如：

a. 原理图输入形式，为用户提供了一种既直观又迅速的"所见即所得"的设计手段，开发系统一般都提供了内容丰富的基本库单元和宏功能库，为用户构造电路提供了基本的模块。针对近来的层次化结构、模块化结构而言，采用原理图输入尤为方便。

b. 逻辑描述语言输入形式（行为设计），行为设计就是利用文本方式的逻辑描述语言而不是原理图来定义逻辑电路的功能。行为逻辑描述已经成为当前 EDA

行业的主导地位，例如 VHDL 语言，对不论是系统级还是芯片级的描述均能发挥其强大的作用。

```
    This is a JEDEC Compatible fuse file.
(A) DESIGN NAME: cnt8.lpr
    PART NAME    : pLSI1032-80LJ
    CREATED BY   : pDS V2.50
    CREATED DATE: Thu Jun 10 10:04:23 1993
    *QP84-(1)
    *QF34560-(2)
(B) *G0-(3)
    *F0-(4)
    *L00000
    1000111011100011101110001110111000111011100
    0111011100011101110001110111000111011000010
    1011000010101100001010110000101011100011101
    1100011101110001110111000111011111011100111
    1011100111101110011110111001111011100111101
(C) 1100111101110011110111001111001100011100110
    0011100110001110011000111011100111101110010
    1101110011110111001011111111101111111110111
    1111110111111111011111111101111111110111111
    1110111111111011111111101111111110111111111
    0111111111011111111101111111110111111100101

(D) *C5146

(E) *^C2337
```

图 8-41　JEDEC 文件系列

c. 原理图与行为逻辑设计结合的输入形式，对于较为复杂的逻辑关系用原理图方式一般难以表达，一方面由于设计者对直观的方式不能理解，另一方面模型库中可能不存在需要的模型，于是便需要用户自己创建一个逻辑关系式来表达自己的思想，同时以图形符号形式表达出来，这便是图形与行为逻辑设计结合的输入形式。在原理图中纳入语言设计模块，两者完美的结合往往是大多用户喜欢的方法，原理图部分多为系统级的描述，主要是对几个大的模块以图形方式表示。其中的小模块便以语言形式来描述。以语言文件形式描述就是用一个文本编辑器形式一个文档，指明某一模块内部的逻辑功能，这样原理图中此模块只表现为一个符号（Symbol）形式。还可以直接利用以前已经设计好的 VHDL 设计文件或 JEDEC 格式文件，这些以往成熟的设计均可以自动地转换并连入原理图中。

d. 波形设计的输入形式，这种方式允许用户通过输入所需要的输入波形和输出波形来确定设计者所期望的逻辑关系。各种组合逻辑、时序逻辑和状态功能都能自动地综合出来，以形成设计者所定义的功能。

②设计实现。开发系统软件对设计者所输入的源文件进行编译，自动生成

JEDEC 文件。这一过程对开发系统而言是核心部分，但大部分都是由计算机系统自动完成的，用户并不直接关心其实现过程，并且不同厂家的开发系统实现的方法也不同。一般而言，开发系统将首先对输入的源文件进行多方面的处理，对原理图的识别、转换、源文件格式是否标准，引脚安排是否正确，功能能否实现，有无矛盾之处和语法错误，语言设计的优化、综合、逻辑简化、逻辑布局和逻辑检验等，最后生成 JEDEC 文件。

③设计验证。检查处理的结果是否与输入的源文件（用户的设计思想）相符（不涉及设计输入本身的正确性），并提供验证所需的文档给用户查看。此过程最重要的功能是在设计的末端甚至设计的过程中对整个系统乃至各个模块进行近乎实际的软仿真，使用户在计算机上用软件控制便可以知道设计的逻辑功能是否正确，实现于电路后，各部分的时序配合是否准确无误，用于设计验证的仿真工具有多种，开发系统软件也像设计输入一样留有接口，能够接受第三方的产品，满足用户多方面的需求，如 Viewlogic ViewSim、Mentor Quick‑Sim 等。

（5）卸载

将上一阶段生成的 JEDEC 文件由计算机"下载"（Down Load）到编程器中，再由编程器把编程数据写入 PLD 中，对器件进行编程。编程时，首先检查待编程的 PLD 芯片的阵列有无缺陷。然后，按 JEDEC 熔丝图逐行编程，通常编程时间小于 1min。编程后还要对阵列及宏单元的熔丝作一次校验，无论哪一步出现问题，都会向设计者提出警告。

（6）测试

编程完成后还要再进行测试，即用编译时生成的测试向量对器件检查，检查它是否达到了设计要求，检查通过的器件才能付诸使用，这是编程器自动完成的。测试完成后，便可将 PLD 器件从编程器上取下，插入 PCB 板使用了。

 本章小结

PLD 是 20 世纪 80 年代以后迅速发展起来的一种新型半导体数字集成电路，它的最大特点是可以通过编程的方法设置其逻辑功能。本章的重点在于介绍各种 PLD 在电路结构和性能上的特点，以及它们都能用来实现哪些逻辑功能，适用在哪些场合。

到目前为止，已经开发出的 PLD 有 FPLA、PAL、GAL、CPLD、FPGA 等几种类型。FPLA 和 PAL 是较早应用的两种 PLD。这两种器件多采用双极型、熔线工艺或 UVCMOS 工艺制作，电路的基本结构是与‑或逻辑阵列型。采用熔丝工艺的器件不能改写，采用 UVCMOS 工艺的擦除和改写也不甚方便。但由于

采用这两种工艺制作的器件可靠性好，成本也较低，所以在一些定型产品中仍然在使用。

GAL 是继 PAL 之后出现的一种 PLD，它采用 E^2CMOS 工艺生产，可以用电信号擦除和改写。电路的基本结构形式仍为与 – 或阵列型，但由于输出电路改成了可编程的 OLMC 结构，能设置成不同的输出电路结构，所以有较强的通用性。而且，用电信号擦除比用紫外线擦除要方便得多。

FPLA、PAL 和 GAL 的集成度都比较低，一般在千门以下，因此又把它们统称为低密度 PLD。CPLD 是采用 UVCMOS 工艺制作的高密度 PLD，集成度可高达上百万门。它的电路结构形式类似于 GAL，由若干个与 – 或阵列模块和一些 OLMC 组成，可以构成较大的数字系统。这种结构的优点是信号传输时间较短，而且是可预知的。

另一种高密度 PLD 是 FPGA。这类器件采用 CMOS-SRAM 工艺制作，电路结构为逻辑单元阵列模式。每个逻辑单元是可编程的，可以组成规模不大的组合或时序电路。单元之间可以灵活地互相连接，没有与 – 或阵列结构的局限性。但由于编程数据是存放在器件内部的静态随机存储器中的，一旦掉电后这些编程数据便会丢失，所以每次开始工作时需要重新装载编程数据。此外，在将逻辑单元连接成复杂的系统时，不同的信号传输途径传输延迟时间也不同，这也是设计时必须考虑的一个因素。

各种 PLD 的编程工作都需要在开发系统的支持下进行。开发系统的硬件部分由计算机（一般的 PC 机就可以）和编程器组成，软件部分是专用的编程语言和相应的编程软件。开发系统的种类很多，性能差别很大，各有一定的适用范围。因此，在选择 PLD 的具体型号时必须同时考虑到使用的开发系统能否支持这种型号 PLD 的编程工作。

习题八

8-1　试分析图 8-42 中由 PAL16L8 构成的逻辑电路，写出 Y_1、Y_2、Y_3 与 A、B、C、D、E 之间的逻辑关系式。

8-2　用 PAL16L8 产生如下一组组合逻辑函数：

$$Y = \overline{\overline{A}\,\overline{B}\,\overline{C}D + \overline{A}B\overline{C}D + \overline{A}B\overline{C}\overline{D} + AB\overline{C}\overline{D} + ABCD}$$
$$Y_2 = \overline{A}B\overline{C}\overline{D} + \overline{A}BCD + AB\overline{C}D + AB\overline{C}\overline{D}$$
$$Y_3 = \overline{\overline{B}\,\overline{C}\overline{D} + ABC}$$
$$Y_4 = AB + AC$$

画出与一或逻辑阵列编程后的电路图。PAL16L8 的电路图见图 8-42。

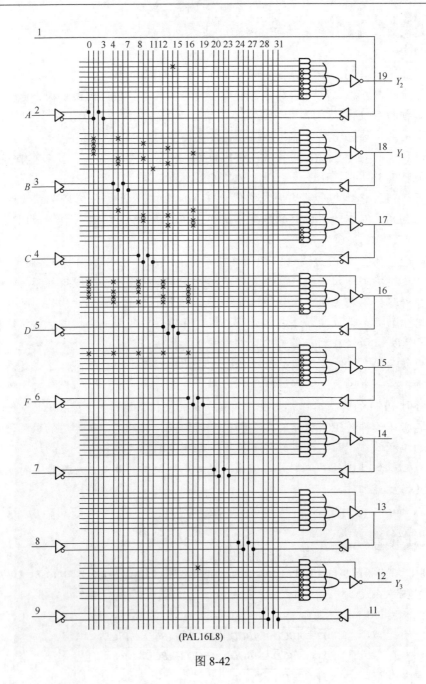

图 8-42

8-3 用 PAL16R4 设计一个 4 位二进制可控计数器。要求在控制信号 $M_1M_0 = 11$ 时作加法计数；在 $M_1M_0 = 10$ 时为预置数状态（时钟信号到达时将输入数据 $D_3D_2D_1D_0$ 并行置入 4 个触发器中）；$M_1 M_0 = 01$ 时为保持状态（时钟信号到达时所有的触发器保持状态不变）；$M_1 M_0 = 00$ 时为复位状态（时钟信号到达时所有的触发器同时被置 1）。此外，还应给出进位输出信号。PAL16R4 的电路图见图 8-43。

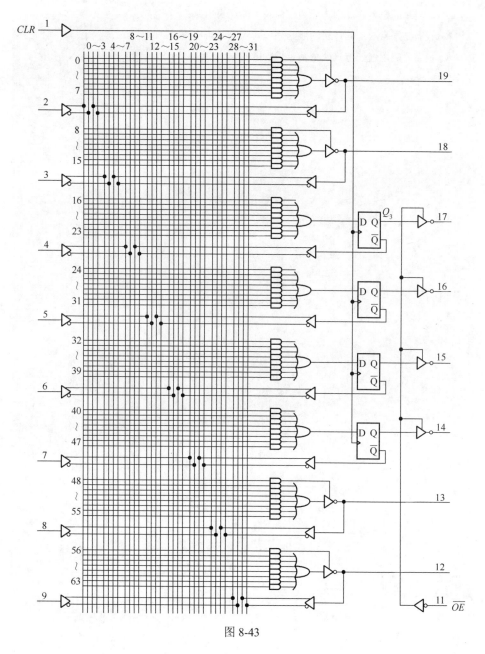

图 8-43

8-4　试说明在下列应用场合下选用哪种类型的 PLD 最为合适。

（1）小批量定型产品中的中规模逻辑电路。

（2）产品研制过程中需要不断修改的中、小规模逻辑电路。

（3）少量的定型产品中需要的规模较大的逻辑电路。

（4）需要经常改变其逻辑功能的规模较大的逻辑电路。

（5）需要能以遥控方式改变其逻辑功能的逻辑电路。

第 9 章　脉冲波形的产生与整形

内容提要

本章主要介绍脉冲波形产生与整形电路的工作原理及有关参数的计算，包括施密特触发器、单稳态触发器、多谐振荡器及其 555 定时器。

9.1　概述

获取矩形脉冲波形的途径不外乎有两种：一种是利用各种形式的多谐振荡器电路直接产生所需要的矩形脉冲，另一种则是通过各种整形电路把已有的周期性变化波形变换为符合要求的矩形脉冲。当然，在采用整形的方法获取矩形脉冲时，是以能够找到频率和幅度都符合要求的一种已有电压信号为前提的。

在同步时序电路中，作为时钟信号的矩形脉冲控制和协调着整个系统的工作。因此，时钟脉冲的特性直接关系到系统能否正常地工作。为了定量描述矩形脉冲的特性，通常给出图 9-1 中所标注的几个主要参数。这些参数是：

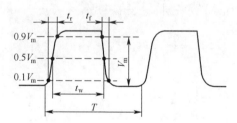

图 9-1　描述矩形脉冲特性的主要参数

脉冲周期 T——周期性重复的脉冲序列中，两个相邻脉冲之间的时间间隔。有时也使用频率 $f = \dfrac{1}{T}$ 表示单位时间内脉冲重复的次数。

脉冲幅度 V_m——脉冲电压的最大变化幅度。

脉冲宽度 t_w——从脉冲前沿到达 $0.5V_m$ 起，到脉冲后沿到达 $0.5V_m$ 为止的一段时间。

上升时间 t_r——脉冲上升沿从 $0.1V_m$ 上升到 $0.9V_m$ 所需要的时间。

下降时间 t_f——脉冲下降沿从 $0.9V_m$ 下降到 $0.1V_m$ 所需要的时间。

占空比 q——脉冲宽度与脉冲周期的比，亦即 $q = t_w / T$。

此外，在将脉冲整形或产生电路用于具体的数字系统时，有时还可能有一些特殊的要求，例如脉冲周期和幅度的稳定性等。这时还需要增加一些相应的性能参数来说明。

9.2　施密特触发器

施密特触发器（Schmitt Trigger）是脉冲波形变换中经常使用的一种电路。它在性能上有两个重要的特点：

第一，输入信号从低电平上升的过程中，电路状态转换时对应的输入电平，与输入信号从高电平下降过程中对应的输入转换电平不同。

第二，在电路状态转换时，通过电路内部的正反馈过程使输出电压波形的边沿变得很陡。

利用这两个特点不仅能将边沿变化缓慢的信号波形整形为边沿陡峭的矩形波，而且可以将叠加在矩形脉冲高、低电平上的噪声有效地清除。

9.2.1　用门电路组成的施密特触发器

将两级反相器串接起来，同时通过分压电阻把输出端的电压反馈到输入端，就构成了图 9-2（a）所示的施密特触发器电路。

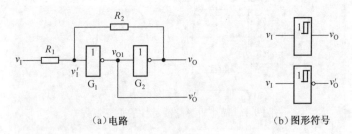

（a）电路　　　　　　　　　　　　（b）图形符号

图 9-2　用 CMOS 反相器构成的施密特触发器

假定反相器 G_1 和 G_2 是 CMOS 电路，它们的阈值电压为 $V_{TH} \approx \frac{1}{2} V_{DD}$，且 $R_1 < R_2$。

当 $v_I = 0$ 时，因 G_1、G_2 接成了正反馈电路，所以 $v_O = V_{OL} \approx 0$。这时 G_1 的输入 $v_I' \approx 0$。

当 v_I 从 0 逐渐升高并达到 $v'_I = V_{TH}$ 时，由于 G_1 进入了电压传输特性的转折区（放大区），所以 v'_I 的增加将引发如下的正反馈过程

$$v'_I \uparrow \longrightarrow v_{O1} \downarrow \longrightarrow v_O \uparrow$$

于是电路的状态迅速地转换为 $v_O = V_{OH} \approx V_{DD}$。由此便可以求出 v_I 上升过程中电路状态发生转换时对应的输入电平 V_{T+}。因为这时有

$$v'_I = V_{TH} \approx \frac{R_2}{R_1 + R_2} V_I = \frac{R_2}{R_1 + R_2} \cdot V_{T+}$$

所以

$$V_{T+} = \frac{R_1 + R_2}{R_2} V_{TH} = \left(1 + \frac{R_1}{R_2}\right) V_{TH} \tag{9.1}$$

V_{T+} 称为正向阈值电压。

当 v_I 从高电平 V_{DD} 逐渐下降并达到 $v'_I = V_{TH}$ 时，v'_I 的下降会引发又一个正反馈过程

$$v'_I \downarrow \longrightarrow v_{O1} \uparrow \longrightarrow v_O \downarrow$$

使电路的状态迅速转换为 $v_O = V_{OL} \approx 0$。由此又可以求出 v_I 下降过程中电路状态发生转换时对应的输入电平 V_{T-}。由于这时有

$$v'_I = V_{TH} \approx V_{DD} - (V_{DD} - V_{T-}) \frac{R_2}{R_1 + R_2}$$

所以

$$V_{T-} = \frac{R_1 + R_2}{R_2} V_{TH} - \frac{R_1}{R_2} V_{DD}$$

将 $V_{DD} = 2V_{TH}$ 代入上式后得到

$$V_{T-} = \left(1 - \frac{R_1}{R_2}\right) V_{TH} \tag{9.2}$$

V_{T-} 称为负向阈值电压。

我们将 V_{T+} 与 V_{T-} 之差定义为回差电压 ΔV_T，即

$$\Delta V_T = V_{T+} - V_{T-} = 2 \frac{R_1}{R_2} V_{TH} \tag{9.3}$$

根据式（9.1）和式（9.2）画出的电压传输特性如图 9-3（a）所示。因为 v_O 和 v_I 的高、低电平是同相的，所以也把这种形式的电压传输特性叫做同相输出的施密特触发特性。

如果以图 9-2（a）中的 v'_O 作为输出端，则得到的电压传输特性将如图 9-3（b）所示。由于 v'_O 与 v_I 的高、低电平是反相的，所以把这种形式的电压传输特性叫做

反相输出的施密特触发特性。

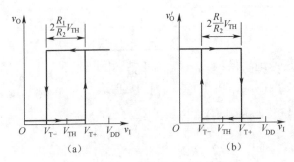

图 9-3 图 9-2 电路的电压传输特性

通过改变 R_1 和 R_2 的比值可以调节 V_{T+}、V_{T-} 和回差电压的大小。但 R_1 必须小于 R_2，否则电路将进入自锁状态，不能正常工作。

例 9.1 在图 9-2（a）电路中，如果要求 $V_{T+} = 4\text{V}$，$\Delta V_T = 2\text{V}$，试求 R_1、R_2 和 V_{DD} 值。

解 由式（9.1）、式（9.2）和式（9.3）得

$$\begin{cases} V_{T+} = \left(1 + \dfrac{R_1}{R_2}\right)V_{TH} = 4(\text{V}) \\[2mm] \Delta V_T = 2\dfrac{R_1}{R_2}V_{TH} = 2(\text{V}) \end{cases}$$

从以上两式解出 $\dfrac{R_1}{R_2} = \dfrac{1}{3}$，$V_{TH} = 3\text{V}$。

因此应取 $V_{DD} = 6\text{V}$，$R_2 = 30\text{k}\Omega$，$R_1 = \dfrac{1}{3}R_2 = 10\text{k}\Omega$。

在使用 TTL 门电路组成施密特触发器时，经常采用图 9-4 所示的电路。因为 R_1 和 R_2 的数值不能取得很大，所以串进二极管 VD，防止 $v_O = V_{OH}$ 的门 G_2 的负载电流过大。在输入电压由高电平降低的过程中二极管将处于截止状态，这时门 G_1 的输入信号将由另一个输入端加入。

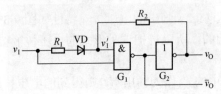

图 9-4 TTL 门电路接成的施密特触发器

由图可知，$v_I = 0$ 时 G_1 截止、G_2 导通，故 $v_O = V_{OL}$。

假定门电路的阈值电压为 V_{TH}，输出的低电平 $V_{OL} = 0$。当 v_I 从 0 上升至 V_{TH} 时，由于 G_1 的另一个输入端的电平 v_I' 仍低于 V_{TH}，所以电路状态并不改变。当 v_I 继续升高，并使 $v_I' = V_{TH}$ 时，G_1 开始导通，而且由于 G_1、G_2 间存在着正反馈，所以电路迅速转换为 G_1 导通、G_2 截止的状态，使 $v_O = V_{OH}$。可见，此时对应的输入电平就是 V_{T+}。如果忽略 $v_I' = V_{TH}$ 时 G_1 的输入电流，则可得到

$$v_I' = V_{TH} = (V_{T+} - V_D)\frac{R_2}{R_1 + R_2}$$

故得
$$V_{T+} = \frac{R_1 + R_2}{R_2} V_{TH} + V_D \tag{9.4}$$

其中 V_D 是二极管 VD 的导通压降。

当 v_I 由高电平逐渐下降时，只要降至 $v_I = v_{TH}$ 以后，电路状态立刻发生转换，由于有正反馈的作用，电路迅速返回 $v_O = V_{OL}$ 的状态。因此 v_I 下降时的转换电平为 $V_{T-} = V_{TH}$。由此便可求出电路的回差电压为

$$\Delta V_T = V_{T+} - V_{T-} = \frac{R_1}{R_2} V_{TH} + V_D \tag{9.5}$$

9.2.2　施密特触发器的应用

1．用于波形变换

利用施密特触发器状态转换过程中的正反馈作用，可以把边沿变化缓慢的周期性信号变换为边沿很陡的矩形脉冲信号。

在图 9-5 的例子中，输入信号是由直流分量和正弦分量叠加而成的，只要输入信号的幅度大于 V_{T+}，即可在施密特触发器的输出端得到同频率的矩形脉冲信号。

2．用于脉冲整形

在数字系统中，矩形脉冲经传输后往往发生波形畸变，图 9-6 中给出了几种常见的情况。

当传输线上电容较大时，波形的上升沿和下降沿将明显变坏，如图 9-6（a）所示。当传输线较长，而且接收端的阻抗与传输线的阻抗不匹配时，在波形的上升沿和下降沿将产生振荡现象，如图 9-6（b）所示。当其他脉冲信号通过导线间的分布电容或公共电源线叠加到矩形脉冲信号上时，信号上将出现附加的噪声，如图 9-6（c）所示。

无论出现上述哪一种情况，都可以通过用施密特触发器整形而获得比较理想的矩形脉冲。由图 9-6 可见，只要施密特触发器的 V_{T+} 和 V_{T-} 设置得合适，均能收

到满意的整形效果。

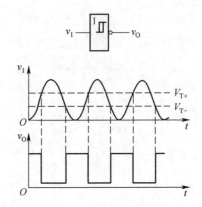

图 9-5　用施密特触发器实现波形变换

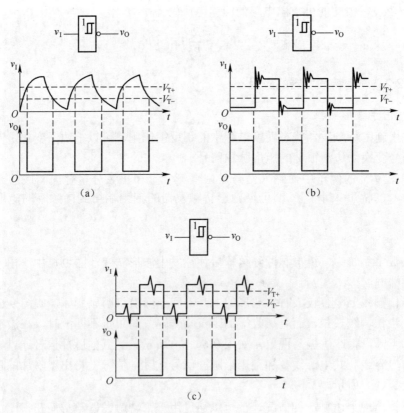

图 9-6　用施密特触发器对脉冲整形

3. 用于脉冲鉴幅

由图 9-7 可见，若将一系列幅度各异的脉冲信号加到施密特触发器的输入端时，只有那些幅度大于 V_{T+} 的脉冲才会在输出端产生输出信号。因此，施密特触发器能将幅度大于 V_{T+} 的脉冲选出，具有脉冲鉴幅的能力。

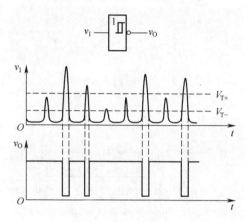

图 9-7　用施密特触发器鉴别脉冲幅度

9.3　单稳态触发器

单稳态触发器的工作特性具有如下的显著特点：

第一，它有稳态和暂稳态两个不同的工作状态；

第二，在外界触发脉冲作用下，能从稳态翻转到暂稳态，在暂稳态维持一段时间以后，再自动返回稳态。

第三，暂稳态维持时间的长短取决于电路本身的参数，与触发脉冲的宽度和幅度无关。

由于具备这些特点，单稳态触发器被广泛应用于脉冲整形、延时（产生滞后于触发脉冲的输出脉冲）以及定时（产生固定时间宽度的脉冲信号）等。

单稳态触发器的暂稳态通常都是靠 RC 电路的充、放电过程来维持的。根据 RC 电路的不同接法（即接成微分电路形式或积分电路形式），又把单稳态触发器分为微分型和积分型两种。

9.3.1　微分型单稳态触发器

图 9-8 是用 CMOS 门电路和 RC 微分电路构成的微分型单稳态触发器。

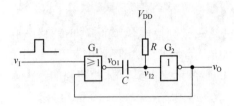

图 9-8 微分型单稳态触发器

对于 CMOS 门电路，可以近似地认为 $V_{OH} \approx V_{DD}$、$V_{OL} \approx 0$，而且通常 $V_{TH} \approx \dfrac{1}{2}V_{DD}$。在稳态下 $v_I = 0$、$v_{I2} = V_{DD}$，故 $v_O = 0$、$v_{O1} = V_{DD}$，电容 C 上没有电压。

当触发脉冲 v_I 加到输入端时，v_I 上升到 V_{TH} 以后，将引发如下的正反馈过程

$$v_I \uparrow \longrightarrow v_{O1} \downarrow \longrightarrow v_{I2} \downarrow \longrightarrow v_O \uparrow$$

使 v_{O1} 迅速跳变为低电平。由于电容上的电压不可能发生突跳，所以 v_{I2} 也同时跳变至低电平，并使 v_O 跳变为高电平，电路进入暂稳态。这时 v_I 回到低电平，v_O 的高电平仍将维持。

与此同时，电容 C 开始充电。随着充电过程的进行 v_{I2} 逐渐升高，当升至 $v_{I2} = V_{TH}$ 时，又引发另外一个正反馈过程

$$v_{I2} \uparrow \longrightarrow v_O \downarrow \longrightarrow v_{O1} \uparrow$$

如果这时触发脉冲已消失（v_I 已回到低电平），则 v_{O1}、v_{I2} 迅速跳变为高电平，并使输出返回 $v_O = 0$ 的状态。同时，电容 C 通过电阻 R 和门 G_2 的输入保护电路向 V_{DD} 放电，直至电容上的电压为 0，电路恢复到稳定状态。

根据以上的分析，即可画出电路中各点的电压波形，如图 9-9 所示。

为了定量地描述单稳态触发器的性能，经常使用输出脉冲宽度 t_w、输出脉冲幅度 V_m、恢复时间 T_{re}、分辨时间 T_d 等几个参数。

由图 9-9 可见，输出脉冲宽度 t_w 等于从电容 C 开始充电到 v_{I2} 上升至 V_{TH} 的这段时间。电容 C 充电的等效电路如图 9-10 所示。图中的 R_{ON} 是或非门 G_1 输出低电平时的输出电

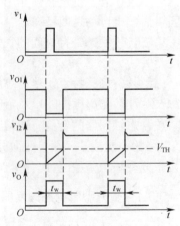

图 9-9 图 9-8 电路的电压波形图

阻。在 $R_{\text{ON}} \ll R$ 的情况下，等效电路可以简化为简单的 RC 串联电路。

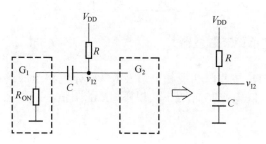

图 9-10　图 9-8 电路中电容 C 充电的等效电路

　　根据对 RC 电路过渡过程的分析可知，在电容充、放电过程中，电容上的电压 v_C 从充、放电开始到变化至某一数值 V_{TH} 所经过的时间可以用下式计算

$$t = RC \ln \frac{v_C(\infty) - v_C(0)}{v_C(\infty) - V_{\text{TH}}} \tag{9.6}$$

其中 $v_C(0)$ 是电容电压的起始值，$v_C(\infty)$ 是电容电压充、放电的终了值。

　　由图 9-9 的波形图可见，图 9-8 电路中电容电压从 0 充至 V_{TH} 的时间即 t_{w}。将 $v_C(0) = 0$、$v_C(\infty) = V_{\text{DD}}$ 代入式（9.6）得

$$t_{\text{w}} = RC \ln \frac{V_{\text{DD}} - 0}{V_{\text{DD}} - V_{\text{TH}}} = RC \ln 2 = 0.7RC \tag{9.7}$$

输出脉冲的幅度为

$$V_{\text{m}} = V_{\text{OH}} - V_{\text{OL}} \approx V_{\text{DD}} \tag{9.8}$$

　　在 v_O 返回低电平以后，还要等到电容 C 放电完毕电路才恢复为起始的稳态。一般认为经过 $3 \sim 5$ 倍于电路时间常数的时间以后，RC 电路已基本达到稳态。图 9-8 电路中电容 C 放电的等效电路如图 9-11 所示。图中的 VD_1 是反相器 G_2 输入保护电路中的二极管。如果 VD_1 的正向导通电阻比 R 和门 G_1 的输出电阻 R_{ON} 小得多，则恢复时间为

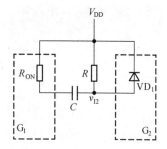

图 9-11　图 9-8 电路中电容 C
放电的等效电路

$$T_{\text{re}} \approx (3 \sim 5) R_{\text{ON}} C \tag{9.9}$$

　　分辨时间 T_{d} 是指在保证电路能正常工作的前提下，允许两个相邻触发脉冲之间的最小时间间隔，故有

$$T_{\text{d}} = t_{\text{w}} + T_{\text{re}} \tag{9.10}$$

微分型单稳态触发器可以用窄脉冲触发。在 v_1 的脉冲宽度大于输出脉冲宽度

的情况下电路仍能工作，但是输出脉冲的下降沿较差。因为在 v_O 返回低电平的过程中 v_I 输入的高电平还存在，所以电路内部不能形成正反馈。

9.3.2　积分型单稳态触发器

图 9-12 是用 TTL 与非门和反相器以及 RC 积分电路组成的积分型单稳态触发器。为了保证 v_{O1} 为低电平时 v_A 在 V_{TH} 以下，R 的阻值不能取得很大。这个电路用正脉冲触发。

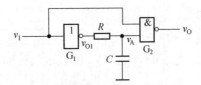

图 9-12　积分型单稳态触发器

稳态下由于 $v_I = 0$ ，所以 $v_O = V_{OH}$ ， $v_A = v_{O1} = V_{OH}$ 。

当输入正脉冲以后，v_{O1} 跳变为低电平。但由于电容 C 上的电压不能突变，所以在一段时间里 v_A 仍在 V_{TH} 以上。因此，在这段时间里 G_2 的两个输入端电压同时高于 V_{TH} ，使 $v_O = V_{OL}$ ，电路进入暂稳态。同时，电容 C 开始放电。

然而这种暂稳态不能长久地维持下去，随着电容 C 的放电 v_A 不断降低，至 $v_A = V_{TH}$ 后， v_O 回到高电平。待 v_I 返回低电平以后， v_{O1} 又重新变成高电平 V_{OH} ，并向电容 C 充电。经过恢复时间 T_{re} （从 v_I 回到低电平时的时刻算起）以后， v_A 恢复为高电平，电路达到稳态。电路中各点电压的波形如图 9-13 所示。

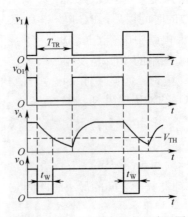

图 9-13　图 9-12 电路的电压波形图

由图可知，输出脉冲的宽度等于从电容 C 开始放电的一刻到 v_A 下降至 V_{TH} 的时间。为了计算 t_w，需要画出电容 C 放电的等效电路，如图 9-14（a）所示。鉴于 v_A 高于 V_{TH} 期间 G_2 的输入电流非常小，可以忽略不计，因而电容 C 放电的等效电路可以简化为（$R+R_O$）与 C 串联。这里 R_O 是 G_1 输出为低电平时的输出电阻。

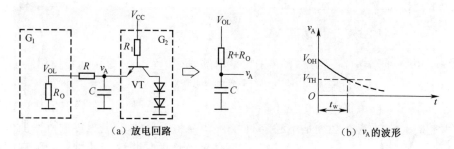

图 9-14　图 9-12 电路中电容 C 的放电回路和 v_A 的波形

将图 9-14（b）曲线给出的 $v_C(0)=V_{OH}$、$v_C(\infty)=V_{OL}$ 代入式（9.6）即可得到

$$t_w = (R+R_O)C\ln\frac{V_{OL}-V_{OH}}{V_{OL}-V_{TH}} \tag{9.11}$$

输出脉冲的幅度为

$$V_m = V_{OH}-V_{OL} \tag{9.12}$$

恢复时间等于 v_{O1} 跳变为高电平后电容 C 充电至 V_{OH} 所经过的时间。若取充电时间常数的 3～5 倍时间为恢复时间，则得

$$T_{re} \approx (3\sim5)(R+R_O')C \tag{9.13}$$

其中 R_O' 是 G_1 输出高电平时的输出电阻。这里为简化计算而没有计入 G_2 输入电路对电容充电过程的影响，所以算出的恢复时间是偏于安全的。

这个电路的分辨时间应为触发脉冲的宽度 T_{TR} 和恢复时间之和，即

$$T_d = T_{TR}+T_{re} \tag{9.14}$$

与微分型单稳态触发器相比，积分型单稳态触发器具有抗干扰能力较强的优点。因为数字电路中的噪声多为尖峰脉冲的形式（即幅度较大而宽度极窄的脉冲），而积分型单稳态触发器在这种噪声作用下不会输出足够宽度的脉冲。

积分型单稳态触发器的缺点是输出波形的边沿比较差，这是由于电路的状态转换过程中没有正反馈作用的缘故。此外，这种积分型单稳态触发器必须在触发脉冲的宽度大于输出脉冲宽度时方能正常工作。

9.4 多谐振荡器

多谐振荡器是一种自激振荡器，在接通电源以后，不需要外加触发信号，便能自动地产生矩形脉冲。由于矩形波中含有丰富的高次谐波分量，所以习惯上又把矩形波振荡器叫做多谐振荡器。

9.4.1 对称式多谐振荡器

图 9-15 所示电路是对称式多谐振荡器的典型电路，它是由两个反相器 G_1、G_2 经耦合电容 C_1、C_2 连接起来的正反馈振荡回路。

为了产生自激振荡，电路不能有稳定状态。也就是说，在静态下（电路没有振荡时）它的状态必须是不稳定的。由图 9-16 反相器的电压传输特性上可以看出，如果能设法使 G_1、G_2 工作在电压传输特性的转折区或线性区，则它们将工作在放大状态，即电压放大倍数 $A_v = \dfrac{|\Delta v_O|}{\Delta v_I} > 1$。这时只要 G_1 或 G_2 的输入电压有极微小的扰动，就会被正反馈回路放大而引起振荡，因此图 9-15 电路的静态将是不稳定的。

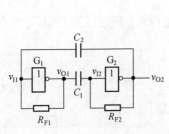

图 9-15 对称式多谐振荡器电路

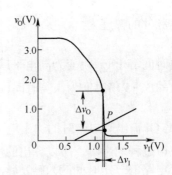

图 9-16 TTL 反相器（7404）的电压传输特性

为了使反相器静态时工作在放大状态，必须给它们设置适当的偏置电压，它的数值应介于高、低电平之间。这个偏置电压可以通过在反相器的输入端与输出端之间接入反馈电阻 R_F 来得到。

由图 9-17 可知，如果忽略门电路的输出电阻，则利用叠加定理可求出输入电压为

$$v_I = \frac{R_{F1}}{R_1 + R_{F1}}(V_{CC} - V_{BE}) + \frac{R_1}{R_1 + R_{F1}}v_O \tag{9.15}$$

这就是从外电路求得的 v_O 与 v_I 的关系。该式表明，v_O 与 v_I 之间是线性关系，其斜率为

$$\frac{\Delta v_O}{\Delta v_I} = \frac{R_1 + R_{F1}}{R_1}$$

而且 $v_O = 0$ 时与横轴相交在

$$v_I = \frac{R_{F1}}{R_1 + R_{F1}}(V_{CC} - V_{BE})$$

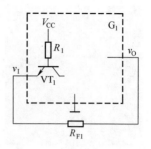

图 9-17　计算 TTL 反相器静态工作点的等效电路

的地方。这条直线与电压传输特性的交点就是反相器的静态工作点。只要恰当地选取 R_{F1} 值，定能使静态工作点 P 位于电压传输特性的转折区，如图 9-16 所示。计算结果表明，对于 74 系列的门电路而言，R_{F1} 的阻值应取在 $0.5 \sim 1.9\,\text{k}\Omega$ 之间。

下面具体分析一下图 9-15 电路接通电源后的工作情况。

假定由于某种原因（例如电源波动或外界干扰）使 v_{I1} 有微小的正跳变，则必然会引起如下的正反馈过程

$$v_{I1}\uparrow \longrightarrow v_{O1}\downarrow \longrightarrow v_{I2}\downarrow \longrightarrow v_{O2}\uparrow$$

使 v_{O1} 迅速跳变为低电平、v_{O2} 迅速跳变为高电平，电路进入第一个暂稳态。同时电容 C_1 开始充电而 C_2 开始放电。图 9-18 中画出了 C_1 充电和 C_2 放电的等效电路。图 9-18（a）中的 R_{E1} 和 V_{E1} 是根据戴维南定理求得的等效电阻和等效电压源，它们分别为

$$R_{E1} = \frac{R_1 R_{F2}}{R_1 + R_{F2}} \tag{9.16}$$

$$V_{E1} = V_{OH} + \frac{R_{F2}}{R_1 + R_{F2}}(V_{CC} - V_{OH} - V_{BE}) \tag{9.17}$$

因为 C_1 同时经 R_1 和 R_{F2} 两条支路充电，所以充电速度较快，v_{I2} 首先上升到 G_2 的阈值电压 V_{TH}，并引起如下的正反馈过程

$$v_{I2}\uparrow \longrightarrow v_{O2}\downarrow \longrightarrow v_{I1}\downarrow \longrightarrow v_{O1}\uparrow$$

从而使 v_{O2} 迅速跳变至低电平而 v_{O1} 迅速跳变至高电平，电路进入第二个暂稳态。同时，C_2 开始充电而 C_1 开始放电。由于电路的对称性，这一过程和上面所述 C_1 充电、C_2 放电的过程完全对应，当 v_{I1} 上升到 V_{TH} 时电路又将迅速地返回 v_{O1} 为低电平而 v_{O2} 为高电平的第一个暂稳态。

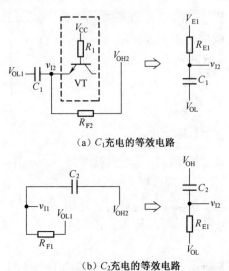

（a）C_1充电的等效电路

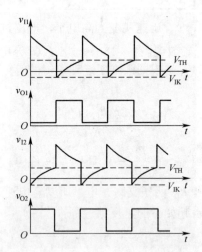

（b）C_2充电的等效电路

图 9-18　图 9-15 电路中电容的充、放电等效电路

因此，电路便不停地在两个暂稳态之间往复振荡，在输出端产生矩形输出脉冲。电路中各点电压的波形如图 9-19 所示。

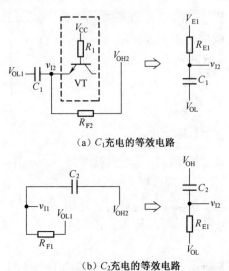

图 9-19　图 9-15 电路中各点电压的波形

从上面的分析可以看到，第一个暂稳态的持续时间 T_1 等于 v_{I2} 从 C_1 开始充电到上升至 V_{TH} 的时间。由于电路的对称性，总的振荡周期必然等于 T_1 的两倍。只要找出 C_1 充电的起始值、终了值和转换值，就可以代入式（9.6）求出 T_1 值了。

考虑到 TTL 门电路输入端反向钳位二极管的影响，在 v_{I2} 产生负跳变时只能下跳至输入端负的钳位电压 V_{IK}，所以 C_1 充电的起始值为 $v_{I2}(0) = V_{IK}$。假定 $V_{OL} \approx 0$，则 C_1 上的电压 v_{C1} 也就是 v_{I2}。于是得到 $v_{C1}(0) = V_{IK}$，$v_{C1}(\infty) = V_{E1}$，转换电压即 V_{TH}，故得到

$$T_1 = R_{E1} C_1 \ln \frac{V_{E1} - V_{IK}}{V_{E1} - V_{TH}} \tag{9.18}$$

在 $R_{F1} = R_{F2} = R_F$、$C_1 = C_2 = C$ 的条件下，图 9-15 电路的振荡周期为

$$T = 2T_1 = 2R_E C \ln \frac{V_E - V_{IK}}{V_E - V_{TH}} \tag{9.19}$$

式中的 R_E 和 V_E 由式（9.16）和式（9.17）给出。

如果 G_1、G_2 为 74LS 系列反相器，取 $V_{OH} = 3.4V$、$V_{IK} = -1V$、$V_{TH} = 1.1V$，在 $R_F \ll R_1$ 的情况下式（9.19）可近似地简化为

$$T \approx 2R_F C \ln \frac{V_{OH} - V_{IK}}{V_{OH} - V_{TH}} \approx 1.3 R_F C \tag{9.20}$$

以供近似估算振荡周期时使用。

例 9.2 在图 9-15 所示的对称式多谐振荡器电路中，已知 $R_{F1} = R_{F2} = 1k\Omega$，$C_1 = C_2 = 0.1\mu F$。$G_1$ 和 G_2 为 74LS04 中的两个反相器，它们的 $V_{OH} = 3.4V$，$V_{IK} = -1V$，$V_{TH} = 1.1V$，$R_1 = 20k\Omega$。取 $V_{CC} = 5V$。试计算电路的振荡频率。

解 由式（9.16）和式（9.17）求出 R_E、V_E 值分别为

$$R_E = \frac{R_1 R_F}{R_1 + R_F} = 0.95(k\Omega)$$

$$V_E = V_{OH} + \frac{R_F}{R_1 + R_F}(V_{CC} - V_{OH} - V_{BE}) = 3.44(V)$$

将 $R_E = 0.95k\Omega$、$V_E = 3.44V$、$C = 0.1\mu F$、$V_{IK} = -1V$、$V_{TH} = 1.1V$ 代入式（9.19）得

$$T = 2R_E C \ln \frac{V_E - V_{IK}}{V_E - V_{TH}}$$

$$= 2 \times 0.95 \times 10^{-4} \ln \frac{3.44 + 1}{3.44 - 1.1}$$

$$= 1.22 \times 10^{-4}(s)$$

故振荡频率为

$$f = \frac{1}{T} = 8.2 \text{kHz}$$

9.4.2　石英晶体多谐振荡器

在许多应用场合下都对多谐振荡器的振荡频率稳定性有严格的要求。例如在将多谐振荡器作为数字钟的脉冲源使用时，它的频率稳定性直接影响着计时的准确性。在这种情况下，前面所介绍的 RC 多谐振荡器电路难以满足要求。因为 RC 多谐振荡器中振荡频率主要取决于门电路输入电压在充、放电过程中达到转换电平所需要的时间，所以频率稳定性不可能很高。

不难看到：

第一，RC 振荡器中门电路的转换电平 V_{TH} 本身就不够稳定，容易受电源电压和温度变化的影响；

第二，这些电路的工作方式容易受干扰，造成电路状态转换时间的提前或滞后；

第三，在电路状态临近转换时电容的充、放电已经比较缓慢，在这种情况下转换电平微小的变化或轻微的干扰都会严重影响振荡周期。

因此，在对频率稳定性有较高要求时，必须采取稳频措施。

目前普遍采用的一种稳频方法是在多谐振荡器电路中接入石英晶体，组成石英晶体多谐振荡器。图 9-20 给出了石英晶体的符号和电抗的频率特性。把石英晶体与对称式多谐振荡器中的耦合电容串联起来，就组成了如图 9-21 所示的石英晶体多谐振荡器。

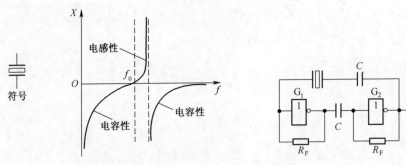

图 9-20　石英晶体的电抗频率特性和符号　　　图 9-21　石英晶体多谐振荡器

由石英晶体的电抗频率特性可知，当外加电压的频率为 f_0 时它的阻抗最小，所以把它接入多谐振荡器的正反馈环路中以后，频率为 f_0 的电压信号最容易通过它，并在电路中形成正反馈，而其他频率信号经过石英晶体被衰减。因此，振荡器的工作频率也必然是 f_0。

由此可见，石英晶体多谐振荡器的振荡频率取决于石英晶体的固有谐振频率

f_0，而与外接电阻，电容无关。石英晶体的谐振频率由石英晶体的结晶方向和外形尺寸所决定，具有极高的频率稳定性。它的频率稳定度 $\Delta f_0 / f_0$ 可达 $10^{-10} \sim 10^{-11}$，足以满足大多数数字系统对频率稳定度的要求。具有各种谐振频率的石英晶体已被制成标准化和系列化的产品出售。

在图 9-21 电路中，若取 TTL 电路 7404 用作 G_1 和 G_2 两个反相器，$R_F = 1\text{k}\Omega$，$C = 0.05\mu\text{F}$，则其工作频率可达几十兆赫。

9.5　555 定时器及其应用

9.5.1　555 定时器的电路结构与功能

555 定时器是一种多用途的数字－模拟混合集成电路，利用它能极方便地构成施密特触发器、单稳态触发器和多谐振荡器。由于使用灵活、方便，所以 555 定时器在波形的产生与变换、测量与控制、家用电器、电子玩具等许多领域中都得到了应用。

正因为如此，自从 Signetics 公司于 1972 年推出这种产品以后，国际上各主要的电子器件公司也都相继地生产了各自的 555 定时器产品。尽管产品型号繁多，但所有双极型产品型号最后的 3 位数码都是 555，所有 CMOS 产品型号最后的 4 位数码都是 7555。而且，它们的功能和外部引脚的排列完全相同，如图 9-22 所示。为了提高集成度，随后又生产了双定时器产品 556（双极型）和 7556（CMOS 型）。

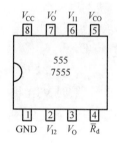

图 9-22　CB555，5G555，CG555
的管脚图

图 9-23 是国产双极型定时器 CB555 的电路结构图；它由比较器 C_1 和 C_2、基本 RS 触发器和集电极开路的放电三极管 VT_D 三部分组成。

v_{I1} 是比较器 C_1 的输入端（也称阈值端，用 TH 标注），v_{I2} 是比较器 C_2 的输入端（也称触发端，用 $\overline{TR}$ 标注）。C_1 和 C_2 的参考电压（电压比较的基准）V_{R1} 和 V_{R2} 由 V_{CC} 经 3 个 5kΩ 电阻分压给出。在控制电压输入端 V_{CO} 悬空时，$V_{R1} = \dfrac{2}{3}V_{CC}$，$V_{R2} = \dfrac{1}{3}V_{CC}$。如果 V_{CO} 外接固定电压，则 $V_{R1} = V_{CO}$，$V_{R2} = \dfrac{1}{2}V_{CO}$。

$\overline{R}_D$ 是置零输入端。只要 $\overline{R}_D$ 端加上低电平，输出端 v_O 便立即被置成低电平，不受其他输入端状态的影响。正常工作时必须使 $\overline{R}_{\mathrm{D}}$ 处于高电平。图中的数码 1~8 为器件引脚的编号。

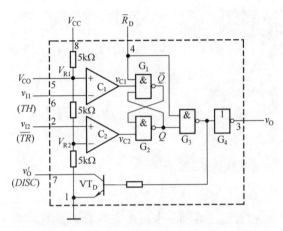

图 9-23 CB555 的电路结构图

由图可知，当 $v_{\mathrm{I1}} > V_{\mathrm{R1}}$、$v_{\mathrm{I2}} > V_{\mathrm{R2}}$ 时，比较器 C_1 的输出 $v_{\mathrm{C1}} = 0$、比较器的输出 $v_{\mathrm{C2}} = 1$，基本 RS 触发器被清 0，VT_{D} 导通，同时 v_{O} 为低电平。

当 $v_{\mathrm{I1}} < V_{\mathrm{R1}}$、$v_{\mathrm{I2}} > V_{\mathrm{R2}}$ 时，$v_{\mathrm{C1}} = 1$、$v_{\mathrm{C2}} = 1$，触发器的状态保持不变，因而 VT_{D} 和输出的状态也维持不变。

当 $v_{\mathrm{I1}} < V_{\mathrm{R1}}$、$v_{\mathrm{I2}} < V_{\mathrm{R2}}$ 时，$v_{\mathrm{C1}} = 1$、$v_{\mathrm{C2}} = 0$，故触发器被置 1，v_{O} 为高电平，同时 VT_{D} 截止。

当 $v_{\mathrm{I1}} > V_{\mathrm{R1}}$、$v_{\mathrm{I2}} < V_{\mathrm{R2}}$ 时，$v_{\mathrm{C1}} = 0$、$v_{\mathrm{C2}} = 0$，触发器处于 $Q = \overline{Q} = 1$ 的状态，v_{O} 处于高电平，同时 VT_{D} 截止。

这样就得到了表 9-1 所示的 CB555 的功能表。

表 9-1 CB555 的功能表

输入			输出		功能说明
$\overline{R}_{\mathrm{D}}$	v_{I1}	v_{I2}	v_{O}	VT_{D} 状态	
0	×	×	低	导通	直接清零
1	$> V_{\mathrm{R1}}$	$> V_{\mathrm{R2}}$	低	导通	全大置零
1	$< V_{\mathrm{R1}}$	$> V_{\mathrm{R2}}$	不变	不变	中间保持
1	×	$< V_{\mathrm{R2}}$	高	截止	全小置 1

为了提高电路的带负载能力，还在输出端设置了缓冲器 G_4。如果将 v'_{O} 端经过

电阻接到电源上，那么只要这个电阻的阻值足够大，v_O 为高电平时 v'_O 也一定为高电平，v_O 为低电平时 v'_O 也一定为低电平。555 定时器能在很宽的电源电压范围内工作，并可承受较大的负载电流。双极型 555 定时器的电源电压范围为 5～16V，最大的负载电流达 200mA。CMOS 型 7555 定时器的电源电压范围为 3～18V，但最大负载电流在 4mA 以下。

可以设想，如果使 v_{C1} 和 v_{C2} 的低电平信号发生在输入电压信号的不同电平，那么输出与输入之间的关系将为施密特触发特性；如果在 v_{I2} 加入一个低电平触发信号以后，经过一定的时间能在 v_{C1} 输入端自动产生一个低电平信号，就可以得到单稳态触发器；如果能使 v_{C1} 和 v_{C2} 的低电平信号交替在反复出现，就可以得到多谐振荡器。下面将具体说明如何实现以上这些设想。

9.5.2 555 定时器构成的施密特触发器

将 555 定时器的 v_{I1} 和 v_{I2} 两个输入端连在一起作为信号输入端，如图 9-24 所示，即可得到施密特触发器。

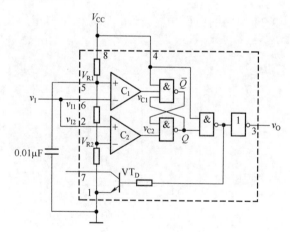

图 9-24 用 555 定时器接成的施密特触发器

由于比较器 C_1 和 C_2 的参考电压不同，因而基本 RS 触发器的置 0 信号（$v_{C1} = 0$）和置 1 信号（$v_{C2} = 0$）必然发生在输入信号 v_I 的不同电平。因此，输出电压 v_O 的高电平变为低电平和由低电平变为高电平所对应的 v_I 值也不相同，这样就形成了施密特触发特性。

为提高比较器参考电压 V_{R1} 和 V_{R2} 的稳定性，通常在 V_{CO} 端接有 0.01μF 左右的滤波电容。

首先来分析 v_I 从 0 逐渐升高的过程：

当 $v_I < \dfrac{1}{3}V_{CC}$ 时，全小置 1，故 $v_O = V_{OH}$ ；

当 $\dfrac{1}{3}V_{CC} < v_I < \dfrac{2}{3}V_{CC}$ 时，中间保持，故 $v_O = V_{OH}$ 保持不变；

当 $v_I > \dfrac{2}{3}V_{CC}$ 以后，全大置零，故 $v_O = V_{OL}$ 。因此，$V_{T+} = \dfrac{2}{3}V_{CC}$ 。

其次，再看 v_I 从 V_{CC} 开始下降的过程：

当 $v_I > \dfrac{2}{3}V_{CC}$ 时，全大置零，故 $v_O = V_{OL}$ ；

当 $\dfrac{1}{3}V_{CC} < v_I < \dfrac{2}{3}V_{CC}$ 时，中间保持，故 $v_O = V_{OL}$ 不变；

当 $v_I < \dfrac{1}{3}V_{CC}$ 以后，全小置 1，故 $v_O = V_{OH}$ 。因此，$V_{T-} = \dfrac{1}{3}V_{CC}$ 。

由此得到电路的回差电压为

$$\Delta V_T = V_{T+} - V_{T-} = \frac{1}{3}V_{CC}$$

图 9-25 是图 9-24 电路的电压传输特性，它是一个典型的反相输出施密特触发特性。

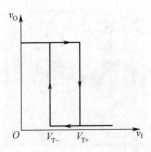

图 9-25　图 9-24 电路的电压传输特性

如果参考电压由外接的电压 V_{CO} 供给，则不难看出这时 $V_{T+} = V_{CO}$ ，$V_{T-} = \dfrac{1}{2}V_{CO}$ ，$\Delta V_T = \dfrac{1}{2}V_{CO}$ 。通过改变 V_{CO} 值可以调节回差电压的大小。

9.5.3　555 定时器构成的单稳态触发器

若以 555 定时器的 v_{I2} 端作为触发信号的输入端，并将由 VT_D 和 R 组成的反相器输出电压 v_O' 接至 v_{I1} 端，同时在 v_{I1} 对地接入电容 C，就构成了如图 9-26 所示的单稳态触发器。

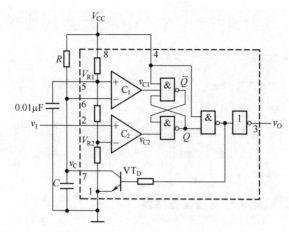

图 9-26 用 555 定时器接成的单稳态触发器

如果没有触发信号时 v_I 处于高电平，那么稳态时这个电路一定处于 $v_{C1} = v_{C2} = 1$、$Q = 0$，$v_O = 0$ 的状态。假定接通电源后触发器停在 $Q = 0$ 的状态，则 VT_D 导通 $v_C \approx 0$。故 $v_{C1} = v_{C2} = 1$，$Q = 0$ 及 $v_O = 0$ 的状态将稳定地维持不变。

如果接通电源后触发器停在 $Q = 1$ 的状态了，这时 VT_D 一定截止，V_{CC} 便经 R 向 C 充电。当充到 $v_C = \frac{2}{3} V_{CC}$ 时，v_{C1} 变为 0，于是将触发器清 0。同时，VT_D 导通，电容 C 经 VT_D 迅速放电，使 $v_C \approx 0$。此后由于 $v_{C1} = v_{C2} = 1$，触发器保持 0 状态不变，输出也相应地稳定在 $v_O = 0$ 的状态。

因此，通电后电路便自动地停在 $v_O = 0$ 的稳态。

当触发脉冲的下降沿到达，使 v_{I2} 跳变到 $\frac{1}{3} V_{CC}$ 以下时，电容两端电压不能突变，$v_{I1} = 0$，所以全小置 1，v_O 跳变为高电平，电路进入暂稳态。与此同时 T_D 截止，V_{CC} 经过 R 开始向电容 C 充电。

当充至 $v_C = \frac{2}{3} V_{CC}$ 时，如果此时输入端的触发脉冲已消失，v_I 回到了高电平，则全大置 0，于是输出返回 $v_O = 0$ 的状态。同时 VT_D 又变为导通状态，电容 C 经 VT_D 迅速放电，直到 $v_C \approx 0$，电路恢复到稳态。图 9-27 画出了在触发信号作用下的 v_C 和 v_O 相应的波形。

输出脉冲的宽度 t_w 等于暂稳态的持续时间，而暂稳态的持续时间取决于外接电阻 R

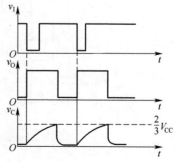

图 9-27 图 9-26 电路的电压波形图

和电容 C 的大小。由图 9-27 可知，t_w 等于电容电压在充电过程中从 0 上升到 $\frac{2}{3}V_{CC}$ 所需要的时间，因此得到

$$t_w = RC \ln \frac{V_{CC} - 0}{V_{CC} - \frac{2}{3}V_{CC}} = RC \ln 3 = 1.1RC \qquad (9.21)$$

通常 R 的取值在几百欧姆到几兆欧姆之间，电容的取值范围为几百皮法到几百微法，t_w 的范围为几微秒到几分钟。但必须注意，随着 t_w 的宽度增加，它的精度和稳定度也将下降。

9.5.4　555 定时器构成的多谐振荡器

用 555 定时器能很方便地接成施密特触发器，那么只要把施密特触发器的反相输出端经 RC 积分电路接回到它的输入端，就构成了多谐振荡器。因此，只要将 555 定时器的 v_{I1} 和 v_{I2} 连在一起接成施密特触发器，然后再将 v_O 经 RC 积分电路接回输入端就可以了。

为了减轻门 G_4 的负载，在电容 C 的容量较大时不宜直接由 G_4 提供电容的充、放电电流。为此，在图 9-28 电路中将 VT_D 与 R_1 接成了一个反相器，它的输出 v_O' 与 v_O 在高、低电平状态上完全相同。将 v_O' 经 R_2 和 C 组成的积分电路接到施密特触发器的输入端同样也能构成多谐振荡器。

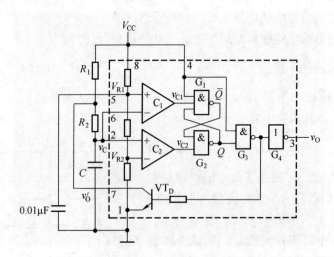

图 9-28　用 555 定时器接成的多谐振荡器

当接通电源时，电容 C 的电压 V_C 为 0，555 定时器输出电压 V_O 为高电平，

三极管 VT_D 截止，V_{CC} 经 R_1 和 R_2 对电容 C 进行充电，当 V_C 上升到略高于 $\frac{2}{3}V_{CC}$ 时，555 定时器输出电压 V_O 跳变为低电平，三极管 VT_D 导通，电容 C 经 R_2 和 VT_D 放电，V_C 下降，当 V_C 下降到略低于 $\frac{1}{3}V_{CC}$ 时，555 定时器输出电压 V_O 跳变为高电平，三极管 VT_D 截止，V_{CC} 经 R_1 和 R_2 又对电容 C 进行充电，如此重复上述过程，555 定时器输出电压 V_O 为连续的矩形波。V_C 和 V_O 的波形如图 9-29 所示。

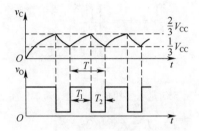

图 9-29　图 9-28 电路的电压波形图

由图 9-29 中 v_C 的波形求得电容 C 的充电时间 T_1 和放电时间 T_2 各为

$$T_1 = (R_1 + R_2)C \ln \frac{V_{CC} - V_{T-}}{V_{CC} - V_{T+}} = (R_1 + R_2)C \ln 2 \tag{9.22}$$

$$T_2 = R_2 C \ln \frac{0 - V_{T+}}{0 - V_{T-}} = R_2 C \ln 2 \tag{9.23}$$

故电路的振荡周期为

$$T = T_1 + T_2 = (R_1 + 2R_2)C \ln 2 \tag{9.24}$$

振荡频率为

$$f = \frac{1}{T} = \frac{1}{(R_1 + 2R_2)C \ln 2} \tag{9.25}$$

通过改变 R 和 C 的参数即可改变振荡频率。用 CB555 组成的多谐振荡器最高振荡频率达 500kHz，用 CB7555 组成的多谐振荡器最高振荡频率可达 1MHz。

由式（9.23）和式（9.24）求出输出脉冲的占空比为

$$q = \frac{T_1}{T} = \frac{R_1 + R_2}{R_1 + 2R_2} \tag{9.26}$$

上式说明，图 9-28 电路输出脉冲的占空比始终大于 50%。为了得到小于或等于 50% 的占空比，可以采用如图 9-30 所示的改进电路。由于接入了二极管 VD_1 和 VD_2，电容的充电电流和放电电流流经不同的路径，充电电流只流经 R_1，放电电流只流经 R_2，因此电容 C 的充电时间变为

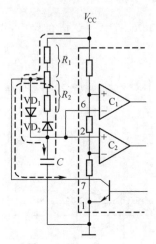

图 9-30　用 555 定时器组成的占空比可调的多谐振荡器

$$T_1 = R_1 C \ln 2$$

而放电时间为

$$T_2 = R_2 C \ln 2$$

故得输出脉冲的占空比为

$$q = \frac{R_1}{R_1 + R_2} \tag{9.27}$$

若取 $R_1 = R_2$，则 $q = 50\%$。

图 9-30 电路的振荡周期也相应地变成

$$T = T_1 + T_2 = (R_1 + R_2)C \ln 2 \tag{9.28}$$

例 9.3　试用 CB555 定时器设计一个多谐振荡器，要求振荡周期为 1s，输出脉冲幅度大于 3V 而小于 5V，输出脉冲的占空比 $q = \dfrac{2}{3}$。

解　由 CB555 的特性参数可知，当电源电压取为 5V 时，在 100mA 的输出电流下输出电压的典型值为 3.3V，所以取 $V_{CC} = 5V$ 可以满足对输出脉冲幅度的要求。若采用图 9-28 的电路，则据式（9.26）可知

$$q = \frac{R_1 + R_2}{R_1 + 2R_2} = \frac{2}{3}$$

故得到 $R_1 = R_2$。

又由式（9.24）知

$$T = (R_1 + 2R_2)C \ln 2 = 1$$

若取 $C = 10\mu F$，则代入上式得

$$3R_1 C \ln 2 = 1$$

$$R_1 = \frac{1}{3C \ln 2}(\Omega) = \frac{1}{3 \times 10^{-5} \times 0.69}\Omega = 48(\text{k}\Omega)$$

因为 $R_1=R_2$，所以取两只 47 kΩ 的电阻与一个 2 kΩ 的电位器串联，即得到图 9-31 所示的设计结果。

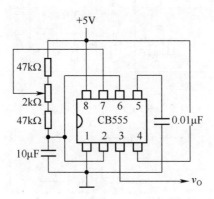

图 9-31　例 9.3 设计的多谐振荡器

9.6　辅修内容

9.6.1　集成施密特触发器

由于施密特触发器的应用非常广泛，所以无论是在 TTL 电路中还是在 CMOS 电路中，都有单片集成的施密特触发器产品。

图 9-32 是 TTL 电路集成施密特触发器 7413 的电路图。因为在电路的输入部分附加了与逻辑功能，同时在输出端附加了反相器，所以也把这个电路叫做施密特触发的与非门。在集成电路手册中把它归入与非门一类中。

这个电路包含二极管与门、施密特电路、电平偏移电路和输出电路 4 个部分。其中的核心部分是 VT_1、VT_2、R_2、R_3 和 R_4 组成的施密特电路。

施密特电路是通过公共发射极电阻耦合的两极正反馈放大器。假定三极管发射结的导通压降和二极管的正向导通压降均为 0.7V，那么当输入端的电压使得

$$v_I' - v_E = v_{BE1} < 0.7\text{V}$$

则 VT_1 将截止而 VT_2 饱和导通。若 v_I' 逐渐升高并使 $v_{BE1} > 0.7\text{V}$ 时，VT_1 进入导通状态，并有如下的正反馈过程发生

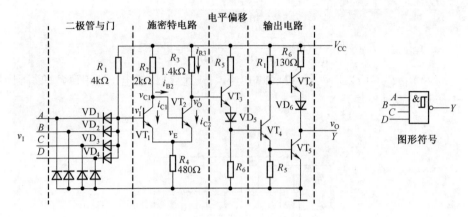

图 9-32　带与非功能的 TTL 集成施密特触发器

$$v'_I \uparrow \longrightarrow i_{C1} \uparrow \longrightarrow v_{C1} \downarrow \longrightarrow i_{C2} \downarrow$$
$$\uparrow \qquad\qquad\qquad \downarrow$$
$$v_{BE1} \uparrow \longleftarrow v_E \downarrow$$

从而使电路迅速转为 VT_1 饱和导通、VT_2 截止的状态。

若 v'_I 从高电平逐渐下降，并且降到 v_{BE1} 只有 0.7V 左右时，i_{C1} 开始减少，于是又引发了另一个正反馈过程。

$$v'_I \downarrow \longrightarrow i_{C1} \downarrow \longrightarrow v_{C1} \uparrow \longrightarrow i_{C2} \uparrow$$
$$\uparrow \qquad\qquad\qquad \downarrow$$
$$v_{BE1} \downarrow \longleftarrow v_E \uparrow$$

使电路迅速返回 VT_1 截止、VT_2 饱和导通的状态。

可见，无论 VT_2 由导通变为截止还是由截止变为导通，都伴随有正反馈过程发生，使输出端电压 v'_O 的上升沿和下降沿都很陡。

同时，由于 $R_2 > R_3$，所以 VT_1 饱和导通时的 v_E 值必然低于 VT_2 饱和导通时的 v_E 值。因此，VT_1 由截止变为导通时的输入电压 V'_{T+} 高于 VT_1 由导通变为截止时的输入电压 V'_{T-}，这样就得到了施密特触发特性。若以 V_{T+} 和 V_{T-} 分别表示与 V'_{T+} 和 V'_{T-} 相对应的输入端电压，则 V_{T+} 同样也一定高于 V_{T-}。

由图 9-32 可以写出 VT_1 截止、VT_2 饱和导通时电路的方程为

$$\begin{cases} R_2 i_{B2} + V_{BE(sat)2} + R_2(i_{B2} + i_{C2}) = V_{CC} \\ R_3 i_{R3} + V_{CE(sat)2} + R_4(i_{B2} + i_{C2}) = V_{CC} \end{cases} \qquad (9.29)$$

其中 $V_{BE(sat)2}$、$V_{CE(sat)2}$ 分别表示 VT_2 饱和导通时 b-e 间和 c-e 间的压降。假定 $i_{R3} \approx i_{C2}$，则可从式（9.29）求出

$$i_{C2} = \frac{R_4(V_{CC} - V_{BE(sat)2}) - (R_2 + R_2)(V_{CC} - V_{CE(sat)2})}{R_4^2 - (R_2 + R_4)(R_3 + R_4)} \tag{9.30}$$

$$i_{B2} = \frac{R_4(V_{CC} - V_{CE(sat)2}) - (R_2 + R_2)(V_{CC} - V_{BE(sat)2})}{R_4^2 - (R_2 + R_4)(R_3 + R_4)} \tag{9.31}$$

将图 9-32 中给定的参数代入式（9.30）和式（9.31），并取 $V_{BE(sat)2} = 0.8V$，$V_{CE(sat)2} = 0.2V$，于是得

$$i_{C2} \approx 2.2\text{mA}$$

$$i_{B2} \approx 1.3\text{mA}$$

$$v_{E2} = R_4(i_{B2} + i_{C2}) \approx 1.7\text{V}$$

$$V'_{T+} = v_{E2} + 0.7\text{V} \approx 2.4\text{V}$$

另一方面，当 v'_I 从高电平下降至仅比 R_4 上的压降高 0.7V 以后，VT$_1$ 开始脱离饱和，v_{CE1} 开始上升。至 v_{CE1} 大于 0.7V 以后，VT$_2$ 开始导通并引起正反馈过程，因此转换时 R_4 上的压降为

$$v_{E1} = (V_{CC} - v_{CE1})\frac{R_4}{R_2 + R_4} \tag{9.32}$$

将 $v_{CE1} = 0.7V$、$R_2 = 2\text{k}\Omega$、$R_4 = 0.48\text{k}\Omega$ 代入上式计算后得

$$v_{E1} \approx 0.8\text{V}$$

$$V'_{T-} = v_{E1} + 0.7\text{V} \approx 1.5\text{V}$$

因为整个电路的输入电压 v_I 等于 v'_I 减去输入端二极管的压降 V_D，故得

$$V_{T+} = V'_{T+} - V_D \approx 1.7(\text{V})$$

$$V_{T-} = V'_{T-} - V_D \approx 0.8(\text{V})$$

$$\Delta V_T = V_{T+} - V_{T-} \approx 0.9(\text{V})$$

为了降低输出电阻以提高电路的驱动能力，在整个电路的输出部分设置了倒相级和推拉式输出级电路。

由于 VT$_2$ 导通时施密特电路输出的低电平较高（约为 1.9V），若直接将 v'_O 与 VT$_4$ 的基极相连，将无法使 VT$_4$ 截止，所以必须在 v'_O 与 VT$_4$ 的基极之间串进电平偏移电路。这样就使得 $v'_O \approx 1.9V$ 时电平偏移电路的输出仅为 0.5V 左右，保证 VT$_4$ 能可靠地截止。

图 9-33 为集成施密特触发器 7413 的电压传输特性。对每个具体的器件而言，它的 V_{T+}、V_{T-} 都是固定的，不能调节。

图 9-34 是 CMOS 集成施密特触发器 CC40106 的电路图。电路的核心部分是由 VT$_1$～VT$_6$ 组成的施密特触发电路。如果没有 VT$_3$ 和 VT$_6$ 存在，那么 VT$_1$、VT$_2$、VT$_4$ 和 VT$_5$ 仅仅是一个反相器，无论输入信号 v_I 从高电平降低时还从低电平升高

时转换电平均在 $v_I = \frac{1}{2}V_{DD}$ 附近。

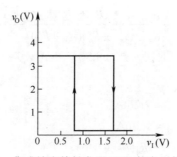

图 9-33 集成施密特触发器 7413 的电压传输特性

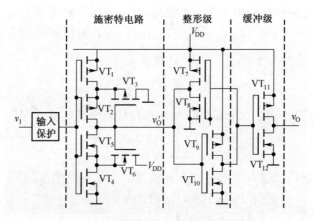

图 9-34 CMOS 集成施密特触发器 CC40106

接入 VT_3 和 VT_6 以后的情况就不同了。设 P 沟道 MOS 管的开启电压为 $V_{GS(th)P}$，N 沟道 MOS 管的开启电压为 $V_{GS(th)N}$。当 $v_I = 0$ 时 VT_1、VT_2 导通而 VT_4、VT_5 截止，这是显而易见的。此刻 v_O' 为高电平（$v_O' \approx V_{DD}$），它使 VT_3 截止、VT_6 导通并工作在源极输出状态。因此，VT_5 源极的电位 v_{S5} 较高，$v_{S5} \approx V_{DD} - V_{GS(th)N}$。

在 v_I 逐渐升高的过程中，当 $v_I > v_{GS(th)N}$ 以后，VT_4 导通。但由于 v_{S5} 很高，即使 $v_I > \frac{1}{2}V_{DD}$，VT_5 仍不会导通。当 v_I 继续升高，直到 VT_1、VT_2 的栅源电压 $|v_{GS1}|$、$|v_{GS2}|$ 减小到 VT_1、VT_2 趋于截止时，VT_1 和 VT_2 的内阻开始急剧增大，从而使 v_O' 和 v_{S5} 开始下降，最终达到 $v_I - v_{S5} \geq V_{GS(th)N}$，于是 VT_5 开始导通并引起如下的正反馈过程

$$v_O' \downarrow \longrightarrow v_{S5} \downarrow \longrightarrow v_{GS5} \uparrow \longrightarrow R_{ON5} \text{（VT_5 的导通内阻）} \downarrow$$

从而使 VT_5 迅速导通并进入低压降的电阻区。与此同时，随着 v_O' 的下降，VT_3 导通，并进而使 VT_1、VT_2 截止，v_O' 下降为低电平。

因此，在 $V_{DD} \gg V_{GS(th)N} + \left| V_{GS(th)P} \right|$ 的条件下，v_I 上升过程的转换电平 V_{T+} 要比 $\frac{1}{2} V_{DD}$ 高得多。而且，V_{DD} 越高 V_{T+} 也随之升高。

同理，在 $V_{DD} \gg V_{GS(th)N} + \left| V_{GS(th)P} \right|$ 的条件下，v_I 下降过程中的转换电平 V_{T-} 要比 $\frac{1}{2} V_{DD}$ 低得多。其转换过程与 v_I 上升时的情况类似，读者可自行分析。

$VT_7 \sim VT_{10}$ 组成的整形电路是两个首尾相连的反相器。在 v_O' 上升和下降的过程中，通过两级反相器的正反馈作用，使输出电压波形进一步得到改善。VT_{11} 和 VT_{12} 组成输出缓冲级，它不仅提高了电路的带负载能力，还起到了将内部电路与负载隔离的作用。

图 9-35 给出了 CC40106 的电压传输特性以及 V_{DD} 对 V_{T+} 和 V_{T-} 影响的关系曲线。由于集成电路内部器件参数差异较大，所以 V_{T+}、V_{T-} 的数值有较大的分散性。图 9-35（b）中的曲线说明，V_{T+}、V_{T-} 不仅受 V_{DD} 的影响，而且在 V_{DD} 确定时 V_{T+}、V_{T-} 值对不同器件可能不完全一样。

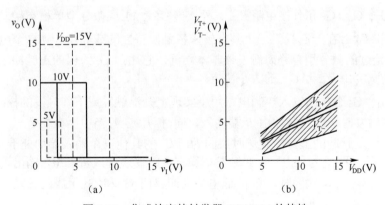

图 9-35　集成施密特触发器 CC40106 的特性

9.6.2　集成单稳态触发器

鉴于单稳态触发器的应用十分普遍，在 TTL 电路和 CMOS 电路的产品中，都生产了单片集成的单稳态触发器器件。

使用这些器件时只需要很少的外接元件和连线，而且由于器件内部电路一般还附加了上升沿与下降沿触发的控制和置零等功能，使用极为方便。此外，由于将元、器件集成于同一芯片上，并且在电路上采取了温漂补偿措施，所以电路的温度稳定性比较好。

1. TTL 集成单稳态触发器

图 9-36 是 TTL 集成单稳态触发器 74121 简化的原理性逻辑图。它是在普通微分型单稳态触发器的基础上附加以输入控制电路和输出缓冲电路而形成的。

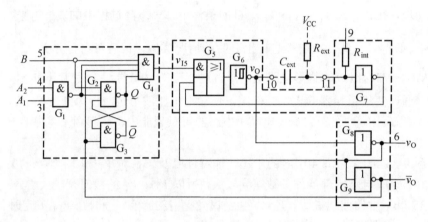

图 9-36　集成单稳态触发器 74121 的逻辑图

门 G_5、G_6、G_7 和外接电阻 R_{ext}、外接电容 C_{ext} 组成微分型单稳态触发器。如果把 G_5 和 G_6 合在一起视为一个具有施密特触发特性的或非门，则这个电路与图 9-8 所讨论过的微分型单稳态触发器基本相同。它用门 G_4 给出的正脉冲触发，输出脉冲的宽度由 R_{ext} 和 C_{ext} 的大小决定。

门 $G_1 \sim G_4$ 组成的输入控制电路用于实现上升沿触发或下降触发的控制。需要用上升沿触发时，触发脉冲由 B 端输入，同时 A_1 或 A_2 当中至少要有一个接至低电平。当触发脉冲的上升沿到达时，因为门 G_4 的其他三个输入端均处于高电平，所以 v_{15} 也随之跳变为高电平，并触发单稳态电路使之进入暂稳态，输出端跳变为 $v_O = 1$、$\bar{v}_O = 0$。与此同时，$\bar{v}_O$ 的低电平立即将门 G_2 和 G_3 组成的触发器清零，使 v_{15} 返回低电平。可见，v_{15} 的高电平持续时间极短，与触发脉冲的宽度无关。这就可以保证在触发脉冲宽度大于输出脉冲宽度时输出脉冲的下降沿仍然很陡。因此，74121 具有边沿触发的性质。

在需要用下降沿触发时，触发脉冲则应由 A_1 或 A_2 输入（另一个应接高电平），同时将 B 端接高电平。触发后电路的工作过程和上升沿触发端相同。

表 9-2 是 74121 的功能表，图 9-37 是 74121 在触发脉冲作用下的波形图。输出缓冲电路由反相器 G_8 和 G_9 组成，用于提高电路的带负载能力。

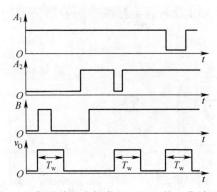

图 9-37　集成单稳态触发器 74121 的工作波形图

表 9-2　集成单稳态触发器 74121 的功能表

输入			输出	
A_1	A_2	B	v_O	$\overline{v}_O$
0	×	1	0	1
×	0	1	0	1
×	×	0	0	1
1	1	×	0	1
1	↘	1	⊓	⊔
↘	1	1	⊓	⊔
↘	↘	1	⊓	⊔
0	×	↗	⊓	⊔
×	0	↗	⊓	⊔

根据门 G_6 输出端的电路结构和门 G_7 输入端的电路结构可以求出计算输出脉冲宽度的公式

$$T_w = R_{ext} \cdot C_{ext} \cdot m_2 = 0.69 R_{ext} \cdot C_{ext} \qquad (9.33)$$

通常 R_{ext} 的取值在 $20 \sim 30\,k\Omega$ 之间，C_{ext} 的取值在 $10pF \sim 10\,\mu F$ 之间，得到的 T_w 范围可达 $20ns \sim 200ms$。

另外，还可以使用 74121 内部设置的电阻 R_{int} 取代外接电阻 R_{ext}，以简化外部接线，如图 9-38（b）所示。不过重复触发的单稳态触发器一旦被触发进入暂稳态以后，再加入触发脉冲不会影响电路的工作过程，必须在暂稳态结束以后，它才能接受下一个触发脉冲而转入暂稳态，如图 9-39（a）所示。而可重复触发的单稳态触发器就不同了。在电路被触发而进入暂稳态以后，如果再次加入触发脉冲，电路将重新被触发，使输出脉冲再继续维持一个 T_w 宽度，如图 9-39（b）所示。

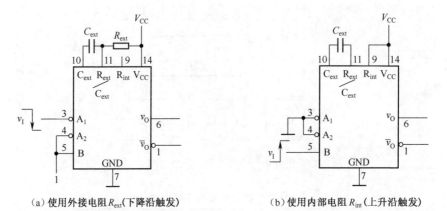

（a）使用外接电阻 R_{ext}（下降沿触发）　　　　（b）使用内部电阻 R_{int}（上升沿触发）

图 9-38　集成单稳态触发器 74121 的外部连接方法

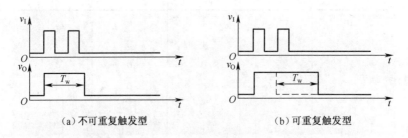

（a）不可重复触发型　　　　　　　（b）可重复触发型

图 9-39　不可重复触发型可重复触发型单稳态触发器的工作波形

74121、74221、74LS221 都是不可重复触发的单稳态触发器。属于可重复触发的触发器有 74122、74LS122、74123、74LS123 等。

有些集成单稳态触发器上还设置有复位端（例如 74221、74122、74123 等）。通过在复位端加入低电平信号能立即终止暂稳态过程，使输出端返回低电平。

2. CMOS 集成单稳态触发器

现以 CC14528 为例介绍一下 CMOS 单稳态触发器的工作原理。

图 9-40 是 CC14528 的逻辑图。由图可见，除去外接电阻 R_{ext} 和外接电容 C_{ext} 以外，CC14528 本身包含 3 个组成部分：门 G_{10}、G_{11}、G_{12} 和 VT_1（P 沟道）、VT_2（N 沟道）组成的三态门；门 $G_1 \sim G_9$ 组成的输入控制电路；门 $G_{13} \sim G_{16}$ 组成的输出缓冲电路。A 为下降沿触发输入端，B 为上升沿触发输入端，$\overline{R}$ 为置零输入端，v_O 和 $\overline{v}_O$ 是两个互补输出端。

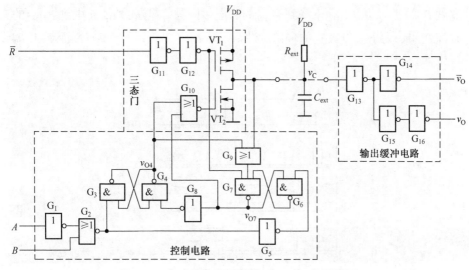

图 9-40　集成单稳态触发器 CC14528 的逻辑图

电路的核心部分是由积分电路（R_{ext} 和 C_{ext}）、三态门和三态门的控制电路构成的积分型单稳态触发器。

在没有触发信号时（$A = 1$、$B = 0$）电路处于稳态，门 G_4 的输出 v_{O4} 肯定停在高电平。倘若接通电源后 G_3 和 G_4 组成的触发器停在了 v_{O4} 等于低电平的状态，由于电容上的电压 v_C 开始接通电源瞬间也是低电平，所以门 G_9 输出低电平并使 G_7 输出为高电平、G_8 输出低电平。于是 v_{O4} 被置为高电平。如果接通电源后 v_{O4} 已为高电平，则由门 G_6 和 G_7 组成的触发器一定处于 v_{O7} 为低电平的状态，故 G_8 的输出为高电平，v_{O4} 的高电平状态将保持不变。

由于这时 G_{10} 输出为低电平而 G_{12} 输出为高电平，因而 VT_1 和 VT_2 同时截止，C_{ext} 通过 R_{ext} 被充电，最终稳定在 $v_C = v_{DD}$，所以输出 $v_O = 0$、$\bar{v}_O = 1$。

在采用上升沿触发时，从 B 端加入正的触发脉冲（A 保持为高电平），G_3 和 G_4 组成的触发器立即被置成 $v_{O4} = 0$ 的状态，从而使 G_{10} 的输出变为高电平，VT_2 导通，C_{ext} 开始放电。当 v_C 下降到 G_{13} 的转换电平 V_{TH13} 时，输出状态改变，成为 $v_O = 1$，$\bar{v}_O = 0$，电路进入暂稳态。

但这种状态不会一直持续下去，当 v_C 进一步下降，降至 G_9 的阈值电压 V_{TH9} 时，G_9 的输出变成低电平，并通过 G_7、G_8 将 v_{O4} 置成高电平，于是 VT_2 截止，C_{ext} 又重新开始充电。当 v_C 充电到 V_{TH13} 时，输出端返回 $v_O = 0$、$\bar{v}_O = 1$ 的状态。C_{ext} 继续充电至 V_{DD} 以后，电路又恢复为稳态。

图 9-41 中给出了 v_C 和 v_O 在触发脉冲作用下的工作波形。由图可见，输出脉

冲宽度 T_w 等于 v_C 从 V_{TH13} 下降到 V_{TH9} 的放电时间与 v_C 再从 V_{TH9} 充电到 V_{TH13} 的充电时间之和。为了获得较宽的输出脉冲，一般都将 V_{TH13} 设计得较高而将 V_{TH9} 设计得较低。

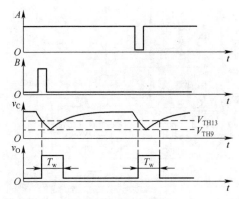

图 9-41　集成单稳态触发器 CC14528 的工作波形

在要求用下降沿触发时，应从 A 端输入负的触发脉冲，同时令 B 端保持在低电平。

利用 $\overline{R}$ 端置零时，应在 $\overline{R}$ 端加入低电平信号，这时 VT_1 导通、VT_2 截止，C_{ext} 通过 VT_1 迅速充电到 V_{DD}，使 $v_O = 0$。

9.6.3　压控振荡器

压控振荡器（Voltage Controlled Oscillator，VCO）是一种频率可控的振荡器，它的振荡频率随输入控制电压的变化而改变。这种振荡器广泛地用于自动检测、自动控制以及通讯系统当中，目前已生产了多种压控振荡器的集成电路产品。从工作原理上看，这些压控振荡器大致可以分为三种类型：施密特触发器型、电容交叉充放电型和定时器型。

1. 施密特触发器型压控振荡器

若将反相输出的施密特触发器的输出电压经 RC 积分电路反馈到输入端，就能构成多谐振荡器。如果改用一个由输入电压 v_I，控制的电流源对输入端的电容反复充、放电，如图 9-42 所示，则充、放电时间将随输入电压而改变。这样就可以用输入电压 v_I 控制振荡频率了。

由图 9-42（b）的电压波形可以看出，当充、放电电流 I_0 增大时，充电时间 T_1 和放电时间 T_2 随之减小，故振荡周期缩短、振荡频率增加。如果电容充电和放电的电流相等，则电容两端电压 v_A 将是对称的三角波。

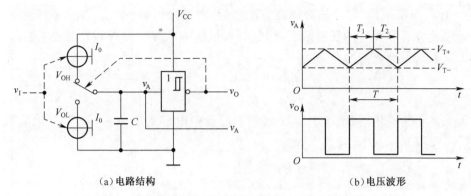

（a）电路结构　　　　　　　　（b）电压波形

图 9-42　施密特触发器型压控振荡器的原理性电路和电压波形

例如 LM566 就是根据上述原理设计的集成压控振荡器，它的简化结构框图如图 9-43 所示。图中用三极管 VT_4、VT_5 和外接电阻 R_{ext} 产生受 v_I 控制的电流源 I_0，用三极管 VT_1、VT_2、VT_3 和二极管 VD_1、VD_2 组成电容充、放电的转换控制开关。下面简略地分析一下它的工作过程。

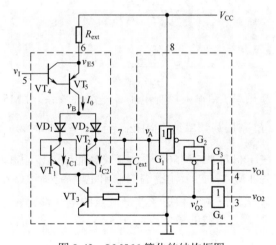

图 9-43　LM566 简化的结构框图

当电路接通电源时因 $v_A = 0$，所以反相器 G_2 的输出 v_{O2}' 为低电平，使 VT_3 截止，I_0 经过 VD_2 开始向外接电容 C_{ext} 充电。随着充电的进行 v_A 线性升高。

当 v_A 升至 V_{T+} 时，施密特触发器 G_1 的输出状态转换，使 v_{O2}' 跳变为高电平，VT_3 导通。VT_3 导通使得 v_B 下降，导致 VD_2 截止，C_{ext} 经 VT_2 开始放电。因为 VT_1 和 VT_2 是镜像对称接法，两管的 v_{BE} 始终是相等的，所以在基极电流远小于集电极电流的情况下，必有 $i_{C2} \approx i_{C1} \approx I_0$。随着 C_{ext} 的放电，v_A 线性下降。

当 v_A 下降至 V_{T-} 时，施密特触发器的输出跳变为高电平，v'_{O2} 输出矩形波。

假定 VT_4 和 VT_5 的发射结压降相等，即 $|v_{BE4}| = |v_{BE5}|$，则 VT_5 发射极电位 v_{E5} 将与 v_I 相等，因此得到

$$I_0 = \frac{V_{CC} - v_I}{R_{ext}}$$

设 C_{ext} 的充电时间为 T_1，又知充电过程中电容两端电压 v_A 的变化量为 $\Delta V_T = V_{T+} - V_{T-}$，由此可得

$$\Delta V_T = \frac{I_0 T_1}{C_{ext}}$$

因为充电时间与放电时间相等，故振荡周期为

$$T = 2T_1 = \frac{2C_{ext}\Delta V_T}{I_0} = \frac{2R_{ext}C_{ext}\Delta V_T}{V_{CC} - v_I}$$

在 LM566 中 $\Delta V_T = \frac{1}{4}V_{CC}$，代入上式后得出

$$T = \frac{R_{ext}C_{ext}V_{CC}}{2(V_{CC} - v_I)} \tag{9.34}$$

振荡频率为

$$f = \frac{1}{T} = \frac{2(V_{CC} - v_I)}{R_{ext}C_{ext}V_{CC}} \tag{9.35}$$

上式表明，振荡频率 f 和输入控制电压 v_I 呈线性关系。LM566 的外接电阻一般取为 $2 \sim 20\,k\Omega$，最高振荡频率达 1MHz。当 $V_{CC} = 12V$ 时，v_I 在 $\frac{3}{4}V_{CC} \sim V_{CC}$ 范围内的非线性误差在 1%以内。LM566 还具有较高的输入电阻和较低的输出电阻，v_I 端的输入电阻约为 $1\,M\Omega$，两个输出端的输出电阻各为 $50\,\Omega$ 左右。

此外，LM566 输出的三角波和矩形波最低点的电平都比较高，使用时应予注意。例如 $V_{CC} = 12V$ 时，三角波的最低点约在 3.5V 以上，矩形波的最低点约在 6V 左右。图 9-43 中标注的 1～8 是器件外部引脚的编号。

2. 电容交叉充、放电型压控振荡器

图 9-44 是用 CMOS 电路构成的电容交叉充、放电型压控振荡器的原理图。它由一个基本 RS 触发器（由或非门 G_3 和 G_4 组成）和两个反相器 G_1 和 G_2，以及外接电容 C_{ext} 构成。G_1 和 G_2 用作电容充、放电的转换控制开关，而 G_1 和 G_2 的输出状态由触发器的状态来决定。

电路的工作过程如下：设接通电源后触发器处于 $Q = 0$ 的状态，则 T_{P1} 和 T_{N2} 导通而 T_{N1} 和 T_{P2} 截止，电流 I_0 经 T_{P1} 和 T_{N2} 自左而右地向电容 C_{ext} 充电。随着充

电过程的进行 v_A 逐渐升高。

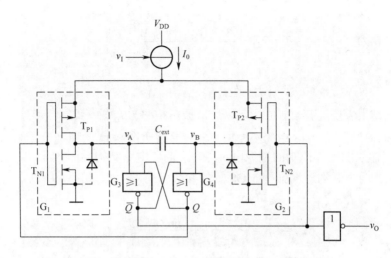

图 9-44　电容交叉充，放电型压控振荡器的原理图

当 v_A 升至 G_3 的阈值电压 V_{TH} 时，触发器状态翻转为 $Q = 1$，于是 T_{P1} 和 T_{N2} 截止而 T_{N1} 和 T_{P2} 导通。电流 I_0 转而经 T_{P2} 和 T_{N1} 自右而左地向电容 C_{ext} 充电。随着充电过程的进行 v_B 逐渐升高。

当 v_B 上升到 G_4 的阈值电压 V_{TH} 以后，触发器又翻转为 $Q = 0$ 的状态，C_{ext} 重新自左而右地充电。如此周而复始，在输出端 v_O 就得到了矩形输出脉冲。

图 9-45 中画出了图 9-44 电路的各点电压波形。由图可见，当 G_1 由 T_{P1} 导通、T_{N1} 截止转换为 T_{P1} 截止、T_{N1} 导通的瞬间，由于电容的电压不能突跳，所以 v_B 也将随着 v_A 发生负突跳。但由于 T_{N2} 的衬底和漏极之间存在寄生二极管，所以 v_B 只能下跳至 $-V_{DF}$（V_{DF} 为寄生二极管的正向导通压降）。

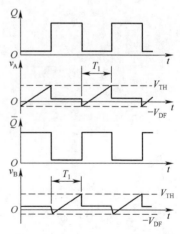

图 9-45　图 9-44 电路的电压波形图

由图 9-45 可见，每次充电过程电容上电压的变化为

$$\Delta v_C = V_{TH} + V_{DF}$$

而充电电流为 I_0，所以充电时间为

$$T_1 = \frac{C_{\text{ext}}\Delta v_C}{I_0} = \frac{C_{\text{ext}}(V_{\text{TH}} + V_{\text{DF}})}{I_0}$$

故振荡周期为
$$T = 2T_1 = \frac{2C_{\text{ext}}(V_{\text{TH}} + V_{\text{DF}})}{I_0} \tag{9.36}$$

振荡频率为
$$f = \frac{1}{T} = \frac{I_0}{2C_{\text{ext}}(V_{\text{TH}} + V_{\text{DF}})} \tag{9.37}$$

上述结果表明，在 C_{ext} 值选定以后，振荡频率与 I_0 成正比。

集成锁相环 CC4046 中的压控振荡器就是按照图 9-44 的原理设计的。其中的 I_0 是由受输入电压 v_I 控制的镜像电流源产生的，电路结构如图 9-46 所示。图中 VT_2 和 VT_3 两个 P 沟道增强型 MOS 管的参数相同，且 V_{GS} 相等，所以它们的漏极电流相同，即 $I_0 = I_{D2}$。由图可知

$$I_0 = I_{D2} = \frac{v_I - v_{\text{GS1}}}{R_{\text{ext1}}} + \frac{V_{DD} - v_{\text{GS2}}}{R_{\text{ext2}}} \tag{9.38}$$

其中 v_{GS1}、v_{GS2} 分别为 VT_1、VT_2 的栅 - 源电压。在 v_{GS1}、v_{GS2} 变化很小的条件下，I_0 与 v_I 近似地呈线性关系，因而振荡频率也近似地与 v_I 呈线性关系。

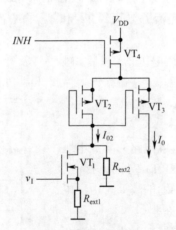

图 9-46　CC4046 中尽控振荡器的电流源电路

当 $v_I = 0$ 时 VT_1 截止，这时由 R_{ext2} 提供一个固定的偏流 I_0，使振荡器能维持一个初始的自由振荡频率。在不接 R_{ext2} 的情况下，$v_I = 0$ 时 $I_0 \approx 0$，电路停止振荡。

图 9-46 中的 INH 输入端称为禁止端。当 $INH = 1$ 时 VT_4 管截止，$I_0 = 0$，电路停止工作。正常工作时必须使 $INH = 0$。

由于 v_I 变化时 v_{GS1} 不可能一点不改变，所以 I_0 与 v_I 之间的线性关系是近似的，非线性误差较大。

图 9-47 是将 CC4046 用作压控振荡器时外电路的连接方法。R_{ext1} 的取值通常在 $10\text{k}\Omega \sim 1\text{M}\Omega$ 之间。当 v_{I} 在 0 $\sim V_{\text{DD}}$ 之间变化时，输出脉冲的频率范围可达 0～1.5MHz。当 $V_{\text{DD}} = 5\text{V}$ 时，在 $v_{\text{I}} = 2.5\text{V}\pm 0.3\text{V}$ 的范围内非线性误差小于 0.3%；而当 $V_{\text{DD}} = 10\text{V}$ 时，在 $v_{\text{I}} = 5\text{V}\pm 2.5\text{V}$ 的范围内非线性误差小于 0.7%。图中标注的数字为器件引脚的编号。

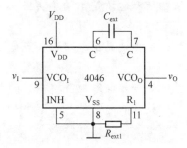

图 9-47　CC4046 用作压控振荡器时的接法

本章介绍了用于产生矩形脉冲的各种电路。其中一类是脉冲整形电路，它们虽然不能自动产生脉冲信号，但能把其他形状的周期性信号变换为所要求的矩形脉冲信号，达到整形的目的。

施密特触发器和单稳态触发器是最常用的两种整形电路。因为施密特触发器输出的高、低电平随输入信号的电平改变，所以输出脉冲的宽度是由输入信号决定的。由于它的滞回特性和输出电平转换过程中是正反馈的作用，所以输出电压波形的边沿得到明显的改善。单稳态触发器输出信号的宽度则完全由电路参数决定，与输入信号无关。输入信号只起触发作用。因此，单稳态触发器可以用于产生固定宽度的脉冲信号。

另一类是自激的脉冲振荡器，它们不需要外加输入信号，只要接通供电电源，就自动产生矩形脉冲信号。本章介绍的多谐振荡器电路从工作原理上都是利用闭合回路的正反馈产生振荡的。对称式多谐振荡器、石英晶体多谐振荡器都属于这一种。

555 定时器是一种用途很广的集成电路，除了能组成施密特触发器、单稳态触发器和多谐振荡器以外，还可以接成各种应用电路。读者可参阅有关书籍并且根据需要自行设计出所需要的电路。

压控振荡器是一种电压/频率变换电路（V/F 变换电路），在自动控制和测量以及信号传输中具有广泛的用途。它的振荡频率受输入的模拟电压信号控制。在本章介绍的几种压控振荡器电路中，都是用输入电压信号去改变振荡过程中电容充、放电电流的大小实现对频率控制的。不同类型、不同型号集成压控振荡器产品在电压/频率变换的线性度上相差很大。

在分析单稳态触发器和多谐振荡器时，采用的是波形分析法。在分析一些简单的脉冲电路时，这种方法物理概念清楚，简单实用。现将这种分析方法的步骤归纳如下：

①分析电路的工作过程，定性地画出电路中各点电压的波形，找出决定电路状态发生转换的控制电压。

②画出控制电压充、放电的等效电路，并将得到的电路化简。

③确定每个控制电压充、放电的起始值、终了值和转换值。

④计算充、放电时间，求出所需的计算结果。

 习题九

9-1　在图 9-48（a）所示的施密特触发器电路中，已知 $R_1=10\text{k}\Omega$，$R_2=30\text{k}\Omega$。G_1 和 G_2 为 CMOS 反相器，$V_{DD}=15\text{V}$。

（1）试计算电路的正向阈值电压 V_{T+}、负向阈值电压 V_{T-} 和回差电压 ΔV_T。

（2）若将图 9-48（b）给出的电压信号加到图 9-48（a）电路的输入端，试画出输出电压的波形。

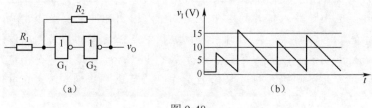

图 9-48

9-2　图 9-49 是用 CMOS 反相器接成的压控施密特触发器电路，试分析它的转换电平 V_{T+}、V_{T-} 以及回差电压 ΔV_T 与控制电压 V_{CO} 的关系。

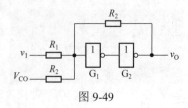

图 9-49

9-3　图 9-50 是具有电平偏移二极管的施密特触发器电路，试分析它的工作原理，并画出电压传输特性。G_1、G_2、G_3 均为 TTL 电路。

9-4　在图 9-51 的整形电路中，试画出输出电压 v_O 的波形。输入电压 v_I 的波形如图中所示，假定它的低电平持续时间比 R、C 电路的时间常数大得多。

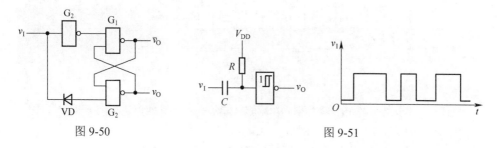

图 9-50　　　　　　　　　　　　　　　图 9-51

9-5　在图 9-8 给出的微分型单稳态触发器电路中，已知 $R = 51\text{k}\Omega$，$C = 0.1\mu\text{F}$，电源电压 $V_{DD} = 10\text{V}$，试求在触发信号作用下输出脉冲的宽度和幅度。

9-6　图 9-52 是用 TTL 门电路接成的微分型单稳态触发器。其中 R_d 阻值足够大，保证稳态时 v_A 为高电平。R 的阻值很小，保证稳态时 v_{I2} 为低电平。试分析该电路在给定触发信号 v_I 作用下的工作过程，画出 v_A、v_{O1}、v_{I2} 和 v_O 的电压波形。C_d 的电容量很小，它与 R_d 组成微分电路。

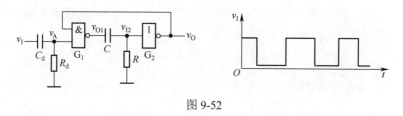

图 9-52

9-7　在图 9-12 的积分型单稳态触发器电路中，若 G_1 和 G_2 为 74LS 系列门电路，它们的 $V_{OH} = 3.4\text{V}$，$V_{OL} \approx 0$，$V_{TH} = 1.1\text{V}$，$R = 1\text{k}\Omega$，$C = 0.01\mu\text{F}$，试求在触发信号作用下输出负脉冲的宽度。设触发脉冲的宽度大于输出脉冲的宽度。

9-8　在图 9-15 所示的对称式多谐振荡器电路中，若 $R_{F1} = R_{F2} = 1\text{k}\Omega$，$C_1 = C_2 = 0.1\mu\text{F}$，$G_1$ 和 G_2 为 74LS04（六反相器）中的两个反相器，G_1 和 G_2 的 $V_{OH} = 3.4\text{V}$，$V_{TH} = 1.1\text{V}$，$V_{IK} = -1.5\text{V}$，$R_1 = 20\text{k}\Omega$，求电路的振荡频率。

9-9　图 9-53 是用 CMOS 反相器组成的对称式多谐振荡器。若 $R_{F1} = R_{F2} = 10\text{k}\Omega$，$C_1 = C_2 = 0.01\mu\text{F}$，$R_{P1} = R_{P2} = 33\text{k}\Omega$，试求电路的振荡频率，并画出 v_{I1}、v_{O1}、v_{I2}、v_{O2} 各点的电压波形。

9-10　在图 9-24 用 555 定时器接成的施密特触发器电路中，试求：

（1）当 $V_{CC} = 15V$，而且没有外接控制电压时，V_{T+}、V_{T-} 及 ΔV_T 值。

（2）当 $V_{CC} = 12V$、外接控制电压 $V_{CO} = 6V$ 时，V_{T+}、V_{T-}、ΔV_T 各为多少。

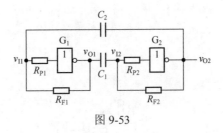

图 9-53

9-11　在使用图 9-26 由 555 定时器组成的单稳态触发器电路时对触发脉冲的宽度有无限制？当输入脉冲的低电平持续时间过长时，电路应作何修改？

9-12　试用 555 定时器设计一个单稳态触发器，要求输出脉冲宽度在 $1 \sim 10s$ 的范围内可手动调节。给定 555 定时器的电源为 15V。触发信号来自 TTL 电路，高低电平分别为 3.4V 和 0.1V。

9-13　在图 9-28 用 555 定时器组成的多谐振荡器电路中，若 $R_1 = R_2 = 51k\Omega$，$C = 0.01\mu F$，$V_{CC} = 12V$，试计算电路的振荡频率。

9-14　图 9-54 是用 555 定时器组成的开机延时电路。若给定 $C = 25\mu F$，$R = 91k\Omega$，$V_{CC} = 12V$，试计算常闭开关 S 断开以后，经过多长的延迟时间 v_O 才跳变为高电平。

9-15　图 9-55 是用 555 定时器构成的压控振荡器，试求输入控制电压 v_I 和振荡频率之间的关系式。当 v_I 升高时频率是升高还是降低？

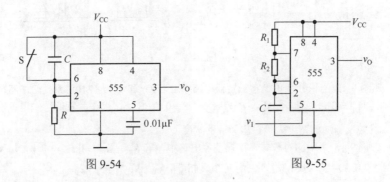

图 9-54　　　　　　　　　　图 9-55

9-16　图 9-56 是一个简易电子琴电路，当琴键 $S_1 \sim S_n$ 均未按下时，三极管 VT 接近饱和导通，v_E 约为 0V，使 555 定时器组成的振荡器停振。当按下不同琴键时，因 $R_1 \sim R_n$ 的阻值不等，扬声器发出不同的声音。若 $R_B = 20k\Omega$，$R_1 = 10k\Omega$，$R_E = 2k\Omega$，三极管的电流放大系数 $\beta = 150$，$V_{CC} = 12V$，振荡器外接电阻、电容参数如图中所示，试计算按下琴键 S_1 时扬声器发出声音的频率。

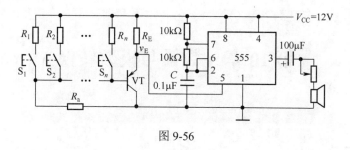

图 9-56

9-17　图 9-57 是用两个 555 定时器接成的延迟报警器。当开关 S 断开后，经过一定的延迟时间后扬声器开始发出声音。如果在延迟时间内 S 重新闭合，扬声器不会发出声音。在图中给定的参数下，试求延迟时间的具体数值和扬声器发出声音的频率。图中的 G_1 是 CMOS 反相器，输出的高、低电平分别为 $V_{OH} \approx 12V$，$V_{OL} = 0V$。

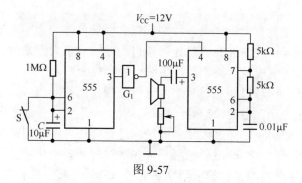

图 9-57

9-18　图 9-58 是救护车扬声器发音电路。在图中给出的电路参数下，试计算扬声器发出声音的高、低音频率以及高、低音的持续时间。当 $V_{CC} = 12V$ 时，555 定时器输出的高、低电平分别为 11V 和 0.2V，输出电阻小于 100Ω。

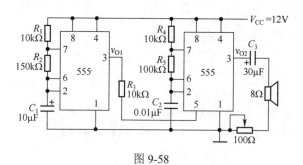

图 9-58

第 10 章　数模与模数转换

内容提要

本章主要介绍了数模与模数转换电路的电路结构、工作原理和主要性能指标。

10.1　概述

由于数字系统具有很多优点，特别是包含微处理器的数字系统更具有高度智能化的优点，所以目前先进的信息处理和自动控制设备大都是数字系统，例如数字通信系统、数字电视及广播、数控系统、数字仪表等。

在数字系统内部，只能对数字信号进行处理，而实际信号大多是连续变化的模拟信号，例如电压、电流、声音、图像、温度、压力、光通量等。因此应把这些模拟量转换为数字量才能进入数字系统内进行处理（在模拟量中，除了电模拟量还有非电模拟量，对于非电模拟量还应先通过转换器或传感器，将其变换成电模拟量），这种将电模拟量转换成数字量的过程称为"模数转换"。完成模数转换的电路称为模数转换器，简称 ADC（Analog to Digital Converter），相反，经数字系统处理后的数字量，有时又要求再转换成模拟量，以便实际使用（如用来视、听），这种转换称为"数模转换"。完成数模转换的电路称为数模转换器，简称 DAC（Digital to Analog Converter）。显然 ADC 和 DAC 是数字系统的重要接口部件。

10.1.1　ADC 与 DAC 的应用

1. 数字控制系统

图 10-1 是一个典型的数字控制系统方框图，图中的非电模拟量 A 通过传感器 S 转换成电模拟量后，输入到 ADC，ADC 输出的数字量送入数字控制或计算电路（目前大多采用微机或单片机），经其处理后输出的数字量，再由 DAC 转换成模拟量，最后由执行单元 U 完成相应的功能。

若图中不包含模拟量输入部分（A，A′，S，ADC），则一般称其为程序控制系统；若图中不包含模拟量输出部分（DAC，U），则一般称其为数据测量系统或数据处理系统。

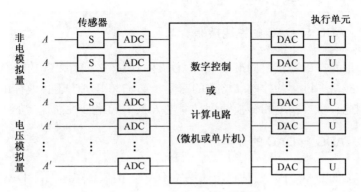

图 10-1　数字控制系统方框图

2. 数据传输系统

目前在通信、遥测、遥控领域以及雷达站或气象站之间，进行远距离的信息传输，采用数字信号比模拟信号在抗干扰能力和保密性等方面都强得多，图 10-2 是数据传输系统的方框图。电模拟信号经过多路模拟开关将多路输入信号分时地传送到 ADC，由发射机将数字信号发射出去。接收机收到数字信号后，再经 DAC 转换成模拟信号，最后由多路模拟开关分成多路信号。由于是分时工作，收、发两地要严格同步，这由双方的定时器实现。

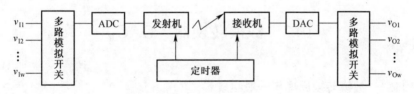

图 10-2　数据传输系统方框图

附带说明，在上述的数字控制系统中也可以利用多路模拟开关，分别公用一个 ADC 和一个 DAC，以分时方式完成对多个模拟量的控制。

3. 自动测试与测量设备

为了使数字测量设备能够测量模拟量，并且对被测数据及时进行分析和处理，然后存储、显示、打印其测试结果，也都必须加入转换器件 ADC 和 DAC。由于微处理器和单片机的广泛应用，现代的数字测量设备都实现了高度自动化和智能化，甚至构成了复杂的综合测试系统。

4. 多媒体计算机系统

为使计算机系统能够处理声音、图像、视频等多媒体信息，其中音频、视频的采集和输出都离不开 ADC 和 DAC 电路。

10.1.2　ADC 与 DAC 的性能指标

为了保证数据处理结果的准确性，ADC 和 DAC 必须有足够的转换精度。同时，为了适应快速过程的控制和检测的需要，ADC 和 DAC 还必须有足够快的转换速度。因此，转换精度和转换速度是衡量 ADC 和 DAC 性能优劣的主要标志。

10.1.3　ADC 与 DAC 的分类

目前常见的 DAC 中，包括权电阻网络 DAC、倒梯形电阻网络 DAC、权电流型 DAC、权电容网络 DAC 以及开关树型 DAC 等几种类型。

ADC 的类型也有多种，可以分为直接 ADC 和间接 ADC 两大类。在直接 ADC 中，输入的模拟电压信号直接被转换成相应的数字信号；而在间接 ADC 中，输入的模拟信号首先被转换成某种中间变量（例如时间、频率等），然后再将这个中间变量转换为输出的数字信号。

此外，在 DAC 数字量的输入方式上，又有并行输入和串行输入两种类型。相对应地在 ADC 数字量的输出方式上也有并行输出和串行输出两种类型。

考虑到 DAC 的工作原理比 ADC 的工作原理简单，而且在有些 ADC 中需要用 DAC 作为内部的反馈电路，所以在下一节中首先讨论 DAC。

10.2　数模转换器（DAC）

10.2.1　数模转换原理与一般组成

1. 数模转换原理

数字系统中数字量大多采用二进制数码，因此，DAC 输入的是数字量，输出为模拟量。输出电压模拟量的大小与输入数字量大小成正比，假设 DAC 转换比例系数为 k，则

$$v_O = k \cdot \sum_{i=0}^{n-1} (D_i \times 2^i) \tag{10.1}$$

其中 $\sum_{i=0}^{n-1} (D_i \times 2^i)$ 为二进制数按位权展开转换成的十进制数值。

图 10-3 表示了 4 位二进制数字量与经过 D/A 转换后输出的电压模拟量之间的对应关系。

由图 10-3 还可看出，两个相邻数码转换出的电压值是不连续的，两者的电压

差值由最低码位所代表的位权值决定。它是信息所能分辨的最小量，用 1LSB
（Least Significant Bit）表示。对应于最大输入数字量的最大电压输出值（绝对值），
用 FSR（Full Scale Range）表示。图 10-3 中 1LSB $= 1 \times k$V，1FSR $= 15 \times k$V（k
为比例系数）。

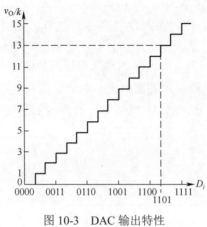

图 10-3　DAC 输出特性

*k 为转换比例系数

2. DAC 的一般组成

DAC 主要由数字寄存器、模拟电子开关、位权网络、求和运算放大器和基准
电压源组成，如图 10-4 所示。

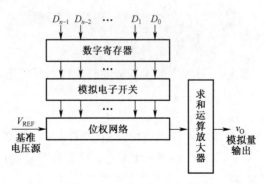

图 10-4　DAC 原理方框图

用存于数字寄存器的数字量的各位数码，分别控制对应位的模拟电子开关，
使数码为 1 的位在位权网络上产生与基位权成正比的电流值，再由运算放大器对
各电流值求和，并转换成电压值。

根据位权网络的不同，可以构成不同类型的 DAC，如权电阻网络 DAC、R-2R

倒 T 形电阻网络 DAC 和权电流型网络 DAC 等。

10.2.2 权电阻网络 DAC

1. 电路结构

4 位权电阻网络 DAC 电路如图 10-5 所示，由基准电压源提供基准电压 V_{REF}，存于数字寄存器的数码，作为输入数字量 $D_3D_2D_1D_0$，分别控制 4 个模拟电子开关 S_3、S_2、S_1、S_0。例如，当 $D_3 = 0$ 时，电子开关 S_3 掷向右边，使电阻接地；$D_3 = 1$ 时，S_3 掷向左边，使 R 与 V_{REF} 接通。构成权电阻网络的 4 个电阻值是 R、$2R$、2^2R、2^3R，称为权电阻。某位权电阻的阻值大小和该位的权值成反比，如 D_2 位的权值是 D_1 位的两倍（$2^2/2^1 = 2$）；而 D_2 位所对应的权电阻值是 D_1 位的 1/2（$2R/(2^2R) = 1/2$）。

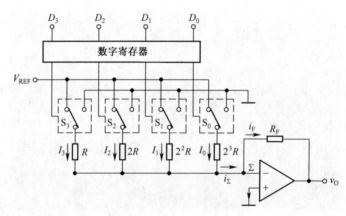

图 10-5 权电阻网络 DAC

通过权电阻的电流由运算放大器求和，并转换成对应的电压值，作为模拟量输出。

2. 工作原理

运算放大器的 Σ 点是虚地，该点电位总是近似为零。假设输入是 n 位二进制数，因此当任一位的 $D_i = 0$（$i = 0 \sim n-1$）经电子开关 S_i 使该位的权电阻 $2^{n-1-i}R$ 接地时，因 $2^{n-1-i}R$ 两端电位相等，故流过该电阻的电流 $I_i = 0$，而当 $D_i = 1$，S_i 使该电阻接 V_{REF} 时，$I_i = V_{\text{REF}}/(2^{n-1-i}R)$。因此，对于受 D_i 位控制的权电阻流过的电流可写成

$$I_i = \frac{V_{\text{REF}}}{2^{n-1}R} \times 2^i \times D_i \tag{10.2}$$

当 $D_i = 0$ 时，则 $I_i = 0$；当 $D_i = 1$ 时，则 $I_i = \dfrac{V_{\text{REF}}}{2^{n-1}R} \times 2^i$，再根据叠加原理，通过各权电阻的电流之和应为

$$i_{\Sigma} = \sum_{i=0}^{n-1} I_i = \sum_{i=0}^{n-1} \left(\frac{V_{\text{REF}}}{2^{n-1}R} \times 2^i \times D_i \right) = \frac{V_{\text{REF}}}{2^{n-1}R} \sum_{i=0}^{n-1} (D_i \times 2^i) \tag{10.3}$$

因运算放大器的输入偏置电流近似为 0，故上述流入 Σ 点的 i_{Σ} 应等于流向反馈电阻 R_{F} 的电流 i_{F}，即

$$i_{\Sigma} = i_{\text{F}}$$

又因 $i_{\text{F}} = (0 - v_{\text{O}})/R_{\text{F}} = -v_{\text{O}}/R_{\text{F}}$，故得到输出电压

$$v_{\text{O}} = -i_{\text{F}}R_{\text{F}} = -i_{\Sigma}R_{\text{F}} = -\frac{V_{\text{REF}}R_{\text{F}}}{2^{n-1}R} \sum_{i=0}^{n-1} (D_i \times 2^i) \tag{10.4}$$

与式（10.1）相比较，转换比例系列 k 为

$$k = -\frac{V_{\text{REF}}R_{\text{F}}}{2^{n-1}R} \tag{10.5}$$

该式说明输出的电压模拟量 v_{O} 与输入的二进制数字量 D 成正比，完成了数模转换，改变 V_{REF} 或 R_{F} 可以改变输出电压的变化范围。

通常取 $R_{\text{F}} = R/2$，则式（10.4）可简化为

$$v_{\text{O}} = -\frac{V_{\text{REF}}}{2^n} \sum_{i=0}^{n-1} (D_i \times 2^i) \tag{10.6}$$

权电阻网络 DAC 的转换精度取决于基准电压 V_{REF} 以及模拟电子开关、运算放大器和各权电阻值的精度。它的缺点是各权电阻的阻值都不相同，位数多时，其阻值相差甚远，这给保证精度带来很大困难，特别是对于集成电路的制作很不利，因此在集成的 DAC 中很少单独使用该电路。

例 10.1　4 位 DAC 如图 10-5 所示，设基准电压 $V_{\text{REF}} = -8\text{V}$，$2R_{\text{F}} = R$，试求输入二进制数 $D_3D_2D_1D_0 = 1101$ 时输出的电压值以及 LSB 和 FSR 的值。

例　将 $D_3D_2D_1D_0 = (1101)_2 = (13)_{10}$ 代入式（10.6）得

$$v_{\text{O}} = -\frac{V_{\text{REF}}}{2^n} \sum_{i=0}^{n-1} (D_i \times 2^i)$$

$$= -\frac{-8}{2^4} \times (1 \times 2^3 + 1 \times 2^2 + 0 \times 2^1 + 1 \times 2^0)$$

$$= \frac{8}{2^4} \times 13 = 6.5(\text{V})$$

将 $(0001)_2 = (1)_{10}$ 代入式（10.6）得

$$1\text{LSB} = (8/16) \times 1 = 0.5(\text{V})$$

将$(1111)_2 = (15)_{10}$代入式（10.6）得

$$FSR = \left(\frac{8}{16}\right) \times 15 = 7.5(V)$$

显然输出电压范围是0~7.5V。

有时为了实现双极性输出,可以在图10-5所示电路的基础上,增加由V_B和R_B组成的偏移电路,通常$V_B = -V_{REF}$,如图10-6所示,即为具有双极性输出的3位权电阻网络DAC。

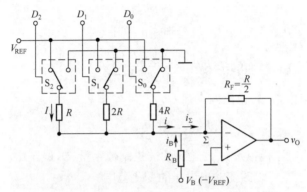

图10-6 具有双极性输出的权电阻网络DAC

由图可见,$i_\Sigma = i + i_B$,而Σ点为虚地,因此$i_B = \dfrac{V_B}{R_B}$,所以

$$i_\Sigma = \frac{V_{REF}}{2^{n-1}R} \sum_{i=0}^{n-1}(D_i \times 2^i) + \frac{V_B}{R_B}$$

输出电压为

$$v_O = -i_\Sigma \cdot R_F = -\left[\frac{V_{REF}}{2^{n-1}R}\sum_{i=0}^{n-1}(D_i \times 2^i) + \frac{V_B}{R_B}\right]R_F \tag{10.7}$$

例 10.2 假设图10-6所示电路中,$V_{REF} = -8V$,$V_B = -V_{REF} = 8V$；$R_F = R/2$。如果当$D_2D_1D_0 = 100$时,要使输出$v_O = 0$,求R_B值;并列出所有输入3位二进制数码所对应的输出电压值。

解 为使$D_2D_1D_0 = 100$时,$v_O = 0$,即要求$i = -i_B$（$i_\Sigma = 0$）,所以应有

$$\frac{V_{REF}}{R} = \frac{-V_B}{R_B} = \frac{V_{REF}}{R_B}$$

即得$R_B = R$,将R_B、V_{REF}及R_F代入式（10.7）,得到

$$v_O = -\left[\frac{-8}{2^3}\sum_{i=0}^{n-1}(D_i \times 2^i) + \frac{8}{2}\right](V)$$

将 $D_2D_1D_0$ 的二进制数代入，即可得到输出与输入的对应关系，如表 10-1 所示。例如，$D_2D_1D_0 = 011$ 时，$v_O = -[-1 \times 3 + 4]V = -1V$，$D_2D_1D_0 = 111$ 时，$v_O = -[-1 \times 7 + 4] = 3V$，其余类推。

表 10-1　图 10-6 所示电路的输入与输出

D_2	D_1	D_0	v_O（V）
0	0	0	−4
0	0	1	−3
0	1	0	−2
0	1	1	−1
1	0	0	0
1	0	1	1
1	1	0	2
1	1	1	3

10.2.3　R-2R 倒 T 形电阻网络 DAC

1. 电路结构

图 10-7 是 4 位 R-2R 倒 T 形电阻网络 DAC 的电路原理图，图中的位权网络是 R-2R 倒 T 形电阻网络。它由若干个相同的 R、$2R$ 网络节组成，每节对应于一个输入位，节与节之间串接成倒 T 形网络。

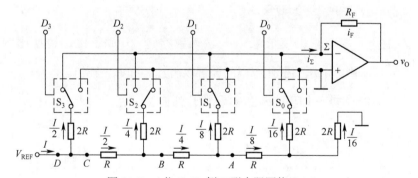

图 10-7　4 位 R-2R 倒 T 形电阻网络 DAC

2. 工作原理

因运算放大器的 Σ 点为虚地，故不论输入数字量 D 为何值，也就是不论电子开关掷向左边还是右边，对于 R-2R 电阻网络来说，各 $2R$ 电阻的上端都相当于接地，所以从网络的 A、B、C 点分别向右看的对地电阻都为 $2R$，因此在网络中的电流分配应该如图中的标注，即由基准电源 V_{REF} 流出的总电流 I，每经过一个 $2R$

电阻就被分流一半，这样流过 4 个 $2R$ 电阻的电流分别是 $I/2$、$I/4$、$I/8$、$I/16$。这 4 个电流是流入地还是流向运算放大器，由输入数字量 D 所控制的电子开关 S 决定，故流向运算放大器的总电流是

$$i_\Sigma = \frac{I}{2}D_3 + \frac{I}{4}D_2 + \frac{I}{8}D_1 + \frac{I}{16}D_0 \tag{10.8}$$

式中 D_i 为二进制代码，可为 0 或为 1（以下类同）。

又因为从 D 点向右看的对地电阻为 R，所以总电流 I 为

$$I = \frac{V_{\text{REF}}}{R}$$

代入式（10.8）得

$$i_\Sigma = \frac{V_{\text{REF}}}{2^4 R}(2^3 D_3 + 2^2 D_2 + 2^1 D_1 + 2^0 D_0)$$

输出电压 v_O 为

$$v_O = -i_F R_F = -i_\Sigma R_F \quad (\text{因}\, i_F = i_\Sigma)$$
$$= -\frac{V_{\text{REF}} R_F}{2^4 R}(2^3 D_3 + 2^2 D_2 + 2^1 D_1 + 2^0 D_0)$$

DAC 为 n 位时有

$$v_O = -\frac{V_{\text{REF}} R_F}{2^n R}(2^{n-1} D_{n-2} + 2^{n-2} D_{n-3} + \ldots + 2^1 D_1 + 2^0 D_0)$$
$$= -\frac{V_{\text{REF}} R_F}{2^n R}\sum_{i=0}^{n-1} D_i \times 2^i \tag{10.9}$$

式（10.9）表明输出模拟量 v_O 与输入数字量 D 成正比，转换比例系数 $k = -\dfrac{V_{\text{REF}} R_F}{2^n R}$。输出电压的变化范围同样可以用 V_{REF} 和 R_F 来调节。

一般 R-2R 倒 T 形电阻网络 DAC 集成片都使 $R_F = R$，因此式（10.9）可简化

$$v_O = -\frac{V_{\text{REF}}}{2^n}\sum_{i=0}^{n-1} D_i \times 2^i \quad (R_F = R) \tag{10.10}$$

由于模拟电子开关在状态改变时，都设计成按"先通后断"的顺序工作，使 $2R$ 电阻的上端总是接地或接虚地，而没有悬空的瞬间，即 $2R$ 电阻两端的电压及流过它的电流都不随开关掷向的变化而改变，故不存在对网络中寄生电容的充、放电现象，而且流过各 $2R$ 电阻的电流都是直接流入运算放大器输入端的，所以提高了工作速度。和权电阻网络比较，由于它只有 R、$2R$ 两种阻值，从而克服了权电阻阻值多且阻值差别大的缺点。

因而 R-2R 倒 T 形电阻网络 DAC 是工作速度较快、应用较多的一种。采用

R-2R 倒 T 形电阻网络 DAC 集成片种类也较多，例如 AD7524（一级寄存缓冲，8 位）、DAC0832（两级寄存缓冲，8 位）、5G7520（无寄存缓冲，10 位）、AD7534（数据串行输入，12 位）、AD7546（分段，16 位）等。

图 10-8 是采用倒 T 形电阻网络的单片集成 D/A 转换器 CB7520（AD7520）的电路原理图。它的输入为 10 位二进制数，采用 CMOS 电路构成的模拟开关。

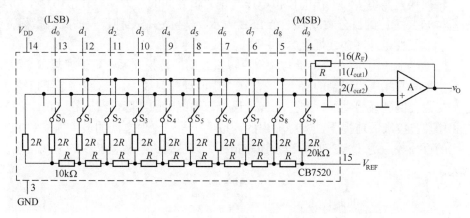

图 10-8 CB7520（AD7520）的电路原理图

使用 CB7520 时需要外加运算放大器。运算放大器的反馈电阻可以使用 CB7520 内设的反馈电阻 R（如图 10-8 所示），也可以另选反馈电阻接到 I_{out1} 与 v_O 之间。外接的参考电压 V_{REF} 必须保证有足够的稳定度，才能确保应有的转换精度。

10.2.4 DAC 的转换精度与转换速度

1. 转换精度

在 DAC 中一般用分辨率和转换误差来描述转换精度。

（1）分辨率

一般用 DAC 的位数来衡量分辨率的高低，因为位数越多，其输出电压 v_O 的取值个数就越多（2^n 个），也就越能反映出输出电压的细微变化，分辨能力就越高。

此外，也可以用 DAC 能分辨出来的最小输出电压 1LSB 与最大输出电压 FSR 之比定义分辨率。即

$$分辨率 = \frac{1LSB}{FSR} = \frac{k}{k(2^n - 1)} = \frac{1}{2^n - 1}$$

该值越小，分辨率越高。例如 8 位 DAC 的分辨率是 8 位，也可以表示为

$$分辨率 = \frac{1}{2^8 - 1} = \frac{1}{255} \approx 0.004$$

（2）转换误差

DAC 电路各部分的参数不可避免地存在误差，因而引起转换误差，它也必然影响转换精度。

转换误差是指实际输出的模拟电压与理想值之间的最大偏差。常用这个最大偏差与 FSR 之比的百分数或若干个 LSB 表示。实际它是三种误差的综合指标。

①非线性误差（非线性度）。

图 10-9 画出了输入数字量与输出模拟量之间的转换关系。对于理想的 DAC，各数字量与其相应模拟量的交点，应落在图中的理想直线上。但对于实际的 DAC，这些交点会偏高理想直线，产生非线性误差，见图中的实际曲线。在 DAC 的零点和增益已校准的前提下，实际输出的模拟电压与理论值之间的最大偏差和 FSR 之比的百分数，是 DAC 的非线性误差指标。该值越大，数模转换的非线性误差越大。

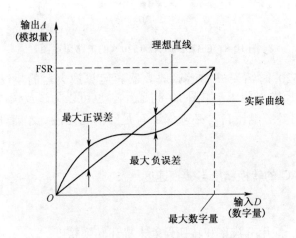

图 10-9　非线性误差

非线性误差也可用若干个 LSB 表示，例如 AD7524 的非线性误差为 ±0.05%，所以

$$最大正、负误差 = \pm 0.05\% \times FSR$$
$$= \pm 0.05\% \times (2^8 - 1) \times LSB$$
$$= \pm 0.1275 \times LSB$$
$$\approx \pm (1/8) LSB$$

因此也可以说 AD7524 的非线性误差为 ±(1/8)LSB。一般要求 DAC 的非线性

误差要小于 $\pm(1/2)\text{LSB}$。

DAC 产生非线性误差的原因是：模拟电子开关的导通电阻和导通压降以及 R、$2R$ 电阻值的偏差。因此这些偏差是随机的，故以非线性误差的形式反映在输出电压上。

②漂移误差（平移误差）。

漂移误差是由运算放大器的零点漂移造成的。若因零点漂移在输出端产生误差电压 Δv_{O2}，则漂移误差 $= -(\Delta v_{O1}/\text{FSR})\%$，或用若干个 LSB 表示。

误差电压 Δv_{O1} 与数字量的大小无关，它只把图 10-9 中的理想直线向上或向下平移，并不改变其线性，因此也称它为平移误差。

可用零点校准消除漂移误差，但不能在整个温度范围内都获得校准。

③增益误差（比例系数误差）。

在零点校准后，求得理论 FSR 与其实测值的偏差 Δv_O，则增益误差 $= (\Delta v_O/\text{FSR})\%$，或用若干个 LSB 表示。它主要是由基准电压 V_{REF} 和运算放大器增益不稳定造成的。

对于 R-2R 倒 T 形电阻网络 DAC，由于 V_{REF} 不稳定产生的误差电压由式（10.10）可知为

$$\Delta v_{O2} = \frac{\Delta V_{\text{REF}}}{2^n} \sum_{i=0}^{n-1} D_i \times 2^i$$

由运算放大器增益不稳定引起的误差电压

$$\Delta v_{O3} = \frac{V_{\text{REF}}}{2^8} \left(\Delta \frac{R_F}{R} \right) \sum_{i=0}^{n-1} D_i \times 2^i$$

$\Delta v_O = \Delta v_{O2} + \Delta v_{O3}$，$\Delta v_O$ 与数字量成正比，因此它只改变图 10-9 中理想直线的斜率，并不破坏线性。

由于 Δv_O 是由 V_{REF} 和 $\dfrac{R_F}{R}$ 不稳定造成的，所以增益校准只能暂时消除增益误差。

目前 DAC 集成片有两类：一类在片内包含运算放大器和基准电压源产生电路；另一类不包含这些电路。在选用后一类集成片时，应注意合理地确定对基准电压源稳定度和运算放大器零点漂移的要求。

2. 转换速度

转换速度一般由建立时间决定。从输入由全 0 突变为全 1 时开始，到输出电压稳定在 FSR $\pm(1/2)\text{LSB}$ 范围内为止，这段时间称为建立时间，它是 DAC 的最大响应时间，所以用它衡量转换速度的快慢。例如 10 位 DAC 5G7520 的建立时间不大于 500ns。

10.3　模数转换器（ADC）

10.3.1　模数转换基本原理

由于模拟信号在时间上和量值上是连续的，而数字信号在时间上和量值上都是离散的，所以进行模数转换时，先要按一定的时间间隔对模拟电压值取样，使它变成时间上离散的信号。然后将取样电压值保持一段时间，在这段时间内，对取样值进行量化，使取样值变成离散的量值，最后通过编码，把量化后的离散量值转换成数字量输出。这样，经量化、编码后的信号就成了时间和量值都离散的数字信号了。显然，模数转换一般要分取样、保持和量化、编码两步进行。

1. 取样、保持

图 10-10（b）所示的 v_I 是输入的模拟信号。图 10-10（c）所示的 $S(t)$ 是取样脉冲、T_s 是取样脉冲周期，t_w 是取样脉冲持续时间。用 $S(t)$ 控制图 10-10（a）所示的模拟开关，在 t_w 时间内，$S(t)$ 使开关接通，输出 $v_s = v_I$ 在 $T_s - t_w$ 时间，$S(t)$ 使开关断开，$v_s = 0$。v_I 经开关取样后，其输出 v_s 的波形如图 10-10（d）所示。

可见取样就是对模拟信号周期性地抽取样值，使模拟信号变成时间上离散的脉冲串，但其取样值仍取决于取样时间内输入模拟信号的大小。

取样脉冲的频率 f_s（$1/T_s$）越高，取样越密，取样值就越多，其取样信号 v_s 的包络线也就越接近于输入信号的波形。取样定理指出：当取样频率 f_s 不小于输入模拟信号频谱中最高频率 f_{max} 的两倍，即 $f_s \geq 2f_{max}$ 时，取样信号 v_s 才可以正确地反映输入信号，或者说，在满足上式的条件下，将 v_s 通过低通滤波器，就可以使它无失真地还原成输入模拟信号 v_I。一般取 $f_s = (2.5 \sim 3)f_{max}$，例如语音信号的 $f_{max} = 3.4\text{kHz}$，一般取 $f_s = 8\text{kHz}$。

对于变化较快的模拟信号，其取样值 v_s 在脉冲持续时间内会有明显变化（见图 10-10（d），v_s 顶部不平），所以不能得到一个固定的取样值进行量化，为此要利用图 10-11（a）所示的取样—保持电路对 v_I 进行取样、保持。在 $S(t) = 1$ 的取样时间（t_w）内，使场效应管导通，由于对电容 C 的充电时间常数远远小于 t_w，使 C 上的电压在 t_w 时间内能跟随输入信号 v_I 变化，而运算放大器 A 接成电压跟随器，所以有 $v_O = v_{I1}$ 在 $S(t) = 0$ 的保持时间内，场效应管关断，由于电压跟随器的输入阻抗很高，存储在 C 中的电荷很难泄漏，使 C 上的电压保持不变，从而使 v_O 保持取样结束时 v_I 的瞬时值，形成图 10-10（e）所示的 v_O 波形。波形中出现的 5 个幅度不等的"平台"、分别等于 $t_1 \sim t_4$ 时刻 v_I 的瞬时值，这 5 个瞬时值才是要转换成数字量的取样值。所以，量化、编码电路也要由取样脉冲 $S(t)$ 控制，使它分别在 $t_1 \cdots t_5 \cdots$ 时刻开始对 v_O 转换，也就是在保持时间（$T_s - t_w$）内完成量化、编码。

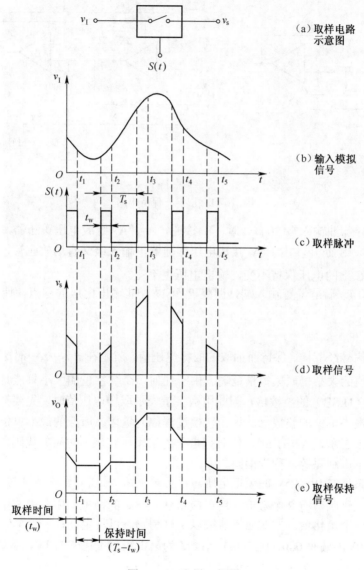

图 10-10　取样、保持

目前取样－保持电路都已集成化，LF198 就是其中之一，见图 10-11（b）。图中 S 是模拟电子开关，L 是开关的驱动电路，A_1、A_2 是运算放大器。为提高运算

放大器 A_2 的输入阻抗，在其输入级使用了场效应管。

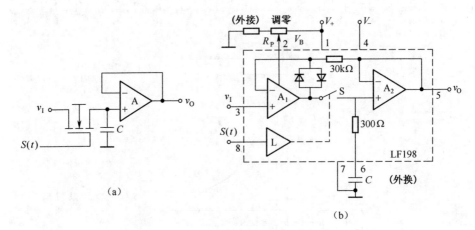

图 10-11　取样－保持电路

当取样脉冲输入端 $S(t)=1$ 时，S 接通，A_1、A_2 组成电压跟随器，$v_O = v_I$；$S(t)=0$ 时，S 断开，由于 A_2 接成电压跟随器，输入级又有场效应管，输入阻抗极高，使 C 上的电压保持不变，输出电压也不变。

另外，V_B 端是偏置输入端，调整 R_P 可以校准输出电压的零点，使 $v_I = 0$ 时，$v_O = 0$。

2. 量化、编码

模拟信号经取样、保持而抽取的取样电压值，就是在 $t_1, t_2 \cdots t_5 \cdots$ 时刻 v_I 的瞬时值，这些值的大小仍属模拟量范畴。由于任何一个数字量的大小只能是某个最小数量单位（1LSB）的整数倍，因此用数字量表示取样电压值时，先要把取样电压化为这个最小单位的整数倍。这一转换过程称为量化。所取的最小单位称为量化单位，用 Δ 表示，$\Delta = 1$LSB，然后把量化的结果再转化为对应的代码，如二进制码、二－十进制码等，称为编码。

下面具体对 $0 \sim 7.5$V 的模拟电压 v_I 进行量化编码，将其转换成 3 位二进制数。因为 3 位二进制数有 8 个数值，所以应将 $0 \sim 7.5$V 的模拟电压分成 8 个量化级，每级规定一个量化值，并对应该值编以二进制码。可规定 $0 \leqslant v_I < 0.5$V 为第 0 级，量化值为 0V，编码 000；0.5V $\leqslant v_I < 1.5$V 为第 1 级，量化值为 1V，编码 001；最后 6.5V $\leqslant v_I < 7.5$V 为第 7 级，编码 111，见图 10-12。

凡落在某一量化级范围内的模拟电压都取整归并到该级量化值上。例如，4.5V 的输入电压，应量化到量化值 5V 上，而 4.49V 则应量化到量化值 4V 上，即采用四舍五入的方法量化取整。而两个相邻量化值之间的差为量化单位 $\Delta = 1$V $= 1$LSB，

各量化值都为 Δ 的整数倍。然后将这些量化值转换成对应的 3 位二进制数。

v_I 的对应数字量可由下式求出

$$(N)_{10} = (v_I / \Delta)_{四舍五入} \tag{10.11}$$

再将 $(N)_{10}$ 换算成二进制数。

由于量化过程中四舍五入的结果，必然造成实际输入电压值与量化值之间的偏差，如输入 4.5V 与其量化值 5V 之间偏差 0.5V；而输入 4.49V 与其量化值 4V 之间差 0.49V。这种偏差称为量化误差。按上述四舍五入的量化方法，其最大量化误差为 Δ/2。另一种量化的方法是舍去小数法，用下式计算：

$$(N)_{10} = (v_I / \Delta)_{舍去小数} \tag{10.12}$$

这种方法的最大量化误差为 Δ。显然这种量化方法的量化误差较前一种要大。例如 $v_I = 0 \sim 8V$，按舍去小数法进行量化，如图 10-13 所示，图中量化单位 Δ = 1V，最大量化误差 Δ = 1V。

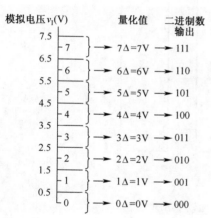

图 10-12 量化方法之一——四舍五入法

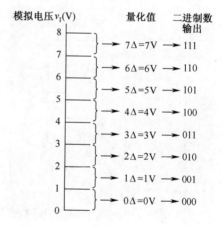

图 10-13 量化方法之二——舍去小数法

完成量化编码工作的电路是 ADC。ADC 种类很多，按工作原理的不同，可分成间接 ADC 和直接 ADC。间接 ADC 是先将输入模拟电压转换成时间或频率，然后再把这些中间量转换为数字量，常用的有中间量是时间的双积分型 ADC；直接 ADC 则直接将输入模拟电压转换成数字量，常用的有并联比较型 ADC 和逐次逼近型 ADC。下面分别加以介绍。

10.3.2 并联比较型 ADC

1. 电路结构

图 10-14 是 3 位并联比较型 ADC 的原理电路图，它由下列 4 部分组成。

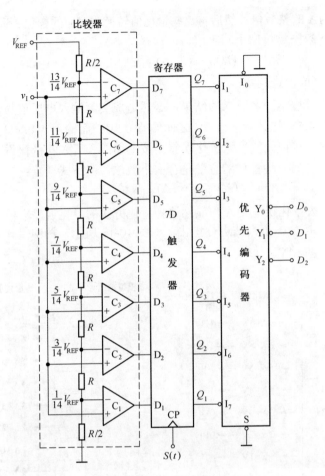

图 10-14　3 位并联比较型 ADC

比较器：由 7 个电压比较器组成，各电压比较器的"+"输入端都接输入电压 v_1，而它的"−"输入端接一定值的比较电压 V_R，当 $v_1 \geqslant V_R$ 时，比较器输出 1；$v_1 < V_R$ 时，输出 0。

分压电阻链：由 8 个电阻组成，两端的电阻为 $R/2$。中间 6 个电阻都为 R。比较电压 V_R 由基准电压 V_{REF} 经该电阻链分压获得。所分得的 7 个 V_R 分别为 $(1/14)V_{REF}$、$(3/14)V_{REF}$、$(5/14)V_{REF}$、$(7/14)V_{REF}$、$(9/14)V_{REF}$、$(11/14)V_{REF}$、$(13/14)V_{REF}$。

寄存器：由 7 个 D 触发器组成，用取样脉冲 $S(t)$ 的上升沿触发。

优先编码器：为 8 线 - 3 线优先编码器，其输入、输出端均为低电平有效。

2. 工作原理

当取样脉冲 $S(t) = 0$ 时，由取样一保持电路提供一个稳定的取样电压值，作为

v_I 送入比较器，使它在保持时间内进行量化。然后将量化的值，在 $S(t)$ 上升沿来到时送入 D 触发器寄存，并由优先编码器产生相应的二进制数码输出。具体量化、编码过程如下：

由于 v_I 直接送到各比较器的"+"端，所以若在 $0 \leqslant v_I < (1/14)V_{REF}$ 范围内，则所有比较器都输出 0，即量化值为 0，在 $S(t)$ 触发后，各触发器的输出 $Q_7Q_6 \dots Q_1 = 0000000$；若在 $(1/14)V_{REF} \leqslant v_I < (3/14)V_{REF}$ 范围内，则只有比较器 C_1 输出 1，即量化值为 $1 \times (1/7)V_{REF}$，待 $S(t)$ 触发后，使 $Q_7Q_6 \dots Q_1 = 0000001$。依此类推，可以获得 v_I 在 $0 \sim (15/14)V_{REF}$ 范围内变化时各触发器的状态，如表 10-2 所示。各寄存器的输出直接送入优先编码器的 7 个输入端 $I_1 \sim I_7$（I_0 接地）。根据优先编码器的逻辑功能，可得到编码器的对应编码输出 $D_2D_1D_0$（表 10-2）。

表 10-2　3 位并联比较型 ADC 的量化编码表

v_I	Q_7 I_1	Q_6 I_2	Q_5 I_3	Q_4 I_4	Q_3 I_5	Q_2 I_6	Q_1 I_7	D_2	D_1	D_0	量化值
$0 \leqslant v_I < (1/14)V_{REF}$	0	0	0	0	0	0	0	0	0	0	0
$(1/14)V_{REF} \leqslant v_I < (3/14)V_{REF}$	0	0	0	0	0	0	1	0	0	1	$(1/7)V_{REF}$
$(3/14)V_{REF} \leqslant v_I < (5/14)V_{REF}$	0	0	0	0	0	1	1	0	1	0	$(2/7)V_{REF}$
$(5/14)V_{REF} \leqslant v_I < (7/14)V_{REF}$	0	0	0	0	1	1	1	0	1	1	$(3/7)V_{REF}$
$(7/14)V_{REF} \leqslant v_I < (9/14)V_{REF}$	0	0	0	1	1	1	1	1	0	0	$(4/7)V_{REF}$
$(9/14)V_{REF} \leqslant v_I < (11/14)V_{REF}$	0	0	1	1	1	1	1	1	0		$(5/7)V_{REF}$
$(11/14)V_{REF} \leqslant v_I < (13/14)V_{REF}$	0	1	1	1	1	1	1	1	1	0	$(6/7)V_{REF}$
$(13/14)V_{REF} \leqslant v_I < (15/14)V_{REF}$	1	1	1	1	1	1	1	1	1	1	$(7/7)V_{REF}$

由表看出，比较器将 v_I 划分成 8 个量化级，并以四舍五入法进行量比，其量化单位 $\Delta = \left(\dfrac{1}{7}\right)V_{REF} = \dfrac{1}{2^3-1}V_{REF}$，量化误差 $\dfrac{\Delta}{2} = \left(\dfrac{1}{14}\right)V_{REF}$。

若令 $V_{REF} = 7V$，则量化的具体值与图 10-12 所示完全一样。

注意：如果输入电压范围超出正常范围。即 $v_I > V_m = \dfrac{15}{14}V_{REF}$，7 个比较器仍然都输出 1，ADC 输出 111 不变，而进入"饱和"状态，不能正常转换。

该并联比较型 ADC 对应于 v_I 的数字量可由式（10.11）求出，式中

$$\Delta = \dfrac{1}{2^3-1}V_{REF}$$

若输出 n 位数字量，则

$$\Delta = \frac{1}{2^n - 1} V_{REF} \qquad (10.13)$$

由于并联比较型 ADC 采用各量级同时并行比较，各位输出码也是同时并行产生，所以转换速度快是它的突出优点，同时转换速度与输出码位的多少无关。集成芯片 TDCl007J 型 8 位并联比较型 ADC 的转换速率可达 30MHz，而 SDA5010 型 6 位超高速并联比较型 ADC 的转换速率高达 100MHz。

并联比较型 ADC 的缺点是成本高、功耗大。因为 n 位输出的 ADC，需要 2^n 个电阻、$(2^n - 1)$ 个比较器和 D 触发器以及复杂的编码网络，其元件数量随位数的增加，以几何级数上升，所以这种 ADC 适用于要求高速、低分辨率的场合。

10.3.3　逐次逼近型 ADC

逐次逼近型 ADC 是另一种直接 ADC，它也产生一系列比较电压 v_R，但与并联比较型 ADC 不同，它是逐个产生比较电压，逐次与输入电压分别比较，以逐渐逼近的方式进行模数转换的。

1. 电路组成及各部分的作用

图 10-15 是 3 位逐次逼近型 ADC 的原理方框图。它由 5 部分组成。

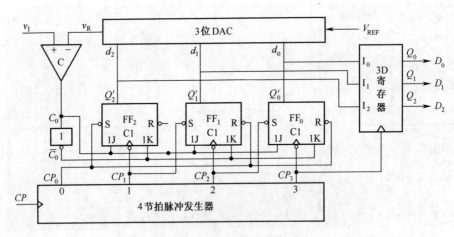

图 10-15　3 位逐次逼近型 ADC

DAC 的作用是按不同的输入数码产生一组相应的比较电压 v_R，它是一个 3 位 R-2R T 形网络，由该网络输出端直接输出比较电压。

$$v_R = \frac{V_{REF}}{2^3}(d_2 \times 2^2 + d_1 \times 2^1 + d_0 \times 2^0)$$

电压比较器 C_1 它是将输入信号 v_I 与比较电压 v_R 进行比较，当 $v_I \geqslant v_R$ 时，比较器的输出 $C_O = 1$（$\bar{C}_O = 0$）；$v_I < v_R$ 时，$C_O = 0$（$\bar{C}_O = 1$）。注意，v_I 是由取样—保持电路提供的取样电压值。C_O、$\bar{C}_O$ 端分别连接各 JK 触发器的 J、K 端。

4 节拍脉冲发生器：用它产生 4 个节拍的负向节拍脉冲 $CP_0 \sim CP_3$，见图 10-16。由这 4 个节拍脉冲控制其他电路完成逐次比较。该发生器通常由 4 位环形移位计数器构成。

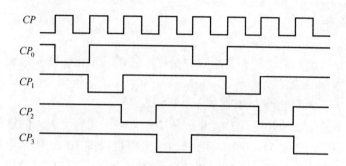

图 10-16　4 节拍脉冲发生器输出波形

JK 触发器：其作用是在节拍脉冲 $CP_0 \sim CP_3$ 的推动下，记忆每次比较的结果，并向 DAC 提供输入数码。

3D 寄存器：由 3 个上升沿触发的 D 触发器组成，在节拍脉冲的触发下，记忆最后的比较结果，并行输出二进制代码。

2. 工作原理

因为图中 DAC 输出的比较电压为

$$v_R = \frac{V_{REF}}{2^3}(d_2 \times 2^2 + d_1 \times 2^1 + d_0 \times 2^0)$$

若 DAC 有 n 位，则

$$v_R = \frac{V_{REF}}{2^n} \sum_{i=0}^{n-1} d_i \times 2^i \qquad (10.14)$$

若设 $V_{REF} = 8V$，并把数字量 $d_2 d_1 d_0$ 由 000～111 分别代入上式。求得比较电压 v_R 为 1V、2V、…、7V，与图 10-13 所示完全一样，其量化方法是舍去小数法。现以取样电压值 $v_I = 5.9V$ 为例，具体说明将它转换成数字量的过程。

首先是节拍脉冲 CP_0 使 JK 触发器中的 FF_2 直接置 1，FF_1、FF_0 直接置 0，即 $Q_2' Q_1' Q_0' = d_2 d_1 d_0 = 100$，则 DAC 输出的比较电压为 $v_R = 4V$，由于 $v_I > v_R$，比较器输出 $C_O = 1$，$\bar{C}_O = 0$，使各 JK 触发器的 $J = 1$，$K = 0$。然后在节拍脉冲 CP_1 下

降沿的触发下，使 JK 触发器 FF_2 的输出 Q_3' 仍然为 1，FF_1 被直接置 1，这样，在 CP_1 作用后，$Q_2'Q_1'Q_0' = d_2 d_1 d_0 = 110$，所以 DAC 输出的比较电压 $v_R = 6V$，因 $v_I < v_R$，比较器输出 $C_O = 0$，$\overline{C}_O = 1$，使各触发器的 $J = 0$，$K = 1$。然后在节拍脉冲 CP_2 下降沿的触发下，使 FF_1 的输出 Q_1' 翻成的 0，FF_0 被直接置 1，这样在 CP_2 的作用后，$Q_2'Q_1'Q_0' = d_2 d_1 d_0 = 101$，DAC 输出的 $v_R = 5V$，因为 $v_I > v_R$，比较器输出 $C_O = 1$，$\overline{C}_O = 0$，使各触发器的 $J = 1$，$K = 0$。然后，节拍脉冲 CP_3 的下降沿触发 FF_0 使它仍输出 $Q_0' = 1$，这时 JK 触发器的输出 $Q_2'Q_1'Q_0' = 101$，这就是转换的结果，最后在 CP_3 上升沿的触发下，将数字量 101 存入 3D 寄存器，由 D_2、D_1、D_0 输出。

由以上分析可知，这种舍去小数的量化方法，其量化单位和最大量化误差都为 $\Delta = 1V$，本例转换的结果是 $D_2 D_1 D_0 = 101$，其量化值为 $5\Delta = 5V$，与实际值 $v_I = 5.9V$ 相比，偏差 0.9V，小于最大量化误差 1V。

为了减小量化误差，在 ADC 集成片中，大多采用四舍五入的量化方法，例如 8 位 ADC 的集成片 ADC0801，它的内部电路也以图 10-14 所示电路为基础，但稍有改动，就是在 DAC 的输出端串接一个数值为 $-\Delta/2$ 的偏移电压，使比较电压都向下偏移 $\Delta/2$。这时，式（10.14）应改为

$$v_R = \left(\frac{V_{REF}}{2^n}\right)\sum_{i=0}^{n-1} d_i \times 2^i - \frac{\Delta}{2} \tag{10.15}$$

$$\Delta = \frac{V_{REF}}{2^n} \quad (n \text{ 为数字量位数})$$

这时若设 $V_{REF} = 8V$，并把数字量 $d_2 d_1 d_0$ 由 000～111 分别代入式（10.15），求得比较电压为 0.5V、1.5V、…、6.5V，与图 10-12 所示完全一样。

逐次逼近型 ADC 每次转换都要逐位比较，需要 $n+1$ 个节拍脉冲才能完成，所以它比并联比较型 ADC 的转换速度慢，但比下面要讲述的双分积型 ADC 要快得多，属于中速 ADC 器件。另外位数多时，它需用的元、器件比并联比较型少得多，所以它是集成 ADC 中应用较广的一种。例如，ADC0801、ADC0809 等都是 8 位通用型 ADC，AD571（10 位）、AD574（12 位）都是高速双极型 ADC，MN5280 是 16 位精度 ADC。

10.3.4 双积分型 ADC

双积分型 ADC 属于间接型 ADC，它先对输入取样电压和基准电压进行两次积分，以获得与取样电压平均值成正比的时间间隔，同时在这个时间间隔内，用计数器对标准时钟脉冲（CP）计数，计数器输出的计数结果就是对应的数字量。

1. 电路结构

图 10-17 所示为双积分型 ADC 的简化电路。

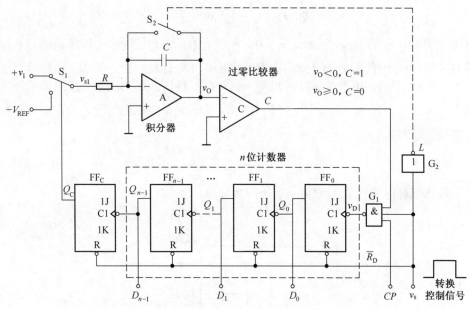

图 10-17 双积分型 ADC 简化电路

它包括：

积分器：由 R、C 和运算放大器 A 组成，它是电路的核心。

过零比较器："−"端接积分器的输出 v_O，"+"端接地。当 $v_O < 0$ 时，输出 $C = 1$，$v_O \geqslant 0$ 时，$C = 0$。

n 位计数器和辅助触发器：由 n 个 JK 触发器接成 n 位二进制异步加法计数器。并用 Q_{n-1} 的下降沿触发辅助触发器 FF_C。

开关 S_1 和 S_2：S_1 由 FF_C 的输出 Q_C 驱动，$Q_C = 0$ 时，S_1 掷向输入电压 v_I；$Q_C = 1$ 时，S_1 掷向 $-V_{REF}$。S_2 由 G_2 的输出驱动，G_2 的输出 $L = 1$ 时，S_2 闭合，使电容 C 短路放电；$L = 0$ 时，S_2 断开。

2. 工作原理

首先设定输入电压 v_I 为正电压，基准电压 $-V_{REF}$ 为负电压。

该电路对 v_I 的转换分 3 个阶段进行。

①初始准备（休止阶段）：这时转换控制信号 $v_s = 0$，将计数器和 FF_C 清 0；并通过 G_2，使 $L = 1$，开关 S_2 闭合，电容 C 充分放电；又因 $Q_C = 0$，使开关 S_1 掷向 v_I。

②第一次积分（取样阶段）：在 $t = 0$ 时，v_s 上升为高电平，断开开关 S_2，积分器开始对 v_1 积分，积分器的输出电压

$$v_O(t) = -\frac{1}{RC}\int_0^t v_1 \mathrm{d}t$$

见图 10-18 中 v_O 的①线，因给定 $v_I > 0$，所以 $v_O(t) < 0$，使过零比较器输出 $C = 1$，将 G_1 门打开，因此积分一开始，计数器就从 0 开始计数，当计满 2^n，计数器返回 0 时，使 FF_C 置 1，驱动 S_1 掷向 $-V_{REF}$。到此时，对 v_I 的第一次积分结束。积分时间为 $T_1 = 2^n T_C$，T_C 为时钟脉冲 CP 的周期，n 为计数器的位数，故 T_1 为定值，T_1 时刻的积分器输出为

$$V_{O1} = -\frac{1}{RC}\int_0^{T_1} v_1 \mathrm{d}t = -\frac{T_1}{RC}V_1 = -\frac{2^n T_C}{RC}V_1 \tag{10.16}$$

式中 V_1 为取样时间（T_1）内输入电压的平均值。

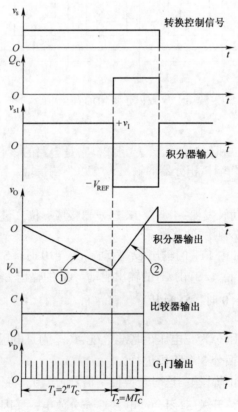

图 10-18 双积分型 ADC 的工作波形

上式说明积分器输出的电压 V_{O1} 与输入模拟电压的取样平均值 V_1 成正比。

③第二次积分（比较阶段）：将 V_{O1} 转换成与之成正比的时间间隔 T_2，并用计数器以时钟周期 T_C 进行量度。

S_1 接向 $-V_{REF}$ 后，积分器又从 T_1 时刻开始反向积分，这时积分器的输出

$$v_O(t) = V_{O1} - \frac{1}{RC}\int_{T_1}^{t}(-V_{REF})\mathrm{d}t$$

$$= \frac{-2^n T_C}{RC}V_1 - \frac{1}{RC}\int_{T_1}^{t}(-V_{REF})\mathrm{d}t \tag{10.17}$$

见图 10-18 中 v_O 的②线。与此同时，计数器又从 0 开始计数。经 T_2 时间，积分器的输出电压回升到 0，过零比较器输出 $C = 0$，将 G_1 封锁，使计数器停止计数。假设计数器所计的时钟脉冲个数为 M，则这段积分时间为 $T_2 = MT_C$。此时计数器的 $Q_{n-1}Q_{n-2}\dots Q_0$ 输出的状态即为 M 相应的二进制代码。

在 $t = T_1 + T_2$ 时刻，积分器的输出为

$$v_O(t) = 0 = -\frac{T_1}{RC}V_1 - \frac{1}{RC}\int_{T_1}^{T_1+T_2}(-V_{REF})\mathrm{d}t$$

$$= -\frac{T_1}{RC}V_1 + \frac{T_2}{RC}V_{REF} \tag{10.18}$$

由式（10.18）得到

$$V_1 = \frac{V_{REF}}{T_1}T_2 = \frac{V_{REF}}{2^n T_C}MT_C = \frac{V_{REF}}{2^n}M \tag{10.19}$$

由式（10.19）看出，V_1 与第二次积分时间 T_2 成正比，用时钟周期量度 T_2 所得到的计数脉冲 M，也必然与 V_1 成正比。所以与计数脉冲个数相对应的计数器输出状态 $Q_{n-1}Q_{n-2}\dots Q_0$ 即为转换的二进制数 $D_{n-1}D_{n-2}\dots D_0$，这就是转换的结果。

将式（10.19）变换一下，得

$$M = \left(\frac{V_1}{\dfrac{V_{REF}}{2^n}}\right)_{舍去小数} \qquad (V_{REF} \text{ 为正值}) \tag{10.20}$$

由 CP 对计数器触发计数的机理可以推知，该 ADC 采用"舍去小数"的量化方法，故最大量化误差等于量化单位 $\Delta = V_{REF}/2^n$。输入电压变化范围是 $0 \sim V_{REF}$，若 $V_1 > V_{REF}$，对应的数字量将超出计数器所能计数的范围。

3. 双积分型 ADC 的优缺点

优点之一是抗干扰能力强：因电路的输入端使用了积分器进行取样，使取样电压值 V_1 是取样时间（T_1）内 v_I 的平均值，所以理论上，它可以平均掉输入信号

所带有的所有周期 T_1 / n ($n = 1,2,3,\cdots$) 的对称干扰。若选取样时间 T_1 为 20ms 的整数倍，则可有效地滤除工频干扰。

优点之二是稳定性好，可实现高精度 A/D 转换：因它通过两次积分把 V_1 与 V_{REF} 之比变成了两次计数值之比，由式（10.18）可推得

$$\frac{V_1}{V_{\text{REF}}} = \frac{\left(\dfrac{MT_C}{RC}\right)_{\text{第二次积分}}}{\left(\dfrac{2^n T_C}{RC}\right)_{\text{第一次积分}}}$$

只要两次积分时的 RC 和 T_C 不变，就可从上式把它们消去，而不要求 R、C 和时钟脉冲周期 T_C 的长期稳定性。

另外，由于转换结果与积分时间常数 RC 无关，因而消除了由于积分非线性带来的误差。

主要缺点是转换速度低：转换一次最少也需要 $2T_1 = 2^{n+1} T_C$ 时间。考虑到对运算放大器和比较器的自动调零时间，实际转换时间比 $2T_1$ 还要长得多。

因此这种转换器大多应用于要求精度较高而转换器要求不高的仪器仪表中，例如用于多位高精度数字直流电压表中。

10.3.5　ADC 的转换精度和转换速度

1. 转换精度

ADC 用分辨率和转换误差来描述转换精度。

（1）分辨率

通常以输出二进制或十进制数字的位数表示分辨率的高低，因为位数越多，量化单位越小，对输入信号的分辨能力就越高。

（2）转换误差

它是指：在零点和精度都校准以后，在整个转换范围内，分别测量各个数字量所对应的模拟输入电压实测范围与理论范围之间的偏差，取其中的最大偏差作为转换误差的指标，通常以相对误差的形式出现，并以 LSB 为单位表示。例如 ADC0801 的相对误差为 ±(1/4)LSB。

2. 转换速度

常用转换时间或转换速率来描述转换速度，完成一次 A/D 转换所需的时间称为转换时间。大多数情况下，转换速率是转换时间的倒数。例如 TDC1007J 的转换速率为 30MHz，转换时间相应为 33.3ns。

ADC 的转换速度主要取决于转换电路的类型，并联比较型 ADC 的转换速度

最高（转换时间可小于 50ns），逐次逼近型 ADC 次之（转换时间在 10～100μs 之间），双积分型 ADC 转换速度最低（转换时间在几十毫秒至数百毫秒之间）。

10.4　辅修内容

10.4.1　集成 DAC

1. 集成 DAC AD7524

AD7524 是采用 R-2R 倒 T 形电阻网络的 8 位 CMOS DAC 集成芯片，其功耗只有 20mW，供电电压 V_{DD} 可在+5～+15V 范围内选择，基准电压可正、可负。该电压的极性改变时，输出电压极性也相应改变。该集成片的转换非线性误差不大于±0.05%。

图 10-19（a）所示为 AD7524 的内部结构和引出端子。片内含有能够寄存数据的 8D 锁存器、8 个模拟电子开关、8 位倒 T 形电阻网络和运算放大器的反馈电阻 R_F，且使 $R_F = R$。图 10-19（b）虚线框内所示的电路是一个 CMOS 模拟电子开关（S_i），当输入 D_i 为 1 时，NMOS 管 VT_1 导通，VT_2 截止，使 2R 支路的电流流向 OUT_1 端；D_i 为 0 时，VT_1 截止，VT_2 导通，2R 支路的电流流向 OUT_2 端。

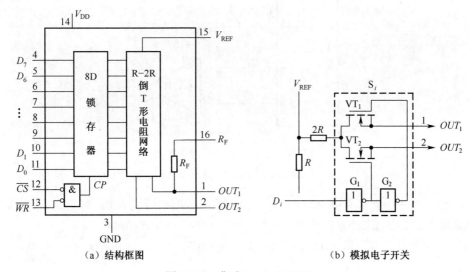

（a）结构框图　　　　　　　　　　　（b）模拟电子开关

图 10-19　集成 DAC AD7524

该片的主要引出端有：V_{DD}（供电电源正端）；GND（地端）；V_{REF}（基准电源端）；R_F（反馈电阻端）；$D_7 \sim D_0$（数据输入端）；OUT_1、OUT_2（R-2R 电阻网

络的电流输出端）；$\overline{CS}$ （片选端）；$\overline{WR}$ （写输入控制端）。

当 $\overline{CS} = \overline{WR} = 0$ 时，输入数据 $D_7 \sim D_0$ 可以存入 8D 锁存器；$\overline{CS}$ 和 $\overline{WR}$ 不同时为 0 时，不能写入数据，锁存器保持原存数据不变。$2R$ 支路的电流经模拟电子开关流向电流输出端 OUT_1、OUT_2。OUT_1 通常外接运算放大器的反相输入端，OUT_2 接运放的同相输入端再接地。

该芯片的应用很广泛，除了用作数模转换（包括微机的数模转换接口）的典型应用外，还可用它构成数控电压或电流源、数字衰减器、数控增益放大器、频率合成器、可编程有源滤波器、数控频率波形发生器等。例如，用做数模转换。选用 AD7524 和运算放大器 μA741 接成图 10-20 所示的电路，图中电位器 R_{P1}、R_{P2}、R_{P3} 用于电路校准。使 $\overline{CS}$ 和 $\overline{WR}$ 同时为 0，即可从 $D_7 \sim D_0$ 端输入数据。

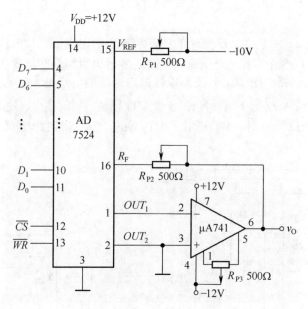

图 10-20 用 AD7524 构成 DAC

当输入最小数字量 00000000 时，输出的电压模拟量应为 0，若不为 0，可调节调零电位器 R_{P3}，使输出为 0，这一调节过程称为零点校准。

当输入最大数字量 11111111 时，输出电压应为

$$v_{Omax} = -\frac{V_{REF}}{2^n}(2^n - 1) = \frac{10}{256}(255) = 9.96\text{V(FSR)}$$

若实测值小于 9.96V，可调节 R_{P2}，使它的阻值从 0 慢慢加大，以增大反馈电阻（$R_F + R_{P2}$），提高运算放大器的放大倍数，使 v_{Omax} 上升到 9.96V；若实测输出值大于

9.96V，可增大 R_{P1} 的阻值，以降低 V_{REF}，使 $v_{O\max}$ 下降。这一调节过程称为增益校准。

该 DAC 的输出电压范围是 0～9.96V，可输出 $2^n = 256$ 个电压值，相邻电压的差值是

$$1LSB = \frac{10}{256} \times 1 = 39.1(mV)$$

2. 集成权电流型 DAC0808

在前面分析权电阻网络 D/A 的转换器和倒 T 形电阻网络 D/A 转换器的过程中，都把模拟开关当作理想开关处理，没有考虑它们的导通电阻和导通压降。而实际上这些开关总有一定的导通电阻和导通压降，而且每个开关的情况又不完全相同。它们的存在无疑将引起转换误差，影响转换精度。

解决这个问题的一种方法就是采用图 10-21 所示的权电流型 D/A 转换器。在权电流型 D/A 转换器中，有一组恒流源。每个恒流源电流的大小依次为前一个的 1/2，和输入二进制数对应位的"权"成正比。由于采用了恒流源，每个支路电流的大小不再受开关内阻和压降的影响，从而降低了对开关电路的要求。

恒流源电路经常使用图 10-22 所示的电路结构形式。只要在电路工作时保证 V_B 和 V_{EE} 稳度不变，则三极管的集电极电流即可保持恒定，不受开关内阻的影响。电流的大小近似为

$$I_i \approx \frac{V_B - V_{EE} - V_{BE}}{R_{Ei}} \qquad\qquad (10.21)$$

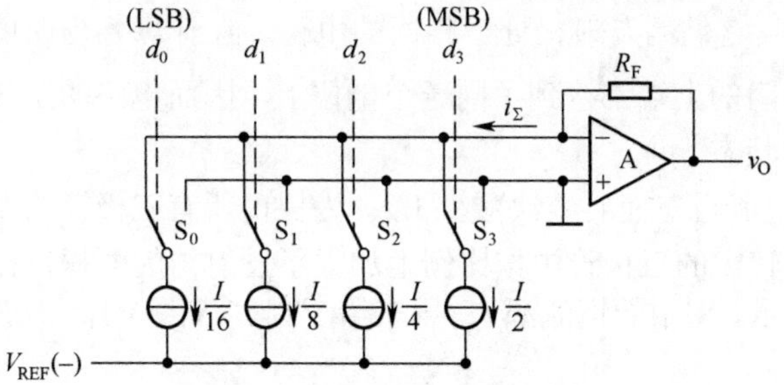

图 10-21　权电流型 D/A 转换器 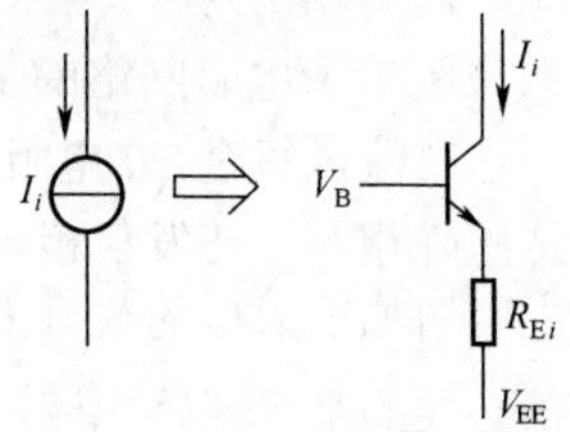　　　　　　图 10-22　权电流型 D/A 转换
器中的恒流源

当输入数字量的某位代码为 1 时，对应的开关将恒流源接至运算放大器的输入端；当输入代码为 0 时，对应的开关接地，故输出电压为

$$v_O = i_\Sigma R_F = R_F \left(\frac{I}{2} d_3 + \frac{I}{2^2} d_2 + \frac{I}{2^3} d_1 + \frac{I}{2^4} d_0 \right)$$

$$= \frac{R_\mathrm{F} I}{2^4}(d_2 2^3 + d_2 2^2 + d_1 2^1 + d_0 2^0) \qquad (10.22)$$

可见，v_O 正比于输入的数字量。

在相同的 V_B 和 V_EE 取值下，为了得到一组依次为 1/2 递减的电流源就需要用到一组不同阻值的电阻。为减少电阻阻值的种类，在实用的权电流型 D/A 转换器中经常利用倒 T 形电阻网络的分流作用产生所需的一组恒流源，如图 10-23 所示。

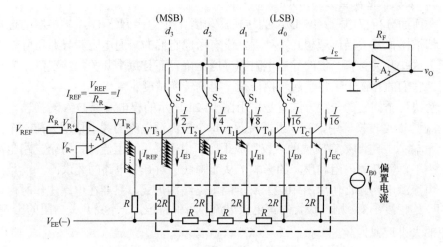

图 10-23   利用倒 T 形电阻网络的权电流型 D/A 转换器

由图可见，VT_3、VT_2、VT_1、VT_0 和 VT_C 的基极是接在一起的，只要这些三极管的发射结压降 V_BE 相等，则它们的发射极处于相同的电位。在计算各支路的电流时，可以认为所有 $2R$ 电阻的上端都接到了同一个电位上，因而电路的工作状态与倒 T 形电阻网络的工作状态一样。

这时流过每个 $2R$ 电阻的电流自左而右依次减少 1/2。为保证所有三极管的发射结压降相等，在发射极电流较大的三极管中按比例地加大了发射结的面积，在图中用增加发射极的数目来表示。图中的恒流源 I_B0 用来给 VT_R、VT_C、$VT_0 \sim VT_3$ 提供必要的基极偏置电流。

运算放大器 A_1、三极管 VT_R 和电阻 R_R、R 组成了基准电流发生电路。基准电流 I_REF 由外加的基准电压 V_REF 和电阻 R_R 决定。由于 VT_3 和 VT_R 具有相同的 V_BE 而发射极回路电阻相差一倍，所以它们的发射极电流也必然相差一倍，故有

$$I_\mathrm{REF} = 2I_\mathrm{E3} = \frac{V_\mathrm{REF}}{R_R} = I \qquad (10.23)$$

将式（10.23）代入式（10.22）中得

$$v_O = \frac{R_F V_{REF}}{2^4 R_R}(d_3 2^3 + d_2 2^2 + d_1 2^1 + d_0 2^0) \tag{10.24}$$

对于输入为 n 位二进制数码的这种电路结构的 D/A 转换器，输出电压的计算公式可写成

$$v_O = \frac{R_F V_{REF}}{2^n R_R}(d_{n-1} 2^{n-1} + d_{n-2} 2^{n-2} + \cdots + d_1 2^1 + d_0 2^0)$$
$$= \frac{R_F V_{REF}}{2^n R_R} D_n \tag{10.25}$$

采用这种权电流型 D/A 转换电路生产的单片集成 D/A 转换器有 DAC0806、DAC0807、DAC0808 等。这些器件都采用双极型工艺制作，工作速度较高。

图 10-24 是 DAC0808 的电路结构框图，图 10-24 中 $d_0 \sim d_7$ 是 8 位数字量的输入端。I_O 是求和电流的输出端。$V_{REF(+)}$ 和 $V_{REF(-)}$ 接基准电流发生电路中运算放大器的反相输入端和同相输入端。COMP 供外接补偿电容之用。V_{CC} 和 V_{EE} 为正、负电源输入端。

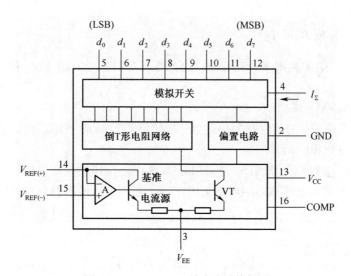

图 10-24 DAC0808 的电路结构框图

用 DAC0808 这类器件构成 D/A 转换器时，需要外接运算放大器和产生基准电流用的 R_R、如图 10-25 所示。在 V_{REF}=10V、R_R=5kΩ、R_F=5kΩ 的情况下，根据式（10.25）可知输出电压为

$$v_O = \frac{R_F}{2^8 R_R} V_{REF} D_n = \frac{10}{2^8} D_n \tag{10.26}$$

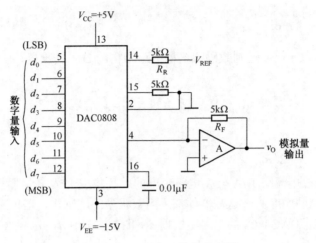

图 10-25　DAC0808 的典型应用

当输入的数字量在全 0 和全 1 之间变化时，输出模拟电压的变化范围为 0～9.96V。

10.4.2　集成 ADC

集成 ADC 的种类很多，应用较广的主要有双积分型集成 ADC 和逐次逼近型集成 ADC 两种。

1. 双积分型集成 ADC

双积分型集成 ADC 也有多种类型，现仅以 CC14433 为例，简述它的逻辑结构、引出端排列和应用。

CC14433 型双积分型 ADC 是采用 CMOS 工艺制作的大规模集成电路。它将线性放大器等模拟电路和数字电路集成在同一芯片上，使用时只需外接两个电阻和两个电容，即可组成具有自动调零和自动极性切换功能的 $3\frac{1}{2}$ 位 A/D 转换系统。

（1）逻辑框图

CC14433 的逻辑框图如图 10-26（a）所示。它主要由 6 部分组成。

模拟电路：包括构成积分器的运算放大器和过零比较器。

4 位十进制计数器：个位、十位、百位都为 8421BCD 编码，千位只有 0、1 这两个数码，所以它的最大计数值为 1999，故称它为十进制的 $3\frac{1}{2}$ 位。

数据寄存器：存放由计数器输出的转换结果。

数据选择器：在控制逻辑的作用下，逐位（十进制数的位）输出数据寄存器存储的 8421BCD 码。

控制逻辑：产生一系列控制信号，以协调各部分的工作，例如，极性判别控制、数据寄存控制等。

时钟电路：产生计数脉冲。

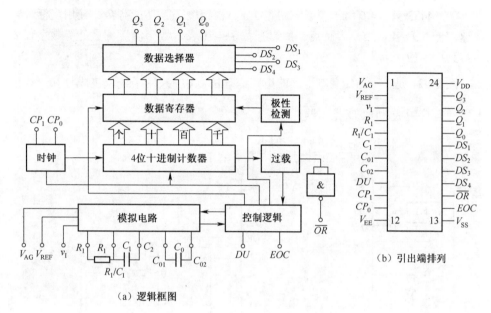

（a）逻辑框图

图 10-26　$3\frac{1}{2}$ 位双积分型 ADC CC14433

（2）引出端功能

CC14433 的外部引出端排列如图 10-26（b）所示，共有 24 个引出端，其中：v_I 为模拟电压输入端；V_{REF} 为基准电压输入端；V_{AG} 为模拟地，作为输入模拟电压和基准电压接地端的接地参考点。

R_1、R_1/C_1、C_1 为积分电阻（R_1）、电容（C_1）的接线端；C_{01}、C_{02} 为失调电压补偿电容（C_0）的接线端。

DU 为实时输出控制端，若在 DU 端输入一个正脉冲，则将 A/D 转换结果送入数据寄存器；EOC 为 A/D 转换结束的信号输出端（输出正脉冲）、将 DU 和 EOC 端短接，也就是把转换结束信号送入 DU 端，那么每次转换后的结果就可以立刻存入数据寄存器了。

CP_1、CP_0 为时钟输入、输出端。可由 CP_1 端输入外部时钟脉冲，也可在 CP_1 和 CP_0 端接一电阻 R_C，由片内产生时钟脉冲。

$Q_3 \sim Q_0$ 为数据选择器输出 8421BCD 码的输出端，Q_3 是最高位，用这 4 个端子连接显示译码器；$DS_1 \sim DS_4$ 为位选通脉冲输出端。

$\overline{OR}$ 为溢出信号输出端。

V_{DD} 为正电源输入端，V_{EE} 为负电源输入端，V_{SS} 为电源公共端。

（3）应用举例

CC14433 具有功耗低、抗干扰能力强、稳定度高、功能齐全、使用灵活、转换速度低（3～4 次/s）等特点。所以在数字电压表、数字温度测量计等数字仪表中得到广泛应用。

图 10-27 是 $3\frac{1}{2}$ 位数字电压表的电路原理图。图中共用了 4 块集成片和一块由七段数码管组成的 LED 显示器。

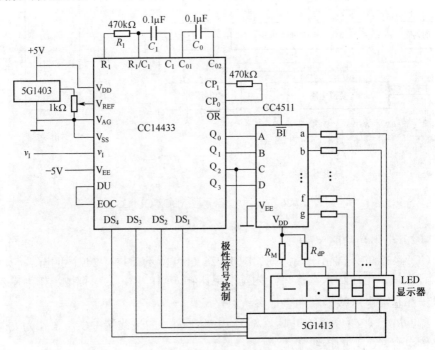

图 10-27　$3\frac{1}{2}$ 位数字电压表电路原理图

其中：

CC14433 用做 A/D 转换器，5G1403 作为基准电压源电路。提供稳定的基准电压，调节 $1k\Omega$ 电阻，可以获得所需的基准电压值，本例 $V_{REF} = 2V$。

CC4511 用作译码驱动器，它可将 1 位 8421BCD 码（$Q_3Q_2Q_1Q_0$）译码后，由 a, $b \cdots f$, g 端输出，再经外接限流电阻去分别驱动七段显示管的 7 个字段。

5G1413 为 7 路达林顿管驱动器，用它分别驱动各 7 段显示管的公共阴极，各路的输入是位选通信号（$DS_1 \sim DS_4$）以及 Q_2 等控制信号。

下面简述该 $3\frac{1}{2}$ 位数字电压表的工作过程，参看图 10-26 和图 10-27。当转换结束时，EOC 端输出正脉冲，推动 DU 端将计数器的计数结果存入数据寄存器，接着数据选择器输出千位数据，这时 Q_3 代表千位数，$Q_3 = 0$ 表示千位数为 1；$Q_3 = 1$，千位数为 0（Q_0 应为 0）。Q_2 代表被测电压的极性，正压时，$Q_2 = 1$；负压时，$Q_2 = 0$。Q_2Q_0 经 CC4511 译码后，驱动各七段显示管对应显示 0 或 1，同时输出千位选通信号 DS_1、推动 5G1413，使千位显示管发亮，其他 3 个管都不亮，而且由 Q_2 经 5G1413 驱动符号段，使 $Q_2 = 0$ 时，符号"﹣"亮；$Q_2 = 1$ 时，"﹣"不亮。

然后，数据选择器输出百位 8421BCD 码，同时输出百位选通信号 DS_2，去驱动百位七段显示管发亮，接着是十位、个位分别发亮，如此使 4 个显示管不断快速循环发亮，利用人眼的视觉暂留效应，即可看到完整的测量结果。一般称这种显示方法为动态显示。

在基准电压 $V_{\text{REF}} = 2\text{V}$ 时，测量范围是 $-1.999 \sim 1.999\text{V}$，输入电压超出这个范围时，由 $\overline{OR}$ 端的溢出信号控制 CC4511 的 $\overline{BI}$ 端，使显示数字熄灭。

另外，小数点是用 V_{REF} 经电阻 R_{dP} 提供电流点亮。"﹣"号是 V_{DD} 经 R_{M} 提供电流点亮。

还应说明，在这次转换结束，EOC 输出正脉冲后，CC14433 立即自动开始下一次 A/D 转换，首先是对运算放大器自动调零，然后进行两次积分和计数。

2. 逐次逼近型集成 ADC

逐次逼近型集成 ADC 的种类很多，应用广泛。现只以 ADC0801 为例，来说明集成 ADC 的引出端功能、工作过程以及调测和应用。

ADC0801 是 CMOS 8 位逐次逼近型 ADC，该片内部电路的主要结构与图 10-14 基本相同，只是位数加到 8 位，并且增加了串接在 DAC 输出端的电压偏移电路和某些控制端子的逻辑电路，以便采用四舍五入的量化方法和实现端子的控制功能。

（1）引出端

引出端符号可参阅图 10-28 中的方框图。图中：

模拟信号可以从 $V_{\text{IN}(+)}$ 和 $V_{\text{IN}(-)}$ 端平衡输入，也可以 $V_{\text{IN}(-)}$ 单端输入（$V_{\text{IN}(+)}$ 接地）。图 10-28 所示为单端输入。

基准电压 V_{REF} 可以由内部提供，这时 $V_{\text{REF}}/2$ 端悬空，$V_{\text{REF}} = V_{\text{DD}}$，也可由外部电源送入 $V_{\text{REF}}/2$ 端，例如送入 2V 电压，则 $V_{\text{REF}} = 2 \times 2 = 4(\text{V})$。该图所示为由集成片内部提供，故 $V_{\text{REF}} = V_{\text{DD}} = 5.12\text{V}$。

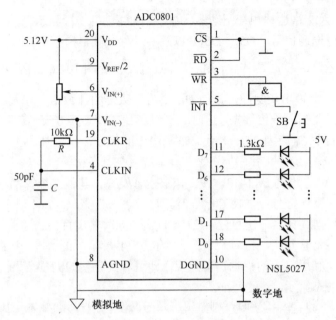

图 10-28　ADC0801 引出端及实验连线图

时钟脉冲 CP 可由 $CLKIN$ 端直接送入，也可由片内产生，但这时应外接 R、C。$R = 10\mathrm{k}\Omega$，固定 C 按 $f_{CP} = 1/(1.1RC)$ 选择，该图所示为片内产生。该片允许的时钟频率范围是 $f_{CP} = 100 \sim 800\mathrm{kHz}$，典型值为 $640\mathrm{kHz}$。

当片选 $\overline{CS}$ 和 $\overline{WR}$ 端都为低电平时，启动转换，约经 $110\,\mu\mathrm{s}$（$f_{CP} = 640\mathrm{kHz}$ 时）的转换时间，$\overline{INT}$ 端输出低电平，表示转换结束，当片选 $\overline{CS}$ 和 $\overline{RD}$ 端都为低电平时，打开三态缓冲器，8 位二进制码从寄存器经三态缓冲器由 $D_7 \sim D_0$ 端输出。

（2）电路连接与应用实验

将 ADC0801 用作 A/D 转换的实验电路，如图 10-28 所示，图中电源电压 $V_{DD} = 5.12\mathrm{V}$，$V_{REF}/2$ 端悬空，故基准电压由内部提供，$V_{REF} = V_{DD} = 5.12\mathrm{V}$，输入模拟电压 v_I 是 V_{DD} 经电位器分压后的直流电压。

数字量输出端 $D_7 \sim D_0$ 分别经 $1.3\,\mathrm{k}\Omega$ 电阻接 8 个发光二极管（NSL5027），用其亮暗指示输出量。

时钟脉冲由片内产生，时钟频率为

$$f_{CP} = \frac{1}{1.1RC} = \frac{1}{1.1 \times 10 \times 10^3 \times 150 \times 10^{-12}} = 606(\mathrm{kHz})$$

电路的工作过程为：

启动转换：按一下按键开关 SB，使 $\overline{WR}$ 端获得一个负脉冲，来启动转换。

进行转换：片内电路以逐次逼近方式进行转换，转换时间为一百多微秒。

转换结束：完成一次转换后，由片内自动产生转换结束信号 $\overline{INT} = 0$ 有效。

输出数据：因 $\overline{CS}$、$\overline{RD}$ 端都已接地而信号有效，三态输出缓冲器一直开通，所以 $D_7 \sim D_0$ 端立即有转换后的数据输出，并推动发光二极管，$D_i = 0$ 时亮；$D_i = 1$ 时暗。

连续转换：转换结束时 $\overline{INT} = 0$，这个 0 又经与门反馈给 $\overline{WR}$ 端，再次启动转换，因此该电路可使 ADC 连续进行 A/D 转换。

量化单位为

$$\Delta = \frac{V_{\mathrm{REF}}}{2^8} = \frac{5.12}{256} = 20(\mathrm{mV})$$

最大量化误差为

$$\Delta / 2 = 10(\mathrm{mV})$$

输出最小数码（全 0）时，对应的理论输出电压范围为

$$0 \leqslant v_I < \frac{\Delta}{2} = 10\mathrm{mV}$$

输出最大数码（全 1）时对应的理论输入电压范围：因 $\Delta \times (D_{\max})_{10} \pm \Delta / 2 = 20\mathrm{mV} \times 255 \pm 10\mathrm{mV} = (5.09 \sim 5.11)\mathrm{V}$，所以该范围应为

$$5.09\mathrm{V} \leqslant v_I < 5.11\mathrm{V}$$

测量校准方法：使 $v_I = 0$，按一下开关 SB 启动转换，输出 $D_7 \sim D_0 = 00000000$，发光管全亮。然后慢慢增加 v_I，记下 0 位发光管变暗时的 v_{I1}，实测的输出全 0 时的输入电压范围应是 $0 \leqslant v_I < v_{I1}$，使 $v_I = V_{DD}$，发光管全暗，慢慢减小 v_I，记下 0 位发光管变亮时的 v_{I2}，该 v_{I2} 应为 5.09V，若这时的 v_{I2} 不是 5.09V，应微调电源电压 V_{DD}（$= V_{REF}$）。这就是该 ADC 的满刻度校准方法。校准后，输出全 1 时的输入电压范围应与理论值相同。

v_I 大于 5.11V 以后，ADC 进入饱和状态，输出值为全 1。这时的 v_I 已经超出了输入电压范围。

$v_I = 4.626\mathrm{V}$ 时，其对应的输出数字量，可用下式进行理论计算

$$(D)_{10} = \left(\frac{v_I}{\Delta} \right)_{\text{四舍五入}} = \left(\frac{4625}{20} \right)_{\text{四舍五入}}$$
$$= (231.25)_{\text{四舍五入}} = (231)_{10} = (11100111)_2$$

它的量化误差为

$$v_I - (231)\Delta = 4625 - 231 \times 20 = 5(\mathrm{mV})$$

实测方法，输入 $v_I = 4.625\mathrm{V}$，按开关 SB 启动转换，然后观察各发光管的亮暗，以确定输出的数字量，并与计算的理论值比较。

本章小结

　　由于微处理器和微型计算机在各种检测、控制和信号处理系统中的广泛应用，也促进了 A/D、D/A 转换技术的迅速发展。而且，随着计算机计算精度和计算速度不断提高，对 A/D、D/A 转换器的转换精度和转换速度也提出了更高的要求。正是这种要求有力地推动了 A/D、D/A 转换技术的不断进步。事实上，在许多使用计算机的检测、控制或信号处理系统中，系统所能达到的精度和速度最终是由 A/D、D/A 转换器的转换精度和转换速度所决定的。因此，转换精度和转换速度是 A/D、D/A 转换器最重要的两个指标，也是我们讨论的重点。

　　A/D、D/A 转换器的种类十分繁杂，不可能逐一列举。因此，首先应着重理解和掌握 A/D、D/A 转换的基本思想、共同性的问题以及对它们进行归纳和分类的原则。

　　在 D/A 转换器中分别介绍了权电阻网络型、权电流型、倒 T 形电阻网络型。这几种电路在集成 D/A 转换器产品中都有应用。目前在双极型的 D/A 转换器产品中权电流型电路用得比较多；在 CMOS 集成 D/A 转换器中则以倒 T 形电阻网络较为常见。

　　本章中把 A/D 转换器归纳为直接 A/D 转换器和间接 A/D 转换器两大类。在直接 A/D 转换器中介绍并联比较型和逐次逼近型两种电路。并联比较型 A/D 转换器是目前所有 A/D 转换器中转换速度最快的一种，故又有快闪（Flash）A/D 转换器之称。由于所用的电路规模庞大，所以并联比较型电路只用在超高速的 A/D 转换器当中。而逐次逼近型 A/D 转换器虽然速度不及并联比较型快，但较之其他类型电路的转换速度又快得多，同时电路规模比并联比较型电路小得多，因此逐次逼近型电路在集成 A/D 转换器产品中用得最多。

　　在间接 A/D 转换器中，重点介绍了双积分型（属 V - T 变换型）。虽然双积分型 A/D 转换器的转换速度很低，但由于它的电路结构简单，性能稳定可靠，抗干扰能力较强，所以在各种低速系统中得到了广泛的应用。

　　为了得到较高转换精度，除了选用分辨率较高的 A/D、D/A 转换器以外，还必须保证参考电源和供电电源有足够的稳定度，并减小环境温度的变化。否则，即使选用了高分辨率的芯片，也难于得到应有的转换精度。

习题十

10-1　数字量和模拟量有什么区别？

10-2　在图 10-5 所示的权电阻网络 DAC 中，设 $R = 10 \, \text{k}\Omega$，$R_F = 5 \, \text{k}\Omega$。试求其他权电阻的阻值。若 $V_{REF} = 5V$，输入的二进制数码 $D_3D_2D_1D_0 = 1101$，求输出电压 v_O。

10-3　在图 10-7 所示的倒 T 形电阻网络 DAC 中，设 $V_{REF} = 5V$，$R_F = R = 10 \, \text{k}\Omega$，求对应于输入 4 位二进制数码为 0101、0110、1101 时的输出电压 v_O。

10-4　将倒 T 形电阻网络的电流输出端 OUT_1 改接基准电压 V_{REF}，OUT_2 接地，而原基准电压端改作电压输出端，则改成了图 10-29 所示的 T 形电阻网络，试推导 v_O 的表达式。

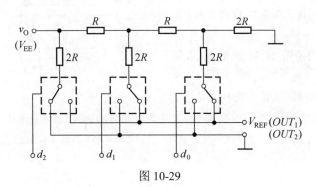

图 10-29

10-5　DAC 如图 10-20 所示，现用它作轻载数控电压源用。要求输出电压变化范围不小于 0～+5V，且每隔 20mV 输出一个电压值，设 $V_{DD} = 6V$。试求，V_{REF} 输出电压 v_O 的变化范围，输入数码 01100100 时的 v_O。若 $v_O = 2.56V$，则应输入什么数码？

10-6　何谓量化、量化值、量化单位及量化误差？

10-7　在图 10-14 所示的电阻链中，把最上端和最下端的电阻分别改成 $(3/2)R$ 和 $(1/2)R$，试求其量化单位、量化级、量化值，最大量化误差和输入电压变化范围，并写出 A/D 转换公式。

10-8　根据图 10-28，试求输入电压 $v_I = 3.645V$ 时输出的数字量及输出数字量为 10000001 时输入电压 v_1 的理论范围。

10-9　将图 10-17 所示电路中的 n 位计数器改成 3 位 8421BCD 码的十进制计数器。试计算第一次积分时间 T_1；输入电压 v_I 的变化范围为 0～5V 时，积分器的最大输出电压 $|V_{Omax}|$ 计数器输出的数据为 100100000111 时，取样电压平均值应为多大（设 $R = 100\text{k}\Omega$，$C = 1\mu\text{F}$，$f_{CP} = 25\text{kHz}$，$-V_{REF} = -10V$）？

10-10　在图 10-17 所示的双积分型 ADC 中，若输入信号 $|V_1| > |V_{REF}|$，则会出现什么现象？

10-11　若 A/D 转换器（包括取样－保持电路）输入模拟电压信号的最高变化频率为 10kHz，试说明取样频率的下限是多少？完成一次 A/D 转换所用时间的上限是多少？

10-12　比较并联比较型 A/D 转换器、逐次渐近型 A/D 转换器和双积分型 A/D 转换器的优缺点，指出它们各适于在哪些情况下采用？

10-13　影响 D/A 转换器转换精度的主要因素有哪些？

10-14 说明影响 A/D 转换器转换精度的主要因素有哪些？

10-15 图 10-30 所示电路是 CB7520 和同步十六进制计数器 74LS161 组成的波形发生器电路。已知 CB7520 的 $V_{REF} = -10V$，试画出输出电压 v_O 的波形，并标出波形图上各点电压的幅度。CB7520 是 10 位倒 T 形电阻网络的 DAC。

10-16 试分析图 10-31 电路的工作原理，画出输出电压 v_O 的波形图。CB7520 是 10 位倒 T 型电阻网络 DAC。表 10-3 给出了 RAM 的 16 个地址单元中所存的数据。高 6 位地址 $A_9 \sim A_4$ 始终为 0，在表中没有列出。RAM 的输出数据只用了低 4 位，作为 CB7520 的输入。因为 RAM 的高 4 位数据没有使用，故表中也未列出。

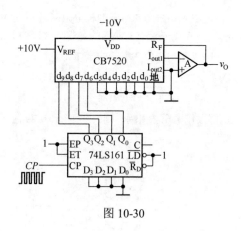

图 10-30

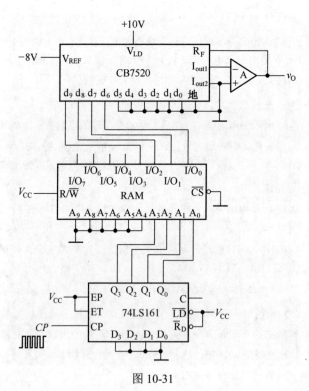

图 10-31

表 10-3　RAM 的数据表

A_3	A_2	A_1	A_0	D_3	D_2	D_1	D_0
0	0	0	0	0	0	0	0
0	0	0	1	0	0	0	1
0	0	1	0	0	0	1	1
0	0	1	1	0	1	1	1
0	1	0	0	1	1	1	1
0	1	0	1	1	1	1	1
0	1	1	0	0	0	1	1
0	1	1	1	0	0	1	1
1	0	0	0	0	0	0	1
1	0	0	1	0	0	0	0
1	0	1	0	0	0	0	1
1	0	1	1	0	0	1	1
1	1	0	0	0	1	0	1
1	1	0	1	0	1	1	1
1	1	1	0	1	0	0	1
1	1	1	1	1	0	1	1

　　10-17　图 10-32 所示电路是用 D/A 转换器 CB7520 和运算放大器构成的增益可编程放大器，它的电压放大倍数 $A_v = \dfrac{v_O}{v_I}$ 由输入的数字量 D（$d_9 \sim d_0$）来设定。试写出 A_v 的计算公式，并说明 A_v 的取值范围。

　　10-18　图 10-33 电路是由 D/A 转换器 CB7520 和运算放大器组成的增益可编程放大器，它的电压放大倍数 $A_v = \dfrac{v_O}{v_I}$ 由输入的数字量 D（$d_9 \sim d_0$）来设定。试写出 A_v 的计算公式，并说明 A_v 的取值范围。

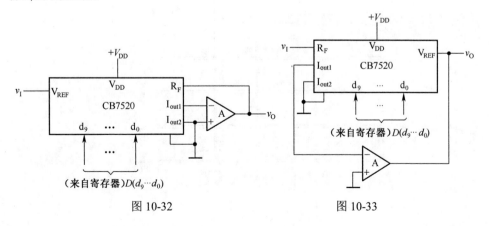

图 10-32　　　　　　　　　　　　　　　图 10-33

10-19　试分析图 10-34（a）电路的工作原理，画出输出电压 v_O 的波形图。其中 74LS152 是 8 选 1 数据选择器，74LS161 为同步十六进制加法计数器，假定 74LS161 和反相器 G_1 的输出电阻阻值远远小于 R 的阻值。74LS152 各输入端的电压波形如图 10-34（b）所示。

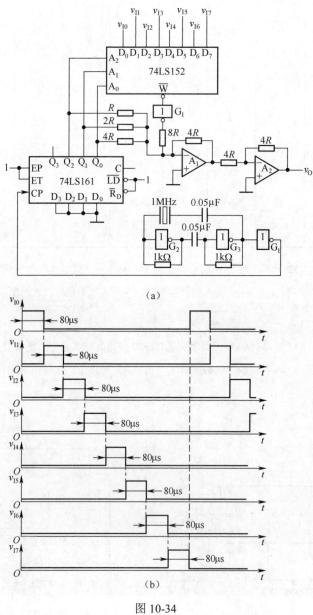

（a）

（b）

图 10-34

参考文献

[1] 阎石主编. 数字电子技术基础（第 4 版）. 北京：高等教育出版社，2001.

[2] 刘宝琴主编. 数字电路与系统. 北京：清华大学出版社，1993.

[3] 彭介华主编. 智能数字电子技术基础. 长沙：湖南大学出版社，1998.

[4] 罗炎林主编. 数字电路. 北京：机械工业出版社，1997.

[5] 康华光主编. 电子技术基础（第 3 版）. 北京：高等教育出版社，1988.

[6] 秦曾煌主编. 电工学（下册. 第 4 版）. 北京：高等教育出版社，2001.

[7] 刘必虎，沈建国编著. 数字逻辑电路. 北京：科学出版社，2000.

[8] 刘必虎，沈建国编著. 中大规模集成电路的原理与应用. 上海：上海科学技术出版社，1991.

[9] 余孟尝主编. 数字电子技术基础简明教程（第 2 版）. 北京：高等教育出版社，2000.

[10] 赵保经主编. 中国集成电路大全——TTL 集成电路. 北京：国防工业出版社，1985.

[11] 刁节浩等主编. 数字电路与逻辑设计. 长沙：国防科技大学出版社，1999.

[12] 阎石主编. 数字电子技术基础（第 3 版）. 北京：高等教育出版社，1998.

[13] 周南良主编. 数字逻辑. 长沙：国防科技大学出版社，2000.

[14] 王毓银主编. 数字电路逻辑设计（第 3 版）. 北京：高等教育出版社，1999.

[15] 席德勋主编. 现代电子技术. 北京：高等教育出版社，1999.

[16] 黄正谨主编. 在系统编程技术及其应用（第 2 版）. 南京：东南大学出版社，1999.

[17] 刘笃仁，杨万海主编. 在系统编程技术及其器件原理与应用. 西安：西安电子科技大学出版社. 2000.

[18] 潘松主编. EDA 技术实用教程. 北京：科学出版社. 2002.

[19] 罗桂娥主编. 数字电子技术实用教程（机电类）. 长沙：中南大学出版社，2003.

[20] 陈明义主编. 电子技术课程设计实用教程. 长沙：中南大学出版社，2002.

[21] 陈明义主编. 电工电子实验教程. 长沙：中南大学出版社，2002.

[22] 周常森等主编. 数字电子技术基础. 济南：山东科学技术出版社，1998.

[23] 冯根生主编. 数字电子技术，合肥：中国科学技术出版社，2001.

[24] 江国强主编. 现代数字逻辑电路，北京：电子工业出版社，2002.

[25] 蔡惟铮主编. 电子技术基础试题精选与答题技巧. 哈尔滨：哈尔滨工业大学出版社，2001.

[26] 林涛主编. 数字电子技术基础。北京：清华大学出版社，2006.

[27] 高吉祥主编. 数字电子技术. 北京：电子工业出版社，2004.

[28] 陈明义. 数字电子技术基础（第 2 版）. 长沙：中南大学出版社，2009.